网络科学原理与应用

刘 杉 编著

中国教育出版传媒集团
高等教育出版社·北京

内容提要

本书立足于用网络科学思维理解复杂社会的运行规律，将理论和应用相结合，阐述了网络科学这一新兴交叉学科的基本概念、基本理论和研究方法。全书共14章，可以分为两个部分：第一部分为第1—10章，介绍网络科学的基础理论和知识，包括网络科学概述、网络的数学基础、网络的拓扑结构和性质、网络节点测度分析、网络参数分析、网络算法基础、矩阵算法和图划分、随机网络模型、小世界网络模型以及无标度网络模型；第二部分为第11—14章，介绍网络科学与其他学科的交叉研究成果，包括网络动力学、网络博弈、网络同步以及网络控制。每章均附有一定数量的思考题，帮助读者巩固章节内容。

本书可作为研究生和高年级本科生网络科学课程的教学参考书，也可供自然科学、工程技术科学和社会科学领域的研究人员参考使用。

图书在版编目(CIP)数据

网络科学原理与应用／刘杉编著. -- 北京：高等教育出版社，2023.5
ISBN 978-7-04-060095-7

Ⅰ. ①网… Ⅱ. ①刘… Ⅲ. ①计算机网络 Ⅳ. ①TP393

中国国家版本馆CIP数据核字(2023)第037035号

Wangluo Kexue Yuanli yu Yingyong

策划编辑 刘 英　责任编辑 刘 英　封面设计 李卫青　版式设计 于 婕
责任绘图 于 博　责任校对 张 薇　责任印制 朱 琦

出版发行	高等教育出版社	网　址	http://www.hep.edu.cn
社　址	北京市西城区德外大街4号		http://www.hep.com.cn
邮政编码	100120	网上订购	http://www.hepmall.com.cn
印　刷	保定市中画美凯印刷有限公司		http://www.hepmall.com
开　本	787mm×1092mm 1/16		http://www.hepmall.cn
印　张	26.5		
字　数	410千字	版　次	2023年5月第1版
购书热线	010-58581118	印　次	2023年5月第1次印刷
咨询电话	400-810-0598	定　价	119.00元

物 料 号 60095-00

前言

网络科学是一门探索自然界和人类社会复杂性的新兴科学，具有多学科交叉融合的特征。网络科学与数据科学、物理科学、计算机科学、生物科学、系统科学、控制科学及社会科学等学科交叉融合，揭示网络科学的规律，进一步探索网络科学奥秘，可以帮助我们认识复杂系统和复杂性科学，解决社会面临的一些问题，所建立的知识体系可以帮助我们更好地认识世界。

本书将理论和应用相结合，全面系统地介绍网络科学领域的经典理论和研究成果，阐述网络科学这一新兴交叉学科的基本概念、基本理论和研究方法，网络科学与其他学科交叉的研究成果，以及在物联网、社交网络、智能电网、通信网络、交通网络和生物网络等领域的应用。

全书共 14 章，大体上可以分为两个部分：第 1—10 章，介绍网络科学的基础概念和基本理论，包括网络科学概述、网络的数学基础、网络的拓扑结构和性质、网络节点测度分析、网络参数分析、网络算法基础、矩阵算法和图划分、随机网络模型、小世界网络模型及无标度网络模型；第 11—14 章，介绍网络科学与其他学科交叉融合的研究成果和应用成果，包括网络动力学、网络博弈、网络同步及网络控制。

特别感谢在本书的出版过程中给予建议的香港城市大学陈关荣教授，以及为本书创作做出贡献的研究生们，包括高昊、陶蕊幸、吴晓晴、刘昂、陈莉娜和卢晓健等。

刘杉

中国传媒大学

2022年6月

目录

第 1 章　网络科学概述 …… 1

1.1　网络科学初步 …… 2

1.1.1　哥尼斯堡七桥问题 …… 2

1.1.2　六度分隔现象 …… 5

1.1.3　小世界现象 …… 6

1.1.4　马太效应 …… 7

1.2　实际生活中的网络 …… 9

1.2.1　因特网网络 …… 9

1.2.2　电力网络 …… 10

1.2.3　万维网网络 …… 11

1.2.4　社会网络 …… 12

1.3　网络科学 …… 15

1.3.1　网络科学的学科意义 …… 15

1.3.2　网络科学的未来发展方向 …… 17

思考题 …… 19

参考文献 …… 19

第 2 章　网络的数学基础 …… 23

2.1　网络的图形式 …… 24

2.1.1　无权无向图 …… 24

2.1.2　加权有向图 …… 25

2.1.3 加权无向图 …… 26
2.1.4 无权有向图 …… 27
2.2 图的代数形式 …… 27
2.2.1 邻接矩阵 …… 27
2.2.2 拉普拉斯矩阵 …… 29
2.2.3 邻接表 …… 30
2.2.4 三元组 …… 32
2.3 图的类型 …… 33
2.3.1 树 …… 33
2.3.2 平面图 …… 34
2.3.3 超图 …… 36
2.3.4 二分图 …… 38
2.4 图的特征 …… 41
2.4.1 度 …… 41
2.4.2 路径 …… 44
2.4.3 分支 …… 46
2.4.4 独立路径 …… 48
2.4.5 割集 …… 49
2.4.6 连通度 …… 51
思考题 …… 52
参考文献 …… 53
第3章 网络的拓扑结构和性质 …… 55
3.1 复杂网络的连通性 …… 56
3.1.1 无向网络中的巨片 …… 56
3.1.2 有向网络的蝴蝶结结构 …… 58
3.2 网络的度分布 …… 59
3.2.1 度分布的定义 …… 59
3.2.2 常见网络的度分布 …… 62
3.3 网络的平均路径长度和直径 …… 71

3.3.1 无权无向网络的平均路径长度和直径 …… 71
3.3.2 加权有向网络的路径长度 …… 74
3.4 聚类系数 …… 75
3.4.1 局部聚类系数 …… 75
3.4.2 全局聚类系数 …… 77
3.4.3 加权网络的聚类系数 …… 77
思考题 …… 80
参考文献 …… 82
第4章 网络节点测度分析 …… 83
4.1 度中心性 …… 84
4.2 特征向量中心性 …… 85
4.2.1 特征向量中心性定义 …… 85
4.2.2 有向网络的特征向量中心性 …… 87
4.3 Katz 中心性 …… 90
4.3.1 Katz 中心性定义 …… 90
4.3.2 Katz 中心性计算 …… 91
4.4 PageRank 中心性 …… 92
4.4.1 PageRank 中心性定义 …… 93
4.4.2 PageRank 中心性计算 …… 93
4.4.3 修正的 PageRank 算法 …… 96
4.5 权威性和核心节点：HITS 算法 …… 98
4.5.1 权威中心性和核心中心性定义 …… 98
4.5.2 HITS 算法 …… 99
4.6 接近度中心性 …… 102
4.6.1 接近度中心性定义 …… 102
4.6.2 调和接近度中心性 …… 104
4.7 介数中心性 …… 105
思考题 …… 108
参考文献 …… 109

第 5 章　网络参数分析 …… 111
5.1　节点群组 …… 112
5.1.1　团、丛和核 …… 112
5.1.2　分支和 k-分支 …… 114
5.2　传递性 …… 115
5.2.1　传递性的表示 …… 115
5.2.2　局部聚类和冗余 …… 117
5.3　相互性 …… 119
5.4　有符号边和结构平衡 …… 120
5.5　相似性 …… 122
5.5.1　余弦相似性 …… 123
5.5.2　皮尔逊相关系数 …… 124
5.5.3　结构等价的其他测度 …… 125
5.5.4　规则等价 …… 126
5.5.5　相似性与链路预测 …… 129
思考题 …… 130
参考文献 …… 131
第 6 章　网络算法基础 …… 133
6.1　运行时间和计算复杂度 …… 134
6.2　网络数据的存储形式 …… 136
6.2.1　邻接矩阵 …… 136
6.2.2　邻接表 …… 138
6.3　度和度分布计算方法 …… 140
6.3.1　度和度分布 …… 141
6.3.2　度的累积分布计算方法 …… 141
6.3.3　节点度的相关系数计算方法 …… 142
6.4　聚类系数计算方法 …… 143
6.5　广度优先搜索算法和最短路径算法 …… 146
6.5.1　广度优先搜索算法 …… 146

6.5.2 基于广度优先搜索的最短路径算法 …… 148
6.5.3 加权网络的最短路径算法 …… 152
6.6 最大流和最小割集算法 …… 153
6.6.1 最大流最小割定理 …… 154
6.6.2 基于增广路径的最大流算法 …… 155
思考题 …… 157
参考文献 …… 157
第7章 矩阵算法和图划分 …… 161
7.1 特征向量中心性和主特征向量 …… 162
7.1.1 特征向量中心性 …… 162
7.1.2 主特征值和特征向量算法 …… 162
7.1.3 其他特征值和特征向量算法 …… 164
7.1.4 矩阵特征值和特征向量算法 …… 165
7.2 图划分 …… 166
7.2.1 图划分问题 …… 166
7.2.2 Kernighan-Lin 算法 …… 167
7.2.3 谱划分算法 …… 169
7.3 社团发现 …… 171
7.3.1 社团发现问题介绍 …… 171
7.3.2 简单模块度最大化算法 …… 172
7.3.3 谱模块度最大化算法 …… 174
7.3.4 两个以上群组的社团划分 …… 174
7.3.5 其他模块度最大化算法 …… 176
7.3.6 其他社团划分算法 …… 178
思考题 …… 181
参考文献 …… 181
第8章 随机网络模型 …… 185
8.1 随机网络模型简介 …… 186
8.1.1 随机网络的描述 …… 186

8.1.2 随机网络的生成 …… 188
8.2 随机网络的拓扑特征 …… 190
8.2.1 随机网络的边数分布 …… 190
8.2.2 随机网络的度分布 …… 191
8.2.3 随机网络的聚类系数 …… 192
8.2.4 随机网络的平均路径长度 …… 193
8.2.5 随机网络的演化与巨片的涌现 …… 193
8.2.6 随机网络与实际网络的对比 …… 198
8.3 具有任意度分布的广义随机图 …… 200
8.3.1 配置模型的生成 …… 200
8.3.2 配置模型的余平均度 …… 203
8.3.3 配置模型的余度分布 …… 205
8.3.4 配置模型的聚类系数 …… 206
8.4 零模型和随机重连算法 …… 207
8.4.1 随机化网络和零模型 …… 207
8.4.2 零模型的属性分析 …… 208
8.4.3 随机化重连算法 …… 211
思考题 …… 212
参考文献 …… 213
第9章 小世界网络模型 …… 215
9.1 小世界网络模型简介 …… 216
9.1.1 小世界网络模型描述 …… 216
9.1.2 小世界网络模型生成 …… 217
9.2 小世界网络拓扑特征 …… 219
9.2.1 度分布 …… 219
9.2.2 聚类系数 …… 222
9.2.3 平均路径长度 …… 224
9.3 Kleinberg 模型与可搜索性 …… 225
9.3.1 Kleinberg 模型 …… 225

9.3.2 最优网络结构 …… 228
9.3.3 Kleinberg 模型的理论分析 …… 230
9.4 层次树结构网络模型与可搜索性 …… 232
9.4.1 层次树结构网络模型 …… 232
9.4.2 电子邮件网络验证 …… 236
9.5 小世界网络模型的应用 …… 242
9.5.1 社会学应用 …… 242
9.5.2 地球科学应用 …… 242
9.5.3 计算应用 …… 243
9.5.4 大脑中的小世界网络 …… 243
思考题 …… 244
参考文献 …… 244
第 10 章 无标度网络模型 …… 247
10.1 BA 无标度网络模型 …… 248
10.1.1 BA 网络模型描述 …… 248
10.1.2 BA 网络模型生成 …… 249
10.2 无标度网络拓扑特征 …… 250
10.2.1 幂律分布 …… 251
10.2.2 平均路径长度 …… 253
10.2.3 聚类系数 …… 254
10.2.4 特征谱 …… 255
10.2.5 网络熵 …… 256
10.3 Price 模型 …… 257
10.3.1 模型描述 …… 258
10.3.2 幂指数可调的入度分布 …… 258
10.3.3 幂指数可调的无向无标度网络 …… 261
10.3.4 优先连接机制的计算机实现 …… 262
10.3.5 节点复制模型 …… 264
10.4 无标度网络推广模型 …… 265

10.4.1 适应度模型 …… 265
10.4.2 局域世界演化网络模型 …… 267
10.5 鲁棒性与脆弱性 …… 270
思考题 …… 273
参考文献 …… 274
第 11 章 网络动力学 …… 277
11.1 网络动力学系统 …… 278
11.1.1 动力系统 …… 278
11.1.2 单变量网络动力系统 …… 280
11.1.3 多变量网络动力系统 …… 280
11.2 常见的动力学过程 …… 281
11.2.1 随机游走 …… 281
11.2.2 惰性随机游走 …… 285
11.2.3 自避行走 …… 285
11.2.4 游客漫步 …… 286
11.3 流行病传播 …… 287
11.3.1 流行病传播的基本模型 …… 287
11.3.2 均匀网络中的流行病传播分析 …… 291
11.3.3 非均匀网络中的流行病传播分析 …… 293
11.4 信息传播 …… 296
11.4.1 知识传播模型 …… 296
11.4.2 舆论传播模型 …… 301
11.5 复杂网络在动力学领域的应用 …… 303
11.5.1 诺如病毒传播 …… 303
11.5.2 谣言传播 …… 306
思考题 …… 307
参考文献 …… 307
第 12 章 网络博弈 …… 313
12.1 博弈论概述 …… 314

12.1.1 博弈论基本概念及其发展历史 …… 314
12.1.2 博弈的分类 …… 316
12.2 演化博弈理论 …… 318
12.2.1 演化博弈简介 …… 318
12.2.2 网络演化博弈概述 …… 319
12.2.3 博弈模型 …… 320
12.3 复杂网络上的多人演化博弈 …… 324
12.3.1 多人演化博弈模型 …… 325
12.3.2 规则网络上的多人演化博弈 …… 325
12.3.3 小世界网络上的多人演化博弈 …… 329
12.3.4 无标度网络上的多人演化博弈 …… 333
12.4 复杂网络上的博弈应用 …… 337
思考题 …… 340
参考文献 …… 340
第 13 章 网络同步 …… 343
13.1 混沌与同步态 …… 344
13.1.1 混沌及混沌模型 …… 344
13.1.2 同步的定义 …… 348
13.1.3 同步的判定 …… 351
13.2 全局同步与分群同步 …… 354
13.2.1 全局同步与分群同步定义 …… 354
13.2.2 复杂动态网络同步的稳定性分析 …… 356
13.3 多层网络的同步 …… 360
13.3.1 多层网络的全局同步 …… 361
13.3.2 多层网络同步的稳定性分析 …… 365
13.4 复杂网络同步的应用 …… 370
13.4.1 电力网络 …… 370
13.4.2 神经网络 …… 374
思考题 …… 380

参考文献 …… 381
第 14 章　网络控制 …… 383
14.1　控制理论基础 …… 384
14.1.1　线性时不变系统 …… 384
14.1.2　系统可控性与可观性 …… 385
14.1.3　控制系统 …… 386
14.2　复杂网络可控性 …… 387
14.2.1　结构控制理论 …… 388
14.2.2　最少输入问题 …… 394
14.2.3　边动态与可控性 …… 397
14.2.4　节点自动态与可控性 …… 399
14.2.5　控制能量 …… 400
14.2.6　控制轨迹 …… 401
14.3　复杂网络可观性 …… 402
14.3.1　最少观测器问题 …… 404
14.3.2　观测器设计 …… 405
思考题 …… 408
参考文献 …… 408

第 1 章　网络科学概述

网络科学是一门研究复杂网络系统的定性和定量规律的崭新的交叉科学。网络科学的研究历史最早可以追溯到 18 世纪欧拉研究的七桥问题，此后很长一段时间内，网络科学以图论这种数学上的形式出现。现实世界中的很多大型系统都具有复杂网络的特征，小到人脑的神经网络，大到社交网络、电力网络、交通网络等，几乎涵盖了生活中的方方面面。这些大型系统在网络的规模和动态特征上都体现出复杂的特征，但是传统的学科及其分析方法在处理这一类系统时很受局限。有趣的是，这些系统虽然相当复杂但是却在组织和演化方式上存在一些共有的网络特征，例如，人们发现生物组织中的一些网络和电影演员网络在分布上都近似于幂律分布，这些发现使得科学家们开始寻找能够反映一般复杂系统自然规律的网络特征。20 世纪末，这种科学方法以一门叫作网络科学的学科出现在学术界。至此，网络科学以一种新的形式出现，并吸引了各个领域科学家的关注。可以这样说，网络科学出现之前，人们对于网络的研究大多停留在数学中的图论层面，而网络科学的出现使得人们开始更多地将网络作为一种新的方法去研究现实中的复杂网络。区别在于前者更关注于讨论图论的数学性质，后者则关注于以图的方式分析和研究复杂系统。网络科学这门学科从网络的角度揭示这些复杂系统的形成和演化原理，帮助人们发现和认识其中难以直接察觉的客观规律。作为一门新兴学科，网络科学交叉融合了数学、统计物理学、计算机科学及生物学等不同学科的内容。20 多年来，关于网络科学的研究一直是学术研究的热点。本章将介绍网络科学的起源及发展历史，同时将介绍不同领域有代表性的网络研究，包括因特网网络、电力网络、万维网网络和社会网络等，最后将介绍这门新学科的学科意义及未来发展方向。

1.1　网络科学初步

网络科学的研究最早可追溯到 18 世纪，当时欧拉(Leonhard Euler)在哥尼斯堡七桥问题的研究中创造性地使用了图的方式解决问题，从而诞生了图论。20 世纪开始，社会学特别是社会网络的研究越来越受到重视，人们发现现实世界中的很多网络问题背后都蕴含着相似的现象，这为日后网络科学学科的确立打下了基础。本章将介绍这些在网络科学发展中具有里程碑式意义的研究，通过这些研究初步了解网络科学。

1.1.1　哥尼斯堡七桥问题

18 世纪普鲁士的哥尼斯堡市位于普雷格尔河两岸，整个城市由两个相互连接的大岛和七座大桥(称作哥尼斯堡七桥)构成，如图 1-1 所示。由于保存问题，现在只留下两座桥，如图 1-2 所示。

当时有人提出了一个有趣的问题：设计一种步行方式穿过所有七座桥，而每座桥只能通过一次。欧拉对这个问题进行了分析：在这个问题中，每片陆地

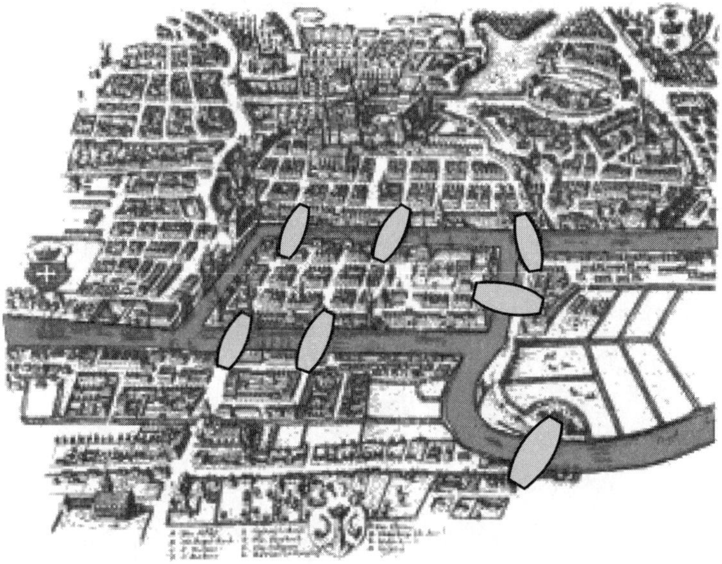

图 1-1 欧拉时代的哥尼斯堡七桥

图 1-2 哥尼斯堡七桥中现存的两座桥

内的路线选择是无关紧要的，路线设计的重点是桥梁顺序。于是，他用抽象术语重新描述了这个过程——用顶点(或称作节点)代替每片陆地，用连接边代替桥梁，这样所有七座桥的行走路线就可以用图的方式呈现，如图 1-3 所示。同时，整个问题抽象过程中的处理方式也值得关注。一方面，在分析行走路线时，不需要知道这个桥的形状是笔直还是弯曲的，只需要知道两片陆地之间是否存在连接的桥梁。所以，图中的节点之间的连线是直线还是曲线并无区别。另一方面，两片陆地的相对位置关系也与问题研究无关，行走路线只需要体现从一片陆地到另一片陆地的信息。因此，图中顶点代表陆地摆放时并无位置上的固定要求。总的来说，这也体现了以图描述问题时的重要原则，即图中只有连接信息才是最重要的，对图进行任何形式的变形并不会改变分析问题的结果。由此，欧拉将这个问题抽象成图的分析方法成为图论的奠基性研究。

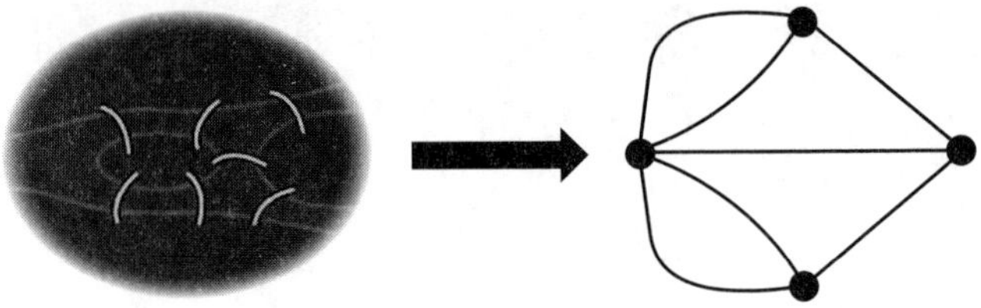

图 1-3　哥尼斯堡七桥抽象成图的过程

在接下来的求解过程中，欧拉发现，每当通过一座桥到达一个非终端顶点时，必然也要离开一个顶点，那么除了选作起点和终点的陆地，其他每片陆地都需要偶数座桥连接，其中，一半的桥作为步行进入陆地的桥，另一半作为离开的桥。然而从图 1-3 中可以发现，有 4 片陆地被奇数座桥梁连接，不满足需求的步行方案。换句话说，欧拉发现图中的步行问题与节点的度(即陆地连接的桥梁数)相关，这样的步行方式称作欧拉路径(Eulerian path)或欧拉漫步(Euler Walk)。欧拉的发现提供了图存在这样的欧拉漫步的一个必要条件，即图中相连的节点只有 0 个或者 2 个有奇数度。此后，欧拉和卡尔·希尔霍尔策(Carl Hierholzer)证明了这种情况也同时是问题的充分条件。欧拉的研究论文于 1736 年提交给圣彼得堡科学院。

欧拉关于七桥问题的研究奠定了图论诞生的基础。此外，欧拉意识到整个问题的关键是桥梁数量和与之相连的终端节点(而不是相对位置)，为拓扑学的发展指明了方向。给定一个系统，将其连接模式用网络表示，系统中的各个组件抽象成网络中的节点，组件间的联系构成边，整个系统的分析问题就可以转化为对图的分析。虽然这种抽象可能丢失了一些信息，但是对于很多后面介绍的大规模复杂系统来说，网络拓扑特征建模分析仍有着重要意义，网络的结构和特定连接方式对系统的整体行为有着重要影响。

1.1.2 六度分隔现象

1929 年，匈牙利作家卡林西(Frigyes Karinthy)在其短篇小说《链》中这样写道："为了证明当今世界上的人关系十分紧密，这伙人中的一个成员建议搞个试验。他下了赌注，说我们从世界上的几十亿人当中可以随便说一个人，这人只需最多说出五个相互认识人的名字，就能和指定的人拉上关系。"卡林西在小说中通过虚拟人物的关系假设验证了这一设想，这也是有关"六度分隔"概念较早的表述。

1967 年，哈佛大学教授米尔格拉姆(Stanley Milgram)设计了一个社会实验，在实际世界中验证了六度分隔现象的存在[1,2]，并发展成为相关研究领域的基础。这个实验最初是为了找到任意两个美国人之间的"距离"而设计的。选择堪萨斯州的威奇塔和内布拉斯加州的奥马哈作为实验起点，随机向这两个城市中的居民发送信件，并要求信件按照寄信规则寄给目标人物(马萨诸塞州一个神学学生的妻子和波士顿的一个股票经纪人)。寄信规则是只能直接寄给见过面并且知道姓名的熟人，因此需要思考寄给哪些熟人会有助于寄给目标人物。最终米尔格拉姆计算了完成信件收发需要的中间人的数量，得到一个平均值 5.5。这个数字与卡林西的估计较为吻合，经过四舍五入为 6，因而有了"六度分隔"的说法。

除了发现"六度分隔"现象，米尔格拉姆的实验还有很多值得注意的地方。首先，这个实验本身在设计上存在一些缺陷。一方面，收件人都位于美国的同一个城镇，收件目标本身就存在完整的关系链，没有出国界，因此并不能代表整个世界网络的情况。另一方面，并不能保证每条收发件路径都是最短路径，因而实验发现的各个顶点间的距离只是测地距离的一个上界。虽然存在缺陷，但是反映的现象却广泛存在于很多网络系统中，即网络中节点间的平均距离远小于节点总数。其次，除了实验结果本身以外，实验中的一些细微的现象也引起了关注。例如，绝大多数到达目标的邮件都通过了目标人物的 3 个朋友，这种现象也在一些其他网络中发现，称为漏斗效应(funnelling effect)。此外，很多人会忽略，有可观数量的发件人在根本不知道整个网络结构的情况下能够寄送信件到目标人物手中。这说明网络中任意两点存在较短路径，在不知道网络结构完整信息时找到这样的路径是非常困难的，但是米尔格拉姆实验中的一些参与者却找到了最短或者接近最短的路径。后来，克莱因伯格(Jon Kleinberg)根据这个问题研究了人们在实验中信息传播的问题[3,4]，具体内容将在第 9 章介绍。

1.1.3　小世界现象

虽然地球有几十亿人口，但是经常会听到一句话"突然感觉这个世界好小"，互不相识的两个陌生人可能认识同一个人。如同在米尔格拉姆实验中发现的六度分隔现象一样，人们发现无论这个网络有多大，似乎任意两个节点的路径长度都会很短，这样的现象称为小世界现象。那么，这样的现象背后蕴含什么样的网络结构信息呢？

19 世纪 60 年代，社会学刚刚起步，哈佛大学和麻省理工学院是研究这门新科学的温床。当时的哈佛大学研究生格兰诺维特(Mark Granovetter)研究了一个困扰无数研究生的问题——从何处获得工作。他询问了多个管理职位或专业职位的人，询问他们是如何找到工作的。他得到的答案总是相同的：给我介绍工作的都是了解不算多的朋友。格兰诺维特联想到基础化学课上曾学过较弱氢键如何将巨大水分子结合在一起，于是写出了一篇较长的关于弱社会关系重要性的论文。然而，第一次投稿被拒。3 年后，他缩减了篇幅，成功发表了该论文[5]。在这篇最有影响力之一的社会学论文中，他提出一个大胆的设想：若论找工作、获取消息、开饭馆，或者传播最时尚的潮流，较弱社会关系比坚实的友谊更加有效。他提出一个普通人的社会网络结构特别像基因结构，具体来说，他认为一个普通人周围会有一群亲密的朋友，这些朋友大多也互相认识，形成一种高度密集的社会结构；此外个体间还有一批人互相不认识，但同时他们也各自处于高度密集的社会结构中。根据格兰诺维特的设想，可以描绘出一幅社会网络中人际网络模型的图，如图 1-4 所示。

在格兰诺维特的理论中，有两个重要的假设。首先，对于一个普通人来说，他(她)的社会网络是高密度的。不仅是社会网络中存在这种现象，科学家瓦茨(Duncan J. Watts)和斯托加茨(Steven H. Strogatz)发现这种现象也存在于很

图 1-4 人际网络简单模型

多其他网络中。为了描述网络的密集程度，他们定义了聚集系数这一参数。此后在万维网、企业网、生物网等不同实际网络中的研究发现，这些网络都有着高聚集系数，表现出集群现象。但是如果只是高聚集系数形成的网络，那么并不能解释网络中任意两个节点平均最短路径小这一事实，因为所有节点都需要通过邻居节点一步一步达到很远处的目标节点。1998 年，他们在《自然》上发表文章，提出在这些具有高聚集系数的网络中，只要添加一些边就能大幅缩短节点间的平均最短路径[6]，而这些边是网络中架起很远的节点间联系的“桥梁”，网络的聚集系数并没有改变。这些边的作用与格兰诺维特论文中提到的弱关系的作用高度一致。这样，巨大的网络中就能体现出小世界特性，解释了为什么生活中存在着许多这样的小世界现象。关于小世界现象背后的网络知识我们将在第 9 章展开介绍。

1.1.4 马太效应

小世界模型中所有节点的连边数几乎是相同的，不存在大大超出平均连边数的节点，这与生活中的一些现象不符。例如，整个世界的财富大部分集中在少数人手上，这种现象又叫作马太效应。20 世纪初，著名的意大利经济学家帕累托(Vilfredo Pareto)根据经验主义观察到 80%的豆子是由 20%的豆荚结出来的，意大利 80%的土地被 20%的人口占有，这种不平等现象被称作 80/20 规则。后来，80/20 规则也被发展为经济学的墨菲管理定律：80%的利润由 20%的员工创造，80%的客户服务问题由 20%的消费者提出，80%的决策是在 20%的会议时间里做出的。这样的现象背后同样蕴含着网络科学的原理。这些现象的背后体现了什么样的网络结构？直接去猜测这样的网络结构很困难，但是通过一些现象可以发现解决这个问题的蛛丝马迹。

现在万维网上的文档数已经是浩如烟海，难以想象最初的万维网是从一个节点发展起来的。但是确实如此，第一个互联网网页是 1991 年伯纳斯-李(Timothy John Berners-Lee)创建的，短短 30 年时间，万维网的网页不断增加达到一个巨大的数量。同样地，在 1900 年，好莱坞只有 53 个无声电影演员，到 1914 年已经增加到了接近 2000 人，到 20 世纪 80 年代已经有 50 多万人了。虽然这些网络属于不同领域，但是它们都有一个共同的特点：增长。这与之前小世界现象中假设的网络节点总数固定不同，反映了真实网络的动态特性。

可仅是增长并不能使网络中的节点出现马太效应中富者越富的现象。如果网络中的新节点是均等地随机连接到现有节点上，那么可以预见整个网络中每个节点的连边数是平均的，这并不符合实际生活中的现象。在生活中进行选择时并不是随机的。例如，在网络检索时会习惯性使用百度、搜狗、谷歌等搜索引擎，但是实际上互联网的搜索引擎还有很多。对于大的公司来说，往往抢占了大的市场就能带来巨大的收益。1999 年，美国职业棒球全明星赛期间，Our Beginning 等几大公司将丹佛队与圣路易斯队比赛的每个广告位炒到 200 万美元。同年，E * Trade 公司花费 3 亿美元推销自己。当时非常流行的搜索引擎 Alta-Vista 公司广告预算接近 1 亿美元。美国在线也不甘示弱，投入 7500 万美元广告预算。无论老字号还是新公司，都争相投入在宣传上，目的就是获得用户的优先选择。除了虚拟世界，实际生活中也有很多这样的案例。例如，在好莱坞电影的选角过程中，演员名单受两个相互制约的因素影响：演员是否适合某个角色，以及该演员是否出名。这两个因素使得选角过程带有偏见，电影网络中链接更多(出演影片更多)的演员更有机会获得新角色。事实上，出演电影越多的演员越有机会出现在导演视野中，这对于满怀抱负的新演员非常不利。从这些现象中，不难发现很多实际网络中的节点在连接网络时会优先连接那些处于优势地位的节点，这种现象称作优先情结(preferential attachment)。

总而言之，真实网络受两个定律的控制：增长和优先情结。1999 年，巴拉巴西(Albert-László Barabási)和阿尔伯特(Reka Albert)在《科学》杂志上发表文章[7]，论文中以增长和优先连接模式生成了一种网络，这种网络的主要特征不随网络的增长而改变；同时，网络中小部分的节点获得了网络中大部分节点的连接，这些特性符合实际生活中的马太效应有关的现象。后来，人们将这种网络模型称为无标度网络模型，意为网络的特征与网络规模无关。关于无标度网络将在第 10 章具体介绍。

1.2 实际生活中的网络

网络存在于各个领域，除了社会网络，还有技术网络、信息网络、生物网络等。虽然许多不同类型的网络间也有相互联系的地方，但是将网络分类仍然很有益处，因为同一类网络使用的技术思想是相通的。接下来，将介绍因特网网络、电力网络、万维网网络和社会网络等典型的网络。

1.2.1 因特网网络

因特网(Internet)是将计算机及相关设备连接在一起，实现在世界范围内数据互联的大型网络。因特网与万维网不同，后者是由网页和超链接构成的虚拟网络。因特网的前身是美国国防部的高级研究计划局 ARPA 建立的阿帕网 ARPANET。最初诞生时，因特网只有 4 个节点，到 1982 年已经有几十个节点。1986 年，美国国家科学基金 NSF 建立了连接五大超级计算机的美国国家自然基金网络 NSFNET，并于 1990 年取代 ARPANET。随着网络规模急剧增长，NSFNET 的主干网交给运营商管理，并逐渐发展成为现在的因特网。

因特网是一个分组交换的数据网络，发送的数据被分割成不同的数据包在网络上传输，到达目的地后重新组装在一起。数据包的格式遵守网际协议(Internet protocol，IP)，其中包含每个数据包到达目的地的 IP 地址，因此可以准确无误地传输。因特网最简单的网络表示是将网络中的计算机和相关设备作为节点，将连接这些设备的物理线路作为边。实际上，普通的计算机只是因特网数据传输的外围节点，只发送或者接收数据，不负责不同计算机间的中转。在因特网中，负责中转的节点是路由器。因特网的网络结构并没有任何规定，也没有专门负责测量因特网结构图的官方机构。因此想要研究因特网的网络结构，目前只有通过实验测量得到。目前主要有两种测量方法：使用路由追踪及使用路由表。接下来，将简单介绍这两种测量方法。

第一种方法是使用路由追踪，简单来说就是将网络中的每个 IP 记为一个节点，通过对路由数据的追踪，刻画网络中的传输路径，最后汇总成为因特网的网络结构图。理想情况下这是可行的，但是将因特网中的每个 IP 地址视为节点几乎是不可能的，因为每时每刻都有不同的 IP 地址上线或下线。同时，因特网中的终端用户对于网络的整体性能、鲁棒性等作用并不重要，因此在构建因特网网络结构时往往只关注于一些重要的组成部分。具体来说，一般从三个层面上构建因特网的网络拓扑图。第一层是路由器级上的网络，网络中顶点是路由器，边是路由器间的连接，例如，Faloutsos 等人研究了路由器级的因特网结构，并发现度分布服从幂律分布[8]；第二层是域级(domain)上的网络，网络中节点是不同的域，如果不同域中的路由器之间有连接关系，则建立相应的边，Faloutsos 等人的文章中同样构建了域级上的网络[8]；第三层是自治域(autonomous system，AS)上的网络，网络中节点是不同的自治域，如果不同自治域中的路由器之间有连接关系，则建立相应的边。

第二种方法是使用路由表来测量因特网结构，其主要思想是，利用路由器中的路由表数据来解析网络中的不同路径，以此来测量因特网的结构。

1.2.2　电力网络

随着人类社会的发展，社会生产越来越依赖于电力供给。2003 年 8 月，美国俄亥俄州 3 条超高压输电线路相继因过载故障，引起北美大停电使得千万人一时陷入黑暗，经济损失高达数百亿美元。对于电力系统来说，电力网络结构的鲁棒性对于维持电网运作和应对突发情况是非常重要的[9,10]。在网络科学研究领域，电力网络一般是指国家内部以及国家和国家间的远距离超高压网络，局部低压输电线路并不考虑。电力网络中的节点包括发电站和变电站，边是高压输电线。电力网络的拓扑结构相比 Internet 容易获得很多，因为电力网络通常由专门的机构负责管理维护，可以得到整个电力网络的结构图。

考察电力网络能够发现很多有趣的现象。与 Internet 一样，电力网络也存在地理空间的分布特征，即每一个顶点都对应地球上的一个地理位置，其在空间的分布特征对地理研究、社会研究及经济研究等都有很大的吸引力。不论是地理层面还是拓扑层面的网络结构统计数据，都能为控制电力网络形态和发展的整体布局提供数据支撑。不过，电力网络也有自身的一些独特现象，例如级联故障，这些现象能够为研究已经发现的幂律分布在电力故障时的表现提供很好的支持[11]。

电力网络是非常复杂的系统，电力传输不仅受物理定律支配，还受传输线路相位和电压的影响。计算机和工作人员可以随时监控和调整输电网络，但是工作人员对输电网络的控制比计算机慢很多。事实上，很多电力故障和电力网络的其他现象与电力网络的拓扑结构关系不大，很多问题是由工作人员操作行为和软件功能造成的。

1.2.3 万维网网络

万维网(world wide web，WWW)是人们最熟知的一类信息网络，其顶点是包含了文本、图片和其他信息的网页，边是超链接，这些超链接引导我们从一个页面跳转到另一个页面。由于超链接是单向的，因此万维网是一个有向网络。

万维网的网络结构可以通过网络爬虫技术测量。网络爬虫实际上是一种计算机程序，能在万维网上自动寻找网页。网络爬虫最简单的形式是在万维网中进行广度优先搜索，从因特网上下载网页上的文本，并找到文本中的所有链接。从功能上讲，每个链接都包含作为表示的“标签”和统一资源定位符(uniform resource locator，URL)。URL 是一个符合规范的计算机地址，用来说明被链接网页的寻址和访问方式。

在足够长的时间里，只要重复下载和抽取 URL，就能获得万维网上相当多数量的网页。然而实际上没有一个爬虫可以做到。原因有很多，首先，一些网页禁止被爬取。网站根目录下一般会放置一个 robots. txt 文件，它会指定哪些文件可以被网络爬虫下载，哪些不能被下载。其次，万维网上很多网页是动态生成的，即网页在浏览过程中利用特定软件动态生成，如数据库中的数据。例如，利用谷歌搜索返回的网页数量可能有无数个。因此，爬取所有网页是不可能的，或者说不合理的。爬虫需要对什么是目标网页，什么不是目标网页做出选择。实际上，爬虫对爬取的网页的选择通常比较随意，很难推测网页是否在爬取范围，从这个意义上说，网络爬取肯定是不完整的。最后也是最重要的一点，万维网是有向结构，从任意一个网页起点并不能到达所有网页。如果一个网页没有指向它的超链接，那么这个网页不容易被爬取，该网页指向的网页也很可能无法被爬取。

实际上，网络爬虫的主要应用是用于搜索引擎中爬取互联网中各种网页并制成目录。对于很多研究者来说，可能没有足够的时间和网络带宽去爬取数以亿计的网页，但是使用一些性能优异的免费爬虫软件，如 wget、Nutch、GRUB、Larbin 及 WebSPHINK 等，爬取单个网站的网页也能得到很多有用的结论和信息。

1.2.4　社会网络

在社会网络中，顶点代表人或者人群，边代表他们之间的某种社会交往形式，如朋友关系。在社会学的讨论中，社会学家一般将网络中的节点称为参与者(actor)，网络的边称为关系(tie)。社会学中对于社会网络的研究已经有较长的时间，其中一些研究不仅在社会学上具有重要意义，而且对网络科学的发展起到了重要作用。

对于大部分人来说，提到社会网络，立即就会想到 Facebook、微博等社交网络平台。但是，社会网络的研究远比现在计算机形式的社会网络的出现要久远得多，社会网络分析的文献可以追溯到 19 世纪末。社会网络领域真正建立则要归功于精神病学家莫雷诺(Jacob Moreno)，20 世纪 30 年代，莫雷诺对人群中的社交行为动力学产生兴趣，在 1933 年举办的一次医学学术会议上，莫雷诺发表了其研究成果，这可能是社会网络首次真正意义上的研究。该研究引发广泛关注，以至于《纽约时报》专门开辟专栏介绍其研究成果。一年后莫雷诺出版的著作[12]虽然不是严格意义上的学术著作，但是已经蕴含社会测量学的火花。社会测量学此后发展成为社会网络分析学。

莫雷诺将画出的反映人与人关系的图称为社交图(sociolgram)，虽然 20 年后才有社会网络的名称出现，但是两者除了名称外并无区别。此后，社会网络分析技术被应用到大量不同的团体、专题或问题研究中，如团体内好友或熟人网络[13]，商人或其他行业人员间的联系网络[14]，科学家、电影演员或音乐家之间的合作网络[15-17]等。

理解社会网络最重要的是根据不同的问题定义其中边代表的关系，边可以代表朋友关系、亲属关系及业务关系等。

同时，测量不同类型社会网络的方法也不相同，具体的实验方法有很多种，下面将介绍几种常见的社会网络测量手段。实际上，社会学中还有很多其他测量方式，具体的实验方法细节也很值得研究，感兴趣的读者可以查看相关文献。

1. 采访和问卷

在现代很多研究中，如电话调查，主要采用采访与调查问卷相结合的方式，专业访问员在电话中向被访者口述问题。一方面，这样做可以按照一定顺序和措辞开展；另一方面，访问员直接提问使得研究具有灵活性和可靠性，因为受访者会更加重视回答并且整个提问过程可以由提问者引导。这些是非常重要的，因为对于调查的误解和理解不一致是误差的基本来源。而为了直接发现社会网络，通常调查问卷采用一种提名的方式，其中最经典的案例是拉波波特(Anatol Rapoport)和霍瓦特(William J Horvath)关于同学间好友关系网络的研究[18]。他们研究了初中生的好友关系，一般来说学生 A 认为 B 是好友，也意味着 B 认为 A 是好友，但是在一些情况下并不是对等的关系，即存在 A 认为 B 是好友但 B 不认为 A 是好友的情况。因此，这种好友网络用有向网络来表示更加准确。一个需要注意的问题是，拉波波特和霍瓦特在问卷中设定了好友数的上限，这样的限制称为固定选择调查，而不受限制的调查称为自由选择。可以发现，固定选择调查限制了网络中顶点的出度，这就给实际网络强加了一个人为的截断条件，使得网络的构建不符合实际。另外，每个人对于“好友”定义不同，也会导致偏差。实际上，几乎所有社会调查都会存在类似问题，很多专家也采用了大量技术和方法改进这些调查，尽管如此，当涉及源于采访或者问卷形式的社会网络数据时，结果中总会存在实验偏差的可能性，且这些偏差是无法控制的。

2. 档案记录

一般情况下，档案数据不受人类记忆变化等因素限制，而且它本身数据量非常大，使得建立大规模网络成为可能。基于档案数据开展研究的一个著名的例子是帕吉特(John F. Padgett)和安塞尔(Christopher Ansell)对 15 世纪佛罗伦萨市执政家族社会关系的研究[19]。他们根据同时期的历史档案确认家族之间存在的贸易关系、婚姻关系和其他形式的社会联系，如图 1-5 所示。值得注意的是，MEDICI 家族处于该网络的中心位置。他们认为，正是对类似社会网络的巧妙经营，才使得 MEDICI 家族在佛罗伦萨社会中处于统治地位。

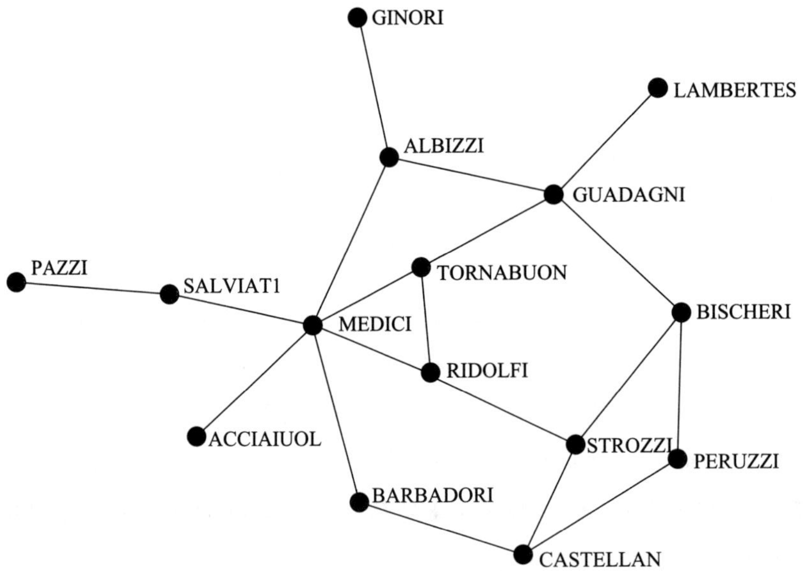

图 1-5　15 世纪佛罗伦萨市执政家族社会关系网络

近年来，Facebook 或 Linkedin 等在线社交网络迅速出现和发展，极大促进了个体间的联系，产生了大量网络数据。这些网络数据记录了参与者之间的联系，理论上能够提供丰富的档案数据，但是此类档案数据并不对外公开。

3. 直接观察法

仅仅通过对个体交互进行一段时间的观察，就可以构建出个体间存在的关系网络。在直接观察法研究中，研究者试图找到目标人群中成员之间友好与敌对这类关系，直接观察法通常是一类劳动密集型研究方法。主要的研究案例有扎卡里（Wayne W. Zachary）研究的空手道俱乐部（Zachary's Karate Club）网络[20]，弗里曼（Linton C. Freeman）研究的海滩上冲浪运动员之间的社会交往网络[21]。伯纳德（H. Russell Bernard）和他的同事在20世纪七八十年代整理了大量直接观察到的网络数据集[22,23]，目的在于帮助个体准确认识自己的社会地位。

1.3 网络科学

网络科学最初关注的是社会学问题，为深刻了解这些社会现象提供了科学原理。进入21世纪以后，网络科学不断发展，为进一步了解实际世界中的种种复杂现象提供了科学依据。本节将从学科层面简单介绍这门学科的实际意义及未来发展方向。

1.3.1 网络科学的学科意义

关于这门学科兴起的标志，普遍认为是两篇文章的发表：一篇是当时康奈尔大学理论和应用力学博士生瓦茨及其导师非线性力学专家斯托加茨教授于1998年6月在《自然》上发表的文章[6]；另一篇是当时圣母大学物理系教授巴拉巴西及其博士生阿尔伯特于1999年10月在《科学》上发表的文章[7]。这两篇文章分别揭示了复杂网络的小世界特征和无标度性质，并建立了相应的模型以阐述这些特性的机理，为研究复杂网络系统提供了模型基础。

事实上，正如前文中提到的，在没有真正提出网络科学的学科概念之前，关于网络的科学研究就已经开展，例如，电力学科、社会学科、通信学科、经济学科及生命学科等学科在各自领域内对网络系统的研究。同时，除了对这些“实体”网络的研究，还有一些对抽象网络的研究分支，它们同样使用了网络的思想进行研究。例如，数学中的图论研究点和线构成的网络，博弈论研究多个个体和团体在特定条件制约下对局中利用相关方的策略而实施应对的策略，物理中的统计力学研究大量粒子集合的宏观运动规律。既然针对各种具体和抽象网络都有对应的学科，那么为什么要专门研究统一的网络科学呢？

首先，网络科学所要研究的是各个看起来互不相同的复杂网络之间的共性和处理它们的普适方法。从哲学上说就是共性和个性的关系，从不同类型的复杂网络中分析其共同的特征，帮助人们更好地认识网络中普遍存在的复杂行为，反过来再去重新认识和改造不同类型的网络，使得网络系统能够按照更加合理的方式运行。

其次，网络科学本身是一门交叉科学，为已有研究和网络相关学科架起桥梁，使得一个领域对于网络的研究可以参考其他领域的网络研究成果。例如，传染病的传播问题、观点和谣言的传播问题、计算机病毒的传播问题和经济危机的传播问题等，这些问题看起来五花八门，但是本质上都属于网络科学中的传播动力学问题，即局部节点和连边的行为如何在整个网络中扩散。事实上，如今的科学发展趋势是越来越关注不同学科之间的交叉融合，使得对实际问题的研究更加全面。

此外，许多复杂网络的问题无法依靠单个学科有效解决，需要多学科协同，而网络科学正是一个这样的多学科交叉平台。从某种意义上看，各个学科关于网络研究的出发点不同。工程学关注网络对技术和工程的影响，物理学关注复杂网络系统演化的普适法则，而数学则关注构建严谨的复杂网络数学模型和拓扑性质的严格证明，每个领域都提供了对于网络不同的认知。

综合可以发现，网络科学作为连接不同学科的桥梁，并不固定于某些类型的复杂网络，而是研究复杂网络系统的共性。通过这门学科，将了解到不同网络系统间的共性和个性，学会从更加全面和系统的角度去认知客观世界的网络。

1.3.2 网络科学的未来发展方向

网络科学在短短20多年的发展中已经取得了很多重要成果，学术界对于复杂网络系统的关注度也越来越高。国内外很多大学相继开设了网络科学相关课程，但是从科学理论到实际应用需要一段漫长的发展过程，网络科学作为一个新兴学科不断面临研究上的挑战和困难，在正式进入这门学科前有必要了解它的复杂性及未来需要解决的问题。

这门学科研究的是复杂网络系统而不是简单的平面图，网络系统的复杂性体现在以下方面：

（1）结构复杂性。网络连接看上去错综复杂，而且网络连接结构可能是随时间变化的。例如时变网络系统，网络中节点之间的连接会随着时间发生变化[24]。

（2）节点复杂性。网络中的节点是具有分岔和混沌等复杂非线性行为的动力系统。例如，基因网络和Josephson结阵列中每个节点都具有复杂的时间演化行为。

（3）结构与节点之间的相互影响。一方面，网络结构会影响个体行为。例如，在社会网络中，每个人的观点、想法会受到网络中关系相近个体的影响；另一方面，节点的行为也可能影响网络结构。例如，2003年美加大停电造成美国东北部部分地区和加拿大东部地区发生大范围停电，经济损失达百亿美元，事后调查发现，事故是俄亥俄州的某个输电线路发生了过载，并最终扩散导致电力网络大范围的瘫痪。可以发现，网络中节点间的细微变化就可能会导致网络结构的巨大变化，这也是很多复杂网络系统的特别之处。

（4）网络之间的相互影响。当今网络化社会的一个重要特征就是各种重要基础设施网络之间的相互联系越来越紧密，相互影响越来越大。例如，物联网（Internet of things，IOT）是近年来的热点发展方向，其概念就是将Internet网络进行扩展并与用户端物体与物体之间的网络实现互联互通，这其中就包含着多种网络之间的复杂的交互过程。网络科学领域也关注到这种多层网络之间相互耦合的研究影响[25]。

从以上描述不难看出对于复杂网络系统，内部的复杂行为使得网络中细微的变化就会带来连锁反应，这使得复杂网络研究充满挑战。尽管复杂网络的特性仍然存在很多未知领域，但是学习和研究这个学科的过程却是有迹可循的，可以从以下内容着手：

（1）网络科学首先要刻画网络系统结构和拓扑性质，以及度量这些性质的合适方法。自从小世界和无标度的结构特征发现以来，网络基本结构特征的研究一直是重点。然而对于很多极其复杂的网络至今还没有有效方法获取完整网络数据。例如，2008 年生物学家协同努力也只能获取酵母中 20%左右蛋白质的相互连接[26]。很多网络的结构只能通过采样获取。如何通过局部网络研究推广到整个网络是值得注意的。同时，很多网络会随着时间演化，这些网络的结构性质分析也需要更多的研究。

（2）网络科学需要建立合适的网络模型帮助人们理解这些统计性质与产生机理。虽然小世界和无标度网络提升了对网络结构和产生机理的认知，人们也根据这些理论对很多实际网络进行了建模，但是对于实际问题的建模仍然不是完美的。一部分研究是在不考虑实际网络具体特征情况下建立理想模型，另一部分研究是试图用图模型尽可能呈现实际网络的拓扑性质。前者太过于理论而牺牲了网络的实际特征，后者因为参数和假设条件过多使得模型难懂也缺乏预测。如何在复杂度和设计特征中取得平衡，建立能精确预测问题并且处理起来并不复杂的网络模型是网络科学进一步走向实际的挑战之一。

（3）分析网络中单个节点特性和整个网络结构性质分析并预测网络的行为。研究复杂网络结构性质与建模的目的之一就是了解网络结构与网络功能之间的相互关系与影响，包括网络上的传播、博弈和同步行为等。总体上看，这方面的研究仍然处于起步阶段。其根本难度在于，对于网络的某个具体功能或行为，人们可以相对较为容易地判断该功能是否与网络的某个结构性质之间关系不大，却很难准确判断该功能是否是由网络的某个结构性质所决定的。因此，关于网络结构与功能之间关系的研究往往只能得到较为合理的结论，而难以得到完全充分的结果。如何精确确定网络的性质和功能与拓扑结构的关系也是未来研究所需要注意的。

（4）提出改善已有网络性能和设计新网络的有效方法。人类生活和生产活动越来越依赖于各种网络系统的安全、可靠和有效的运行，如通信网络的鲁棒性、交通网络的拥塞控制和电力系统的稳定性等。但是控制界对于具有复杂网络结构系统的问题研究是 20 世纪末才开始的。如何根据网络结构施加合适的控制手段使得网络性能优化，还需要更多的相关研究。

（5）随着研究的深入和技术的不断进步，网络科学在实际网络中的应用将不断扩展和深化，典型的例子包括通信网络、交通网络、电力网络和在线社交网络等，甚至看上去与网络无关的问题，例如单词间可以通过某种关系建立一个语言网络[27]，各种各样的时间序列也可以转化为网络来研究。未来随着这些研究的不断推进，网络科学在实际工程中将发挥越来越大的作用[28,29]。

思考题

1.1 网络系统在实际生活中无处不在，除了本章介绍的几种网络，你还能想到什么样网络形式的例子？

1.2 网络科学是一门交叉学科，涉及理科、工科甚至社会学科，你能想到自己所学的哪些课程内容可能运用到这一学科？具体解释相关的原因。

参考文献

[1] Milgram S.The small world problem[J]. Psychology Today, 1967, 2(1): 60-67.

[2] Travers J, Milgram S. An Experimental Study of the Small World Problem[M]. Cambridge: Social Networks Academic Press, 1977: 179-197.

[3] Kleinberg J M. Navigation in a small world[J]. Nature, 2000, 406(6798): 845-845.

[4] Kleinberg J M. The small-world phenomenon: an algorithmic perspective[C]. Proceedings of the Thirty-Second Annual ACM Symposium on Theory of Computing, Portland, 2000: 163-170.

[5] Granovetter M S. The strength of weak ties[J]. American Journal of Sociology, 1973, 78(6): 1360-1380.

[6] Watts D J, Strogatz S H. Collective dynamics of 'small-world' networks[J]. Nature, 1998, 393(6684): 440-442.

[7] Barabási A L, Albert R. Emergence of scaling in random networks[J]. Science, 1999, 286(5439): 509-512.

[8] Faloutsos M, Faloutsos P, Faloutsos C. On power-law relationships of the Internet topology[J]. ACM SIGCOMM Computer Communication Review, 1999, 29(4): 251-262.

[9] Amaral L A N, Scala A, Barthelemy M, et al. Classes of small-world networks[J]. Proceedings of the National Academy of Sciences, 2000, 97(21): 11149-11152.

[10] Barthélemy M, Barrat A, Pastor-Satorras R, et al. Velocity and hierarchical spread of epidemic outbreaks in scale-free networks[J]. Physical Review Letters, 2004, 92(17): 178701.

[11] Dobson I, Carreras B A, Lynch V E, et al. Complex systems analysis of series of blackouts: Cascading failure, critical points, and self-organization[J]. Chaos: An Interdisciplinary Journal of Nonlinear Science, 2007, 17(2): 026103.

[12] Moreno J L. Who Shall Survive?: A New Approach to the Problem of Human Interrelations[M]. Washington: Nervous and Mental Disease Publishing Co., 1934.

[13] Bernard H R, Johnsen E C, Killworth P D, et al. Estimating the size of an average personal network and of an event subpopulation: Some empirical results[J]. Social Science Research, 1991, 20(2): 109-121.

[14] Coleman J, Katz E, Menzel H. The diffusion of an innovation among physicians[J]. Sociometry, 1957, 20(4): 253-270.

[15] Grossman J W. The evolution of the mathematical research collaboration graph[J]. Congressus Numerantium, 2002: 201-212.

[16] Amaral L A N, Scala A, Barthelemy M, et al. Classes of small-world networks[J]. Proceedings of the National Academy of Sciences, 2000, 97(21): 11149-11152.

[17] Gleiser P M, Danon L. Community structure in jazz[J]. Advances in Complex Systems, 2003, 6(04): 565-573.

[18] Rapoport A, Horvath W J. A study of a large sociogram[J]. Behavioral Science, 1961, 6(4): 279-291.

[19] Padgett J F, Ansell C K. Robust action and the rise of the Medici, 1400 - 1434 [J]. American Journal of Sociology, 1993, 98(6): 1259-1319.

[20] Zachary W W. An information flow model for conflict and fission in small groups[J]. Journal of Anthropological Research, 1977, 33(4): 452-473.

[21] Freeman L C, Freeman S C, Michaelson A G. On human social intelligence[J]. Journal of Social and Biological Structures, 1988, 11(4): 415-425.

[22] Bernard H R, Killworth P D. Informant accuracy in social network data Ⅱ [J]. Human Communication Research, 1977, 4(1): 3-18.

[23] Bernard H R, Killworth P D, Sailer L. Informant accuracy in social network data Ⅳ: A comparison of clique-level structure in behavioral and cognitive network data[J]. Social Networks, 1979, 2(3): 191-218.

[24] Yu H, Braun P, Yıldırım M A, et al. High-quality binary protein interaction map of the yeast interactome network[J]. Science, 2008, 322(5898): 104-110.

[25] Solé R V, Corominas-Murtra B, Valverde S, et al. Language networks: Their structure, function, and evolution[J]. Complexity, 2010, 15(6): 20-26.

[26] Lacasa L, Luque B, Ballesteros F, et al. From time series to complex networks: The visibility graph [J]. Proceedings of the National Academy of Sciences, 2008, 105 (13): 4972-4975.

[27] Zhang J, Small M. Complex network from pseudoperiodic time series: Topology versus dynamics[J]. Physical Review Letters, 2006, 96(23): 238701.

[28] Holme P, Saramäki J. Temporal networks[J]. Physics Reports, 2012, 519(3): 97-125.

[29] Kivelä M, Arenas A, Barthelemy M, et al. Multilayer networks [J]. Journal of Complex Networks, 2014, 2(3): 203-271.

第 2 章　网络的数学基础

第 1 章介绍了网络科学的起源是图论的研究，图论(graph theory)知识是网络科学的数学基础。图提供了一种用抽象的点和线表示各种网络的统一方法，是当前研究复杂网络的一种共同语言。事实上，在很多现代科学领域我们经常能看到图论的应用，如无线通信、计算机科学等。这种抽象语言的一个好处在于我们可能透过现象看到本质，通过对抽象的图的研究得到具体的实际网络的拓扑性质。所谓网络的拓扑性质指这些性质与网络中节点的大小、位置、形状、功能等以及节点与节点之间是何种物理或非物理的连接等无关，而只与网络中有多少节点以及哪些节点之间有边直接连接有关。以欧拉的七桥实验为例，问题本身只关注于步行路线能否一次走完几片陆地，即陆地间的连接方式和数量。图的抽象性决定了在描述实际网络时很多信息将丢失，例如哥尼斯堡七桥的抽象图中没有反映每片陆地的面积和具体位置。当这些额外信息对解决问题并不影响时，我们只需要把精力专注于与问题有关的因素上。本章将介绍图论中的一些基础内容，这些也是后面章节深入研究复杂网络科学的重要预备知识。对图论其他领域也感兴趣的读者，可以参阅相关著作[1,2]。

2.1　网络的图形式

网络在数学的相关文献中也称为图，是一个由多个顶点及连接顶点之间的边组成的集合。顶点(vertex)和边(edge)在计算机科学中也称为节点(node)和连接(link)，在物理学中也称为点(site)和键(bond)，在社会学中也称为参与者(actor)和关系(tie)。表 2-1 展示了生活中常见的一些网络，以及它们的顶点和边。

表 2-1　实际网络中的顶点和边

网络	顶点	边
万维网	网页	超链接
引文网络	论文、专利或法律文书	引用关系
电力网络	发电站或变电站	电力传输线路
好友网络	个人	朋友关系
神经网络	神经元	突触
新陈代谢网络	代谢物	新陈代谢反应
食物网络	物种	捕食关系
交通网络	交通工具	行驶道路

按照图中的边是否有向(direction)和有权(weight)，可以分为 4 种类型的图：加权无向图、无权无向图、加权有向图及无权有向图。在研究不同的网络问题时，可以将问题抽象为这 4 种类型的图。

2.1.1　无权无向图

图中的边是无权且无向的。所谓无权就是边的信息中不包含权重大小；而无向就是对于任意两个节点 i 和 j，(i, j) 和 (j, i) 对应于同一条边。无权无向图可以通过对有向图的无向化处理和加权图的阈值化处理而得到。如图 2-1 所示，我们展示了一个简单的无权无向图。

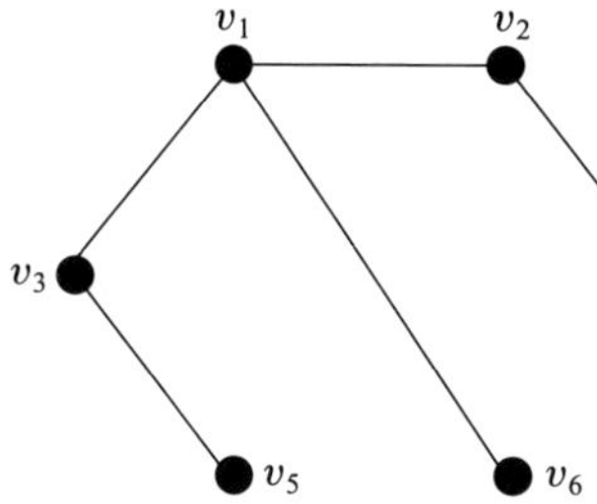

图 2-1　无权无向图

无权无向图反映的是一种稳定的双向关系，同时不考虑这些联系的强度差异。例如，如果我们把朋友定义为双方都认为对方是朋友且不考虑亲密程度的差异，那么这个朋友关系网络是一个无权无向图。

2.1.2　加权有向图

加权有向图中的边是有向且有权重的。网络的有向性体现在对于任意两个节点 i 和 j，存在一条从节点 i 指向节点 j 的有向边 (i, j)，并不意味着一定存在一条从节点 j 指向节点 i 的边 (j, i)。对于有向边 (i, j)，节点 i 称为始点，节点 j 称为终点。边是有权的是指网络中的每条边都赋有相应的权值，表示两个节点之间联系的强度。图 2-2 展示了一个加权有向图。

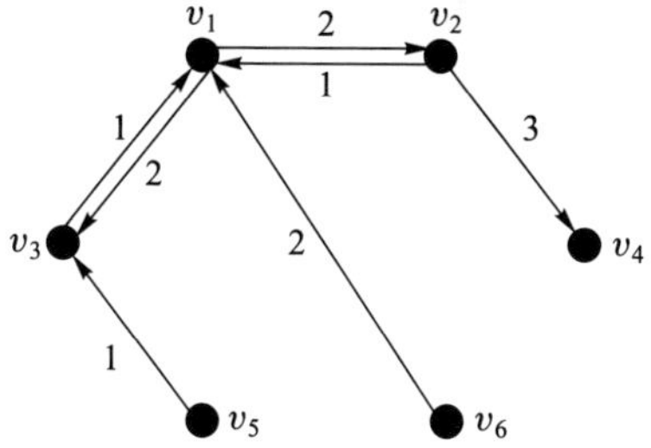

图 2-2　加权有向图

注意到，加权有向网络可以反映节点间的作用方向和强度大小，很多实际问题需要用这种网络表示。例如，考虑一群朋友之间是否相互认识以及亲密程度，构建的朋友网络就是一个加权有向图。还有许多其他实际的网络也可以描述为加权有向网络。例如，在道路交通网络中，单向车道对应的就是有向边，边的权值对应于连接两地道路的长度或者车辆通行需要的时间，由于通行时间既与道路长度有关也与道路拥塞程度相关，因此对于连接两地的双向车道，由于拥塞程度不同也会具有不同的通行时间。所以，即使全是双向车道，如果按照通行时间为每条道路加权，交通网络也是一个加权有向网络。车流的变化导致拥塞程度的变化，这一网络中边的权值也是不停变化的。此外，金融网络也可描述为加权有向网络[3]。

2.1.3　加权无向图

加权无向图中的边是加权且无向的，图 2-3 展示了一个简单的加权无向图。加权无向图可以通过对加权有向图对称化处理得到。

首先是把有向图转化为无向图。有两种将有向图转化为无向图的方式，它们之间在边的判断上有所区别。第一种，当且仅当在原始的有向图中既有从节点 i 指向节点 j 的边 (i, j) 也有从节点 j 指向节点 i 的边 (j, i) 时，对应无向图中节点 i 和节点 j 之间有一条无向边 (i, j)；第二种，只要原始的有向图中存在有向边 (i, j) 或(和)有向边 (j, i)，无向图中则存在无向边 (i, j)。

其次是确定每一条无向边的权值。由于可能出现有向图中两条边转化为无向图中一条边的情况，所以在权值转化上也有两种方法。第一种，取有向图中两点之间的有向边的权值之和作为无向图中对应边的权重；第二种，取两点之间的有向边的权值的最小值或最大值作为对应无向图中对应边的权重。图 2-3 展示了一个 6 个节点的加权无向图。

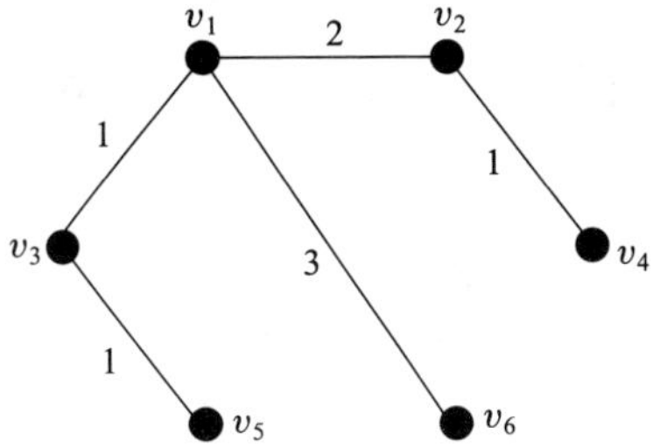

图 2-3　加权无向图

2.1.4 无权有向图

无权有向图中的边是有向且无权的，图 2-4 展示了一个无权有向图。所谓无权图也可以认为图中边的权值相等。通常可以假设每条边的权值为 1。

无权有向图可以通过对加权有向图进行阈值化处理得到。具体做法是：设定一个阈值 r，网络中权值小于等于 r 的边全部去掉，权值大于 r 的边保留下来，并且权值都重新设置为 1。

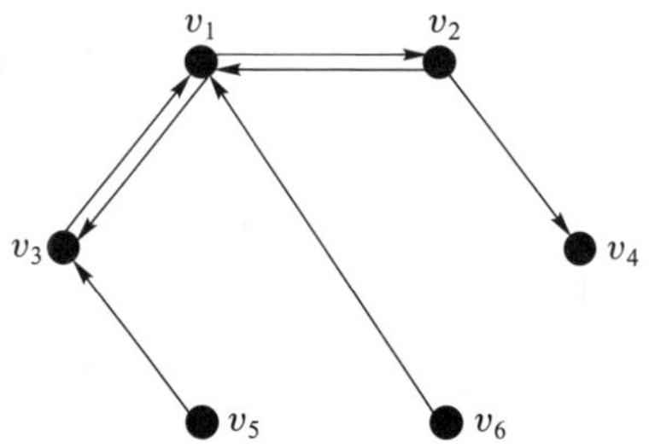

图 2-4 无权有向图

2.2 图的代数形式

第 2.1 节介绍了网络的图形式，通过图可以直观地发现网络的一些特点。但是对于大规模复杂网络，这种方式有很大的局限性，例如图并不能很好地反映网络中存在的动力学特征。所以通过数学上对图的代数表示，不仅可以让我们用其他工程科学知识分析网络，也可以方便计算机的处理。本节将介绍图的 4 种代数形式，分别是邻接矩阵、拉普拉斯矩阵、邻接表和三元组。

2.2.1 邻接矩阵

数学上使用多种方法表示图的结构。邻接矩阵(adjacency matrix)是一种数学上常见的图的表示形式，广泛应用于与图有关的计算机科学、网络科学等领域的研究中。下面以第 2.1 节提到的 4 种典型的图为例，介绍邻接矩阵的具体使用。

（1）加权有向图和无权有向图

$$a_{ij}=\begin{cases}w_{ij}, & \text{如果有从顶点 } i \text{ 指向顶点 } j \text{ 的权值为 } w_{ij} \text{ 的边}(w_{ij}=1 \text{ 则为无权图})\\ 0, & \text{如果没有顶点 } i \text{ 指向顶点 } j \text{ 的边}\end{cases} \tag{2-1}$$

注意：这里将加权有向图和无权有向图放在一起讨论，因为它们仅在矩阵元素的值上有所区别。正如之前所说，无权有向图可以视为一种边权值为 1 的特殊加权有向图（1 表示存在一条有向边）。以图 2-2 为例，网络的邻接矩阵 $\boldsymbol{A}$ 可表示为

$$\boldsymbol{A}=\begin{bmatrix}0&2&2&0&0&0\\1&0&0&3&0&0\\1&0&0&0&0&0\\0&0&0&0&0&0\\0&0&1&0&0&0\\2&0&0&0&0&0\end{bmatrix}$$

如果将邻接矩阵 $\boldsymbol{A}$ 中所有非零元素均置换为 1，则变成图 2-4 的邻接矩阵。

（2）加权无向图和无权无向图

$$a_{ij}=\begin{cases}w_{ij}, & \text{如果顶点 } i \text{ 和顶点 } j \text{ 之间有权值为 } w_{ij} \text{ 的边}(w_{ij}=1 \text{ 则为无权图})\\ 0, & \text{如果顶点 } i \text{ 和顶点 } j \text{ 之间没有边}\end{cases} \tag{2-2}$$

同样，这里将加权无向图和无权无向图放在一起讨论，因为它们仅在矩阵元素上有所区别。以图 2-3 为例，网络的邻接矩阵 $\boldsymbol{A}$ 可表示为

$$\boldsymbol{A}=\begin{bmatrix}0&2&1&0&0&3\\2&0&0&1&0&0\\1&0&0&0&1&0\\0&1&0&0&0&0\\0&0&1&0&0&0\\3&0&0&0&0&0\end{bmatrix}$$

如果将邻接矩阵 $\boldsymbol{A}$ 中的所有非零元素置换为 1，则变成一个无权无向图的邻接矩阵。此外，无向图的邻接矩阵一定是对称的，这点对于进行网络有关的矩阵分析时是相当有用的，很多对称矩阵的性质可以在研究中派上用场。

2.2.2 拉普拉斯矩阵

上一小节介绍了图的邻接矩阵，利用邻接矩阵能够得到网络的整体结构，并且邻接矩阵的性质能够揭示很多关于网络的有用的信息。同时还有另一种矩阵与邻接矩阵相似，但是在某些重要方面有所区别，该矩阵也能揭示网络结构的很多性质，这就是图的拉普拉斯矩阵(Laplacian matrix)。在进行讨论之前需要说明，本节定义和讨论的图拉普拉斯矩阵只适用于无向网络，尽管有些研究者提出了一些扩展方法，但是本节讨论的结论和性质还不能简单地直接推广到有向网络。

我们定义一类传播过程的图拉普拉斯矩阵。扩散(diffusion)主要是指气体受到相对压力(或者称为局部压力)的作用，从高密度区域向低密度区域移动的过程。也可以考虑网络上的扩散过程，例如观点的传播或疾病传播等。可以用扩散过程作为描述网络中传播的简单模型，假设网络的顶点拥有某种商品或物质，顶点 i 拥有的数量为 ψ_i。假设商品沿着边，以速率 $C(\psi_j-\psi_i)$ 从顶点 j 移到邻居顶点 i，其中 C 是一个常数，称为扩散常数，那么在一个极短的时间内，从顶点 j 移到顶点 i 的流量为 $C(\psi_j-\psi_i)\mathrm{d}t$。$\psi_i$变化的速率为

$$\frac{\mathrm{d}\psi_i}{\mathrm{d}t}=C\sum_j A_{ij}(\psi_j-\psi_i) \tag{2-3}$$

式中的邻接矩阵保证了只有通过边实际相连的两个顶点才能出现在和式中。同时，本节接下来讨论的网络是简单网络，即两个顶点之间最多有一条边，并且没有自边。

将式(2-3)进行分解，可以得到

$$\frac{\mathrm{d}\psi_i}{\mathrm{d}t}=C\sum_j A_{ij}\psi_j-C\psi_i\sum_j A_{ij}=C\sum_j(A_{ij}-\delta_{ij}k_i)\psi_j \tag{2-4}$$

其中，k_i表示顶点 i 的度，这里利用了结论 $k_i=\sum_j A_{ij}$。δ_{ij}是克罗内克 δ 函数，当 $i=j$ 时，δ_{ij}为 1，否则为 0。

式(2-4)可以写成矩阵形式：

$$\frac{\mathrm{d}\boldsymbol{\psi}}{\mathrm{d}t}=C(\boldsymbol{A}-\boldsymbol{D})\boldsymbol{\psi} \tag{2-5}$$

其中，$\boldsymbol{\psi}$ 向量的分量是 ψ_i；$\boldsymbol{A}$ 是邻接矩阵；$\boldsymbol{D}$ 是对角矩阵，其对角元为顶点的度，即

$$\boldsymbol{D}=\begin{bmatrix} k_1 & 0 & 0 & \cdots \\ 0 & k_2 & 0 & \cdots \\ 0 & 0 & k_3 & \cdots \\ \vdots & \vdots & \vdots & \ddots \end{bmatrix} \tag{2-6}$$

可以定义一个新矩阵

$$\boldsymbol{L}=\boldsymbol{D}-\boldsymbol{A} \tag{2-7}$$

因此，式(2-4)可以写成

$$\frac{\mathrm{d}\boldsymbol{\psi}}{\mathrm{d}t}+C\boldsymbol{L}\boldsymbol{\psi}=0 \tag{2-8}$$

该公式与气体扩散方程形式相同，只不过气体扩散方程中的拉普拉斯算子∇^2被矩阵 $\boldsymbol{L}$ 替代。矩阵 $\boldsymbol{L}$ 称为图拉普拉斯矩阵，该矩阵不仅仅出现在扩散过程中，还将出现在很多其他地方，包括网络上的随机游走、电阻网络、图划分及网络连通度等方面。在图论领域中，拉普拉斯矩阵的完整形式是

$$L_{ij}=\begin{cases} k_i, & i=j \\ -1, & i\neq j \text{ 且有一条边}(i,\ j) \\ 0, & \text{其他} \end{cases} \tag{2-9}$$

不难发现，在图的拉普拉斯矩阵中对角线上的元素是顶点的度，而每条边对应在拉普拉斯矩阵中的元素值为-1。同时，由于只适用于无向网络，我们很容易发现图的拉普拉斯矩阵是一个对称矩阵。图的拉普拉斯矩阵能够反映图的重要结构信息，在很多计算机算法中有着重要应用，本书第 7 章将具体介绍一些相关的应用。

2.2.3　邻接表

除了邻接矩阵，另一种存储网络结构的简单格式是邻接表。实际上，邻接表是在计算机算法中使用非常广泛的一种网络表示方式。

邻接表并不是一个单独的列表，而是一组列表，每个列表对应一个顶点 i。每个列表都包含与顶点 i 通过边直接相连的邻居顶点标识。例如，图 2-5 展示了一个小型网络，其对应的邻接表形式如表 2-2 所示。

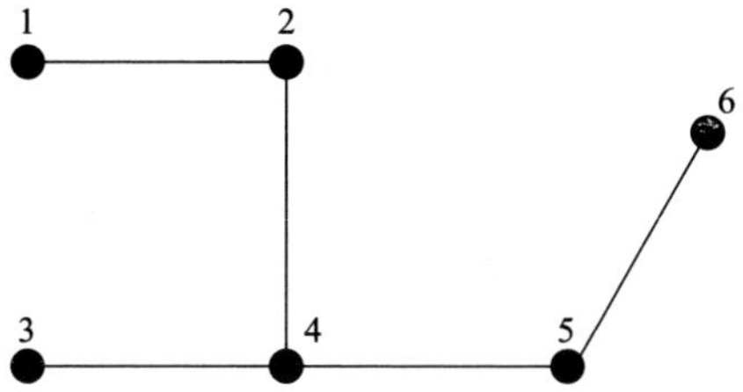

图 2-5 一个小型网络

表 2-2 邻接表表示一个小型网络

顶点	邻居顶点
1	2
2	1，4
3	4
4	2，3，5
5	4，6
6	5

在计算机中可以用一系列整型数组存储邻接表，每个数组对应一个顶点，或者用一个二维数组存储邻接表，每一行代表一个顶点。通常也会存储每个顶点的度，这样就可以知道顶点有多少个邻居顶点，以及每个顶点对应的整型数组有多少个元素。这可以通过一个额外的 n 元整型数组来存储。注意，邻接表对于每个顶点的邻居顶点存储顺序没有要求，可以按任意次序随机存储。

在上面给出的邻接表例子中，每条边都出现了两次。例如，顶点 1 和顶点 3 之间有一条边，这意味着顶点 3 被列为顶点 1 的邻居，同时顶点 1 也被列为顶点 3 的邻居。为了表示 m 条边，需要存储 $2m$ 个整数，这个规模要比邻接矩阵存储 n^2 个元素小得多。例如，若计算机中用 4 字节表示整型，那么对于一个有 10 000 个顶点和 100 000 条边的网络，即 $n=10\,000$ 和 $m=100\,000$，以邻接表方式存储将占用 800 KB 空间，而以邻接矩阵存储则将占用 400 MB 空间。不过，同一条边存储两次还是有些浪费，如果每条边只存储一次，就可以节省一半的空间。然而一条边存储两次会带来一些其他的好处，它使得解决某些问题时的算法更快、更简单，这些优势值得在空间上花费一些额外的开销，并且现在内存价格低廉，用邻接表足以存储绝大部分网络。

2.2.4　三元组

除了以上几种常见的图的代数形式，还有一种常见的三元组形式。很多互联网络上的实际网络数据集也是以这种形式进行存储，所以有必要了解三元组怎样对图进行存储。

三元组很容易表示一般的加权有向网络。以图 2-2 所示的加权有向网络为例，其三元组表示形式如表 2-3 所示。

表 2-3　加权有向网络的三元组

起始顶点	终止顶点	权值
1	2	2
1	3	2
2	1	1
2	4	3
3	1	1
5	3	1
6	1	2

以表 2-3 第一行的三元组为例，它表示有一条从顶点 1 指向顶点 2 的边，且该边的权值为 2。整个表有 7 行，代表网络有 7 条有向边。三元组也可以表示无向网络，在无向网络的三元组表示中，每条边会出现两次。

在一些网络分析软件如 Pajek 接受的数据格式中，邻接表和三元组是常用的格式，只是其中每条边只出现一次，从而使得表示更为紧凑。我们将图 2-1 所示无权无向图分别以邻接表和三元组的常规格式与 Pajek 格式存储，如图 2-6 和图 2-7 所示。

1	2	3	6
2	1	4	
3	1	5	
4	2		
5	3		
6	1		

(a) 常规格式

1	2	3	6
2	4		
3	5		

(b) Pajek格式

图 2-6 图的邻接表形式

1	2	1
1	3	1
1	6	1
2	1	1
2	4	1
3	1	1
3	5	1
4	2	1
5	3	1
6	1	1

(a) 常规格式

1	2	1
1	3	1
1	6	1
2	4	1
3	5	1
		1

(b) Pajek格式

图 2-7 图的三元组形式

2.3 图的类型

图就是点和边连成的图形，而不同的连接规则会呈现出不同类型的图。这些不同类型的图在分析相应的问题中体现出独特的优势，例如在计算机科学中经常与树打交道。认知不同类型的图的特点和性质有助于处理特定问题，本节将介绍几种常见的图。

2.3.1 树

一个包含 N 个顶点的连通图 G 至少含有 $N-1$ 条边。如果这个连通图恰好只

有 $N-1$ 条边，那么这个图就可以看作最简单的连通图，我们称之为树(tree)。

一般地，一个包含 N 个顶点的无向图 G 称为一棵树，如果它满足如下任意一个条件：

① 图 G 是连通的并且有 $N-1$ 条边；

② 图 G 是连通的并且不包含圈(cycle)；

③ 图 G 不包含圈并且有 $N-1$ 条边；

④ 图 G 中任意两个顶点之间有且只有一条边；

⑤ 图 G 中任意一条边都是桥(bridge)，即去掉图 G 中任意一条边都会使图变得不连通。

图 2-8(a)给出的就是一棵包含 9 个顶点的树。这棵树也称为自由树，因为直观上很难看出来树根、树枝和树叶等关于树的基本特征。然而，通过把某个顶点设定为根(root)，就可以得到树的层次表示，称为根树(rooted tree)。例如，对于图 2-8(a)中的树，取顶点 1 为根，就可以得到如图 2-8(b)所示的根树。对于大型复杂网络，层次性的描述和分析方法非常重要。关于树的很多性质和结论被广泛应用于计算机领域，本小节不做过多介绍，将在后面章节具体应用时介绍。

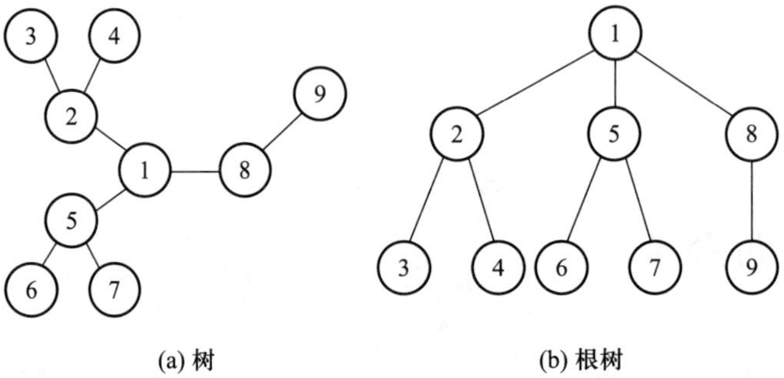

图 2-8　树和根树

2.3.2　平面图

平面图是指一个可以画在平面上，而边与边之间互不交叉的网络。注意，在绝大多数情况下平面网络都可以找到一种画法，使得一些边交叉。因此，网络具有平面性的定义表明至少存在一种画法，使得边与边之间不存在任何交叉。

图 2-9(a)是一个 4 个顶点 6 条边的小型平面网络，很明显这是一个平面图。图 2-9(b)表示的图与图 2-9(a)中的图相同，但是其中有两条边交叉。虽然如此，图 2-9 表示的图是平面图，因为只要存在一种画法使得网络中的边彼此不交叉，则该网络就是平面图。正如第 1 章中所说，图是由节点和节点间的连接关系确定的，而不是绝对位置，因而同一个图可以画出多种形式。

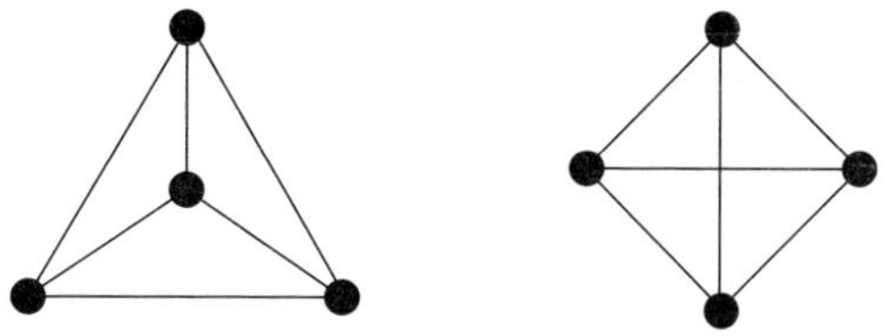

(a) 平面图画法1　　(b) 平面图画法2

图 2-9　一个平面图的两种画法

本书讨论的大多数网络并非平面网络，主要有两个原因，一个原因是某些网络，如引文网络、新陈代谢网络和合作网络等，没有与之对应的二维几何图形；另一个原因是，即使存在这样的二维几何图形，也无法避免边与边的交叉(例如 Internet、航线网络及电子邮件网络等)。但是，也有一些很著名的平面网络的例子。例如，所有的树都是平面网络。对于一些树状网络，如河流网络，就是很明显的平面网络；计算机数据结构中使用的树，尽管这类树没有明显的二维表现形式，但它们的确也是平面网络。

在非树状网络中，有些网络也是平面的。公路网络是这类网络中的一个典型例子。因为公路必须建在地球表面，所以公路会形成一个粗略的平面网络。公路有时候确实可以相遇而不交叉，通过立交桥可以使一条公路穿过另一条公路，所以实际上严格地讲，公路网络并非是平面网络。但是很多情况下，当两条道路相遇时，都会交叉在一起，而不是利用立交桥将两条道路分开。将公路网络看成平面网络是一种有效的近似手段。

另一个例子是表示一定区域地图的网络。可以描述一组连续区域的地图，用顶点表示每个区域，用边将拥有相同边界线的区域连接起来。若所讨论的区域是由连续的陆地构成的，那么很容易看出，总是可以将得到的网络画成没有交叉边的形式。这类表示地图上不同区域的网络在四色定理(four-color theorem)中扮演着重要的角色，该定理的内容是：最多使用 4 种颜色就可以表示地图中的任意一组区域，这些区域可以是真实的，也可以是想象的，无论有多少个区域，也无论这些区域面积多大或是什么形状，都可以保证两个相邻的区域不会是同一种颜色。通过构建地图所对应的网络，该问题可以转化为对平面图中的顶点涂色的问题，即如何保证同一条边连接的两个顶点颜色不同。在这个约束条件下，对图涂色所需的颜色数称为该图的色数(chromatic number)，关于色数已经有了很多数学结论。四色定理的证明，即证明一个平面图的色数总是 4，由 Appel 和 Haken 在 1976 年首次给出[4-6]。

图论中的一个重要问题是，如何确定一个给定的网络是否为平面网络。对于小型网络，可以直观地画出一个网络图，然后进行变换，看能否得到一个边与边互不相交的网络图。但是，对于大型网络而言，这种方法缺乏可行性，因此需要一种更加普遍的判定方法。幸运的是，这样的简单方法确实存在。该方法证明的过程很长，并且技术性很强，如果读者对证明感兴趣，可以参考 West 给出的证明[2]。

2.3.3　超图

在传统图论中，图中的一条边只能连接最多两个顶点。但是在一些网络中，一些边会同时连接多个节点，这样的高阶拓扑网络叫作超图(hyper graph)。超图在关系数据库和社交网络等领域有着重要应用。超图和图一样有着有向图和无向图之分，我们首先介绍无向超图。考虑一个无向超图 $H=(X, E)$，其中 X 是节点集，E 是超边(hyperedge)集。需要注意的是，传统图中边集中的元素只有两个节点(代表起始节点和终止节点)，但是超边集 E 中每个元素都是节点集 X 的任意子集(即可以不止两个节点)。用数学术语描述就是，$X \in (P(X) \setminus \{\varnothing\})$，其中 $P(X)$是集合 X 的幂集(X 的幂集是所有 X 的子集的集合，并且包括空集和 X 集合本身)。集合 X 大小称作超图的阶数，集合 E 的大小称作超图的大小。图 2-10 展示了一个无向超图 $H=(X, E)$，其中节点集 $X=\{v_1, v_2, v_3, v_4, v_5, v_6, v_7\}$，超边集 $E=\{e_1, e_2, e_3, e_4\}=\{\{v_1, v_3, v_4\}, \{v_2, v_4\}, \{v_3, v_4, v_5\}, \{v_6\}\}$，可以看出超边可以同时连接超过两个顶点。

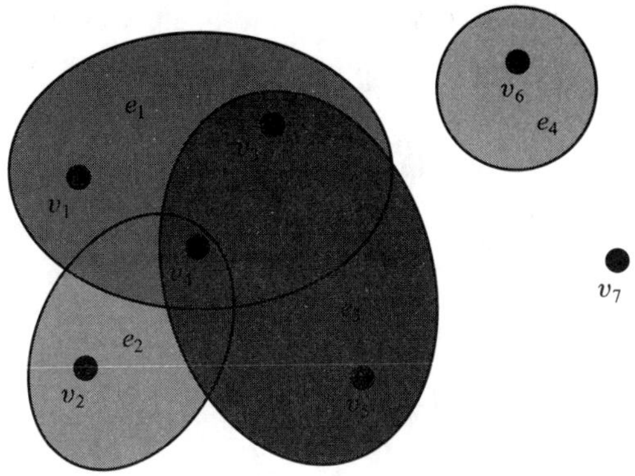

图 2-10 一个无向超图

实际生活中有很多关系网络可以用超图来表示。例如，在一个大的社交网络中，我们可以建立一个超图，图中一个家庭的所有节点由一条超边连接；又或者在一个科学引文网络中，一篇文章的引用量可能上千或者上万，用一条超边可以连接所有引用这篇文章的节点。超边在数据库处理和网络性质分析上更加方便。

由于一条超边可以连接多个节点，所以每条超边可能表示的方向更多且更为复杂。下面介绍一个简单的有向超图。有向超图 $H=(X, E)$ 中超边以尾点集 $T(E)$ 和头点集 $H(E)$ 区分。一个有向超图可以用关联矩阵(incidence matrix) $\boldsymbol{A}$ 来表示，具体定义如下：

$$a_{ij}=\begin{cases}-1, & v_i \in T(e_j)\\ 1, & v_i \in H(e_j)\\ 0, & \text{其他}\end{cases} \tag{2-10}$$

对于图 2-11 所示的有向超图，我们可以用一个关联矩阵 $\boldsymbol{A}$ 来表示，具体形式如下：

$$\boldsymbol{A}=\begin{bmatrix}-1 & 0 & 0 & 0\\ 0 & -1 & 0 & 0\\ 1 & -1 & -1 & 0\\ 1 & 0 & -1 & 0\\ 0 & 1 & 0 & -1\\ 0 & 0 & 1 & -1\end{bmatrix}$$

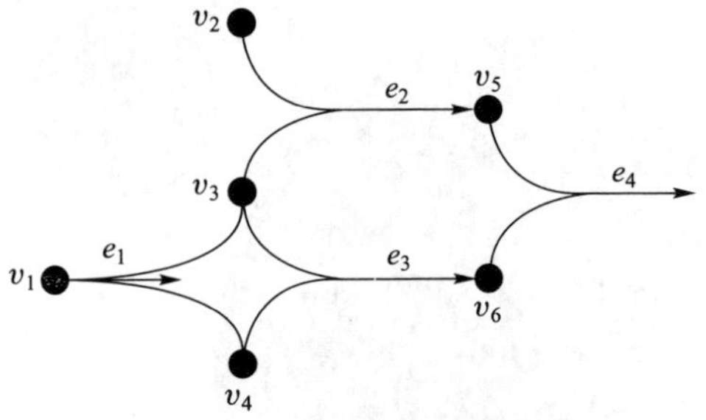

图 2-11　一个有向超图

根据超边集中 $T(E)$ 和 $H(E)$ 的基数大小 $|T(E)|$ 和 $|H(E)|$，可以对有向超图的类型进行进一步划分。关于有向超图的更多内容感兴趣的读者可以查阅相关文献。

2.3.4　二分图

给定图 $G=(V, E)$，如果顶点集 V 可分为两个互不相交的非空子集 X 和 Y，并且图中每条边 (i, j) 的两个顶点 i 和 j 分别属于这两个顶点子集，那么就称图 G 为一个二分图(bipartite graph)，记为 $G=(X, E, Y)$。如果在子集 X 中的任一顶点 i 和子集 Y 中的任一顶点 j 之间都存在一条边，那么就称图 G 为一个完全二分图(complete bipartite graph)。

在网络科学中，二分图也称为二分网络(bipartite network)、从属网络(affiliation network)或二模网络(two-mode network)。二分网络有很多重要特征和性质，判断一个实际问题或者一个给定网络是否可以用二分网络形式表示的一般条件如下：在网络中任意选取一点，把该节点以及与该节点距离为偶数的所有其他节点的集合记为 X，把与该节点的距离为奇数的节点的集合记为 Y。如果在集合 X 和 Y 的内部都不存在边，即所有的边都只存在于集合 X 和 Y 之间，那么该网络就是二分网络。

实际上对于一个无向超图来说，也存在它对应的二分图形式。图 2-12 展示了图 2-10 中超图对应的二分图形式，其中黑色的点对应超边中的节点，白色的点对应超边集中的元素。

和超图类似，很多实际网络也可以用二分网络表示，且原理类似。例如在演员网络中，二分网络的两个集合可以分别是演员集合和出演的电影集合；公

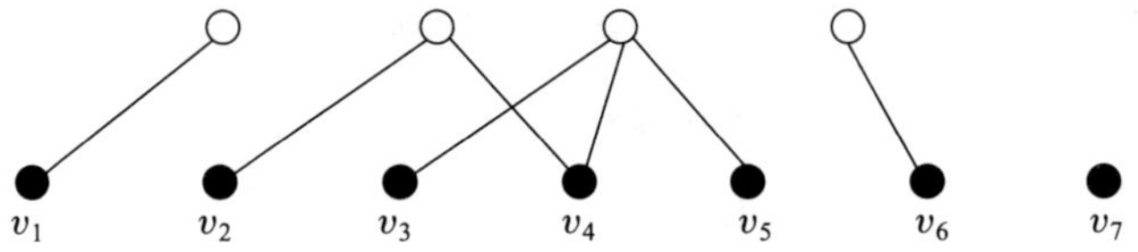

图 2-12 二分图

司内的人员和委派任务也可以用二分网络表示，连边代表某人负责某个项目；一群人之间婚姻关系也可以用二分网络表示，两类顶点代表男性和女性，连边则是婚姻关系(注意在一些国家和地区允许同性婚姻，此时同一个集合内存在连边，这种情况下的网络不是二分网络)。

二分网络与超图类似，一般也用关联矩阵表示。考虑一个二分网络，其中人员的数量是 m，群组数量是 n，则关联矩阵 $\boldsymbol{A}$ 是一个 $m\times n$ 的矩阵，其中元素 A_{ij}的取值是

$$A_{ij}=\begin{cases}1, & \text{如果顶点 } i \text{ 属于群组 } j\\ 0, & \text{其他}\end{cases} \tag{2-11}$$

例如图 2-12 中的二分网络可以用关联矩阵表示为

$$\boldsymbol{A}=\begin{bmatrix}1&0&0&0\\0&1&0&0\\0&0&1&0\\0&1&1&0\\0&0&1&0\\0&0&0&1\\0&0&0&0\end{bmatrix}$$

如果需要研究同一类型顶点之间的直接联系，可以通过单模投影(one-mode projection)的方式，将双模二分网络投影到集合 X 中顶点构成的单分图中(unipartite graph)。可以通过集合和矩阵两种角度表示单模投影的过程。

通过集合方式实现二分图到单分图投影的一种方式是将二分图投影到集合 X 中顶点构成的单分图中。此时，如果在原来的二分图中，集合 X 中两个顶点都与集合 Y 中的某个顶点相连，那么在对应的单分图中，这两个顶点就有一条边。同样地可以把该二分图投影到集合 Y 中，集合 Y 中两个顶点都与集合 X 中

的某个顶点相连，那么在对应的单分图中，这两个顶点就有一条边。可以看出一个二分图可以通过单项投影形成两种单向图。

尽管单模投影非常有效且得到广泛使用，但是在投影过程中也丢失了很多信息。例如，当二分网络中一个集合中两个节点都与另一个集合中多个节点相连时，经过投影后两个节点之间虽然有一条边，但投影后的网络并不能很好地反映这一点(因为只要两个节点与另一个集合中一个节点相连就存在连边关系)。为了解决这个问题，我们可以通过为权重赋值的方式保留这类信息。在数学上可以通过关联矩阵 $\boldsymbol{A}$ 来表示这种加权投影。当且仅当二分网络中顶点 i 和顶点 j 同属于群组 k 时，$A_{ik}A_{jk}=1$，那么顶点 i 和顶点 j 共同属于的群组数量是

$$P_{ij}=\sum_{k=1}^{n}A_{ik}A_{jk}=\sum_{k=1}^{n}A_{ik}A_{kj}^{\mathrm{T}} \tag{2-12}$$

A_{kj}^{T}是关联矩阵 $\boldsymbol{A}$ 的转置 $\boldsymbol{A}^{\mathrm{T}}$中的对应元素。$n\times n$ 矩阵 $\boldsymbol{P}=\boldsymbol{A}\boldsymbol{A}^{\mathrm{T}}$，与到 n 个顶点的加权单模投影网络的邻接矩阵近似。该矩阵的非对角元与网络中对应边的权重相等，等于每个顶点共享的群组数量。注意此时 $\boldsymbol{P}$ 是一个投影矩阵，并不是一个邻接矩阵，矩阵 $\boldsymbol{P}$ 的对角元素值为

$$P_{ii}=\sum_{k=1}^{n}A_{ik}^{2} \tag{2-13}$$

注意到 A_{ik}只能取 0 或 1，可得 $P_{ii}=\sum_{k=1}^{n}A_{ik}$，所以 $\boldsymbol{P}$ 的对角元素值就是顶点 i 所属的群组数量。

在图 2-13 中我们展示了二分图投影的两种方式，如果以图中集合 X 作为顶点集，集合 Y 作为群组集合，$\boldsymbol{P}=\boldsymbol{A}\boldsymbol{A}^{\mathrm{T}}$进行的加权投影对应于图 2-13 左侧的投影方式(加权)。按照上述的推导方式，可以很容易得到图 2-13 右侧的投影(加权)对应于 $\boldsymbol{P}=\boldsymbol{A}^{\mathrm{T}}\boldsymbol{A}$。

虽然加权单模投影可以记录更多信息，但是我们还是无法从这样的投影矩阵中同时获得关于原二分图的节点数量和群组数量的信息。尽管有着这样的局限，加权投影方式还是有着很大的便利，并且被广泛应用。

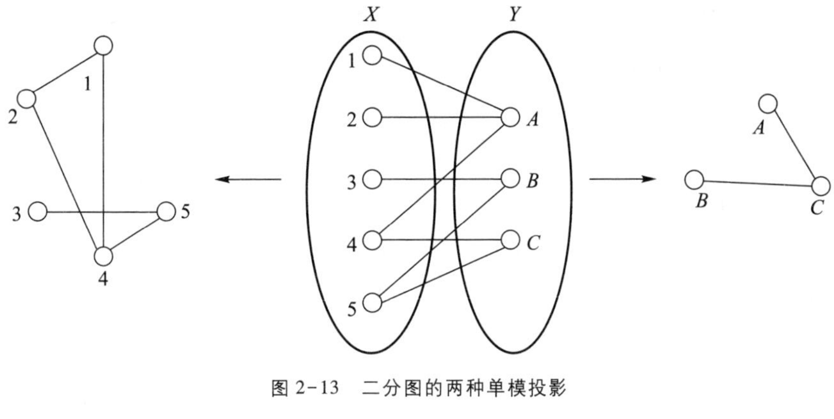

图 2-13 二分图的两种单模投影

2.4 图的特征

在深入分析图的复杂行为前，需要对图的一些基本特征进行数学定义。本节将介绍一些有着明确数学定义的图的特征。

2.4.1 度

图中顶点的度(degree)是指与其直接相连的边的数目。将顶点 i 的度表示为 k_i，对于由 N 个顶点构成的无向图，可利用邻接矩阵将度表示为

$$k_i = \sum_{j=1}^{n} A_{ij} \tag{2-14}$$

在无向图中，每条边有两个顶点，如果共有 M 条边，那么就有 $2M$ 个顶点。同时，边的顶点数与所有顶点度的和相等，即

$$2M = \sum_{i=1}^{n} k_i = \sum_{i} \sum_{j} A_{ij} \tag{2-15}$$

或者写成

$$M = \frac{1}{2} \sum_{i=1}^{n} k_i = \frac{1}{2} \sum_{i} \sum_{j} A_{ij} \tag{2-16}$$

由于节点的度是描述网络特征的重要属性，该式会出现在很多场合。

无向图中所有节点度的平均值称为网络的平均度(average degree)，记为$\langle k\rangle$。根据定义，可以得到$\langle k\rangle$的表达式

$$\langle k\rangle = \frac{1}{N}\sum_{i=1}^{n} k_i \tag{2-17}$$

根据式(2-16)，可以得到

$$\langle k\rangle = \frac{2M}{N} \tag{2-18}$$

通过上式可以用网络的节点数 N 和边数 M 直接计算网络的平均度$\langle k\rangle$。平均度在网络分析中也同样常见，例如，网络的平均度在一定程度上刻画了网络的稠密程度。直观上来看，一个网络如果节点很多而连边很少，那么这个网络是稀疏的，而对应的平均度也会是一个很小的值。接下来将具体说明这一点。在一个简单图(没有重边和自边)中，可能的边数的最大值是$\binom{2}{N} = \frac{1}{2}N(N-1)$个。定义图的连通度(connectance)或密度(density)ρ 是图中实际出现的边数与所有可能边数的比值：

$$\rho = \frac{M}{\binom{2}{N}} = \frac{2M}{N(N-1)} = \frac{\langle k\rangle}{N-1} \tag{2-19}$$

根据定义，$\langle k\rangle$的取值区间是[0，$N-1$]，因此网络密度值 ρ 的取值范围是 $0\leqslant\rho\leqslant 1$。由于一般复杂网络的规模都比较大，因此式(2-19)可以近似看作$\rho = \frac{\langle k\rangle}{N}$。

当 $N\to\infty$ 时，若网络密度 ρ 趋于一个常数，那么称该网络是密集的。在密集网络中，当网络规模不断变大时，邻接矩阵中非零元素的比例会保持为一个常数。当 $N\to\infty$ 时，若 $\rho\to 0$，则称该网络是稀疏网络。在稀疏网络中，当网络规模不断扩大时，邻接矩阵中非零元素比例趋于零。一种特殊情况是，当 N 不断变大时，网络的平均度$\langle k\rangle$仍然是个常数，该网络是稀疏的。需要注意的是，只有当 $N\to\infty$ 时，我们才能完全定义一个网络是稠密网络还是稀疏网络，虽然实际网络大部分情况下受一些限制条件影响无法达到理想模型的要求，但是可以根据网络的演化过程制定一些定量标准以判断。例如，假设 t 时刻网络的节

点数 $N(t)$ 和 $M(t)$，那么可以通过 $M(t) \sim N(t)$ 的比例关系判断 $\langle k \rangle$ 的变化趋势，从而推测网络是向稠密网络发展还是向稀疏网络发展。

对于实际网络来说，虽然无法达到理想条件，但是也可根据多种情况判断网络是稀疏的还是稠密的。例如，对于 Internet 网络和万维网，通过观察这两个网络随时间的增长规律，可以肯定这两个网络是稀疏的。另外一些情况则有所不同，例如在社交网络中，当人口数翻倍时不能简单认为每个人的朋友数也会随之翻倍。

本书所讨论的网络基本上都是稀疏网络。在后面章节讨论算法运行时间和构建网络数学模型时，这一点是重要前提。但是有一个例外也值得注意，生物学家对不同规模的生态系统的研究表明，食物网络的密度基本上是一个常数，而与生态系统的规模无关，因此食物网络有可能是一个密集网络[9,10]。

在图论中，有一种图的类型划分与度直接相关。对于所有顶点的度都完全相同的图，我们称之为正则图(regular graph)，而每一个顶点度为 k 的正则图称为 k 正则图(k-regular graph)。正则图的一个简单实例就是周期点阵，图 2-14 展示了一个 k 为 4 的正方形点阵。

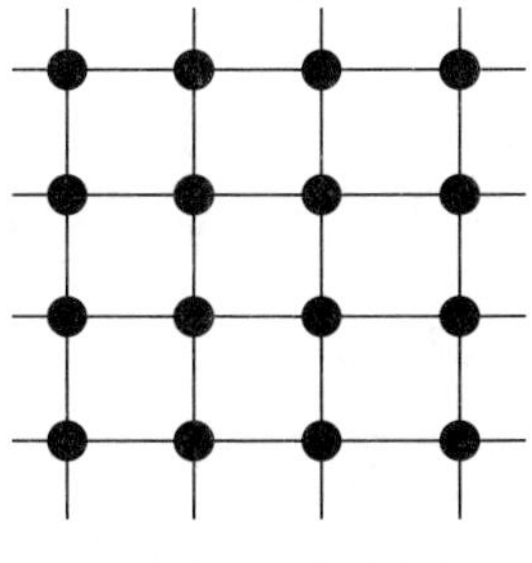

图 2-14 正方形点阵

有向图的情况与无向图明显不同。有向图中每个顶点有两个度——出度(out-degree)和入度(in-degree)。出度是从该顶点出发连接到其他节点的边数，入度是其他节点连接到该顶点的边数。有向图的出度和入度通过邻接矩阵的元素表示为

$$k_i^{in} = \sum_{j=1}^{N} A_{ij}, \quad k_j^{out} = \sum_{i=1}^{N} A_{ij} \qquad (2-20)$$

在有向网络中，边的数目 M 等于入边的顶点数总和，也等于出边的顶点数

总和，因此有

$$M = \sum_{i=1}^{N} k_i^{in} = \sum_{j=1}^{N} k_j^{out} \tag{2-21}$$

也就是说每个有向图的入度的均值$\langle k_{in} \rangle$和出度的均值$\langle k_{out} \rangle$是相等的，即

$$\langle k_{in} \rangle = \langle k_{out} \rangle = \frac{1}{N}\sum_{i=1}^{N} k_i^{in} = \frac{1}{N}\sum_{j=1}^{N} k_j^{out} \tag{2-22}$$

为了简化，将两者都用$\langle k \rangle$表示：

$$\langle k_{in} \rangle = \langle k_{out} \rangle = \langle k \rangle = \frac{M}{N} \tag{2-23}$$

注意到该式与式(2-18)的区别，分子上少了一个系数 2。

通过上述分析，可以发现一个有趣的结论：虽然一个节点的出度和入度没有直接关系，但是对于一个有向网络而言，所有节点的出度必定等于所有节点的入度。这也反映了复杂网络的一个重要特性：对于个体不一定成立的性质，却会在整体层面成立。

2.4.2　路径

网络中的路径(path)是指由一组顶点构成的序列。通俗地讲，路径就是网络中从一个顶点沿着网络中的边到达另一个顶点的线路。路径可以定义为有向路径或无向路径。在有向网络中，路径经过的每一条边的方向必须与边的方向一致。在给定有向图 $G=(V, E)$ 中，一条路径是指一个顶点序列 $P=v_1v_2\cdots v_k$，其中 v_i和 v_{i+1}之间存在一条从节点 v_i指向 v_{i+1}的有向边，P 也称为从 v_1 到 v_k的路径，或者简称一条 $v_1 \to v_k$路径。与之对应在无向网络中，可以按两个方向中的任意方向经过某条边。在给定无向图 $G=(V, E)$中，一条路径是指一个顶点序列 $P=v_1v_2\cdots v_k$，其中节点 v_i和 v_{i+1}之间存在一条边，P 也称为从 v_1到 v_k的路径，或者简称一条 v_1—v_k路径。从定义中可以看出无向图和有向图在路径表示上的差别。

在图论中，以下几种特殊路径的定义在研究中十分常用：

(1) 回路(circuit)：起点和终点重合的路径称为回路。

(2) 简单路径(simple path)：路径序列中各个顶点都不相同的路径称为简单路径。

(3) 圈(circle)：对于任意一条路径 $P=v_1v_2\cdots v_k$，如果满足 3 个条件：$k>2$；

前 $k-1$ 个顶点互不相同；$v_1=v_k$，则路径 P 是一个圈。也就是说一个圈是从一个起点出发，经过互不相同的一些顶点，然后再回到起点的一条路径。因此，一个圈一定是一条回路，但是一条回路可能包含多个圈。

网络中的路径长度(length)等于该路径经过的边的数目(注意不是顶点的数目)。路径可以多次经过同一条边，每经过一条边，路径长度就会加 1。

从以上定义可以看出，路径可以与自身交叉，也就是访问一个已经访问过的顶点。与自身没有交叉的路径称为自回避路径(self-avoiding path)，这类路径在网络理论中非常重要，测地路径(geodesic path)和哈密顿路径(Hamiltonian path)是自回避路径的两种特例，下面简单介绍这两种路径。

测地路径，简称最短路径，即两个顶点之间长度最短的一条路径。测地路径的长度通常称为测地距离(geodesic distance)、最短距离(shortest distance)或者距离。关于测地路径有以下几点需要说明：

(1) 如果网络中两个顶点没有被任意一条路径连接，那么这两个顶点之间就不存在测地路径。这种情况下，有时可以定义两个顶点之间距离为∞。

(2) 测地距离必然是自回避的。如果一条路径与其自身相交，那么在路径中就包含闭合循环，通过删除闭合循环可以缩短路径的长度，同时保证两个顶点之间相连，因此自相交路径不是测地路径。

(3) 两个顶点间的测地路径并不是唯一的。给定两个顶点间可能同时存在多个路径长度都是最短的，且这些路径可能部分重合。

哈密顿路径是访问网络中所有顶点且每个顶点只访问一次的路径。网络中哈密顿路径的一些直观特征简要说明如下：

(1) 一个网络可以有一条或者多条哈密顿路径，也可能没有。

(2) 哈密顿路径的定义规定了这种路径是自回避路径。

寻找网络中的哈密顿路径，或者证明其不存在是非常复杂的问题。哈密顿路径在计算机科学中有多种应用，例如任务排队、碎片回收以及并行计算等都有应用[11]。

网络中的两个顶点之间可能不存在路径。如果网络中任何两个顶点之间都能找到一条路径，则称该网络是连通网络(connected network)。相反，如果一个网络中存在任意两个顶点之间不存在路径，则该网络是非连通网络(disconnected network)。

2.4.3　分支

网络中的子群称为分支(component)，具体来说分支是网络中顶点的一个子集，在这个子集中任意两个顶点之间存在至少一条路径，在保证这个条件的前提下，网络中其他节点都不能被添加到这个子集中。数学上，类似于这样的子集，在保证一个给定性质的前提下，不能再添加其他顶点，就称这个子集为最大子集(maximal subset)。可以看出网络中的分支也是一种最大子集。

例如，当把图 2-15 视为一个无向网络 C 时，网络中有两个分支，分别是 3 个顶点的分支和 4 个顶点的分支，整个网络是一个非连通网络。但是，当把图 2-15 视为两个独立网络即网络 A 和网络 B 时，这两个网络分别对应两个连通网络，且各自只有一个分支。因此，我们可以知道连通网络的分支只有一个，非连通网络的分支有多个。此外，需要注意的是，网络中没有与其他顶点连接的孤立顶点单独形成一个规模为 1 的分支。同时，根据图论的相关知识，网络中任意一个顶点属于唯一的分支。

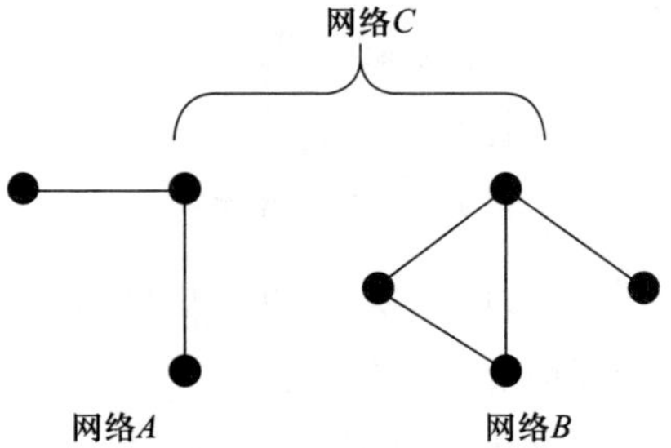

图 2-15　图的分支

如果一个网络包含多个分支，那么可以通过对网络中的节点适当编号，使得网络的邻接矩阵可以写成分块对角矩阵的形式，即所有非零元素都被限制在对角线上的正方形矩阵块中。以图 2-15 中网络 A 的邻接矩阵为例，网络 A 可以写成式(2-24)的形式，并通过对节点编号顺序调整写成式(2-25)中分块对角矩阵的形式。

$$A=\begin{bmatrix}0&1&0&0&0&0&0\\1&0&0&0&0&1&0\\0&0&0&1&0&0&1\\0&0&1&0&1&0&1\\0&0&0&1&0&0&0\\0&0&0&0&0&0&0\\0&0&1&1&0&0&0\end{bmatrix} \tag{2-24}$$

$$A=\begin{bmatrix}0&1&0&0&0&0&0\\1&0&1&0&0&0&0\\0&1&0&0&0&0&0\\0&0&0&0&1&1&1\\0&0&0&1&0&0&1\\0&0&0&1&0&0&0\\0&0&0&1&1&0&0\end{bmatrix} \tag{2-25}$$

考虑有向网络时，由于路径本身具有方向性，分支的定义较为复杂，以互联网网络说明这个问题。互联网上存在的超链接使得用户可以从一个网页进入另一个网页，但是这个过程是单向的，即只能从网页 A 进入网页 B。所以，在有向网络中，我们需要定义两种分支。如果两个顶点 A 和 B 之间存在双向路径，即同时存在 $A\to B$ 和 $B\to A$，那么称 A 和 B 是强连通的(strongly connected)，此时，网络中的分支集合叫作强连通分支或强连通分量(strongly connected components)。与之相反，如果 A 和 B 之间只存在单向路径，即 $A\to B$ 或 $B\to A$，那么称 A 和 B 是弱连通的(weakly connected)，此时，网络中的分支集合叫作弱连通分支或弱连通分量(weakly connected components)。以图 2-16 为例，整个有向图中有两个分支，一个是 3 个顶点的弱连通分支，一个是 4 个顶点的强连通分支。同时，我们不难发现，对于一个顶点数大于 1 的强连通分支，每个顶点必然属于至少一个圈，这是因为根据定义，强连通分支中每个顶点与其他路径之间同时存在一条正向路径和一条反向路径，这两条路径构成一个圈。

事实上，有向网络中的分支除了可以划分为强连通分支和弱连通分支，还可以划分为外向分支(out-component)和内向分支(in-component)。外向分支是

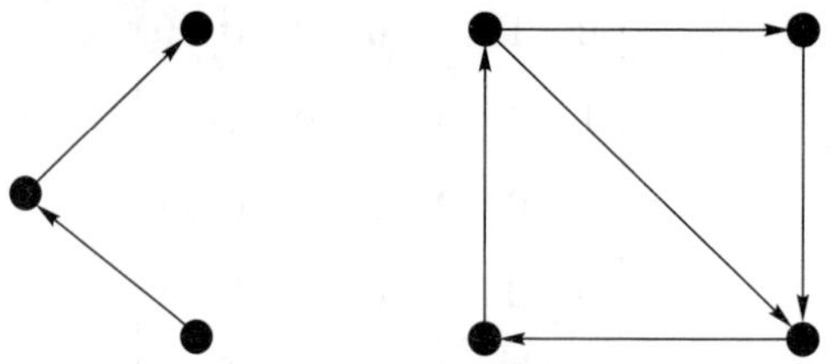

图 2-16　有向图的分支

指网络中从顶点 A 出发沿着有向边可以到达的所有顶点的集合(包括顶点 A 本身)，内向分支是指网络中能够沿着有向边到达顶点 A 的所有顶点的集合(包括顶点 A 本身)。需要注意的是，与强连通分支和弱连通分支的定义不同，外向分支和内向分支的划分是根据某个顶点来进行的。在图 2-17 中，根据定义可以看出左边的图中顶点 A 的外向分支是所有灰色顶点，而右图中顶点 A 的内向分支是所有黑色顶点。同时，所有外向分支中的顶点不能指向其他顶点(与虚线路径相反)，所有内向分支中的顶点不存在由其他顶点指向的路径(与虚线路径相反)。介绍定义之后，我们可以简单地猜测互联网中哪些网页的外向分支基数比较大，哪些网页的内向分支基数比较大。很明显，诸如百度和谷歌这样的常用搜索网页的外向分支一定非常庞大(几乎可以通过它们找到所有的网页)，而一些社交网络的网页的内向分支一定很庞大(大部分的网页都需要通过社交网络登录以确定身份信息)。

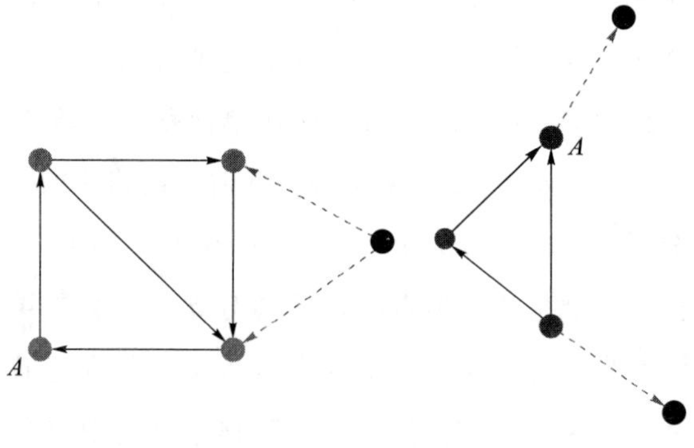

图 2-17　外向分支和内向分支

2.4.4　独立路径

两个顶点之间的路径可能有很多条，它们之间一般不是独立的，即共享一些顶点或者边。如果只考虑独立路径，毫无疑问两个顶点之间的路径数会大大减少。两个顶点之间的独立路径数可以作为衡量顶点之间连接强度的简单测度，而独立路径也是图论中研究最多的内容之一。

独立路径有两种类型，分别是边独立（edge-independent）和顶点独立（vertex-independent）。边独立是指两个顶点之间的两条路径没有共享边，顶点独立或节点独立（node-independent）是指两个顶点之间的两条路径除了共享起点和终点以外不共享其他节点。

如果两条路径是顶点独立的，那么它们同时也是边独立的；但是，反过来则并不一定成立。以图 2-18 为例，从 A 到 I 的路径可以很容易找到两条边独立路径：$A \to B \to C \to F \to G \to I$ 和 $A \to D \to E \to F \to H \to I$；但是由于 A 到 I 之间必须经过顶点 F，因而 A 和 I 之间不存在顶点独立的两条路径。

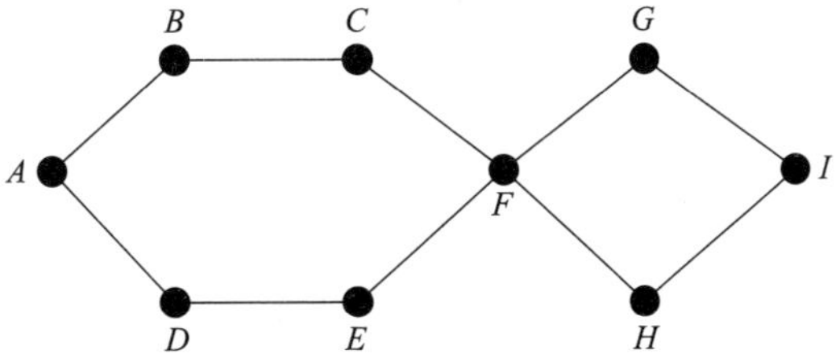

图 2-18 独立路径

在数学上，独立路径也称为非相交路径（disjoint path），描述两条路径边独立和顶点独立的术语是边非相交（edge-disjoint）和顶点非相交（vertex-disjoint）。两个顶点之间的边独立路径集和顶点独立路径集并不唯一。

2.4.5 割集

割集（cut set），更准确地说这里讨论的是顶点割集（vertex cut set）。顶点割集是这样一个顶点的集合：如果移除这些顶点，则网络中某两个顶点间的路径将会断开。

边割集（edge cut set）是对应于边的割集。边割集是这样一个边的集合：移除这些边之后，网络中某两个顶点之间的路径将会断开。

以图 2-18 为例，图中的顶点 F 移除后 A 和 I 之间的路径就会断开，由此 $\{F\}$ 构成了顶点 A 和 I 之间规模为 1 的割集。当然，我们也很容易发现 A 和 B

之间的割集不止一个，{C，F}和{E，F}也是 A 和 I 之间的割集。但是，无论 A 和 B 的哪个割集都不能缺少顶点 F，而{F}就是规模最小的割集。事实上，图的最小割集也是我们关于割集最关心的问题之一。最小割集(minimum cut set)是指特定两个顶点之间断开的规模最小的割集。

最小割集并不是唯一的。例如，同样在图 2-18 所示的网络中，顶点 A 和顶点 F 之间的最小割集有{B，D}和{C，E}。

关于图的割集的研究中有一个重要的定理——门格尔定理，它在图论的研究中扮演着重要角色，并且在通信和计算机等领域具有重要应用。

定理 2-1(门格尔定理，Menger's theorem)　(1) 节点形式：在无向有限图 G 中，x 和 y 是两个不相邻的节点，节点 x 和 y 之间最小割集的规模等于这两个节点之间最大的节点独立路径数(顶点连通度)；(2) 边形式：在无向有限图 G 中，x 和 y 是两个不同的节点，节点 x 和 y 之间最小边割集规模等于这两个节点之间最大的边独立路径数(边连通度)。

我们通过一个例子解释门格尔定理。在如图 2-19 所示的网络中，节点 A 和 B 之间的连通度需要至少 3 个节点的割集进行分析，此时两个节点的最小割集是 3 个节点的集合(灰色节点)。同时，根据门格尔定理，节点 A 和 B 之间同样应该有 3 条节点独立路径，两者在数量上相等。关于门格尔定理的简单证明可以参考文献[2]。

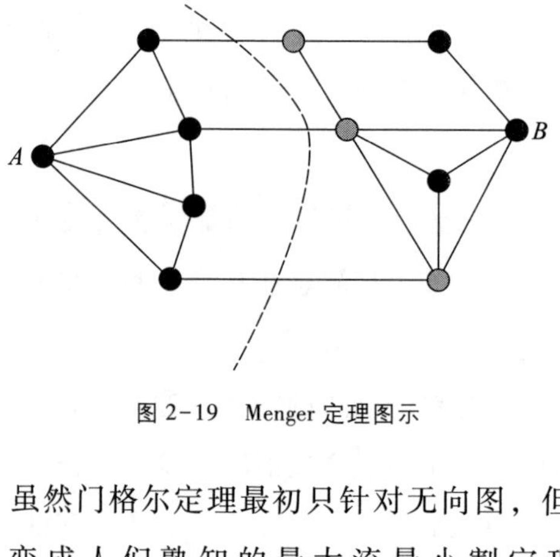

图 2-19　Menger 定理图示

需要注意的是，虽然门格尔定理最初只针对无向图，但是可以推广到有向加权图中，此时即变成人们熟知的最大流最小割定理(max-flow min-cut theorem)。最大流最小割定理的原理和相关算法将在后续章节中展开介绍。

2.4.6 连通度

两个顶点之间独立路径的个数称为两个顶点之间的连通度(connectivity)。更精确地来说，两个顶点之间边独立路径的个数称为两个顶点之间的边连通度(edge connectivity)。与之对应，两个顶点之间顶点独立路径的个数称为两个顶点之间的顶点连通度(vertex connectivity)。例如在图 2-18 中，顶点 A 和 I 的边连通度是 2，顶点连通度是 1。

顶点之间的连通度可以反映顶点之间的连接强度。如果两个顶点之间只有一条独立路径，则它们之间的连通度就很小；如果两个顶点之间有很多独立路径，则它们之间的连通度就很大。网络连通度在网络分析中应用很多，例如在社团划分中就是根据群组内顶点连接紧密而群组间连接稀疏进行划分，这部分内容将在后面章节中做更为具体的介绍。

除了从两个顶点之间的连通度了解网络的连通情况，还可以直接从整个图的连通度了解整个图的连通情况。此时更加关注整个图的连通，特别是网络中去掉最少多少顶点和边会导致网络的不再连通？这个问题与割集的概念也有联系。在阐述图的连通度概念之前，我们利用之前割集的概念介绍图的割集。

对于一个无向连通图 $G=(V, E)$，图中一些顶点(或边)构成集合 W，如果 $G-W$ 是一个非连通图，那么就说 W 分离了 G，W 是图的割集(边割集)。进一步地，如果非连通图 $G-W$ 中的两个顶点 s 和 t 来自不同的分支，那么称 W 将 s 和 t 分开。

从定义不难看出，相比两个顶点的割集，图的割集强调移除顶点(或边)对于整个图的连通性的破坏，而两个顶点的割集则是一种局部的影响。有了这个概念，我们将介绍图的连通度。

对于 $k\geqslant 2$，如果图 G 有至少 $k+2$ 个顶点且不存在 $k-1$ 个顶点的集合分离图 G，或者图 G 是一个 $k+1$ 个顶点的完全图(完全图是指一个所有顶点都与其他顶点连接的图)，则称图 G 是一个 k 连通图(k-connected graph)。同时，满足图 G 是 k 连通图的最大 k 值称为图 G 的连通度(connectivity of graph)，用 $\kappa(G)$表示。

类似地，对于 $k\geqslant 2$，如果图 G 有至少两个顶点且没有 $k-1$ 条边的集合分离

图 G，则称图 G 是一个 k 边连通图(k-edge connected graph)。同时，满足图 G 是 k 边连通图的最大 k 值称为图 G 的连通度，用 $\lambda(G)$ 表示。

关于图的连通度有很多重要性质不做进一步的展开。事实上，通过本书后面的内容，我们将发现图的连通度对于判断网络的鲁棒性等性质具有重要的物理意义，同时也是社团算法等算法的重要研究依据，相关内容将在第 7 章和第 10 章分别介绍。

思考题

2.1　考虑一个 n 个顶点的非循环有向网络，网络中顶点编号为 $i=1, 2, \cdots, n$，假设顶点的编号方法为所有的边从编号高的顶点指向编号低的顶点。

(1) 写出顶点 1，2，…，r 的入边总数表达式和出边总数表达式，顶点 i 的入度表示为 k_i^{in}，出度表示为 k_i^{out}。

(2) 写出从顶点 $r+1, r+2, \cdots, n$ 指向顶点 1，2，…，r 的边的总数表达式。

(3) 证明在任意非循环网络中，对于任意顶点 r，其出度和入度必须满足

$$k_r^{out} \leqslant \sum_{i=1}^{r-1}(k_i^{in} - k_i^{out})$$

2.2　考虑本题图中的网络，顶点 s 和 t 之间最小顶点割集的规模 k 是多少？

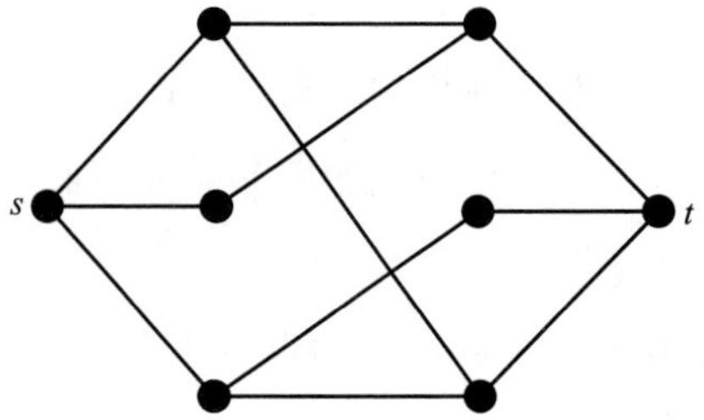

题 2.2 图

(提示：作为结论的证明，首先找到一种规模为 k 的可能割集，然后找到 s 和 t 之间 k 条可能的独立路径。说明为什么上面两个步骤能够证明图的最小割集规模为 k。)

参考文献

[1] Harary F.Graph Theory[M]. Boston: Addison-Wesley, 1969.

[2] West D B. Introduction to Graph Theory[M]. Upper Saddle River: Prentice Hall, 2001.

[3] Schweitzer F, Fagiolo G, Sornette D, et al. Economic networks: The new challenges[J]. Science, 2009, 325(5939): 422-425.

[4] Appel K, Haken W, Koch J. Every planar map is four colorable, Part Ⅱ: Reducibility[J]. Illinois Journal of Mathematics, 1977, 21(3): 491-567.

[5] Appel K, Haken W. The solution of the four-color-map problem[J]. Scientific American, 1977, 237(4): 108-121.

[6] Kenneth A, Haken W. Every planar map is four colorable, Part I: Discharging[J]. Illinois Journal of Mathematics, 1977, 21(3): 429-490.

[7] Gallo G, Longo G, Pallottino S, et al. Directed hypergraphs and applications[J]. Discrete Applied Mathematics, 1993, 42(2-3): 177-201.

[8] Ausiello G, Franciosa P G, Frigioni D. Directed hypergraphs: Problems, algorithmic results, and a novel decremental approach[C]. Italian Conference on Theoretical Computer Science, Torino, 2001: 312-328.

[9] Dunne J A, Williams R J, Martinez N D. Food-web structure and network theory: The role of connectance and size[J]. Proceedings of the National Academy of Sciences, 2002, 99(20): 12917-12922.

[10] Martinez N D. Constant connectance in community food webs[J]. The American Naturalist, 1992, 139(6): 1208-1218.

[11] Cormen T H, Leiserson C E, Rivest R L, et al. Introduction to Algorithms[M]. Fourth Edition. Boston: MIT Press, 2022.

第 3 章　网络的拓扑结构和性质

第 2 章介绍了传统图论的基本数学内容，本章将探讨复杂网络的拓扑结构和性质。两者虽然都是基于传统图论的基本概念和定义，但是在研究方法上有着重要区别。传统图论往往着眼于具有某种规则结构或者节点数较小的图，理论分析时可以采用图示的方法直接观察得到图的某些性质。而复杂网络研究中涉及的实际网络往往包含数十万甚至百万个节点，且具有复杂的不规则拓扑结构。从一般的科学范围看，研究个体较少的系统和研究个体数量极大的系统往往采用不同的方法，例如在物理学领域，前者可以采用精确的方法，如经典力学；后者需要采用统计的方法，如统计力学。对于这种区别，诺贝尔物理学奖得主安德森(Philip Anderson)于 1972 年指出：“由大量基本粒子构成的复杂系统的集体行为并不能依据少数粒子的性质做简单外推就能理解。正好相反，在复杂性的每一个层次都会呈现全新的性质，而要理解这一行为所需要做的研究，就其基础性而言与其他研究相比毫不逊色。”

近年来，人们在刻画复杂网络结构的统计特性上提出了许多概念和方法，并且利用统计物理中的许多方法，包括相变和渗流理论、平均场理论及主方程方法等。本章将介绍目前复杂网络中重点关注的拓扑结构和一些网络的性质。

3.1　复杂网络的连通性

连通性是网络的一个重要属性。对于由几个或者几十个节点组成的图，我们可以很容易看出网络的连通性。但是一旦大规模节点相互连接，就可能在网络的结构和功能上产生重要质变。本节将介绍这个问题。

3.1.1　无向网络中的巨片

朋友网络是一种典型的无向网络。现在，让我们考虑这样一个问题：以人与人相互认识作为形成边的条件，全世界所有人组成的朋友网络的连接结构是什么样的？或者整个网络的连通性大概是什么情况？前面的问题是一个比较困难的问题，因为全世界有几十亿人并且每天都有人出生和离世，很难通过数据手段获得精确的网络数据。后面的问题相对简单，我们可以直观上从两个角度考虑这个问题。

一方面，我们很容易从反面直观看出整个网络很难完全连通。可以根据周围的实际情况做出一些推断。例如，在科技迅速发展的时代，仍然有一些地方的人生活非常贫困，这些地方甚至没有现代化的通信和交通设施。在缺少与外部足够联系的情况下，这些群体中的人很可能在朋友网络中是孤立的，而只要存在一个这样的人，整个社交网络就不是连通的。因此，从这个层面上来说，整个网络连通实际上是相当苛刻的。从这个角度看，复杂网络的连通性是一个相当脆弱的性质。

另一方面，虽然网络并不一定是全连通的，但也不是支离破碎的。事实上，我们在第 1 章就介绍了生活中的小世界现象，六度分隔实验也很大程度上说明了这一点。因而可以推断，实际的朋友网络虽然不是一个全连通网络，但是网络中一定存在大规模的连通子图。

事实上，根据经验和实际研究表明，许多实际的大规模复杂网络都是不连通的，但是往往会存在非常大的连通片，包含了整个网络中相当比例的节点，这种连通片称为巨片(giant component)。表 3-1 展示了几个实际网络的统计数据，这几个网络中最大分支所占的比例都很高。这说明，很多实际网络都存在一个巨片，这个分支中包括了网络的大部分节点。通常在研究大型网络的拓扑特性时，我们会针对这些巨片进行研究。

表 3-1 实际网络的统计数据

网络名称	类型	节点数	边数	最大分支节点所占比例/%
电影演员网络	无向网络	449 913	25 516 482	98.0
论文合著网络	无向网络	253 339	496 489	82.2
新陈代谢网络	无向网络	765	3 686	99.6
电子邮件网络	有向网络	59 812	86 300	95.2
神经网络	有向网络	307	2 359	96.7

此外，注意到表 3-1 中这些网络中不仅存在巨片，而且巨片几乎总是唯一的。这种现象同样也普遍存在。至于为什么网络中至多只有一个巨片，可以从社会网络中洞察到。假设社会网络中存在两个巨片，每个巨片都包含数以亿计的人，只要某一天分别属于两个巨片的两个人相识，也就是在这两个巨片之间产生一条连边，那么这两个巨片就合并成为一个更大的巨片。这是随机图理论中的一个基本结论，大部分网络通常不会有两个及以上的巨片。事实上，关于这个问题有严谨的数学解释，我们将在第 8 章介绍。

也许有人会问：如果网络中没有巨片而全是小分支怎么办？例如，亲属网络中，如果每个人只考虑直系一代的亲属，那么网络中将遍布小分支。事实上，只有网络中绝大部分是连通片时，用网络表示系统才有意义。如果网络很稀疏，仅由很多小分支构成，那么使用网络科学的方式进行研究效果很有限。这也反映了应用网络科学时的一个重要原则——当事物之间的联系在一定规模上呈现明显的作用时，研究网络才是有意义的。

3.1.2　有向网络的蝴蝶结结构

为了探究有向网络的结构，布罗德(Andrei Broder)等人研究了网页之间的超链接网络，并测量了整个互联网络的网络结构，如图 3-1 所示[1]。可以看

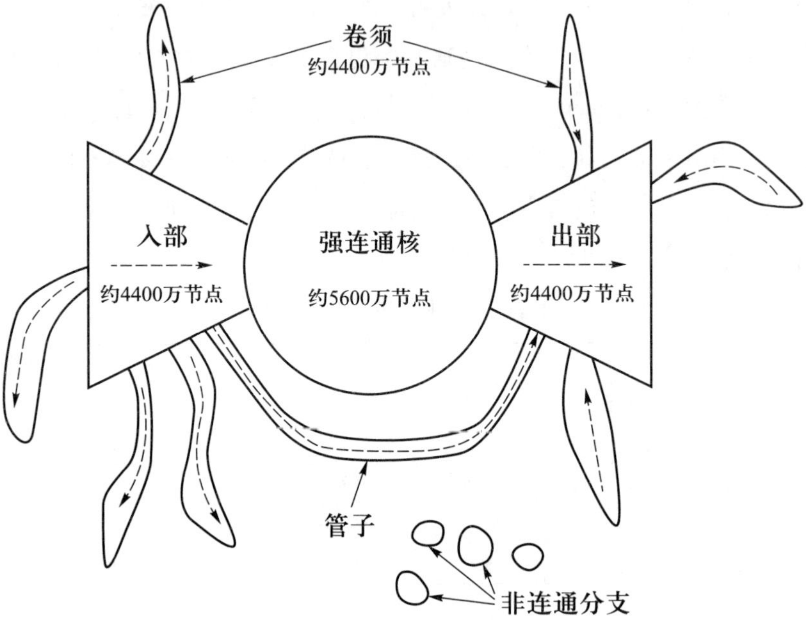

图 3-1　互联网的结构[1]

出，互联网网络中存在一个大型弱连通分支(giant weakly connected component，GWCC)，约占网络节点总数的 91%，其他零散的小分支约占 9%。这个巨大的弱连通分支在外形上与领结类似，因此称作“领结”或“蝴蝶结”结构(bow-tie structure)。对于最大的弱连通巨片结构，可以进一步分为以下 4 个子部分：

① 强连通核(strongly connected core，SCC)：有向网络的强连通核位于网络弱连通巨片的中心，也叫作强连通巨片。SCC 中任意两个节点都是强连通的。

② 入部：入部中的任意节点可以通过有向路径到达强连通核中的任意节点，但是强连通核中的节点无法通过有向路径到达入部中的节点。入部的概念类似于第 2 章中的外向分支。

③ 出部：强连通核中的任意节点可以通过有向路径到达出部中的任意节点，但是出部中的节点无法通过有向路径到达强连通核。出部的概念类似于第2章中的内向分支。

④ 卷须(tendrils)：卷须是指一类挂在入部或出部上且不经过强连通核的节点。例如，对于挂在入部上的卷须节点，必定可以由入部中某个节点通过有向路径到达(不经过强连通核)；对于挂在出部上的卷须节点，必定可以由出部中某个节点通过有向路径到达(不经过强连通核)。此外，还有一类卷须节点比较特殊，这些卷须节点形成了从入部直接到出部的有向路径，不经过强连通核，这类卷须节点叫作管子(tube)。

事实上，这种蝴蝶结结构不仅存在于互联网网络中，还广泛存在于其他有向网络中，如生物网络[2]。蝴蝶结结构在实际网络中广泛存在，说明了这种结构可能有助于系统在有效性、鲁棒性及进化性上保持平衡。

但是，并非所有有向网络都是这种蝴蝶结结构。事实上，一些网络并没有大型弱连通分支。例如，非循环网络中由于没有循环，因而没有强连通核。虽然实际网络中几乎没有完全的非循环网络，但是一些引文网络可以近似看作这类网络。这类网络中没有强连通核，但是广泛存在小的强连通片，每个强连通核的规模只有2个或3个节点。

3.2 网络的度分布

度分布(degree distribution)，即节点度的频率分布或概率分布，是网络结构的基本特征之一。对于大型的复杂网络，度分布反映了网络结构的特点，并且对于网络的很多重要特性产生影响。

3.2.1 度分布的定义

根据网络是有向网络还是无向网络，网络的度分布定义有所区别。我们首先讨论无向网络中的度分布，然后讨论有向网络中的度分布。无向网络的度分

布 p_k 是网络中度为 k 的节点出现的频率分布，也可以看作是任取网络中一个节点度为 k 的概率分布。考虑一个无向网络，如图 3-2 所示。

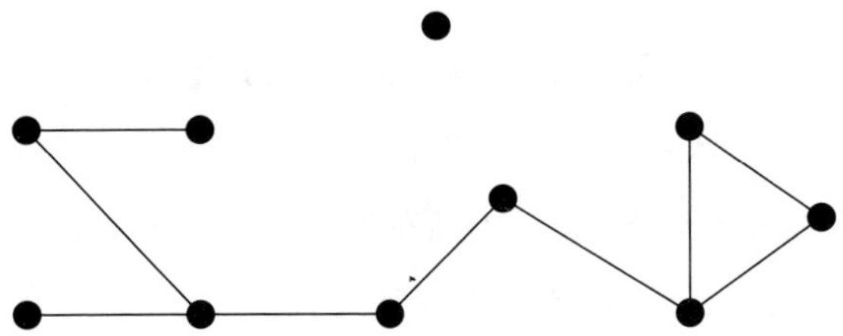

图 3-2　无向网络的度分布

网络共有 10 个节点，$n=10$。其中，度为 0 的节点出现 1 次，度为 1 的节点出现 2 次，度为 2 的节点出现 5 次，度为 3 的节点出现 2 次。因此，整个网络的度分布 p_k 为：$p_0=0.1$，$p_1=0.2$，$p_2=0.5$，$p_3=0.2$，$p_k=0(k\geqslant4)$。

网络的度分布也可以用概率分布表示，该网络的概率分布如图 3-3 所示，其中横坐标为所有节点可能的度 k，纵坐标为任意节点的度为 k 的概率 $P(k)$，$0\leqslant k\leqslant n$。

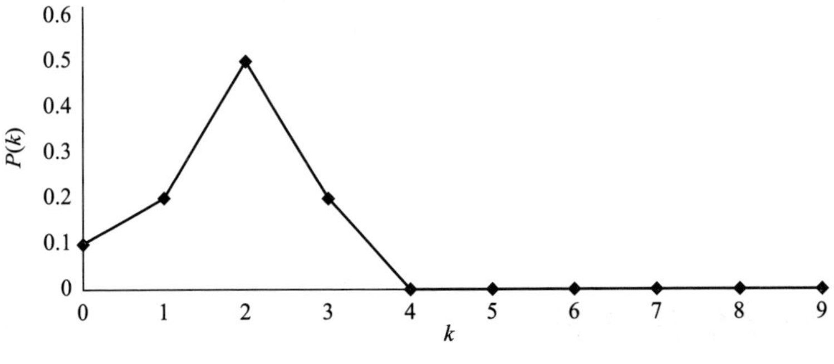

图 3-3　网络的概率分布

此外，还可以通过度序列（degree sequence）的形式来表示一个网络的度分布，度序列即所有顶点度的集合 $\{k_1,\ k_2,\ \cdots,\ k_n\}$。例如，图 3-2 中的网络可以用一个图序列来表示：$\{0,\ 1,\ 1,\ 2,\ 2,\ 2,\ 2,\ 2,\ 3,\ 3\}$。度序列中的排序没有明确的要求，只要能够表示网络中所有节点的情况即可。

网络的度分布对于网络特征的描述有着非常重要的作用，我们在第 1 章中提到过的小世界现象和马太效应现象就与网络的度分布有着很大关系。事实上，我们通常会以两个网络之间的度分布情况判断两个网络是否属于同一类型的网络。可以说，网络系统演化机制上的不同会体现在度分布上，这些问题我们会在后面具体介绍。但是，网络的度分布虽然重要，但不能直接用来判断网络的结构。例如图 3-4 所示的两个网络，虽然它们的度分布是相同的，但是很明显它们的结构是不同的。

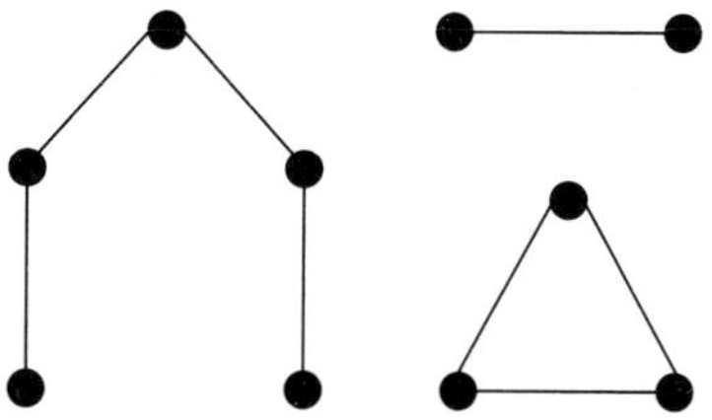

图 3-4 度分布相同的两个网络

有向网络的度分为入度和出度，所以有向网络的度分布需要分别讨论网络的入度分布(in-degree distribution)和出度分布(out-degree distribution)。有向网络的入度分布 $P(k^{in})$定义为网络中任取一个节点其入度为 k^{in} 的概率；对应地，有向网络的出度分布 $P(k^{out})$定义为网络中任取一个节点其出度为 k^{out} 的概率。以图 3-5 所示有向网络为例，网络的入度分布和出度分布可以按定义求得，结果见表 3-2。

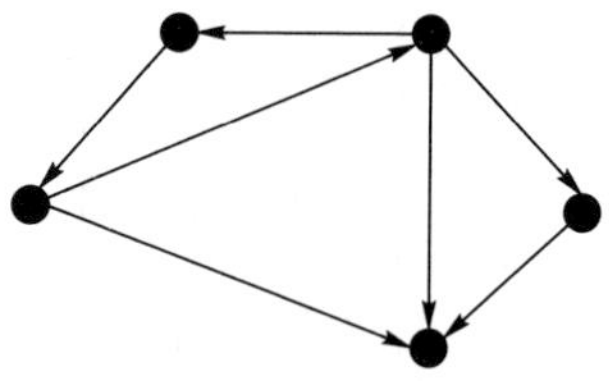

图 3-5 有向网络的度分布

表 3-2 5 个节点有向网络的度分布

k^{in}	$P(k^{in})$	k^{out}	$P(k^{out})$
0	0	0	1/5
1	4/5	1	2/5
2	0	2	1/5
3	1/5	3	1/5
4	0	4	0

3.2.2　常见网络的度分布

在介绍了网络度分布的概念之后，本节将介绍两种常见网络的度分布。

1. 泊松分布

在概率统计学中，最常见和最重要的概率分布就是正态分布(normal distribution)，或称作高斯分布(Gaussian distribution)。正态分布常记作 $\xi \sim N(\mu, \sigma^2)$，其中 μ 代表均值，σ^2 代表方差(σ 表示标准差)。正态分布的概率分布表达式 $f(x)$ 为

$$f(x)=\frac{1}{\sqrt{2\pi}\,\sigma}\mathrm{e}^{-\frac{(x-\mu)^2}{2\sigma^2}} \tag{3-1}$$

正态分布的形状是一种对称的钟形曲线(bell curve)，钟形分布的主要特征是“中间大、两头小”。例如，对于正态分布来说，绝大部分的数据落在均值 μ 附近，更准确地说，在$(\mu-3\sigma, \mu+3\sigma)$的区间内包括了 99.73%的数据，这种现象称为 3σ 原则。如图 3-6 所示的一个标准正态分布 $N(0, 1)$，根据 3σ 原则可以知道，99.73%的数据覆盖在两条虚线构成的 $x \in (-3, 3)$ 的区间中，而虚线以外区域取到的概率几乎可以忽略不计。

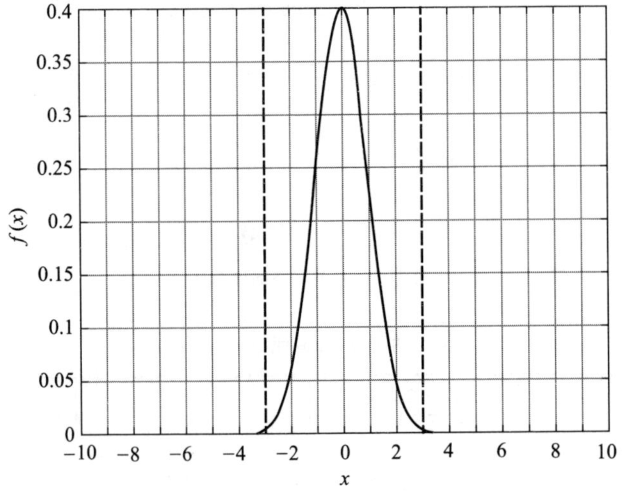

图 3-6　标准正态分布

正态分布是关于连续变量的概率分布，而网络中的度分布是关于离散变量的。常见的离散概率分布如超几何分布、二项分布、泊松分布都可以看成正态

分布的离散形式，它们的概率分布函数同样具有钟形曲线特征。泊松分布的表达式为

$$P(k)=\frac{\lambda^{k}e^{-\lambda}}{k!} \tag{3-2}$$

其中参数 $\lambda>0$。泊松分布的均值和方差都是 λ，且根据概率统计中的中心极限定理，λ 趋近于无穷大时，泊松分布近似于正态分布。生活中存在很多正态分布的例子，例如男性和女性的身高分布是近似正态分布的，大部分人的身高都在一定范围之内。对于度分布服从泊松分布的网络来说，网络中大部分节点具有非常接近的度，对于这样的网络我们称之为均匀网络或匀质网络(homogeneous network)。这种类型中具有代表性的就是随机网络和小世界网络，有关这两个网络的具体内容将分别在第 8 章和第 9 章介绍。

2. 幂律分布

除了钟形曲线特征的分布，还有一类分布，主要体现在这类分布的尾部占有很大的比重，这类特征的分布在统计学上统称为重尾分布(heavy-tailed distribution)。重尾分布可以进一步划分为 3 类：胖尾分布(fat-tailed distribution)、长尾分布(long-tailed distribution)和子指数分布(subexponential distribution)。重尾分布出现在生活中的很多领域中，例如第 1 章提到的二八原则，意大利经济学家帕累托根据财富分配上的二八原则，提出了帕累托分布，描述了个人收入 X 大于某个特定值 x 的概率，可表示为

$$P[X>x]=\begin{cases}\left(\dfrac{x_m}{x}\right)^{\alpha}, & x \geqslant x_m \\ 1, & x<x_m\end{cases} \tag{3-3}$$

其中，$x_m>0$ 是变量 X 的最小可能值，$\alpha>0$ 称为帕累托指数。几种不同参数下的帕累托分布函数如图 3-7 所示，从中不难看出，按照帕累托函数的刻画，有相当一部分人的收入位于低收入范围，而较少的个人拥有着很高的财富，且由于重尾的特性，这一小部分人的财富占据了相当大的份量。

另一个经典的案例是，20 世纪 30 年代，哈佛大学语言学家齐普夫(George Kingsley Zipf)在研究英文单词出现的频率时发现，如果对单词出现的频率按从大到小排序，那么排名为 k 的单词出现的频率服从 Zipf 分布，其概率分布函数

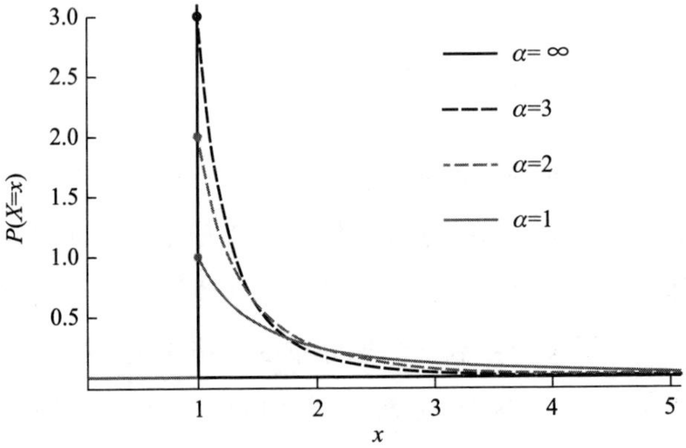

图 3-7　帕累托分布函数

$f(k)$ 可表示为

$$f(k) \sim k^{-\alpha}, \quad \alpha \geqslant 0$$

该式描述了 Zipf 分布最重要的特征，即单词的出现频率与单词在频率排名中的位次的幂(正数)成反比。根据齐普夫的研究，所有英文文章中出现频率最高的单词是 the，它的出现频率约是 7%，出现频率第二高的单词 of 的出现频率约是 3.5%。这么看下来，仅仅 the 和 of 两个英文单词在英文中出现的概率就超过 10%，这实在是一个很惊人的数据，同样揭示了少数个体占据较大比重这一现象。事实上，除了上述两个经典的例子，在物理学、生物学和社会学的很多方面都能见到这种现象，例如太阳耀斑的大小、神经元群体活动模式的大小、人类对刺激强度的判断力等。除了重尾特征外，这些研究中存在一个变量与另一个变量的幂指数成正比，这种现象称作幂律(power law)现象，且这些现象中的变量服从幂律分布(power law distribution)。

1999 年 9 月，巴拉巴西小组在《自然》上发表文章，发现万维网的出度和入度分布都与正态分布有着较大区别，它们服从幂律分布。一个月之后，他们在《科学》上发表文章指出电影演员网络和电力网络等实际网络也都服从幂律分布，并给出了产生这种分布的机理[3]。幂律分布的数学形式为

$$P(k) \sim k^{-\gamma}$$

其中 $\gamma>0$ 是幂律的指数。通常大部分符合幂律特征的实际网络的 γ 值在 2 到 3

之间，但是偶尔也能发现一些网络超出这个范围。

度分布服从幂律分布的网络，一般又称作无标度网络(scale free network)。无标度这个词源自统计物理学的相变理论，意指网络中没有内在的标度。简单来说，相比于规则网络可以根据均值这一尺度判断出绝大部分节点的度，无标度网络则无法找到一个明确的尺度以判断节点的度的范围，这是因为无标度网络中节点的度可以任意小也可以任意大，这使得均值无法体现明确的意义。

有关幂律分布的研究是网络科学研究的核心内容之一，特别是如何检验网络的度分布是幂律分布及幂律分布的性质。接下来将着重介绍这两个方面研究的基本方法。

假定我们要验证的数据的概率分布函数 $P(k)$ 符合幂律分布，则 $P(k)$ 可以表示为

$$P(k) = Ck^{-\gamma} \tag{3-4}$$

其中 C 是一个比例常数。

对式(3-4)取对数，有

$$\ln P(k) = \ln C - \gamma \ln k \tag{3-5}$$

由式(3-5)可以发现关于幂律分布一个有趣的现象：$\ln P(k)$ 是 $\ln k$ 的线性函数。因此直观上来看，如果给定的数据在双对数坐标系下近似为一条直线，那么就可以简单地推断该数据近似服从幂律分布，并且可以根据该直线的斜率得到对应的幂指数。

但是，研究中发现很难找到度在整个取值范围内都很好地服从幂律分布的实际网络。通常人们提到某个网络具有幂律分布特征时，往往是指度值较大时分布近似具有幂律形式，此时也称分布的尾部服从幂律。当然，有些情况下，即使 k 值较大，度分布也不服从幂律分布。例如，对网络中节点可以拥有的连接数的最大值进行限制，那么整个网络就是高度截断的(high-degree cutoff)。此外，在社会网络中，每个人能够维持朋友关系的数量也是有限的，这些影响都会使得我们在实际网络中很难看到纯粹的幂律分布。

为了更科学地在双对数坐标中判断度分布符合幂律分布的范围和估计幂指数，通常采用最小二乘估计的方式。

除了在双对数坐标下进行观察，还可以采用另一种方式检测幂律分布——构建累积度分布 P_k，它表示网络中度不小于 k 的节点在整个网络中所占的比例，或者说在网络中任意选取一个节点它的度不小于 k 的概率。P_k的表达式为

$$P_k = \sum_{k'=k}^{\infty} p(k') \tag{3-6}$$

有些研究也把网络中任意节点度不小于 k 的概率 $1-P_k$称为累积度分布。

假设 $k \geqslant k_{\min}$($k_{\min}$为一个较大的值)时度分布服从幂律分布。根据式(3-4)给出的幂律分布的形式，可以进一步计算出对应的累积分布形式，有

$$P_k = C\sum_{k'=k}^{\infty} k'^{-\gamma} \approx C\int_{k}^{\infty} k'^{-\gamma}\mathrm{d}k' = \frac{C}{\gamma-1}k'^{-(\gamma-1)} \tag{3-7}$$

需要注意的是，式(3-7)中通过连续的积分求和对离散的累加求和进行了近似，这是合理的。因为 k 值较大时，幂律函数的变化率较小。同时，通常大部分的网络幂指数 $\gamma>1$，保证了积分求和的收敛性。所以，根据得到的幂律分布的累积分布的形式，可以看出幂律分布的累积分布仍然是幂律分布，只不过幂指数比原指数小 1。

累积分布可以较好地避免度分布中出现的噪声扰动，且离散数据的累积度分布的计算较为简单。只需要对网络中节点的度进行降序排列，将第 i 节点对应的位序(rank) r_i及对应度数 k_i记下，然后将$\frac{r_i}{N}$作为度 k_i的函数，就能得到累积度分布图。例如，表 3-3 给出了一个 10 个节点网络的网络度位序表，根据第一列 k_i和第三列 P_k，可以画出网络的度累积分布图，如图 3-8 所示。可以再转为双对数坐标下观察是否是直线，此处因为节点较少没有对坐标进行进一步转换。

表 3-3 网络度的位序表

度数 k_i	位序 r_i	$P_k=r_i/N$
4	1	0.1
3	2	0.2
2	3	0.3

续表

度数 k_i	位序 r_i	$P_k = r_i/N$
2	4	0.4
2	5	0.5
1	6	0.6
1	7	0.7
1	8	0.8
1	9	0.9
0	10	1.0

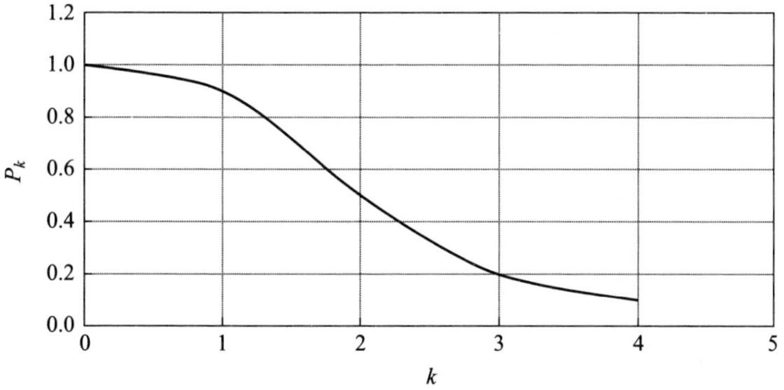

图 3-8　度累积分布图

累积分布也有一些不足。一个不足是累积分布不如直方图直观，因为它只与顶点度分布间接相关，不容易解释。另一个严重不足是，累积分布图中的连续顶点是相互关联的，从一个点到下一个点的累积分布函数值的变化通常很小，因此相邻数据并非是独立的。这意味着，采用数值拟合方法得到直线的斜率，通过将斜率赋值为幂律分布的幂指数是不正确的，至少在采用类似最小二乘法这类假定数值相互独立的标准数值拟合方法时并不正确。

实际上，通过这类直线拟合的方法来估计度分布函数和度的累积分布函数并不是最好的方法，它们都会产生偏差[4,5]。通常更好的方式是使用以下公式：

$$\gamma = 1 + N\left[\sum_i \ln \frac{k_i}{k_{\min} - \frac{1}{2}}\right]^{-1} \tag{3-8}$$

其中，$k_{\min}$是符合幂律分布尾部特征的最小度数，N 是度大于等于 $k_{\min}$ 的节点个数，求和部分是对于这 N 个节点求和。同时还可以计算幂指数 γ 的统计误差 σ：

$$\sigma = \sqrt{N}\left[\sum_i \ln \frac{k_i}{k_{\min} - \frac{1}{2}}\right]^{-1} = \frac{\alpha - 1}{\sqrt{N}} \tag{3-9}$$

这两个公式涉及统计学中的最大似然估计方法，这里不做深入介绍。

下面我们将从数学上分析幂律分布的性质，为后面的研究打下基础。

(1) 归一化

如果网络的度分布服从式(3-4)中的幂律函数，那么由于度分布是一个概率分布函数，那么需要满足所有概率和为 1 的基本要求，即

$$\sum_{k=0}^{\infty} Ck^{-\gamma} = 1 \tag{3-10}$$

在式(3-10)中，如果网络中所有的度 k 都服从幂律分布，那么 $k=0$ 时的 $P(k)$ 值是发散的，但是概率只能在 0 和 1 之间，那么 $k=0$ 的节点不应该存在于幂律分布的网络中。所以，假设分布从 $k=1$ 开始，可以得到比例常数 C 的表达式为

$$C = \frac{1}{\sum_{k=1}^{\infty} k^{-\gamma}} = \frac{1}{\zeta(\gamma)} \tag{3-11}$$

其中，$\zeta(\gamma)$是黎曼(Riemann)函数。代入式(3-4)，可以得到幂律分布的归一化形式：

$$P(k) = \frac{k^{-\gamma}}{\zeta(\gamma)} \tag{3-12}$$

其中 $k>0$，且 $P(0)=0$。从无标度网络的数学模型出发，从 $k=1$ 开始取值是合理的。但是，对于很多真实网络来说，这并不是一个很好的处理方法。因为大多数实际网络都体现出一种低度饱和(low-degree saturation)的现象，网络度值 k 很小的节点并不多，这使得度分布在这部分区域较为平缓，与幂律分布特征有

着较大偏差。大多数情况下我们更加关注数据的尾部特征。若尾部数据符合幂律分布，此时可以忽略其他部分数据，在这种情况下，只需要对尾部数据进行归一化处理。那么假设度值 $k \geqslant k_{\min}$ 服从幂律分布，可以得到尾部的归一化形式

$$P(k)=\frac{k^{-\gamma}}{\sum_{k=k_{\min}}^{\infty} k^{-\gamma}}=\frac{k^{-\gamma}}{\zeta(\gamma,\ k_{\min})} \tag{3-13}$$

其中，$\zeta(\gamma,\ k_{\min})$ 称为广义 ζ 函数或不完整的 ζ 函数。

同样，在尾部数据上用积分求和对累加求和进行近似，归一化常数 C 可以近似为

$$C \approx \frac{1}{\int_{k_{\min}}^{\infty} k^{-\gamma} \mathrm{d} k}=(\gamma-1) k_{\min}^{(\gamma-1)} \tag{3-14}$$

对应地，归一化幂律函数 $P(k)$ 可以写为

$$P(k)=\frac{\gamma-1}{k_{\min}}\left(\frac{k}{k_{\min}}\right)^{-\gamma}$$

进一步可以得到对应的归一化累积分布函数 P_k，即

$$P_k=\left(\frac{k}{k_{\min}}\right)^{-(\gamma-1)} \tag{3-15}$$

(2) 矩的性质

度分布的矩是一个很重要的参数。度分布的一阶矩是其均值，即网络的平均度 $\langle k\rangle$，有

$$\langle k\rangle=\sum_{k=0}^{\infty} k p(k) \tag{3-16}$$

度分布的二阶矩是其均方值，有

$$\langle k^2\rangle=\sum_{k=0}^{\infty} k^2 p(k) \tag{3-17}$$

度分布的 m 阶矩的形式为

$$\langle k^m\rangle=\sum_{k=0}^{\infty} k^m p(k) \tag{3-18}$$

假设一个网络的度分布 $p(k)$ 在 $k \geqslant k_{\min}$ 时遵循幂律分布，那么 $p(k)$ 的 m 阶矩的形式为

$$\langle k^m \rangle = \sum_{k=0}^{k_{\min}-1} k^m p(k) + C\sum_{k=k_{\min}}^{\infty} k^{m-\gamma} \tag{3-19}$$

再次利用之前使用的积分近似的方法，可以得到

$$\begin{aligned}\langle k^m \rangle &\approx \sum_{k=0}^{k_{\min}-1} k^m p(k) + C\int_{k_{\min}}^{\infty} k^{m-\gamma}\mathrm{d}k \\ &= \sum_{k=0}^{k_{\min}-1} k^m p(k) + \frac{C}{m-\gamma+1}[k^{m-\gamma+1}]_{k_{\min}}^{\infty}\end{aligned} \tag{3-20}$$

其中，第一项 $\sum_{k=0}^{k_{\min}-1} k^m p(k)$ 的值是有限的，值的大小取决于 $p(k)$ 在 k 较小的区间内的形式(非幂律)。第二项 $\frac{C}{m-\gamma+1}[k^{m-\gamma+1}]_{k_{\min}}^{\infty}$ 的值取决于 m 和 γ 的大小。如果 $m-\gamma+1\leqslant 0$，则这部分值是有限的；但是如果 $m-\gamma+1>0$，则这部分值是发散的。可以看出，整个网络的度分布的 m 阶矩的发散性只与 $\langle k^m \rangle$ 中的第二项有关。因此，不管是网络的度分布全局服从还是只有尾部服从幂律分布，只要对应服从幂律分布的部分存在 $m-\gamma+1>0$ 的情况，整个网络的 m 阶矩就是发散的。根据上述分析，可以得到定理 3-1。

定理 3-1　全局或者只在尾部服从幂律分布 $P(k)=Ck^{-\gamma}$ 的网络存在有限 m 阶矩的充要条件是 $\gamma>m+1$。

根据定理 3-1，可以看出当 $\gamma>2$ 时幂律分布存在有限 1 阶矩，$\gamma>3$ 时幂律分布存在有限 2 阶矩。需要注意的是，度分布的 2 阶矩是反映网络结构很重要的一个参数，在很多相关的计算中都会用到，如计算网络的鲁棒性、研究流行病传播等方面。之前我们提到过服从幂律分布的大多数真实网络的幂指数 $2\leqslant\gamma\leqslant 3$，这意味着二阶矩 $\langle k^2 \rangle$ 是发散的。概率统计中二阶矩 $\langle k^2 \rangle$、一阶矩 $\langle k \rangle$ 和方差 σ^2 有如下关系：

$$\sigma^2 = \langle k^2 \rangle - \langle k \rangle^2 \tag{3-21}$$

当 $2<\gamma<3$ 时，二阶矩 $\langle k^2 \rangle$ 无限大，而一阶矩 $\langle k \rangle$ 有限，此时方差 σ^2 无限大。这时在网络中随机选取一个节点将无法根据均值 $\langle k \rangle$ 判断度 k 的范围，也说明了“无标度”的内在含义。同时，无标度网络在二阶矩 $\langle k^2 \rangle$ 上的发散还体现了网络在很多方面的性质，将在第 10 章介绍。

但是，这些结论同样带来一些困惑。对于真实的网络来说，网络度分布的

所有矩应该是有限的。例如，对于 N 个节点的真实网络，假设每个节点 v_i 的度为 k_i，那么网络的 m 阶矩为

$$\langle k^m \rangle = \frac{1}{N}\sum_{k=i}^{N} k_i{}^m \quad (3-22)$$

注意到在实际网络中 k_i 是有限值，那么式(3-22)的值应该是有限的。这似乎与之前的理论计算相矛盾。事实上，这是因为无标度网络中两个最重要的假设之一就是增长机制，这使得无标度网络的理论模型可以无限扩张。而大多数实际网络都是有限的简单网络，即网络的规模是有限的，且网络中不存在重边和自边的情况，因而 N 个节点的网络中每个节点的度不会超过 $N-1$。因此，度分布的幂律行为在达到最大值之前就停止了，这就是之前提到的高度截断现象。

事实上，判断一个网络是否是服从幂律分布是一个复杂的问题。一方面，幂律分布刻画了实际网络长期发展的情况，并且可以推断产生这种现象的机制。另一方面，从实际网络中获取的数据是严格符合幂律分布，还是其他重尾分布，一直是一个存在学术争论的问题。主要是因为不同重尾分布函数的尾部特征严格上来说有着区别，因而在一些问题的统计数据拟合上会出现不同的最优拟合分布。因此进一步深入研究幂律和无标度网络理论仍具有重要价值。

3.3 网络的平均路径长度和直径

第 1 章提到了社会网络中的小世界效应，其中六度分隔是网络结构的重要特征，这与本节将要介绍的网络平均路径长度和直径有重要关系。

3.3.1 无权无向网络的平均路径长度和直径

1. 平均路径长度

网络的平均路径长度，即网络中任意两个节点之间的最短距离的平均值，定义为

$$L = \frac{1}{\frac{1}{2}N(N-1)} \sum_{i \geqslant j} d_{ij} \tag{3-23}$$

其中，N 表示网络中的节点数，d_{ij} 表示节点 i 和节点 j 之间的距离（最短路径长度）。需要注意的是，网络的平均路径长度也称为网络的特征路径长度（characteristic path length）或平均距离（average distance）。

例如对于一个无向网络，如图 3-9 所示，网络中有 6 个节点和 7 条边。图 3-9 中的节点距离矩阵可以写出来，用一个矩阵 $\boldsymbol{W}$ 来表示网络中两点间的距离，形式如下：

$$\boldsymbol{W} = \begin{bmatrix} 0 & 1 & 1 & 2 & 2 & 2 \\ 1 & 0 & 1 & 1 & 1 & 2 \\ 1 & 1 & 0 & 2 & 1 & 1 \\ 2 & 1 & 2 & 0 & 2 & 3 \\ 2 & 1 & 1 & 2 & 0 & 2 \\ 2 & 2 & 1 & 3 & 2 & 0 \end{bmatrix} \tag{3-24}$$

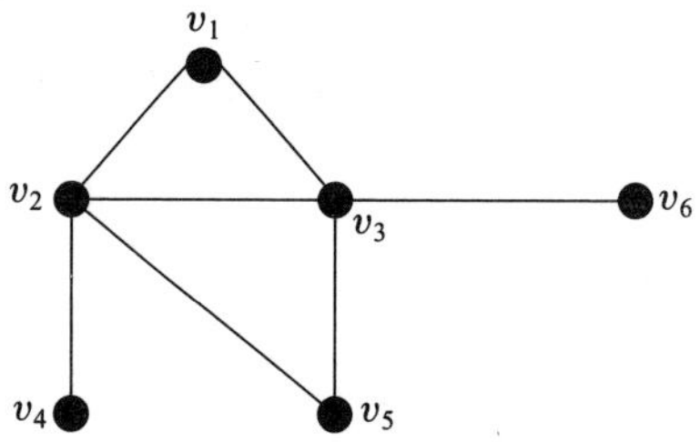

图 3-9　6 个顶点的简单无向网络

可以发现无向网络的节点距离矩阵 $\boldsymbol{W}$ 是对称矩阵。此时，网络的平均路径长度可以计算得到 $L=1.6$。

平均路径长度是网络的重要结构特征，反映了网络中的传输效率。回顾在第 1 章介绍的六度分隔现象，事实上“六度”就是代表了网络中的平均路径长度约为 6。对于几百万或者几千万规模的社交网络来说，这个数字实在是非常之小。

注意到图 3-9 中给出网络是连通的，但是大型实际网络往往是不连通的，此时两个节点之间可能不存在路径。如果两个不相连的节点的距离视为∞的话，整个网络的平均路径长度也为∞。为了避免这种情况，一种方式是将平均路径长度定义为存在连通路径的节点之间的平均距离，另一种方式是将平均路径长度定义为网络中两点之间距离的简谐平均(harmonic mean)：

$$L = \frac{1}{GE}, \quad GE = \frac{1}{\frac{1}{2}N(N-1)}\sum_{i \geqslant j}\frac{1}{d_{ij}} \tag{3-25}$$

其中 G 表示网络中节点之间发送信息的平均效率，因此 GE 也称为全局效率(global efficiency)。

对于网络中平均路径长度的相关研究一直在持续，特别是测量人与人之间朋友网络的平均路径长度。2003 年，哥伦比亚大学启动了一个名为哥伦比亚小世界的项目，用来测试电子邮件网络的平均路径长度，来自 13 个国家的 18 个人为接收邮件的对象。有大约 10 万人参与实验，最终形成了 24 163 个电子邮件连边，只有 384 人(不到 0.4%)将邮件发送到目标手中，且大部分只需要 7 步、8 步或 9 步就可以将邮件送达。2011 年，Facebook 的数据团队公布了当时所有用户网络(7.21 亿人，690 亿个朋友关系连接)的平均路径长度，结果是 4.74。表3-4 展示了 2007—2011 年间 Facebook 用户间平均路径长度的数据[6]，2016 年的数据是 4.57 左右。

表 3-4 Facebook 网络的平均路径长度(2007—2011)

年份	2007	2008	2009	2010	2011
平均路径长度	4.46(±0.04)	5.28(±0.03)	5.26(±0.03)	5.06(±0.01)	4.81(±0.04)

2. 直径

网络中任意两个节点之间最大距离的最大值称为网络的直径(diameter)，记为 D，即

$$D = \max_{i,j} d_{ij} \tag{3-26}$$

需要注意的是，计算网络的直径时只考虑任意两个连通节点的距离的最大值。

在网络统计分析中，网络中连通节点对之间距离 d 的概率分布很多时候是

我们关心的。为此，定义概率分布函数 $f(d)$ 表示网络中任取一对连通节点，它们距离为 d 的概率（只考虑所有连通节点对）。对应地，定义概率累积函数 $g(d)$ 表示网络中任取一对连通节点，它们之间的距离小于 d 的概率。

例如，以 Twitter 上的用户相互关注情况创建网络，社交媒体监控公司 Sysomos 发现 Twitter 上用户的平均距离是 4.67，且约 50%的人之间只相隔 4 步。那么根据定义，可以判断出 $g(d) \geqslant 4$ 的概率约为 50%或者更多。同样地，Facebook 在 2011 年的研究中发现，大部分人的平均距离在 5 左右，而平均距离小于 2 或大于 6 的情况则比较少见。

一般地，如果整数 D 满足

$$g(D-1) < 0.9, \quad g(D) \geqslant 0.9 \tag{3-27}$$

那么就称 D 为网络的有效直径（effective diameter）。换句话说，D 是使得至少 90%的连通节点对可以互相到达的最小步数。可以通过插值的方式把有效直径推广到非整数的情形。为此，对任一实数 r，假设 $d \leqslant r < d+1$，通过线性插值的方式定义 $g(r)$ 如下：

$$g(r) = g(d) + (g(d+1) - g(d))(r-d) \tag{3-28}$$

如果实数 D 满足 $g(D)=0.9$，那么就称 D 为网络的有效直径。从实际计算的角度看，整数和非整数的有效直径定义之间的区别是可以忽略的。有效直径通常是一个比直径更为鲁棒的量，去除网络中少许几条边之后有可能会使原先距离较短的两个节点之间的距离变得很长，但对网络的有效直径并没有明显影响。

直径的变化在网络的演化过程中也是一个值得关注的问题。莱斯科夫（Jure Leskovec）等人研究发现，网络随时间演化时平均度会增加，但是网络的有效直径会减少，这种现象也被称作直径收缩（shrinking diameter）现象[7]。

3.3.2　加权有向网络的路径长度

对于有向网络来说，两个节点之间可能存在两种方向的最短路径，且它们的最短长度可能并不一样。在如图 3-10 所示的有向网络中，节点 $v_1 \to v_4$ 的最短路径是 1，但是 $v_4 \to v_1$ 不存在路径。

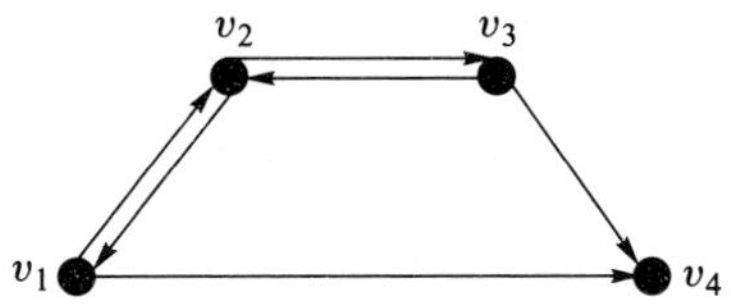

图 3-10 有向网络的路径

同样可以给出该网络的最短路径矩阵为

$$W = \begin{bmatrix} 0 & 1 & 2 & 1 \\ 1 & 0 & 1 & 2 \\ 2 & 1 & 0 & 1 \\ 0 & 0 & 0 & 0 \end{bmatrix} \tag{3 - 29}$$

可以看出最短路径矩阵 **W** 此时并不对称。对角线之上的元素代表一个方向，对角线之下的元素代表另一个方向，可以分别计算这两个方向上的平均路径长度。

对于加权网络，计算路径长度时需要考虑有向边权值对两个节点间路径长度的影响。例如图 3-11 所示的加权有向网络中，$v_1 \to v_4$有两条路径：上面的路径需要经过 3 条边，下面只需要经过 1 条边，但是经过加权，上面的路径是最短路径，长度为 0.9。

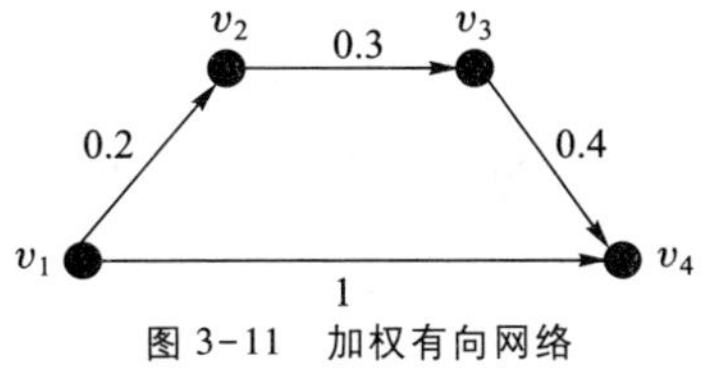

图 3-11 加权有向网络

求解加权有向网络最经典的算法是 Dijkstra 算法，将在第 6 章具体介绍。

3.4 聚类系数

3.4.1 局部聚类系数

节点的聚类系数或局部聚类系数(local clustering coefficient)，反映的是节点的邻居节点间相互连接的紧密程度。根据概念，如果一个节点的邻居节点之间的连接越多，那么这个节点的局部聚类系数越大。设网络中一个节点的度为 k_i，即这个节点存在 k_i 个相连的邻居节点，此时这 k_i 个邻居节点之间相互连接的连边数为 E_i。对于一个节点来说，在邻居节点数 k_i 不变的情况下，E_i 越大聚类系数也会越大。对于节点度为 k_i 的节点 i 来说，i 的所有邻居之间相互连接的连边数最大值为 $k_i(k_i-1)/2$。因此，节点 i 的聚类系数 C_i 定义为

$$C_i = \frac{2E_i}{k_i(k_i - 1)} \tag{3-30}$$

如果节点 i 的邻居节点之间没有连边，那么 C_i 的值为 0；而如果节点 i 的邻居节点之间全连接，那么 C_i 的值为 1。由此，C_i 的取值范围是[0，1]。

除了从连接概率的角度出发定义局部聚类系数，还可以从网络中的三角形和三元组的数量考虑这个问题。如图 3-12(a)所示，当节点 i 的两个邻居节点之间有连边时，此时 3 个节点构成一种三角形结构。实际上，节点 i 的邻居节点之间的连边数 E_i 就等于以节点 i 为顶点的三角形的数量。图 3-12(b)展示了节点 i 的邻居节点之间无连边的情况。若包括节点 i 的 3 个节点中至少存在节点 i 到另外两个节点的两条边，那么就称这 3 个节点构成以节点 i 为中心的连通三元组。以节点 i 为中心的连通三元组的数目等于节点 i 的所有邻居节点可能相互连接的连边数的最大值，这个值等于上文提到 $k_i(k_i-1)/2$。可以从几何角度给出局部聚类系数 C_i 的定义：

$$C_i = \frac{\text{包含节点 } i \text{ 的三角形的数目}}{\text{以节点 } i \text{ 为中心的连通三元组的数目}} \tag{3-31}$$

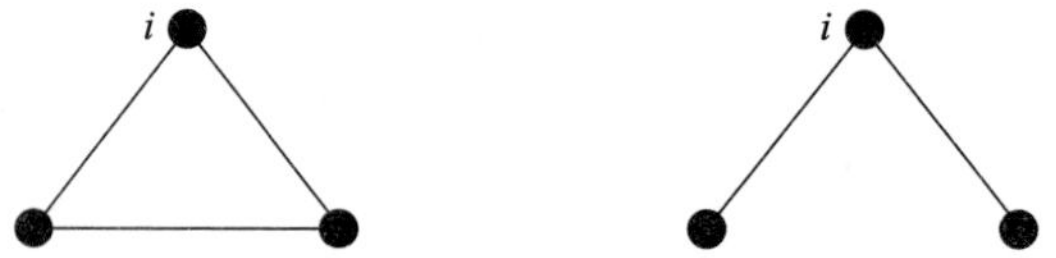

(a) 节点i的邻居节点对之间有连边　(b) 节点i的邻居节点对之间无连边

图 3-12　节点 i 为顶点的连通三元组的两种可能性

设网络的邻接矩阵为 $\boldsymbol{A}=[a_{ij}]_{N\times N}$，那么包含节点 i 的三角形的数目为

$$E_i = \frac{1}{2}\sum_{j,\ k} a_{ij}a_{jk}a_{ki} = \sum_{j>k} a_{ij}a_{jk}a_{ki} \tag{3-32}$$

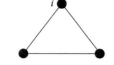

式(3-32)可以表示网络中的三角形数目，这是因为当且仅当 $a_{ij}a_{jk}a_{ki}=1$ 时，节点 i、j 和 k 构成一个三角形，否则 $a_{ij}a_{jk}a_{ki}=0$。因此，节点 i 的聚类系数计算公式可写为

$$C_i=\frac{2E_i}{k_i(k_i-1)}=\frac{1}{k_i(k_i-1)}\sum_{\substack{j,k=1\\j\neq k\neq i}}^{N}a_{ij}a_{jk}a_{ki} \tag{3-33}$$

3.4.2 全局聚类系数

局部聚类系数描述了一个节点的邻居节点之间连接的紧密程度，如果需要描述整个网络的这种属性，则需要引入全局聚类系数(global clustering coefficient)。全局聚类系数 C 的定义为

$$C=\frac{3\times\text{网络中三角形的数目}}{\text{网络中连通三元组的数目}} \tag{3-34}$$

注意到式(3-34)中分子有一个系数 3，这是因为每个三角形对应 3 个不同的连通三元组，这 3 个三元组分别以三角形的 3 个顶点为中心。

除了全局聚类系数，瓦茨和斯托加茨提出了一种方案描述网络的这种特征，即网络中所有节点的局部聚类系数的平均值

$$\bar{\bar{C}}=\frac{1}{N}\sum_{i=1}^{N}C_i \tag{3-35}$$

需要注意的是，平均局部聚类系数是给网络中每个节点的聚类系数赋予相同的权值，而全局聚类系数是给网络中每个三角形赋予相同的权值。相比之下，平均聚类系数给度值较低的节点赋予较高的权值，而全局聚类系数给度值高的节点赋予较高的权值。

3.4.3 加权网络的聚类系数

考虑一个加权网络，假设网络的邻接矩阵 $\boldsymbol{A}=[a_{ij}]_{N\times N}$，网络边的权值矩阵 $\boldsymbol{W}=[w_{ij}]_{N\times N}$(节点 i 和 j 没有边相连时 $w_{ij}=0$)。根据式(3-33)，引入权值因素，推广得到加权网络的局部聚类系数为

$$\tilde{C}_i=\frac{1}{k_i(k_i-1)}\sum_{\substack{j,k=1,\\j\neq k\neq i}}^{N}w_{ijk}a_{ij}a_{jk}a_{ki} \tag{3-36}$$

其中，w_{ijk}代表某个三角形的权值，这个值与三角形的 3 条边的权值有关。下面对 w_{ijk}的取值做简单的说明：

（1）当节点 i、j、k 不构成三角形时，w_{ijk} 可以取任意值。因为只有当节点 i、j、k 构成三角形时，$a_{ij}a_{jk}a_{ki}$ 的值为 1，其他情况下都为 0。因此当节点 i、j、k 不构成三角形时，$\tilde{C}_i$ 均为 0。通常为了方便处理，令 $w_{ijk}=0$。

（2）第 2 章中介绍过无权网络是加权网络的特殊情形，$\tilde{C}_i$ 在无权网络中可以退化为 C_i。因此，无权网络中(可以视为所有连边的权值都为 1)，节点 i、j、k 构成一个三角形，相应地有 $w_{ijk}=1$。

局部聚类系数 C_i 的取值范围是[0，1]，对应的 $\tilde{C}_i$ 的取值范围也是[0，1]。根据式(3-36)，不论权值矩阵 $\boldsymbol{W}$ 怎样选取，都有 $\tilde{C}_i \leqslant C_i$。因此，如果以(3-36)式作为加权网络的聚类系数，那么权值的非均匀化将导致聚类系数的减小。

上面介绍了加权聚类系数定义的一般性规则，研究人员基于权值矩阵 $\boldsymbol{W}$ 中权值 w_{ijk} 的不同取值方法，推广出了两种经典的加权聚类系数表示方法，下面具体介绍其定义和计算方法[8]。

（1）定义

将 w_{ijk} 取值为节点 i 与它的两个邻居节点 j 和 k 之间的两条边的权值的归一化平均值，即

$$w_{ijk} = \frac{1}{\langle w_i \rangle} \frac{w_{ij} + w_{ik}}{2} \tag{3-37}$$

其中，$\langle w_i \rangle$ 是节点 i 的所有连边的权值的平均值，具体形式为

$$\langle w_i \rangle = \frac{1}{k_i} \sum_j w_{ij} \tag{3-38}$$

将式(3-37)代入式(3-36)中，可以得到加权网络节点 i 的聚类系数定义如下：

$$\tilde{C}_i^{(1)} = \frac{1}{k_i(k_i - 1)} \sum_{\substack{j,\ k=1, \\ j \neq k \neq i}}^{N} \frac{w_{ij} + w_{ik}}{2\langle w_i \rangle} a_{ij} a_{jk} a_{ki} \tag{3-39}$$

这种定义方式考虑了节点 i 与其邻居节点之间的边的权值的影响，但是没有考虑两个邻居节点之间边(也称外边)的权值的影响。注意到当网络是一个无权网络时，所有边的权值为 1，而 $\frac{w_{ij}+w_{ik}}{2\langle w_i \rangle}=1$，此时 $\tilde{C}_i^{(1)}$ 退化为 C_i 的形式。

在网络科学研究中，节点的连边的加权和也称为节点的强度。例如，对于

节点 i 的强度，可以写成下面的形式：

$$s_i = k_i \frac{s_i}{k_i} = k_i \langle w_i \rangle \tag{3-40}$$

因此，$\tilde{C}_i^{(1)}$ 的定义也可以写成下面的形式：

$$\tilde{C}_i^{(1)} = \frac{1}{s_i(k_i - 1)} \sum_{\substack{j,k=1,\\ j\neq k\neq i}}^{N} \frac{w_{ij} + w_{ik}}{2} a_{ij} a_{jk} a_{ki} \tag{3-41}$$

（2）方法一

将 w_{ijk} 取值为节点 i 与它的两个邻居节点 j 和 k 组成的三角形的三条边的归一化权值的几何平均，具体来说可以写成下面的形式：

$$w_{ijk} = (\hat{w}_{ij}\hat{w}_{ik}\hat{w}_{jk})^{1/3} \tag{3-42}$$

其中，$\hat{w}_{ij} \in [0, 1]$ 为如下定义的归一化权值：

$$\hat{w}_{ij} = \frac{w_{ij}}{\max\limits_{k,l} w_{kl}}$$

其中，$\max\limits_{k,l} w_{kl}$ 代表这个三角形中三条边的最大权值。同样地，将式(3-42)代入式(3-36)中，可以得到另一种加权网络的节点聚类系数的定义：

$$\tilde{C}_i^{(2)} = \frac{1}{k_i(k_i - 1)} \sum_{\substack{j,k=1,\\ j\neq k\neq i}}^{N} (\hat{w}_{ij}\hat{w}_{ik}\hat{w}_{jk})^{1/3} a_{ij} a_{jk} a_{ki} \tag{3-43}$$

如果将两个节点之间没有边时权值为 0 的条件代入，那么式(3-43)可以进一步简写为下面的形式：

$$\tilde{C}_i^{(2)} = \frac{1}{k_i(k_i - 1)} \sum_{\substack{j,k=1,\\ j\neq k\neq i}}^{N} (\hat{w}_{ij}\hat{w}_{ik}\hat{w}_{jk})^{1/3} \tag{3-44}$$

进一步可写为

$$\tilde{C}_i^{(2)} = C_i \bar{\bar{I}}_i \tag{3-45}$$

其中，$\bar{\bar{I}}_i$ 是包含节点 i 的三角形的归一化平均密度，表达式为

$$\bar{\bar{I}}_i = \frac{1}{2E_i} \sum_{\substack{j,k=1,\\ j\neq k\neq i}}^{N} (\hat{w}_{ij}\hat{w}_{ik}\hat{w}_{jk})^{1/3} \tag{3-46}$$

（3）方法二

在无权网络中，节点 i 的聚类系数 C_i 等于包含节点 i 的三角形的数目 E_i 除以包括节点 i 可能的三角形数目的上界。基于这个想法，可以将无权三角形推

广为加权三角形的形式，具体来说

$$E_i \to \frac{1}{2}(\hat{w}_{ij}\hat{w}_{ik}\hat{w}_{jk})$$

$$\frac{1}{2}k_i(k_i-1) \to \frac{1}{2}\left[\left(\sum_k \hat{w}_{ik}\right)^2 - \sum_k \hat{w}_{ik}^2\right] \tag{3-47}$$

利用上面的形式进行推广后，可以得到一种新的节点聚类系数的定义：

$$\tilde{C}_i^{(3)} = \frac{\frac{1}{2}(\hat{w}_{ij}\hat{w}_{ik}\hat{w}_{jk})}{\frac{1}{2}\left[\left(\sum_k \hat{w}_{ik}\right)^2 - \sum_k \hat{w}_{ik}^2\right]} = \frac{\hat{w}_{ij}\hat{w}_{ik}\hat{w}_{jk}}{\left(\sum_k \hat{w}_{ik}\right)^2 - \sum_k \hat{w}_{ik}^2} \tag{3-48}$$

介绍了 3 种加权网络的聚类系数后，通过对比可以发现，3 种聚类系数存在下面一些特性：

- 当加权网络退化为无权网络时，上面几种定义是等价的，即

$$\tilde{C}_i^{(1)} = \tilde{C}_i^{(2)} = \tilde{C}_i^{(3)} \tag{3-49}$$

- 3 种加权网络的聚类系数与无权网络中的聚类系数取值范围相同，即

$$\tilde{C}_i^{(l)} \in [0,1],\quad l=1,2,3 \tag{3-50}$$

- 与 C_i 相同，当且仅当不存在包含节点 i 的三角形时，$\tilde{C}_i^{(l)}=0$，$l=1,2,3$。
- 与 C_i 相同，$\tilde{C}_i^{(1)}=1$ 的充要条件是节点 i 的邻居节点之间相互连接，但是这样的条件只是 $\tilde{C}_i^{(2)}=\tilde{C}_i^{(3)}=1$ 的必要条件。因为 $\tilde{C}_i^{(2)}=1$ 还需要这些三角形的权值都相同，而 $\tilde{C}_i^{(3)}=1$ 则要求包含节点 i 的每一个三角形的每一条外边的权值都相同且为最大值(此时 $\hat{w}_{jk}=1$)，而与节点 i 的权值无关。

思考题

3.1　假设某个网络的度分布服从指数形式 $p_k=C\mathrm{e}^{-\lambda k}$，其中 C 和 λ 都是常数。请解答下面的问题：

(1) 将 C 表示成 λ 的函数。

(2) 计算度大于等于 k 的顶点数比例 P。

(3) 计算与度大于等于 k 的顶点相连的边数比例 W。

(4) 在完全满足幂律分布的网络中，存在以下关系：

$$W = P^{(\gamma-1)/(\gamma-2)}$$

其中 W 表示网络中与度最大节点相连的边数与总边数的比值，P 表示网络中最大度数与总节点数的比例。W 与 P 的关系曲线称为洛伦兹曲线。证明该指数度分布网络的洛伦兹曲线形式等价的公式形式为

$$W = P - \frac{1 - e^{\lambda}}{\lambda} P \ln P$$

(5) 证明对于 $0 \leqslant P \leqslant 1$ 中的某些 P 值，其对应的 W 值大于 1，并尝试解释这些值的含义。

3.2 对于一个度分布服从幂律分布的网络，对其节点随机抽样，度大于等于 10 的前 20 个节点的度如下所示：

16	17	10	26	13
14	28	45	10	12
12	10	136	16	25
36	12	14	22	10

利用公式(3-8)和公式(3-9)估算该网络的幂律指数 γ，以及可能产生的误差值 σ。(当 $k_{\min}>6$ 时，这样的估算近似效果比较好，本题中取 $k_{\min}=10$ 来估算。)

3.3 考虑一个简单的网络模型，网络中有 n 个节点，每个节点属于某个群组。第 m 个群组有 n_m 个节点，并且每个节点与该群组内其他节点连接的概率是 $p_m = A\,(n_m - 1)^{-\beta}$，其中 A 和 β 是常数。请解答下面的问题：

(1) 计算群组 m 中节点的局部聚类系数的期望值 $\overline{C}_m$。

(2) 计算群组中某个节点度的期望值 $\langle k \rangle$。

(3) 证明 $\overline{C}_m \propto \langle k \rangle^{-\beta/(1-\beta)}$。

(4) 当 β 取何值时，局部聚类系数的期望值 $\overline{C}_m$ 与度期望值 $\langle k \rangle$ 的关系满足 $\overline{C}_m \propto \langle k \rangle^{-3/4}$。

参考文献

[1] Broder A, Kumar R, Maghoul F, et al. Graph structure in the web[J]. Computer Networks, 2000, 33(1-6): 309-320.

[2] Csete M, Doyle J. Bow ties, metabolism and disease[J]. TRENDS in Biotechnology, 2004, 22(9): 446-450.

[3] Barabási A L, Albert R. Emergence of scaling in random networks[J]. Science, 1999, 286(5439): 509-512.

[4] Clauset A, Newman M E J, Moore C. Finding community structure in very large networks[J]. Physical Review E, 2004, 70(6): 066111.

[5] Grandy Jr W T. Foundations of Statistical Mechanics: Equilibrium Theory[M]. Dordrech: D. Reidei Publishing Company, 2012.

[6] Backstrom L, Boldi P, Rosa M, et al. Four degrees of separation[C]. Proceedings of the 4th Annual ACM Web Science Conference, Evanston, 2012: 33-42.

[7] Leskovec J, Kleinberg J, Faloutsos C. Graph evolution: Densification and shrinking diameters[J]. ACM Transactions on Knowledge Discovery from Data(TKDD), 2007, 1(1): 2-42.

[8] Opsahl T, Panzarasa P. Clustering in weighted networks[J]. Social Networks, 2009, 31(2): 155-163.

第 4 章　网络节点测度分析

关于网络拓扑结构的特征已经有很长时间的研究历史，其中很多重要思想来自社会科学和社会网络分析。第 3 章介绍的几种网络结构特征参数刻画了网络的整体特征，如何进一步寻找网络中的关键节点也是网络科学研究的核心内容之一。本章将介绍一些常用的节点测度分析方法，这些方法目前广泛应用于社会学、计算机科学、生物学及物理学等多个领域，并且成为很多编程语言中网络分析工具箱的重要组成部分，如 Matlab、C 语言以及 Python 等。

4.1　度中心性

社会网络中什么样的个人更加关键？对于这个问题，最容易想到的就是具有更多连接的个人。例如，对于互联网上的信息传播来说，那些拥有更多关注的人在舆论引导上比一般人有着明显的优势。事实上，以节点连接数量为测度的度中心性是最早被研究的节点中心性特征。1974 年，涅米宁（Juhani Nieminen）介绍了度中心性在无向网络的定义[1]。

对于一个网络 $G=(V, E)$，节点 v_i的度等于它所连接的节点的数量，节点 v_i的度中心性（degree centrality）可以表示为

$$C_i = k_i \tag{4-1}$$

通常，为了便于比较不同节点中心性之间的差异，需要对度中心性进行归一化处理。考虑一个有 N 个节点的网络，节点 v_i的最大度为 $N-1$，因此归一化的度中心性 DC_i可以表示为

$$DC_i = \frac{C_i}{N-1} = \frac{k_i}{N-1} \tag{4-2}$$

可以看出，一个节点的度中心性越高，它连接的边的数量越多。

如图 4-1 所示的 4 个节点构成的网络中，节点 v_1 的度中心性最小，v_3 和 v_4 的值一样，v_2 的度中心性最大。

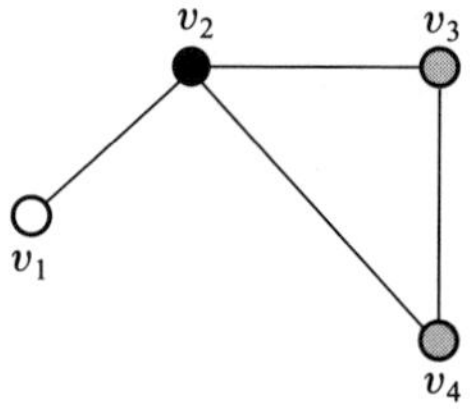

图 4-1　网络的节点中心性

在有向网络中，度中心性可以分为出度和入度两种情况讨论，分别适用于不同的应用。例如，引文网络中论文的引用数，一篇论文的被引数就是论文的入度，表示论文引用情况，反映论文的影响力大小。因此，度中心性测度也被广泛应用在影响力的评估研究中。

4.2 特征向量中心性

在度中心性的概念中，一个节点的中心性水平与它的连接边数量直接相关，这意味着所有连接的邻接节点被视为具有同等地位。事实上，在很多场合下这并不合理。例如在网络中，两个同样度为 1 的节点，其中一个节点与重要节点相连，那么这个节点的重要性将会提升。这种差异在很多时候是不能忽略的，因而需要一种能描述这种特征的节点中心性。无向网络的特征向量中心性由博纳西奇(Phillip Bonacich)在 1987 年首次提出[2]，它能很好地反映邻接节点的重要性差异带来的影响。

4.2.1 特征向量中心性定义

考虑一个有 N 个节点的无向网络 $G=(V, E)$，设网络的邻接矩阵为 $\boldsymbol{A}=[a_{ij}]_{N\times N}$。按照特征向量中心性的概念，每个节点具有反映自身地位的值，不妨给每个节点 v_i赋值为 x_i。此时，x_i并不具有实际指标意义，只是一个中心性估计的假定初值。借助这个假定的值可以构建出一个新的表达式：

$$x_i' = \sum_j a_{ij} x_j \tag{4-3}$$

x_i'是一个更加能够反映节点 v_i特征向量中心性的估值。实际上，可以将式(4-3)改写成矩阵形式：

$$\boldsymbol{x}' = \boldsymbol{A}\boldsymbol{x} \tag{4-4}$$

其中，$\boldsymbol{x}'=[x_1' \quad x_2' \quad \cdots \quad x_n']^{\mathrm{T}}$，$\boldsymbol{x}=[x_1 \quad x_2 \quad \cdots \quad x_n]^{\mathrm{T}}$。为了得到更加逼近最终的特征向量中心性的值，可以不断迭代式(4-3)所示的过程。当进行 t 步计算后，可以得到下面的表达式：

$$x(t) = A^t x(0) \tag{4-5}$$

其中，$\boldsymbol{x}(t)$是 t 次迭代后网络中节点中心性的估值向量，$\boldsymbol{x}(0)$代表节点中心性的初始估值向量。注意此处讨论的是无向网络，因此邻接矩阵 $\boldsymbol{A}$ 是对称矩阵。根据线性代数的知识，对称矩阵的所有特征值 λ 为实数，且有 N 个线性无关的特征向量 $\boldsymbol{v}_i \in R^N (i=1, 2, \cdots, N)$。同时，根据线性空间的理论，这 N 个线性无关的特征向量可以组成 N 维线性空间的一组基。因此，可以写出节点的初始中心性估值向量 $\boldsymbol{x}(0)$的线性组合形式：

$$\boldsymbol{x}(0) = \sum_{i=1}^{N} c_i \boldsymbol{v}_i \tag{4-6}$$

其中 c_i是比例系数。将式(4-6)代入式(4-5)中，可以得到特征向量中心性估值向量 $\boldsymbol{x}(t)$的进一步形式：

$$\boldsymbol{x}(t) = \boldsymbol{A}^t \sum_{i=1}^{N} c_i \boldsymbol{v}_i \tag{4-7}$$

对于任意一个矩阵 $\boldsymbol{A}$ 的特征向量 $\boldsymbol{v}$，有 $\boldsymbol{A}\boldsymbol{v} = \boldsymbol{\lambda}\boldsymbol{v}$。因此，可以得到 $\boldsymbol{A}^t \boldsymbol{v}_i = \lambda_i^t \boldsymbol{v}_i$，代入式(4-7)可以得到

$$\boldsymbol{x}(t) = \sum_{i=1}^{N} c_i \lambda_i^t \boldsymbol{v}_i \tag{4-8}$$

事实上，大部分网络中边的权值是正的，因此网络的邻接矩阵 $\boldsymbol{A}$ 是非负矩阵。根据 Perron-Frobenius 定理①，非负矩阵存在唯一的最大特征值(正数)，记为 λ_1。此时，将式(4-8)写成与 λ_1有关的形式：

$$\boldsymbol{x}(t) = \lambda_1^t \sum_{i=1}^{N} c_i \left(\frac{\lambda_i}{\lambda_1}\right)^t \boldsymbol{v}_i \tag{4-9}$$

当 $t \to \infty$ 时，可以发现除了 $i=1$ 的项，其他项都趋近于 0。也就是说，节点的特征向量中心性 $\boldsymbol{x}$ 的极限与网络的主特征向量 $\boldsymbol{v}_1$相关。此时，可以得到特征向量中心性的表达式：

$$\boldsymbol{A}\boldsymbol{x} = \lambda_1 \boldsymbol{x} \tag{4-10}$$

这也是博纳西奇给出的特征向量中心性(eigenvector centrality)的描述。可以根

---

① Perron-Frobenius 定理是一系列关于非负矩阵性质的研究结论构成的定理，是矩阵理论中非负矩阵领域研究中最重要的定理之一，广泛应用在多个领域中。复杂网络中相当一部分的网络邻接矩阵是非负矩阵，因此理解这个定理对于研究很有帮助，具体内容可以参考相关文献。

据式(4-10)写出网络中节点 v_i的特征向量中心性 EC_i的表达式：

$$EC_i = x_i = \lambda_1^{-1} \sum_j a_{ij} x_j \tag{4-11}$$

可以看出节点 v_i的特征向量中心性等于邻居节点的特征向量中心性之和。节点的特征向量中心性与两个因素有关：节点所连接的邻居节点数量以及邻居节点的重要程度。此外，节点的特征向量中心性是个非负值。这是因为，节点的初始特征向量估值向量 $\boldsymbol{x}(0)$ 中的元素是非负的，网络邻接矩阵也是非负矩阵，因此式(4-5)中 $\boldsymbol{x}(t)$ 中的元素都是非负的。

式(4-11)给出的节点的特征向量中心性并不是归一化的。一般来说，对于节点的中心性更加关注它的相对值而不是绝对值。可以通过对所有节点的中心性求和来进行归一化。对于有 N 个节点的网络，归一化的特征向量中心性 EC_i 的表达式为

$$EC_i = \frac{x_i}{\sum_{i=1}^{N} x_i} \tag{4-12}$$

图 4-2 展示了一个与图 4-1 结构相同的网络，计算网络的特征向量中心性，此时特征向量中心性从小到大排序是节点 v_1、v_3、v_4、v_2。注意到与度中心性不同，此时 v_3和 v_4的特征向量中心性值不同。

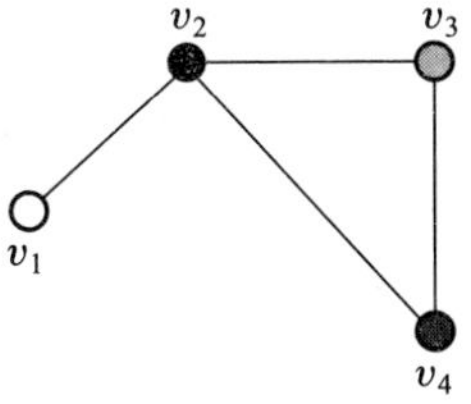

图 4-2　网络的特征向量中心性

4.2.2　有向网络的特征向量中心性

理论上特征向量中心性同时适用于有向网络和无向网络。但是，在大多数研究中特征向量中心性在无向网络中的讨论更加方便，有向网络中的特征向量中心性的计算需要解决一些复杂的问题。

有向网络的邻接矩阵绝大多数是非对称的，这就意味着网络的邻接矩阵同

时存在不同的左特征向量和右特征向量。此时，需要选用其中一个特征向量来定义节点的特征向量中心性。在大部分情况下会选择右特征向量，这是因为有向网络中节点的中心性是由指向节点的邻接节点赋予的。例如，在互联网中，一个网页可以很方便地建立指向其他重要网页的连接，但是这并不能帮助提升其重要性，而指向这个网页的网页数量和重要程度可以较好地表现该网页的重要程度。同样的结论也适用于引文网络，一篇论文的被引用量(入度)能说明这篇论文的重要性，但是一篇论文引用他人论文的数量并不能体现这篇论文的重要程度。因此，在有向网络中节点的特征向量中心性定义为 i 指向该节点的所有节点的中心性之和，有向网络节点 v_i 的特征向量中心性表示为

$$x_i = \sum_j a_{ij} x_j \tag{4-13}$$

参照无向网络中特征向量中心性的表达式(4-10)，可以将式(4-13)改写为矩阵形式 $\boldsymbol{A}\boldsymbol{x}=\lambda_1\boldsymbol{x}$，其中 $\boldsymbol{x}$ 是 $\boldsymbol{A}$ 的右主特征向量。需要说明的是，按照第 2 章对网络邻接矩阵 $\boldsymbol{A}$ 的定义，a_{ij} 对应从节点 i 指向节点 j 的有向边(出边)，但是按照有向网络特征向量中心性的定义，我们应该只考虑节点的入边，即从节点 j 指向节点 i 的有向边。实际上，这是因为在社会网络尤其是影响力网络的研究中略有不同，a_{ij} 通常代表的是节点 j 在某件事情上对节点 i 的在意程度，即一种 j 对 i 的影响，而不是代表信息流的传播方向。例如，引文网络中 a_{ij} 代表论文 j 受论文 i 的影响，体现了论文 i 的重要性，但是信息传递方向上是论文 i 的信息流入了论文 j 中对其产生影响。因此，在考虑这类网络的图时需要注意。事实上，在社会网络的研究中这种定义方式很常见。

有向网络中还有一些问题值得注意。例如图 4-3 展示了有向网络的一部分。注意到此时节点 A 只有出边没有入边，这类节点特征向量中心性为 0，因为此时式(4-13)中右边的项不存在。这符合特征向量中心性的定义，节点 A 不存在任何指向它的节点。进一步考虑节点 B 的情况，此时 B 有 2 条出边、1 条入边，而这条入边来自节点 A。这时我们会发现节点 B 的特征向量中心性也为 0。这是因为尽管 B 存在入边，但是此时式(4-13)中存在的唯一项为 0。将图 4-3 中的网络逐步扩大，即 A 和 B 指向的 3 个节点进一步指向更多节点，而这些节点进一步指向其他节点，这样的过程持续下去直到形成完整的网络。最

终，整个网络中所有节点的特征向量中心性都为 0，因为这些节点对应式(4-13)中右边的项要么不存在要么全为 0。

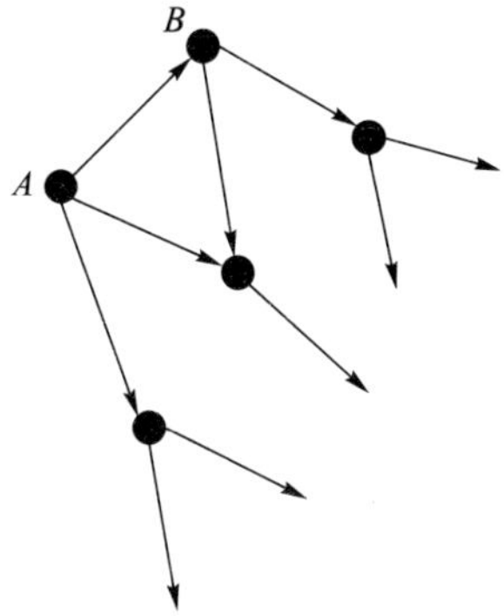

图 4-3 有向网络的一部分

这种现象表明在有向网络中计算特征向量中心性时，会出现整个网络的节点特征向量中心性为 0 的情况。进一步从数学角度进行研究，可以发现出现这种现象并不偶然。实际上，只有两类情况下节点的特征向量中心性不为 0：节点位于一个由两个或更多节点构成的强连通分支中；节点位于强连通分支的外向分支中。但是，特征向量中心性的提出就是考虑节点的入度和被指向节点的重要性对该节点重要性的影响，这样的结果又有一些不合理的地方。因为，即使一个节点有着很大的入度，只要它不位于强连通分支或强连通分支的外向分支中，这个节点的特征向量中心性就为 0，这与特征向量中心性考虑节点的入度是相违背的。

在第 3 章中提到过，实际网络大部分都不是强连通网络，引文网络中甚至不存在超过一个顶点的强连通分支，这些情况下会出现所有节点的特征向量中心性为 0。显然，讨论这种情况下有向网络的特征向量中心性是没有意义的。

特征向量中心性在有向网络的应用中存在上述局限，对其进行变形可解决上述问题，下面将介绍这种 Katz 中心性。

4.3　Katz 中心性

Katz 中心性是特征向量中心性的一种变形，它能很好地解决特征向量中心性应用在有向网络中出现的问题。

4.3.1　Katz 中心性定义

为了解决特征向量中心性存在的问题，可以采用这样的操作：为网络中每个节点赋予少量固有的中心性，这部分中心性赋值与节点的位置或邻居节点重要性无关。此时，对式(4-13)进行改写，得到下面的表达式：

$$x_i = \alpha \sum_j a_{ij}x_j + \beta \tag{4-14}$$

其中 α 和 β 是正常数。注意到式(4-14)右边第一项与特征向量中心性的定义几乎一致，即对所有指向节点 v_i 的节点的中心性求和，而第二项是计算每个节点中心性时固有的，与节点的网络属性无关，是所有的节点都被赋予的一个常数。通过引入正常数 β，可以使原来特征向量中心性为零的节点有了新的中心性值 β，这些节点指向的节点也会从中获得更多的中心性值，避免了出现节点中心性值为零的情况。

通过对式(4-14)进行矩阵形式的改写，可以得到

$$\boldsymbol{x} = \alpha \boldsymbol{A}\boldsymbol{x} + \beta \mathbf{1} \tag{4-15}$$

其中向量 $\mathbf{1}=[1, 1, \cdots, 1]^{\mathrm{T}}$。重新整理，可以得到 $\boldsymbol{x}=\beta(\boldsymbol{I}-\alpha\boldsymbol{A})^{-1}\mathbf{1}$，$\boldsymbol{I}$ 为单位矩阵。之前提到过，对于节点中心性我们更加关心它的相对值，因此 β 作为整体因子的具体取值并不重要。通常，为了方便计算取 $\beta=1$。此时，可以得到下面的公式：

$$\boldsymbol{x} = (\boldsymbol{I} - \alpha\boldsymbol{A})^{-1}\mathbf{1} \tag{4-16}$$

这样的中心性测度 $\boldsymbol{x}$ 就称为 Katz 中心性(Katz centrality)，由卡茨(Leo Katz)最早于 1953 年提出[3]。

注意到 Katz 中心性中除了常数项 β 外，式(4-15)中 $\boldsymbol{A}\boldsymbol{x}$ 前有一个自由参数

α 与特征向量中心性不同。参数 α 负责调节式(4-15)中特征向量与常数项的平衡。在计算节点的 Katz 中心性之前，需要先确定常数 α 的值。当 $\alpha\to 0$ 时，式(4-15)中只剩下常数项 $\beta\mathbf{1}$，那么所有节点的中心性都有相同的值 β；当 α 增大时，节点的中心性值也会增大，但是 α 的值不能任意大，这是因为矩阵函数 $(\boldsymbol{I}-\alpha\boldsymbol{A})^{-1}$ 存在一定的收敛半径，也就是 $(\boldsymbol{I}-\alpha\boldsymbol{A})^{-1}$ 的值到达某个位置会发散，这个点的位置出现在 $\det(\boldsymbol{I}-\alpha\boldsymbol{A})=0$ 时。这个发散点的出现条件可写为

$$\det(\boldsymbol{A}-\alpha^{-1}\boldsymbol{I})=0 \tag{4-17}$$

这是一个简单的特征方程，方程的根 α^{-1} 与邻接矩阵 $\boldsymbol{A}$ 的特征值相等，若 $\alpha^{-1}=\lambda_1$ 或 $\alpha=\frac{1}{\lambda_1}$，其中 λ_1 是矩阵 $\boldsymbol{A}$ 的最大特征值，则行列式第一次经过零点。因此，应当选择一个小于该值的值，以保证中心性的收敛。

除此之外，对于如何确定 α 的值并没有更多的指导。很多研究中都将 α 定为稍微小于 $\frac{1}{\lambda_1}$ 的值，这样做可以使得公式中特征向量中心性的比例最大，而常数项的比例最小。此时该公式与之前特征向量中心性的计算数值很接近，之前特征向量中心性为 0 的节点此时的 Katz 中心性为一个较小非零值。

4.3.2 Katz 中心性计算

Katz 中心性的计算可以通过式(4-16)中对矩阵求逆直接得到，但是这个方法并不是最好的。事实上，计算机对矩阵求逆的时间与 N^3 成正比，这里 N 是网络中节点的数量。这时，在大型网络中计算节点的 Katz 中心性要花费大量的时间。

在很多情况下，一个更好的方法是通过式(4-15)来求解 Katz 中心性。具体来说，可以先设定一个中心性 $\boldsymbol{x}$ 的初始估值，可以是一个很不精确的值(比如 $\mathbf{0}$)，然后利用这个初始值计算更好的估值：

$$\boldsymbol{x}'=\alpha\boldsymbol{A}\boldsymbol{x}+\beta\mathbf{1} \tag{4-18}$$

重复这个过程，最终 $\boldsymbol{x}$ 会收敛到一个与真正的 Katz 中心性很接近的值。假设 $\boldsymbol{A}$ 中有 m 个非零元素，每一次迭代要进行 m 次乘法运算，此时的求解时间与 rm 成正比，其中 r 是使计算收敛所需的迭代次数。遗憾的是，r 的取值与网络的细节及 α 的取值有很大关系，因此无法给出一般性的迭代次数设置的指导。此

时，迭代过程中需要更加关注节点中心性 x_i 的值，观察这个值什么时候收敛到一个常数。尽管参数设定上需要一些经验指导，但是相比第一种方法，这种方法在大型网络中更加有效。

Katz 中心性是为了解决特征向量中心性在有向网络中碰到的问题。但是，在理论上并没有理由说明此方法不能应用到无向网络中，很多时候该方法在计算无向网络的中心性时也是有效的。通过为中心性增加一个常数项，使得每一个顶点仅仅由于存在就能够获得权重，这种想法是很自然的。这样使得有很多邻居顶点的顶点具有较大的中心性，而无论邻居顶点是否具有很高的中心性，这在某些应用中是有用的。

在实际网络中计算节点的 Katz 中心性时，通常可以对式(4-14)进行形式上的推广，写成下面的形式：

$$x_i = \alpha \sum_j a_{ij} x_j + \beta_i \tag{4-19}$$

其中 β_i 是网络中每一个节点固有的中心性。注意到与式(4-14)不同，此时网络中节点的中心性可以不同。这对于一些网络中需要考虑不同节点的自身属性上的差异时会有所帮助。例如，在社会网络中，可以参照个体的年龄或收入等因素赋予相应的 β_i 值。此时，中心性可以改写为

$$\boldsymbol{x} = (\boldsymbol{I} - \alpha \boldsymbol{A})^{-1} \boldsymbol{\beta} \tag{4-20}$$

其中，$\boldsymbol{\beta} = [\beta_1 \quad \beta_2 \quad \cdots \quad \beta_N]^{\mathrm{T}}$，是网络中节点的 β 值向量。利用式(4-20)计算的一个好处是在 α 值固定但 β_i 变化的情况下，只需要计算一次矩阵 $(\boldsymbol{I} - \alpha \boldsymbol{A})^{-1}$，然后与不同的 β_i 相乘，就可以得到网络中节点的中心性。

4.4　PageRank 中心性

特征向量中心性告诉我们一个节点如果被很多节点或重要节点指向，那么这个节点就很重要。在网页检索时，搜索引擎会抓取很多相关网页并进行重要性排序以帮助找到最有用的网页。事实上，网页重要性排序的核心思想与特征

向量中心性的概念相似，那些被更多网页或重要网页指向的网页往往是用户更关心的。本节将介绍一种中心性测度：Google 的网页排序核心算法 PageRank。

4.4.1 PageRank 中心性定义

为了更好地引出 PageRank 的定义，先简单回顾特征向量中心性和它的变形 Katz 中心性。注意到在这类特征向量中心性的定义中，如果一个中心性很高的节点指向另一个节点，那么另一个节点的中心性也会较高。这种情况并不总是合理的。例如，在新闻网站中，每天都会更新成百上千的新闻，如果根据特征向量中心性的定义，只要这样的新闻网站中心性很高，那么它指向的每一则新闻页面中心性同样很高。但是，对于一些影响力较小的新闻，人们的关注度并不高。这种现象说明当节点 i 被一个重要节点 j 指向时，如果节点 j 同样指向很多其他节点，那么节点 i 从节点 j 获得的中心性赋值会被稀释，也就是说重要节点 j 的中心性赋值会在它所有指向的节点中共享。

根据这样的思想，我们对特征向量中心性式（4-13）进行修改，记 PageRank 中心性的值为 PR，其表达式为

$$PR_i = \sum_j a_{ji} \frac{PR_j}{k_j^{out}} \tag{4-21}$$

这就是 PageRank 基本思想的表达式。PageRank 算法也是 Google 搜索排名技术的核心部分[4]。注意到式(4-21)中以 a_{ji}表示出度关系，这与特征向量中心性表达式(4-13)有所区别，因为在互联网网络中 a_{ji}代表网页 j 指向网页 i 的方向，代表信息流方向，这与特征向量中心性中强调的情形有所不同。

4.4.2 PageRank 中心性计算

考虑一个由 N 个网页构成的超文本链接网络，网络中的有向边由网页中超文本链接的方向决定。根据式(4-21)的思想，PageRank 算法的基本步骤如下：

（1）初始 PageRank 值赋值：给所有的节点赋予一个初始的 PageRank 值 $PR_i(0)$，$i=1, 2, \cdots, N$，且满足 $\sum_i PR_i(0) = 1$。

（2）PageRank 值更新：

$$PR_i(k) = \sum_{j=1}^{N} a_{ji} \frac{PR_j(k-1)}{k_j^{out}} \tag{4-22}$$

注意到算法中网页中所有节点的 PR 值之和是不变的，这里定为 1，因而不需要每一步再进行归一化处理。

为了定义中心性的矩阵形式，在网络的邻接矩阵 $\boldsymbol{A}=[a_{ij}]_{N\times N}$ 的基础上定义一个 Google 矩阵 $\overline{\boldsymbol{A}}=[\overline{a}_{ij}]_{N\times N}$，其中

$$\overline{a}_{ij}=\begin{cases}1/k_i^{out}, & \text{如果存在节点 } i \text{ 指向节点 } j \text{ 的有向边}\\ x, & \text{其他}\end{cases} \tag{4-23}$$

此时，PageRank 的更新规则可以写成矩阵形式：

$$\boldsymbol{PR}(k)=\overline{\boldsymbol{A}}^{\mathrm{T}}\boldsymbol{PR}(k-1) \tag{4-24}$$

式(4-24)就是求解矩阵 $\overline{\boldsymbol{A}}$ 的主特征向量的幂法，并且 $\|\boldsymbol{PR}(k)\|_1=1(k=1,2,\cdots,N)$。$\|\boldsymbol{PR}(k)\|_1$ 代表向量的 1-范数，即所有元素的绝对值之和。

可以从复杂网络随机游走的角度解释 PageRank 算法。首先，随机选择一个初始节点，每次从当前节点出发沿着该节点的随机一条出边到达另一个节点。其次，可以发现随机游走 k 步后位于节点 i 的概率就等于应用基本 PageRank 算法 k 步后得到的节点 i 的 PR 值。网页上的这种随机游走过程称为随机冲浪(random surfing)：假设网络用户随机选择网页进行浏览，当他浏览一定时间步长后就会点击网页中随机一个超文本链接进入下一个网页浏览。随机冲浪 k 步后，用户位于某个网页的概率就等于该网页的 PageRank 值。这一过程与本节介绍的特征向量中心性的幂法计算过程相同。

在特征向量中心性的计算中，我们提到在中心性的计算过程中，只有节点位于强连通分支或者强连通分支的外向分支，节点的特征向量中心性才不为 0。而式(4-21)中 PageRank 的计算方法采用了类似的方法，那么应该也会遇到类似的问题。下面将通过网络中的随机游走过程来说明这些问题。

考虑一个简单的网络，由节点 A、节点 B 以及一条从节点 A 指向节点 B 的有向边构成，如图 4-4 所示。

图 4-4　两个节点的有向网络

网络的邻接矩阵 $\boldsymbol{A}$ 和对应的 Google 矩阵 $\overline{\boldsymbol{A}}$ 的表达式为

$$\boldsymbol{A}=\begin{bmatrix}0 & 1\\0 & 0\end{bmatrix},\quad \overline{\boldsymbol{A}}=\begin{bmatrix}0 & 1\\0 & 0\end{bmatrix} \tag{4-25}$$

根据 *PR* 值的归一性要求，取网络的初始中心性向量 $\boldsymbol{PR}(0)=[1/2\ \ 1/2]^{\mathrm{T}}$，此时可以写出 *PR* 值的更新过程：

$$\boldsymbol{PR}(1)=\overline{\boldsymbol{A}}^{\mathrm{T}}\boldsymbol{PR}(0)=\begin{bmatrix}0 & 0\\1 & 0\end{bmatrix}\begin{bmatrix}1/2\\1/2\end{bmatrix}=\begin{bmatrix}0\\1/2\end{bmatrix}$$

$$\boldsymbol{PR}(2)=\overline{\boldsymbol{A}}^{\mathrm{T}}\boldsymbol{PR}(1)=\begin{bmatrix}0 & 0\\1 & 0\end{bmatrix}\begin{bmatrix}0\\1/2\end{bmatrix}=\begin{bmatrix}0\\1/2\end{bmatrix} \tag{4-26}$$

可以看出经过两轮迭代后，网络中两个节点的 *PR* 值就已经都是零。当网页中的随机游走到达某个出度为零的节点，就会停在这个节点无法再走出来。对应于随机冲浪过程，当浏览网页进入一个网页不存在指向其他网页的超文本链接，这种情况就会发生。这样的出度为零的节点，我们一般称作悬挂节点（dangling node）。

当网络存在一些没有出边的子图，准确来说这部分应该是强连通闭集，那么当随机游走进入这些子图时，这些子图中的所有节点就会“吸收”网络中所有的 *PR* 值。

图 4-5 所示的网络中节点 *A* 和 *B* 就是这样的子图部分，所有的节点进入这个部分后将不再出去。计算该网络的 PageRank 值，会发现网络中只有节点 *A* 和 *B* 的 *PR* 值存在且均为 1/2，而其他节点的 *PR* 值均为 0。这与特征向量中心性计算中存在的问题类似，此时只有位于强连通分支外向分支的节点存在中心性值，即图 4-5 中的节点 *A* 和节点 *B*。

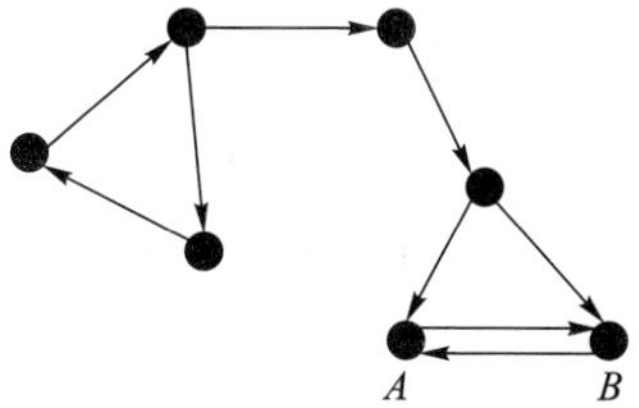

图 4-5　存在 *PR* 值“吸收”的网络

对于悬挂节点的处理有一种简单的方法：一旦到达某个出度为 0 的节点，

就以相同概率($1/N$)随机地访问网络中的任意节点。从数学的角度，就是将Google 矩阵$\overline{\boldsymbol{A}}$的全零行每个元素替换为 $1/N$。我们称这种方式为随机性修正。注意到修正后的矩阵$\overline{\boldsymbol{A}}$是一个每行元素和均为 1 的矩阵，这种矩阵叫作行随机矩阵(row stochastic matrix)。此时修正后的矩阵$\overline{\boldsymbol{A}}$的表达式如下：

$$\bar{a}_{ij}=\begin{cases}1/k_i^{out}, & k_i^{out}>0\text{ 且存在节点 } i \text{ 指向节点 } j \text{ 的边}\\0, & k_i^{out}>0\text{ 且不存在节点 } i \text{ 指向节点 } j \text{ 的边}\\1/N, & k_i^{out}=0\end{cases} \tag{4-27}$$

回到图 4-4 所示的网络中，按照修正规则，网络的 Google 矩阵为

$$\overline{\boldsymbol{A}}=\begin{bmatrix}0 & 1\\1/2 & 1/2\end{bmatrix} \tag{4-28}$$

通过计算，可以得到收敛时节点 A 和节点 B 的 PR 值$\boldsymbol{PR}^*=[1/3\quad 2/3]^{\mathrm{T}}$。

4.4.3　修正的 PageRank 算法

事实上通过进一步研究发现，即使网络中不存在上面的问题，甚至网络是强连通的，仍然会存在 PageRank 算法失效的情况。考虑一个如图 4-6 所示的环形网络。

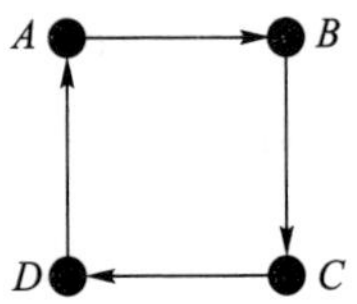

图 4-6　环形网络

网络的 Google 矩阵可以写为

$$\overline{\boldsymbol{A}}=\begin{bmatrix}0 & 1 & 0 & 0\\0 & 0 & 1 & 0\\0 & 0 & 0 & 1\\1 & 0 & 0 & 0\end{bmatrix} \tag{4-29}$$

对网络的 PR 值进行迭代运算：

$$\boldsymbol{PR}(0)=[1\ 0\ 0\ 0]^{\mathrm{T}}$$

$$\boldsymbol{PR}(1)=[0\ 1\ 0\ 0]^{\mathrm{T}}$$

$$\boldsymbol{PR}(2)=[0\ 0\ 1\ 0]^{\mathrm{T}}$$
$$\boldsymbol{PR}(3)=[0\ 0\ 0\ 1]^{\mathrm{T}} \tag{4-30}$$
$$\boldsymbol{PR}(4)=[1\ 0\ 0\ 0]^{\mathrm{T}}$$

注意到在这样的环形网络中，网络的 PR 值也是不断循环的，无法达到收敛状态。为了解决收敛性问题，需要对随机冲浪模型进行修改：对于一个网上冲浪的用户，假设他从网络中随机选取一个页面开始浏览，如果当前浏览的页面出度大于零，那么以概率 α 在当前页面上随机选取一个超文本链接进入下一个页面，以概率 $1-\alpha$ 在整个互联网上随机选取一个网页作为下一个要浏览的页面；如果当前浏览的页面出度等于零，则完全随机选择一个网页作为下一步要浏览的网页。

基于修正后的随机冲浪过程，可以写出一个修正后的 PageRank 算法，算法流程如下：

(1) 初始 PageRank 值赋值：给所有的节点赋予一个初始的 PageRank 值 $PR_i(0)$，$i=1, 2, \cdots, N$，且满足 $\sum_i PR_i(0)=1$。

(2) PageRank 值更新：

$$PR_i(k)=\alpha\sum_{j=1}^{N}\bar{a}_{ij}PR_j(k-1)+(1-\alpha)\frac{1}{N},\quad i=1, 2, \cdots, N \tag{4-31}$$

式(4-31)的矩阵形式如下：

$$\boldsymbol{PR}(k)=\tilde{\boldsymbol{A}}^{\mathrm{T}}\boldsymbol{PR}(k-1) \tag{4-32}$$

其中$\tilde{\boldsymbol{A}}$的表达式如下：

$$\tilde{\boldsymbol{A}}=\alpha\bar{\boldsymbol{A}}+(1-\alpha)\frac{1}{N}\boldsymbol{e}\boldsymbol{e}^{\mathrm{T}} \tag{4-33}$$

注意到矩阵$\bar{\boldsymbol{A}}$和$\tilde{\boldsymbol{A}}$是非负矩阵，根据矩阵理论中的 Perron-Frobenius 定理，可以得到一些重要的性质：

(1) 矩阵$\tilde{\boldsymbol{A}}$的最大特征值 $\lambda_1>0$，且这个特征值是唯一的。

(2) 特征值 λ_1对应的单位特征向量 $\boldsymbol{PR}^*$ 的元素全为正值。

(3) 如果矩阵$\bar{A}$是行随机矩阵，那么$\tilde{A}$也是行随机矩阵，此时，$\lambda_1=1$。且对于非零和非负的单位初始 $\boldsymbol{PR}$ 向量，修正后的 PageRank 算法计算得到的 $\boldsymbol{PR}(k)$值在 $k\to\infty$ 时会收敛到 $\boldsymbol{PR}^*$。

注意式(4-31)的形式类似于 Katz 中心性的表达式(4-14)。同样，α 值的确定并没有明确的理论指导。值得一提的是，佩奇和谢尔盖提出 PageRank 算法时给出的建议是 $\alpha=0.85$，但是尚不清楚这种取法是否有严格的理论支持，或者可能是根据实验找到的算法工作效率最高的推测值。

4.5　权威性和核心节点：HITS 算法

有向网络的特征向量中心性的定义认为，如果一个节点被重要的节点指向或很多节点指向，那么这个节点的中心性较高。上一节介绍的 PageRank 中心性可以描述这样的特征，本节将介绍同样具有这样的作用的中心性——权威中心性(authority centrality)和核心中心性(hub centrality)，由克莱因伯格在 20 世纪 90 年代后期提出[5]。

4.5.1　权威中心性和核心中心性定义

为了描述综述论文和搜索网站权威中心性和核心中心性这两类节点的作用，定义网络中具有这两种特征的节点分别为：权威节点(authority node)，包含所关注主题有用信息的节点；核心节点(hub node)，包含如何找到权威节点信息的节点。权威节点可能是核心节点，核心节点也可能是权威节点。例如，综述文章通常包含对某个主题有价值的讨论，同时也会引用其他文章中有价值的讨论并标注文章。权威节点和核心节点的说法只在有向网络中存在，因为在无向网络中指向一个节点和被一个节点指向没有区别。

为了描述这两类节点的重要性，定义了两种中心性：权威中心性和核心中心性。这两种中心性测度由克莱因伯格提出，并给出了对应的计算方法，称为超链接引导的主题搜索(hyperlink-induced topic search)算法即 HITS 算法。

4.5.2　HITS 算法

HITS 算法给网络中的每个节点赋予一个权威中心性和一个核心中心性。权威中心性高的节点定义为被大量核心节点指向，也就是被大量核心中心性高的节点指向的节点。核心中心性高的节点定义为指向大量高权威中心性节点的节点。

HITS 算法的计算方法主要由以下步骤构成：

（1）初始化：设定网络中所有节点的权威中心性和核心中心性初始值 $x_i(0)$，$y_i(0)$，$i=1$，2，…，N。

（2）迭代过程：按以下 3 种规则，对节点的中心性值进行更新。

① 权威中心性校正规则

$$x'_i(k)=\sum_{j=1}^{N}a_{ij}y_j(k-1),\quad i=1,2,\cdots,N \tag{4-34}$$

② 核心中心性校正规则

$$y'_i(k)=\sum_{j=1}^{N}a_{ij}x'_j(k),\quad i=1,2,\cdots,N \tag{4-35}$$

③ 归一化规则

$$x_i(k)=\frac{x'_i(k)}{\|x'_i(k)\|},\quad y_i(k)=\frac{y'_i(k)}{\|y'_i(k)\|},\quad i=1,2,\cdots,N \tag{4-36}$$

下面对 HITS 算法的收敛情况进行探讨，即在一般的中心性初始值条件下，是否会出现在迭代过程中节点的中心性会达到某个固定值的情况。假设第 k 步时，网络的权威中心性向量和核心中心性向量分别为

$$\begin{aligned}\boldsymbol{x}(k)&=[x_1(k)\quad x_2(k)\quad\cdots\quad x_N(k)]^{\mathrm{T}}\\ \boldsymbol{y}(k)&=[y_1(k)\quad y_2(k)\quad\cdots\quad y_N(k)]^{\mathrm{T}}\end{aligned} \tag{4-37}$$

为了分析方便，不妨假设存在对应的常数向量 $\boldsymbol{x}^*$、$\boldsymbol{y}^*$，使得在 $k\to\infty$ 时有

$$\boldsymbol{x}(k)\to\boldsymbol{x}^*,\quad \boldsymbol{y}(k)\to\boldsymbol{y}^* \tag{4-38}$$

根据特征向量中心性中提到的方法，HITS 算法的更新规则可以写成对应的矩阵形式：

$$\boldsymbol{x}(k)=\overline{\alpha}_k\boldsymbol{A}^{\mathrm{T}}\boldsymbol{y}(k-1),\quad \boldsymbol{y}(k)=\overline{\beta}_k\boldsymbol{A}^{\mathrm{T}}\boldsymbol{x}(k),\quad k=1,2,\cdots \tag{4-39}$$

其中 $\overline{\alpha}_k$ 和 $\overline{\beta}_k$ 是归一化常数，使得 $\|x(k)\|=\|y(k)\|=1$。

此时中心性值更新的递推过程可以写成下面的形式：

$$x(1)=\overline{\alpha}_1 A^{\mathrm{T}} y(0)$$
$$x(k)=\alpha_k(A^{\mathrm{T}}A)x(k-1),\quad k=2,3,\cdots \tag{4-40}$$
$$y(k)=\beta_k(AA^{\mathrm{T}})y(k-1),\quad k=1,2,\cdots$$

其中 α_k 和 β_k 是新的归一化常数，使得 $\|x(k)\|=\|y(k)\|=1$，此时有

$$\alpha_k=\frac{1}{\|(A^{\mathrm{T}}A)x(k-1)\|},\quad \beta_k=\frac{1}{\|(AA^{\mathrm{T}})y(k-1)\|} \tag{4-41}$$

在矩阵计算理论[6]中，式(4-40)中第 2 个表达式和第 3 个表达式分别是计算矩阵 $A^{\mathrm{T}}A$ 和 AA^{T} 的主特征向量的幂法(power method)。在 PageRank 的计算中我们也提到过幂法。计算一个 N 阶矩阵 B 的主特征向量的幂法为

$$z(k)=Bz(k-1),\quad k=1,2,\cdots \tag{4-42}$$

幂法的收敛性基于以下两个假设：

（1）模最大的特征值为单根。记矩阵 B 的特征值为 $\lambda_i(i=1,2,\cdots,N)$，将特征值按照模的大小排序，有

$$|\lambda_1|\geqslant|\lambda_2|\geqslant\cdots\geqslant|\lambda_N|\geqslant 0 \tag{4-43}$$

（2）初始状态与主特征向量不正交。记与特征值 λ_1 对应的单位主特征向量为 $z^*(\|z^*=1\|)$，那么有

$$(z(0))^{\mathrm{T}}z^*\neq 0 \tag{4-44}$$

在上述两个假设条件下，可以保证根据式(4-42)计算的 $z(k)$ 收敛到与特征值 λ_1 对应的单位主特征向量 z^*，即

$$z(k)\to z^*,\quad k\to\infty \tag{4-45}$$

第 2 个假设事实上可以默认是成立的：因为如果初始中心性的向量是随机选取的，那么它与某个给定的非零向量正交的概率几乎为 0。

现在回到 HITS 算法的矩阵形式(4-40)。尽管有向网络的邻接矩阵 A 一般是非对称的，但是 $A^{\mathrm{T}}A$ 和 AA^{T} 都是对称矩阵且具有相同的非负特征值，记为 $\lambda_i(i=1,2,\cdots,N)$，并且排列如下：

$$|\lambda_1|\geqslant|\lambda_2|\geqslant\cdots\geqslant|\lambda_N|\geqslant 0 \tag{4-46}$$

如果 x^* 和 y^* 分别为矩阵 $A^{\mathrm{T}}A$ 和 AA^{T} 与特征值 λ_1 对应的单位主特征向量，

满足 $\|\boldsymbol{x}^*\| = \|\boldsymbol{y}^*\| = 1$，并且 $\boldsymbol{x}(1)$ 与 $\boldsymbol{x}^*$ 不正交、$\boldsymbol{y}(0)$ 与 $\boldsymbol{y}^*$ 不正交，那么 HITS 算法计算的权威中心性向量收敛到矩阵 $\boldsymbol{A}^{\mathrm{T}}\boldsymbol{A}$ 最大特征值对应的单位主特征向量 $\boldsymbol{x}^*$，核心中心性向量收敛到 $\boldsymbol{A}\boldsymbol{A}^{\mathrm{T}}$ 最大特征值对应的单位主特征向量 $\boldsymbol{y}^*$。下面以核心中心性向量 $\boldsymbol{y}(k)$ 为例给出收敛性分析。

记 $\boldsymbol{q}_i \in R^N (i=1,\ 2,\ \cdots,\ N)$ 为矩阵 $\boldsymbol{A}\boldsymbol{A}^{\mathrm{T}}$ 与特征值对应的一组正交的单位特征向量，即有

$$\boldsymbol{q}_i^{\mathrm{T}}\boldsymbol{q}_j = \begin{cases} 1, & i = j \\ 0, & i \neq j \end{cases} \tag{4-47}$$

那么，$\boldsymbol{Q} = [\boldsymbol{q}_1,\ \boldsymbol{q}_2,\ \cdots,\ \boldsymbol{q}_N]^{\mathrm{T}}$ 为正交矩阵，并且有

$$\boldsymbol{Q}^{\mathrm{T}}(\boldsymbol{A}\boldsymbol{A}^{\mathrm{T}})\boldsymbol{Q} = \begin{bmatrix} \lambda_1 & \cdots & 0 \\ \vdots & & \vdots \\ 0 & \cdots & \lambda_N \end{bmatrix} \tag{4-48}$$

由于 $\boldsymbol{q}_i (i=1,\ 2,\ \cdots,\ N)$ 构成 N 维线性空间的一组正交向量基（$\boldsymbol{A}\boldsymbol{A}^{\mathrm{T}}$ 是对称矩阵），此时可以把 $\boldsymbol{y}(0)$ 写成这组基的线性组合形式，记为

$$\boldsymbol{y}(0) = \gamma_1\boldsymbol{q}_1 + \gamma_2\boldsymbol{q}_2 + \cdots + \gamma_N\boldsymbol{q}_N \tag{4-49}$$

根据假设，$\boldsymbol{y}(0)$ 与 $\boldsymbol{q}_1$ 不正交，即 $\gamma_1 \neq 0$。HITS 算法的式(4-40)可以改写为

$$\begin{aligned} \boldsymbol{x}(k) &= \alpha_k (\boldsymbol{A}^{\mathrm{T}}\boldsymbol{A})^{k-1}\boldsymbol{A}^{\mathrm{T}}\boldsymbol{y}(0), \\ \boldsymbol{y}(k) &= \beta_k (\boldsymbol{A}\boldsymbol{A}^{\mathrm{T}})^k \boldsymbol{y}(0), \quad k = 1,\ 2,\ \cdots \end{aligned} \tag{4-50}$$

把式(4-49)代入上式，有

$$\begin{aligned} \boldsymbol{y}(k) &= \beta_k (\boldsymbol{A}\boldsymbol{A}^{\mathrm{T}})^k \boldsymbol{y}(0) \\ &= (\lambda_1^k\gamma_1\boldsymbol{q}_1 + \lambda_2^k\gamma_2\boldsymbol{q}_2 + \cdots + \lambda_N^k\gamma_N\boldsymbol{q}_N) \\ &= \beta_k\lambda_1^k\left(\gamma_1\boldsymbol{q}_1 + \left(\frac{\lambda_2}{\lambda_1}\right)^k\gamma_2\boldsymbol{q}_2 + \cdots + \left(\frac{\lambda_N}{\lambda_1}\right)^k\gamma_N\boldsymbol{q}_N\right) \end{aligned} \tag{4-51}$$

当 $k \to \infty$ 时，有

$$\boldsymbol{y}(k) \to \beta_k\lambda_1^k\gamma_1\boldsymbol{q}_1 \tag{4-52}$$

注意到对于任意 $k \geqslant 1$，$\boldsymbol{y}(k)$ 均为单位向量，即 $\|\boldsymbol{y}(k)\| = 1$，而 $\boldsymbol{q}_1$ 也为单位向量，可得当式(4-52)中 $k \to \infty$ 时，有

$$\boldsymbol{y}(k) \to \boldsymbol{q}_1 \tag{4-53}$$

如果特征值 λ_1 为重根，那么就会出现算法收敛值不唯一，即依赖于初值。假设特征值 λ_1 的重数 $l>1$，此时有

$$\lambda_1 = \lambda_2 = \cdots = \lambda_l \geqslant \lambda_{l+1} \geqslant \lambda_{l+2} \geqslant \cdots \geqslant 0 \tag{4-54}$$

此时，式(4-51)可以修改为

$$\boldsymbol{y}(k) = \beta_k \lambda_1^k \left(\gamma_1 \boldsymbol{q}_1 + \gamma_2 \boldsymbol{q}_2 + \cdots + \gamma_l \boldsymbol{q}_l + \left(\frac{\lambda_{l+1}}{\lambda_1} \right)^k \gamma_{l+1} \boldsymbol{q}_{l+1} + \cdots + \left(\frac{\lambda_N}{\lambda_1} \right)^k \gamma_N \boldsymbol{q}_N \right) \tag{4-55}$$

当 $k \to \infty$ 时，有

$$\boldsymbol{y}(k) \to \beta_k \lambda_1^k (\gamma_1 \boldsymbol{q}_1 + \gamma_2 \boldsymbol{q}_2 + \cdots + \gamma_l \boldsymbol{q}_l) \tag{4-56}$$

可以发现，此时核心中心性向量不再收敛到特征向量 $\boldsymbol{q}_1$，而是收敛到 $\boldsymbol{q}_1$，$\boldsymbol{q}_2$，…，$\boldsymbol{q}_l$ 的线性组合，这一组合的系数一般与初始向量 $\boldsymbol{y}(0)$ 的选取有关。

不同于特征向量中心性，权威中心性和核心中心性不会出现在有向网络中位于强连通分支或外向分支之外的节点中心性为零的问题。同时，不同于 Katz 中心性中对式(4-14)加常数项以解决中心性为零的问题，HITS 算法提供了一种新的方法。但是，同样可以根据实际需要对 HITS 算法增加常数项进行推广。参考文献[7，8]中提供了关于 HITS 算法推广的一些方法，这里不进行深入讨论。虽然 HITS 算法目前还没有太多应用，但是它在一些场景中具有优势并有望得到推广，例如在引文网络中。

4.6　接近度中心性

本节将讨论一种以节点间平均距离为测度的中心性——接近度中心性。

4.6.1　接近度中心性定义

接近度中心性(closeness centrality)提供了一种完全不同的中心性测度，用于度量一个节点到其他节点的平均距离。在第 2 章介绍过测地距离的概念，是指网络中两个节点之间的最短路径的长度。假设在有 N 个节点的网络中，节点

i 和 j 的最短距离记为 d_{ij}，那么节点 i 到网络中其他所有节点的平均测地距离可以记为

$$L_i = \frac{1}{N}\sum_{i} d_{ij} \tag{4-57}$$

由式(4-57)可以看出，当一个节点与其他节点之间的测地距离都很小时，该节点的平均测地距离就会很小。这就意味着，这些节点更容易获得其他节点的信息，或者说对其他节点的影响更直接。在社会网络中，如果一个人与其他人之间的平均测地距离值较低，那么比起与他人的平均测地距离值较高的人，该人的观点会更快速地传递给社会网络中的其他人。

在计算平均测地距离时，有时会将式(4-57)中和式部分 $j=i$ 的项排除，即不计算节点到自身的距离，即

$$L_i = \frac{1}{N-1}\sum_{j\neq i} d_{ij} \tag{4-58}$$

这样处理是合理的，因为一个节点对于自身的影响通常与其对整个网络的影响无关。另外，根据定义，节点 i 到自身的距离 d_{ii} 为 0，因此实际上该项对于求和没有贡献。这个变化对于 L_i 的唯一影响是除数从 N 变为了 $N-1$，表示 L_i 的变化系数为 $N/(N-1)$。由于该系数与 i 无关，而且之前也提到过只关心不同节点之间中心性的相对大小，不关心其绝对值的大小，因此在大多数情况下，可以忽略式(4-57)与式(4-58)的差别。

平均距离 L_i 从数值上看，赋予位于网络中心程度较高的节点一个较低的值，而网络中心程度较低的节点一个较高的值，在研究中，一般使用 L_i 的倒数而不是 L_i 的值，即

$$CC_i = \frac{1}{L_i} = \frac{N}{\sum\limits_{j\neq i} d_{ij}} \tag{4-59}$$

式(4-59)就是接近度的表达式，最早的概念由 MIT 教授 Alex Bavelas 提出[9]。接近度中心性是度量中心性的一种很自然的方法，在社会网络和其他网络的研究中经常用到。

图 4-7 展示了一个 7 个节点的网络，通过计算，我们将网络中的节点按照接近度中心性从小到大排序为 v_1、v_2、v_6、v_7、v_3、v_5、v_4，其中 v_1、v_2 值相同，

v_6、v_7值相同，v_3、v_5值相同。可以发现，位于网络中最中心位置的节点的接近度中心性最高。

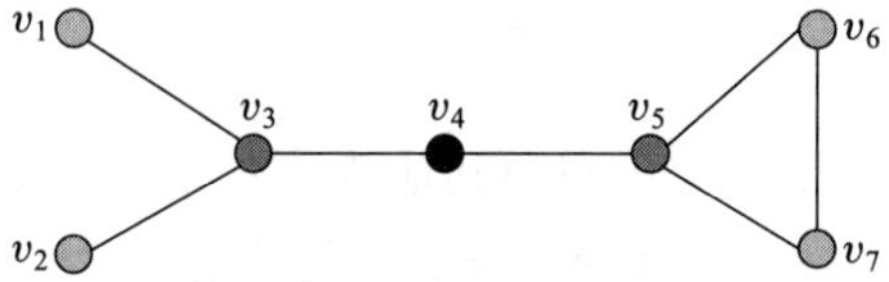

图 4-7　网络的接近度中心性

网络中节点的接近度中心性最大值与最小值之间的动态变化范围很小。正如之前经常提到的，由于小世界现象，实际网络中节点之间的测地距离 d_{ij} 一般都比较小，并且随着网络规模增长，这个值以一个对数量级的速度缓慢增长。网络中节点间可能的最小测地距离是 1(两个节点直接相连)，而最大的测地距离是 $C\log N$(C 为常数)，最大值与最小值之间的比值就是 $\log N$ 量级。根据定义，节点平均测地距离 L_i位于网络中测地距离最小值和最大值之间，因此平均测地距离 L_i和对应的接近度中心性 CC_i的取值范围并不大。在很多典型的网络中，CC_i的取值跨度一般为 5 或者更小。这意味着，使用接近度中心性并不容易区分中心程度高和低的节点，因为节点的接近度中心性的值分布太密集，这就导致网络结构的细微变化就会引起接近度中心性值排序的显著变化。

4.6.2　调和接近度中心性

接近度中心性存在一个问题，正如第 3 章讨论网络直径时提到过，如果两个不连通的节点测地距离定义为无穷大的话，那么该节点的接近度中心性 CC_i 是 0。解决这个问题有两种方法。常见的方法是只计算在同一分支内的节点的平均测地距离。这样，式(4-57)中的 N 就是分支内部的节点数量，此时求和只需要对该连通分支进行。这个方法为我们提供了无穷大距离问题的解决方案，但也存在一些固有缺陷。特别是，在小规模分支内部，节点之间的距离普遍偏小，因此与规模更大的分支中的节点相比，其 L_i值较小，因而接近度中心性更大。事实上，小规模分支中节点之间的连通程度比大规模分支中的要低，赋予较低的中心性更加合理。

另一种解决方法是重新定义接近度。以节点之间的调和平均测地距离代替节点之间的平均测地距离，得到调和接近度中心性表达式：

$$CC_i' = \frac{1}{N-1}\sum_{j\neq i}\frac{1}{d_{ij}} \tag{4-60}$$

注意到公式中和式部分必须去除 $j=i$ 的项，因为 $d_{ii}=0$，这会使该项的取值为无穷大。这就意味着和式中只有 $N-1$ 项，因此主系数是 $1/(N-1)$。

调和接近度中心性的定义有两点需要注意。首先，如果节点 i 和 j 在不同的分支中造成 $d_{ij}=\infty$ 的情况，那么相应的项就会变为零并被排除在和式之外，即只有同一分支中的节点才可能以非零项出现在和式中。其次，这个公式很自然地赋予距离节点 i 较近的节点以较高的权重，而赋予距离较远的节点以较低的权重。这是因为调和平均测度距离不是均匀变化的，两个节点间距离较近的项在和式中所占比例更大，而当两个节点距离较远时所占的比例就可以忽略了。大多数情况下，我们只关心到近距离节点间的距离，当两个节点在网络中较远时，距离有多远并不太重要。

调和接近度中心性的概念在理论上有着较好的基础，但是目前应用研究还比较少，仍有待进一步发展。

4.7 介数中心性

想象这样的一个情景：有两个团体，团体内部的人们互相认识，但是两个团体间只有各自内部的一个人互相认识，那么此时一个团体的人想认识对方团体的人必须通过这两个“中介”，这样的“中介”节点非常重要。本节将介绍能描述节点这种特征的中心性——介数中心性。

大多数实际网络存在着信息或者资源从网络中的一个节点流动到另一个节点的现象。例如，在社会网络中，消息、新闻或谣言从一个人传递到另一个人；在 Internet 中，数据包在网络链路中不断传递。假设在每个单位时间内，网络中每两个相连的节点之间以相等的概率交换消息，并且消息总是沿着网络中的测地路径传播，如果有多条最短路径，那么随机选择其中的一条。此时有一个问题：在足够长的时间内，经过路径中某个节点到达目的地的平均消息数有多少？答案是：由于消息是沿着测地路径以相同的速率传递的，因此经过某个节点的消息数与经过该节点的测地路径数成正比。这里，经过某个节点的测地路径数称为介数。

根据定义，拥有较高介数的节点由于控制着其他节点之间的消息传递，在网络中有着很强的影响力。在消息传递中，最高介数的节点流经的消息最多。如果删除介数最高的节点，也最有可能破坏其他节点之间的通信。当然，并非所有节点都以相同的频率进行通信，并且大多数情况下消息也不总是通过最短路径进行传递的。

下面从数学角度描述节点的介数。假设当节点 i 位于节点 s 到节点 t 的测地路径上，则计 $n_{st}^{i}=1$，否则 $n_{st}^{i}=0$，则节点 i 的介数 x_i 可以写成下面的形式：

$$x_i = \sum_{s \neq i \neq t} n_{st}^{i} \tag{4-61}$$

注意到对于无向网络，式(4-61)中同一条路径会计算两次，因此需要除以 2。但是正如之前提到的，我们更加关注指标的相对值而不是绝对值，因此是否除以 2 并不重要。同时式(4-61)中和式部分将 $s=i=t$ 的路径都排除了，实际上这也不是必需的，因为每个节点都有这样的情况，对整体的排序是不影响的。

上述节点中心性讨论中实际上假定了两个节点之间最多只有一条测地路径，因此计数时以 0 和 1 区分。但是，在更多的情况下，两个节点之间存在多条测地路径。为了应对这样的一般情形，我们需要给节点 s 到节点 t 的测地路径赋值。一般来说，当节点 s 到节点 t 只有一条测地路径时，如果节点 i 位于路径上，那么从节点 s 到节点 t 的最短走法必须经过节点 i；而当节点 s 到节点 t 同时存在多条测地路径时，从节点 s 到节点 t 的最短走法不一定经过节点 i。为了解决这种问题，可以给节点 s 到节点 t 的 n 条测地路径权重赋值为 $1/n$。此时，节点的介数定义可以改进为经过该节点的所有测地路径的权重之和。

为了表示一般性网络的介数，对式(4-61)进行改进。定义 n_{st}^{i} 代表从节点 s

到节点 t 的经过节点 i 的测地路径的数量，g_{st}代表从节点 s 到节点 t 的测地路径的总数，得到更新的介数表达式：

$$BC_i = \sum_{s \neq i \neq t} \frac{n_{st}^i}{g_{st}} \tag{4-62}$$

这就是广为人知的介数中心性(betweenness centrality)表达式。介数中心性一般认为是由 Freeman 在 1977 年提出[11]。但是，Freeman 指出这一思想最早在 1971 年由 Anthonisse 在一份没有发表的技术报告中独立提出[12,13]。

图 4-8 展示了与图 4-7 相同结构的网络，此时网络中节点的介数中心性只有 3 个节点 v_3、v_4、v_5的值不为 0，而这 3 个节点按照介数中心性从小到大排序是 v_5、v_3、v_4，其中节点 v_3、v_4同时拥有最大的介数中心性。

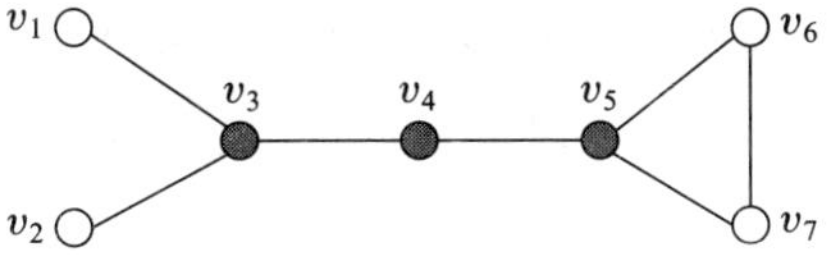

图 4-8 网络的介数中心性

前文提到过接近度中心性的跨度较小，而本节介绍的介数中心性却完全不同，介数中心性的分布范围很大。一种极端情况是，一个节点位于网络中所有节点对的最短路径上，会出现介数中心性的最大可能值。这种情况在星形网络中很容易出现。图 4-9 展示了一个简单的星形网络，中心节点连接网络中其他所有节点。在 N 个节点的星形网络中共有 N^2 条最短路径，其中 $N-1$ 条其他节点到自身的最短路径不经过中心节点，其余的路径都将经过中心节点。此时，中心节点的介数中心性为 N^2-N+1。在只有一个分支的网络中，介数中心性可能的最小值是 $2N-1$。因为每个节点都至少位于一条从自身出发或到达自身的路径上，其中有 $N-1$ 条从自身出发的路径，有 $N-1$ 条到达自身的路径，还有一条自身到自身路径，因此路径的总数是 $2N-1$。因此在该网络中，最极端情况下介数中心性的最大值与最小值的比值是

$$\frac{N^2 - N + 1}{2N - 1} \approx \frac{1}{2}N \tag{4-63}$$

可以看出当网络规模很大时，这个比值与网络的规模相当，是个很大的值。实

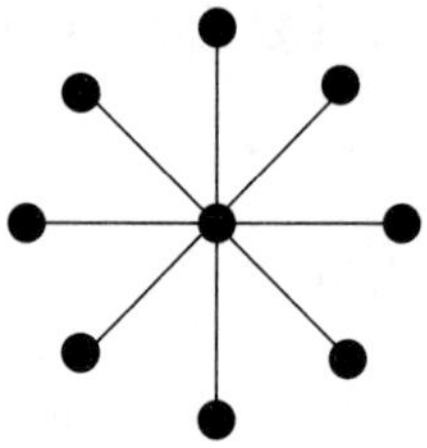

图 4-9　星形网络

际网络中很少出现这种星形网络，因此节点介数中心性最大值与最小值之间的跨度通常比这个值小，但是仍然很大。

介数的思想具有重要的启发意义，很多学者对于介数的概念进行了研究和发展。注意到介数的计算中运用了所有节点只沿着测地路径进行传播这一假设，但是事实并不一定是这样。这是因为在不知道网络结构的情况下我们甚至不知道测地路径是什么样的，所以经常需要“绕远路”找到目标节点。Freeman 等人基于最大流的思想提出了流介数(flow betweenness)[14]的概念，此时 n_{st}^{i} 指从初始节点 s 到目标节点 t 的流量最大时，流经节点 i 的流量。Newman 则基于随机游走概念，提出了一种随机游走介数(random-walk betweenness)，此时信息流不再只沿着测地路径，而是在节点 s 和节点 t 之间随机游走[15]。关于最大流和随机游走的内容将在本书第 6 章和第 11 章介绍。

思考题

4.1　对于 k 正则无向网络(每个节点的度都为 k 的网络)，请回答以下问题：

(1) 证明向量[1　1　…　1]是网络邻接矩阵特征值 k 对应的特征向量。

(2) 求 k 正则网络中所有节点的 Katz 中心性。

(3) 请思考并给出一种中心性测度，使得规则网络中不同节点具有不同的中心性。

4.2　对于一个有 n 个节点的无向(连通)树，假设树中有一个特定节点，该节点的度为 k，将该节点从树中删除后，整个树会分成 k 个互不相连的部分，设这些部分的规模分别

是 n_1，n_2，…，n_k。请回答以下问题：

（1）根据本章介绍的节点介数的表达式，证明该节点未经过归一化的介数中心性 x 表达式为

$$x = n^2 - \sum_{m=1}^{k} n_m^2$$

（2）对于有 n 个节点的线图，计算从首端或尾端开始的第 i 个节点的介数。

4.3 对于一个有 n 个节点的无向树，树中的节点 A 和节点 B 之间有一条连边，该边将树分为两个互不相连的部分，两个部分分别有 n_1 和 n_2 个节点，如本题图所示。

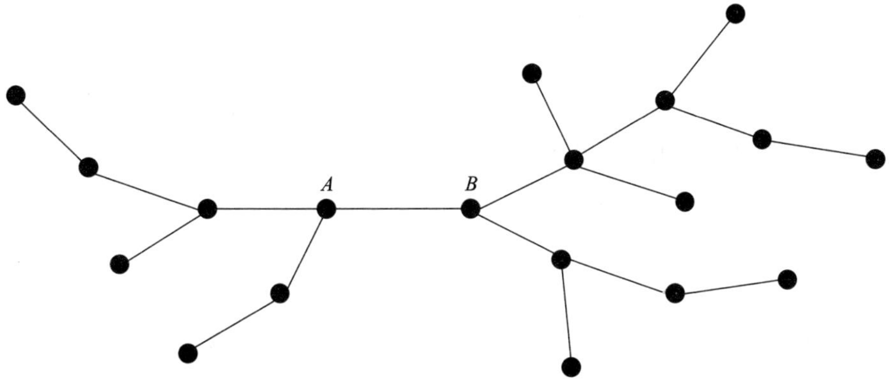

题 4.3 图

请证明，节点 A 和 B 的接近性中心性 C_1 和 C_2 具有以下关系：

$$\frac{1}{C_1} + \frac{n_1}{n} = \frac{1}{C_2} + \frac{n_2}{n}$$

参考文献

[1] Nieminen J.On the centrality in a graph[J]. Scandinavian Journal of Psychology, 1974, 15(1): 332-336.

[2] Bonacich P. Power and centrality: A family of measures[J]. American Journal of Sociology, 1987, 92(5): 1170-1182.

[3] Katz L. A new status index derived from sociometric analysis[J]. Psychometrika, 1953, 18

(1): 39-43.

[4] Brin S, Page L. The anatomy of a large-scale hypertextual web search engine[J]. Computer Networks and ISDN Systems, 1998, 30(1-7): 107-117.

[5] Kleinberg J M. Authoritative sources in a hyperlinked environment[J]. Journal of the ACM, 1999, 46(5): 604-632.

[6] Golub G H, Van Loan C F. Matrix Computations[M]. Baltimore: JHU Press, 2013.

[7] Borodin A, Roberts G O, Rosenthal J S, et al. Finding authorities and hubs from link structures on the world wide web[C]. Proceedings of the 10th International Conference on World Wide Web, Hong Kong, 2001: 415-429.

[8] Ng A Y, Zheng A X, Jordan M I. Stable algorithms for link analysis[C]. Proceedings of the 24th Annual International ACM SIGIR Conference on Research and Development in Information Retrieval, New Orleans, 2001: 258-266.

[9] Bavelas A.Communication patterns in task-oriented groups[J]. The Journal of the Acoustical Society of America, 1950, 22(6): 725-730.

[10] Watts D J, Strogatz S H. Collective dynamics of ‘small-world’ networks[J]. Nature, 1998, 393(6684): 440-442.

[11] Freeman L C. A set of measures of centrality based on betweenness[J]. Sociometry, 1977: 35-41.

[12] Freeman L C. The Development of Social Network Analysis[M]. New York: Empirical Press, 2004.

[13] Anthonisse J M. The Rush in a Directed Graph[M]. Amsterdam: Stichting Mathematisch Centrum, 1971.

[14] Freeman L C, Borgatti S P, White D R. Centrality in valued graphs: A measure of betweenness based on network flow[J]. Social Networks, 1991, 13(2): 141-154.

[15] Newman M E J. A measure of betweenness centrality based on random walks[J]. Social Networks, 2005, 27(1): 39-54.

第 5 章　网络参数分析

在第 4 章中主要介绍了网络中的节点中心性测度，可以通过这些测度来对网络进行定量描述。但是，如果要全面地了解一个网络的结构，节点中心性测度是不够的，还需要另外一些测度和参数来更好地把握网络拓扑特征，例如网络中的团与分支、网络的传递性与相互性、网络中的符号边，以及网络中的相似性与同质性等。在社交网络平台中，这些知识得到了广泛应用，对于网络科学，主要涉及的内容是相似性与链路预测等。本章将重点介绍与网络相关的测度与参数，虽然大部分内容来自社交网络，但如今已经广泛运用到计算机科学、物理学及生物学等学科，并成为网络科学重要的应用领域。

5.1 节点群组

网络拓扑分析比较重要的一部分是社团分析，即将网络划分为不同的群组或社团来研究。万维网可以根据网页内容的相关性分组，引文网络可以根据研究领域的不同分组，社交网络可以根据朋友、同事或商业伙伴等来分组。网络中对于群组的定义和分析是网络理论研究中一个重要的部分，本节将介绍一些简单的网络群组概念，包括团、丛、核和分支。

5.1.1 团、丛和核

在无向网络中，如果一个群组中任意两个节点都互相连接，那么这个群组被称为最大节点子集。此最大节点子集也被称为团(clique)，如图 5-1 所示，对于网络中的 4 个节点 v_1、v_2、v_3、v_4，每两个节点都有连接，当第 5 个节点加入这个网络后，无法形成 5 个节点彼此相连的群组，那么这 4 个节点就构成了一个团。注意，团之间可能会有重叠，也就是说不同的团之间可以共享节点。

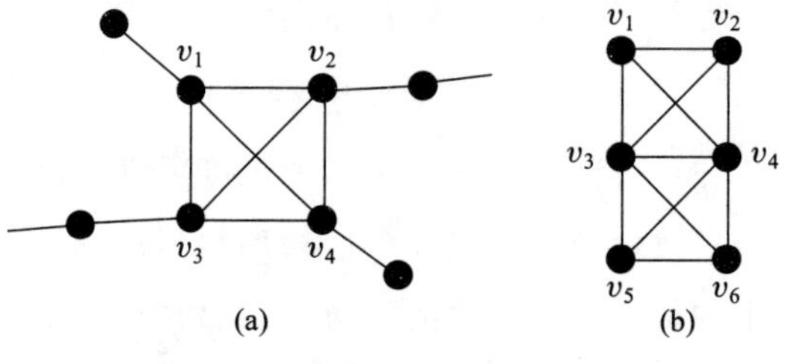

图 5-1　网络中 4 个节点形成团

如果在稀疏网络中可以找到一个团，则表明在网络中存在一个联系紧密的群组。解释团最好的例子是人际关系网络中联系紧密的部分，例如在一个办公室里，你与你的同事以及同事之间都具有紧密的关系，你们同事之间便构成了联系紧密的群组。但是，如果群组中的大部分成员彼此熟悉，个别成员与他人不熟悉，此时同事之间不再是一个严格意义上的团。

规定团中任意两个节点都有联系，这种定义很严格，为了改进对团的定义，提出了 k-丛(k-plex)结构。k-丛也描述了一种群组：在大小为 n 的 k-丛中，每个节点至少和子集中的另外 $n-k$ 个节点相连。当 $k=1$ 时，1-丛等价于团；当 $k=2$ 时，意味着子集中的每个节点只允许和一个节点没有连边；之后依次类推。和团一样，k-丛也允许重叠，也就是同一个节点能够被多个 k-丛共享。

k-丛概念的提出有助于网络中群组的发现。k 值的确定没有固定的规则，在较小的网络中，一般先从较小的 k 值尝试，这样易于发现联系紧密的群组；当群组变大时，则需要进一步提高 k 值。在构建网络时，可以指定 k 值以构造出所需的理想网络。

与 k-丛紧密相关的一个概念是 k-核(k-core)，k-核是网络中的一个子集，在该子集中，每个节点至少与子集中的其他 k 个节点相连。容易发现，节点数为 n 的 k-核与($n-k$)-丛等价。需要注意的是，k-核之间不能重合，如果两个 k-核之间有共享节点，那么就可以合并生成一个更大的 k-核[1]。

可以用下面的方法找到网络中的 k-核。首先去除网络中度值小于 k 的所有节点及其连边，然后判断网络构成，如果在剩下的节点中还有度值小于 k 的节点，那么继续去除这些节点，直至网络中剩下的节点的度值都不小于 k；依次取 $k=1$，2，…，对原始网络重复以上操作，就得到了网络的 k-核分解(k-core decomposition)，如图 5-2 所示。

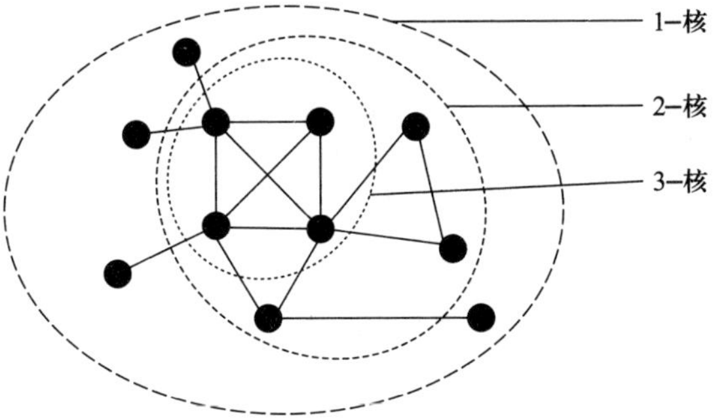

图 5-2　简单网络的 k-核分解示意图

5.1.2　分支和 k-分支

在第 2.4.3 节中曾介绍过分支的概念。分支是网络节点的一个最大子集，在这个子集中的节点都能通过一条或多条边相连。分支的一个有效推广为 k-分支（k-component）。如果在网络节点的一个最大子集中，节点之间能够通过至少 k 条独立路径相连，那么这种分支称为 k-分支，有时候也称 k-连通分支（k-connected component）。这里对于独立路径的要求是两条路径之间除了起点和终点之外不存在共享节点[1]。

如果分支内的任意两个节点之间至少有一条路径，由定义可知，这种分支称为 1-分支。显然，对于 $k>1$ 的分支，k 值较小的分支包含着 k 值大的分支，例如 3-分支必然是 2-分支的一个子集，2-分支必然是 1-分支的一个子集，如图 5-3 所示。

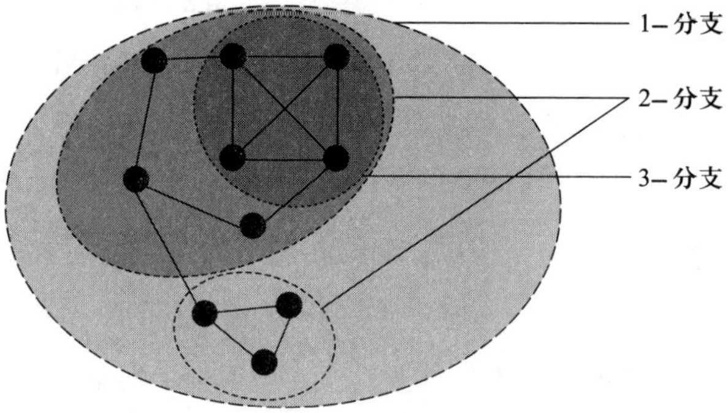

图 5-3　简单网络中的 k-分支

在网络分析中，我们经常使用 k-分支的概念来分析网络的鲁棒性。例如，在实际的万维网中，通过路由器节点发送信息与数据，众多的路由器组成了庞大的网络。为了保障数据的完整性和时效性，应避免两个节点的连接状态因为单一的路由器故障而断开。这时需要研究两节点之间的割集规模，也就是在保证数据完整传输时可以去除的路由器集合。

在网络中，$k\geqslant3$ 的 k-分支可以是不邻接的，但在社会网络中，我们通常希望分支尽量邻接。因此在该领域里，定义 k-分支是网络节点的一个最大子集，其中任意两个节点之间都至少通过 k 条独立路径相连。这种定义方式不包含非邻接 k-分支，并且从数学的角度看显得很复杂。

5.2 传递性

在社交网络中，有很重要的一个性质：传递性(transitivity)。等价关系就是典型的具有传递性的例子：如果 $a=b$ 且 $b=c$，那么 $a=c$，这时“=”便是可传递的。“大于”“小于”和“包含”等关系也蕴含着传递性。网络中节点最简单的关系为两点由边相连，这种关系显然存在传递性，如果节点 u 和节点 v 相连，节点 v 和节点 w 相连，则节点 u 和节点 w 相连。如果网络具有这种传递关系，则称该网络具有传递性。

5.2.1 传递性的表示

网络中的传递性分为部分传递性和完全传递性，完全传递性要求每个分支都是团或者完全连通网络，即要求分支中的任意两个节点之间都有直接联系，这种性质在实际网络中的研究价值很小，因为你朋友的朋友不太可能全是你的朋友。相较而言部分传递性很有用，在社交网络中，我朋友的朋友不一定是我的朋友，但和完全不相关的人相比，他和我成为朋友的概率更大。

网络中的传递性可以这样来表示：在社会网络中，如果 u 是 v 的朋友，v 是 w 的朋友，那么在网络中存在一条由两条边构成的路径 uvw，如果 u 也是 w 的朋友，uw 是一条连接 u 和 w 的边，那么该路径就是由 3 条边构成的闭合路径。用社会网络的术语来说，u、v 和 w 这 3 个节点形成了一个闭合三元组(closed triad)。聚类系数便是通过相关概念来定义的[1]：网络中所有长度为 2 的路径中闭合路径所占的比例。如果聚类系数为 1，表示网络具有完全传递性，即分支中任意两个节点都直接相连，每一个分支都是全连通图；如果聚类系数为 0，则表示网络中不存在闭合三元组，例如方形规则图和树。网络中的路径具有方向性，uvw 和 wvu 是两条不同的路径，因此需要将经过相同节点但方向不同的两条路径分别统计。

聚类系数的一种计算方式为

$$C = \frac{\text{三角形数} \times 6}{\text{长度为 2 的路径数}} \qquad (5-1)$$

这里的三角形指的是你和你朋友以及你朋友的朋友都互相是朋友，即封闭三角形。由于三角形结构中长度为 2 的路径有 6 条：uvw，vwu，wuv，wvu，vuw 和 uwv，所以网络中的闭合路径数是三角形数的 6 倍。利用社会网络的概念，还可以这样表达聚类系数：有共同朋友的两个人本身也是朋友的比例。

聚类系数更常用的定义如下[1]：

$$C = \frac{\text{三角形数} \times 3}{\text{连通三元组数}} \qquad (5-2)$$

这里的连通三元组指的是你和你朋友以及你朋友的朋友，但不一定全是朋友，而三角形则全是朋友，如图 5-4 所示。事实表明社会网络的聚类系数一般都比较高，例如电影演员合作网络 $C=0.20$[2]，生物学家合作网络 $C=0.09$[3]。大致可以这样理解：如果两个人有共同的好友，那么这两个人也互相认识的概率比两人没有共同好友的概率大得多。

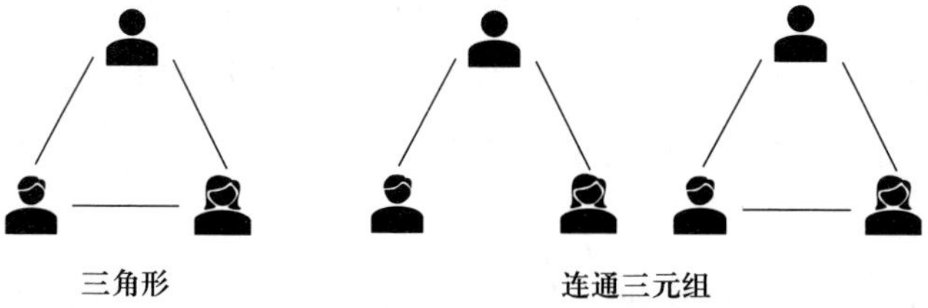

图 5-4 社会网络朋友之间的连通关系

另外，某些社会网络是有向网络，在计算有向网络的聚类系数时，有些时候研究者会忽略其方向特性而直接使用式(5-2)。对于有向网络，在研究其传递性时，可以考虑有向连接对传递性进行推广。例如“喜欢”关系，u 喜欢 v，v 喜欢 w，而 w 喜欢 u，这时候可以称 u、v 和 w 三节点之间存在传递性，并且是闭合的。根据边的方向性不同，有多种不同的传递方式，如图 5-5 所示。有向网络的聚类系数也容易计算：用闭合的长度为 2 的有向路径数除以所有长度为 2 的有向路径数即可。

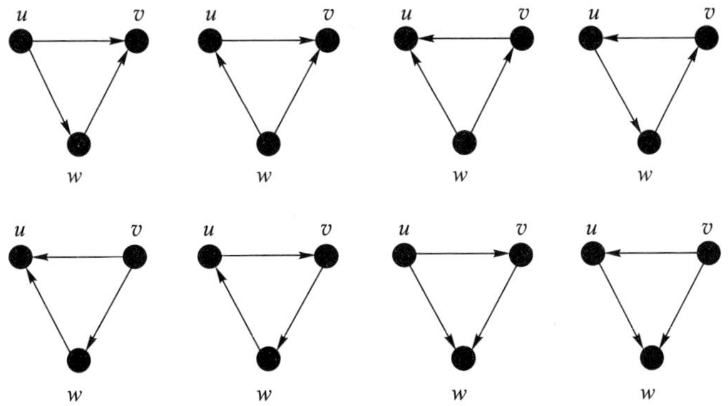

图 5-5 有向网络中的节点连通三元组

5.2.2 局部聚类和冗余

局部聚类系数(local clustering coefficient)指的是单个节点的聚类系数。对于节点 i，其聚类系数可以这样计算：首先遍历节点 i 的邻居节点，计算其直接相连的节点对数，然后除以节点对总数，即 $\frac{1}{2}k_i(k_i-1)$，k_i 为节点 i 的度。局部聚类系数的计算式为[1]

$$C_i=\frac{\text{节点 } i \text{ 的邻居节点中直接相连的节点对数}}{\text{节点 } i \text{ 的邻居节点对总数}} \tag{5-3}$$

该值代表了节点 i 的邻居节点之间互为邻居节点的平均概率。对于度为 0 和 1 的节点，定义 $C_i=0$。

在很多网络的实证研究中发现：局部聚类系数和度之间存在弱依赖关系，一般度较大的节点局部聚类系数较低。另外，局部聚类系数可以揭示一些网络拓扑特性，例如结构洞(structural hole)。在社会网络中，很多时候一个节点的邻居节点之间也是相互连接的，但也有部分邻居节点不存在连接，我们把这些本该存在的连接的缺失结构称为结构洞[4]，如图 5-6 所示。对于结构洞要从两面来看，一方面，如果关注网络中信息的全面和有效传播，显然，结构洞的数量越少越好；另一方面，为了信息传递的私密性，结构洞的数量则越多越好。对于节点 i 来说，局部聚类系数度量了 i 的影响力，该值越低，说明 i 周围的结构洞越多。

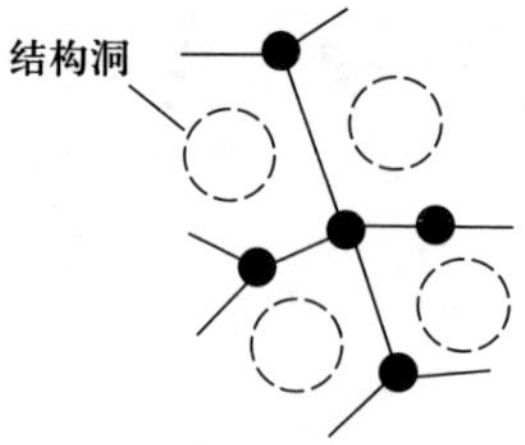

图 5-6　结构洞示意图

与介数中心性相似，局部聚类系数也可以被视为一种中心性测度，不同的是局部聚类系数描述的是单个节点对于所在团的邻居节点之间信息流动的影响能力，而介数描述的是单个节点对于所在团所有节点的信息流动的影响能力。两者侧重的角度不同，在具体问题的场景下可以选择不同的方法。但相比而言，介数的计算较为复杂，花费的代价也较大。

在结构洞最初的研究中，局部聚类系数并不是度量结构洞的测度，而是使用了另一个测度，称为冗余(redundancy)。节点 i 的冗余 R_i 指的是节点 i 的邻居节点之间直接连接数的平均值。例如，在图 5-7 中，对于节点 i 来说，有 4 个邻居节点 u、v、w 和 x，很容易得到它的邻居节点之间的直接连接数分别为 2，1，1，0，那么节点 i 的冗余为这些值的平均值：$R_i=\frac{1}{4}(0+1+1+2)=1$。显然局部聚类系数 C_i 和此值有关，满足以下关系[1]：

$$C_i=\frac{\frac{1}{2}k_iR_i}{\frac{1}{2}k_i(k_i-1)}=\frac{R_i}{k_i-1} \tag{5-4}$$

其中 k_i 为节点 i 的度。

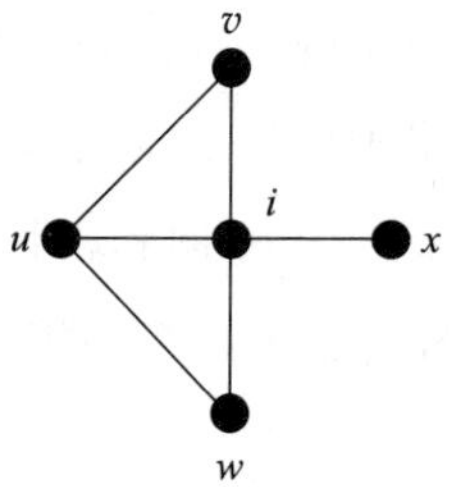

图 5-7　节点冗余示意图

还可以通过局部聚类系数来求解全局聚类系数。瓦茨和斯托加茨[5]提出利用所有节点聚类系数的均值来计算整个网络的聚类系数：

$$C = \frac{1}{N}\sum_{i=1}^{N} C_i \tag{5-5}$$

其中 N 是网络的节点总数。

式(5-5)和式(5-2)给出的聚类系数定义不同，因此对于同一个网络，两者会给出不同的计算结果。式(5-2)的定义容易理解，并且计算方便；而式(5-5)不能很好地描述包含大量小度节点的网络的整体性质，但由于出现时间较早，在研究中仍被广泛应用。

5.3 相互性

聚类系数描述的是长度为 3 的闭合路径。因为在无向网络中，至少需要 3 个节点才能构成一个循环，所以在网络中经常讨论 3 个节点组成的三角形循环的性质。在有向网络中，最小的循环是由两个节点组成的，即在两个节点之间存在互相指向的两条边，构成一个循环。

在有向网络中，可以计算两个节点之间相互指向的概率，此值用相互性(reciprocity)来度量。例如在万维网中，如果网页 1 指向网页 2，那么网页 2 也指向网页 1 的平均概率有多大？一般来说，如果网页 1 链接到网页 2，那么网页 2 也链接到网页 1 的概率相对较大。

在网络中，如果从节点 i 到节点 j 有一条有向边，同时从节点 j 到节点 i 也有一条有向边，那么称节点 i 到 j 的边是相互的(reciprocated)，显然从节点 j 到 i 的边也是相互的，这样的两条边被称为共链接(co-links)。

网络的相互性被定义为相互边在所有边中所占的比例。相互性的表达式为[1]

$$r = \frac{1}{M}\sum_{ij} A_{ij}A_{ji} = \frac{1}{M}\mathrm{Tr}\boldsymbol{A}^2 \tag{5-6}$$

其中 M 是网络中有向边的总数。

例如在图 5-8 中共有 8 条有向边，其中 6 条为相互边，因此可以算出相互性值为 $r=6/8=3/4$。这与万维网上网页链接的真实值接近，同一网站内网页之间相互链接比较普遍；如果不考虑同一个网站内网页之间的链接，则相互性值会变小。

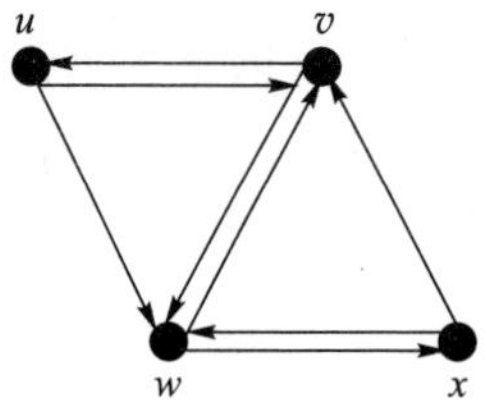

图 5-8　节点相互性示意图

5.4　有符号边和结构平衡

网络中的边根据是否具有方向性可以分为无向网络和有向网络。可以用正边表示好友关系，用负边表示敌对关系。如果在一个网络中，为边附加一个符号：正或负，每条边只有两种状态中的一种，要么是正，要么是负，这种网络就称为有符号网络(signed network)，其边称为有符号边(signed edge)。

在有符号网络中，三角形中三条边的部分可能组合情况如图 5-9 所示(这里讨论 4 种情况，另外 4 种和这 4 种是等价的)。如果将其映射到人际关系网络中，在第一个组合中，大家都是朋友，这是最融洽的状态；在第二个组合中，u 同时与 v、w 是敌对关系，而 v 和 w 之间是好友关系，也可以解释为敌人的敌人是朋友，这三人的关系也是较为稳定的；对于第三个组合则显得不平衡了，这主要因为与 w 同为好友的两个人 u 和 v 之间却是敌对关系，这种关系十分不稳定，随时有破裂的风险；对于最后一种组合，大家都是敌对关系，此时关系并不明确，很多情况下会导致局势非常紧张，也不太稳定。

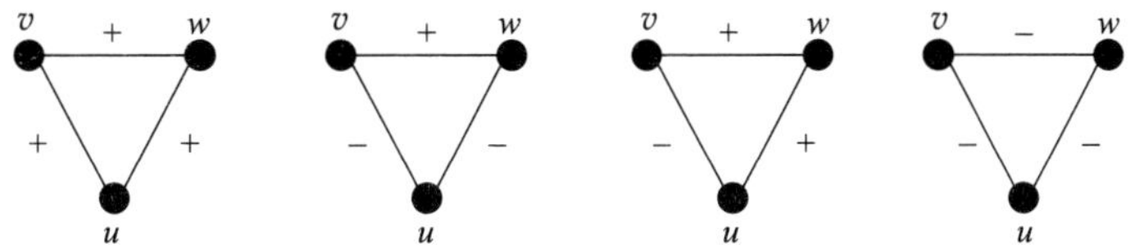

图 5-9　有符号网络中三角形中三条边的可能组合情况

可以发现，在循环中有偶数条负边存在时往往会形成稳定的组合，而有奇数条负边存在时形成的循环都不太稳定。这个结论可以推广到更长的循环中。在现实网络中，如果包含有偶数条负边的循环，称其结构平衡（structural balance），或简称为平衡。

关于网络结构平衡，Harary[6]给出了一个重要的定理：一个平衡网络可以被分为若干个连通的节点群组，群组内部节点之间的连接都是正的，而不同群组之间的连接都是负的。图 5-10 中展示了一个平衡网络及其群组划分情况，像这样可以划分群组的网络被认为是可聚类的（clusterable）。Harary 定理说明所有平衡网络都是可聚类的。

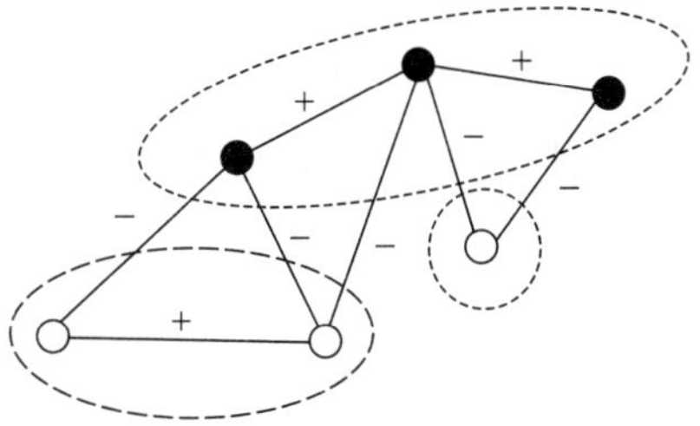

图 5-10　一个平衡可聚类的简单网络

Harary 定理说明很多真实的社会网络都处于平衡或者基本平衡状态，网络中的节点可以划分为不同的群组，每个群组内部有联系的人是好友关系，而不同群组之间都不是好友关系，该假设在社交网络中经常被使用，网络中的平衡结构和可聚类性是社团模型的重要性质。

那么 Harary 定理的逆定理是否也成立？答案显然是否定的，不能说一个网络是可聚类的，那么它就必然是平衡的。例如，对于图 5-9 中的最后一种组合，如果把每一个节点看作群组的话，该网络显然是可聚类的，但是由于具有奇数条负边，该网络是不平衡的。

5.5　相似性

除了传递性，网络分析特别是社交网络分支中另一个核心概念就是节点之间的相似性。网络中哪些节点是相似的，如何量化这种相似关系？这个问题的答案，有助于梳理社会网络、信息网络等网络中的节点的类型及相互作用的关系。

在网络科学中，节点的相似性可以采用两种基本方法测度：结构等价（structural equivalence）和规则等价（regular equivalence）。如果网络中两个节点共享相同的邻居节点，那么称这两个节点是结构等价的。两个规则等价的节点不一定需要共享相同的邻居节点，但是这两个邻居节点本身是相似的。例如，两个学校的两个计算机专业的学生，虽然他们互不相识，但是他们所学的专业课基本一致，那么从学生的专业知识储备上来说，这两个学生是相似的。

图 5-11 展示了两种相似性测度的基本思想。图 5-11（a）中的节点 A 和 B

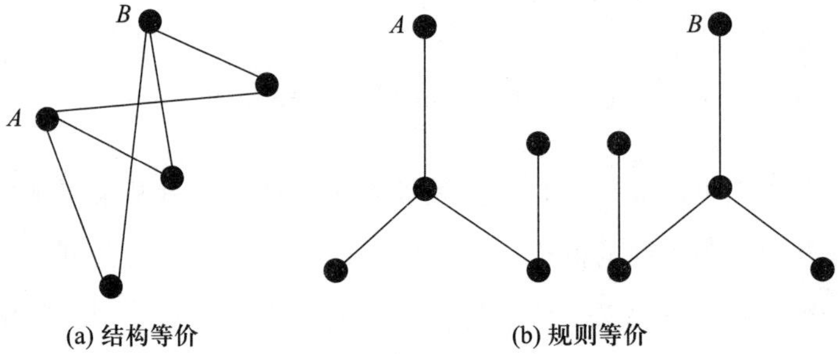

图 5-11　两种相似性测度示意图

是结构等价的，因为它们共享了3个邻居节点；图5-11(b)中的节点A和B是规则相似的，因而它们的邻居节点之间是相似的。

下面将介绍几种基于这两种相似性测度构建的数学方法，它们在计算机、统计科学等多个领域有着广泛应用。其中前3小节是与结构等价有关的相似性方法，第4小节是与规则等价有关的相似性方法，最后将简单介绍相似性的一个重要应用——链路预测。

5.5.1 余弦相似性

余弦相似性是一个结构等价的测度，主要针对无向网络。根据结构等价的概念，最容易想到的定义这种测度的方式就是计算两个节点共享的邻居节点数。在无向网络中，假设网络邻接矩阵为$\boldsymbol{A}$，节点i和节点j共享的邻居节点数为N_{ij}，此时有

$$N_{ij} = \sum_{k} A_{ik} A_{kj} \tag{5-7}$$

然而，两个节点的共享邻居节点数并不是一个很好的相似性测度。比如说，两个节点共享4个邻居节点，那么这个数值算高还是低？因此，需要一种归一化的方式，能够直接体现数值对应的相似程度。一种简单的策略是将上面的值除以网络中的节点总数N，这是一个简单图中两个节点的最大可能共享节点数。但是，这种归一化方式对度数小的节点是不公平的。例如一个节点的最大度只有2，那么这个节点最大可能的共享邻居节点数也就是2，当N很大时，这个值会变得很小。因此，更好的计算方法应该要考虑到网络中节点度的差异。

在几何学中，两个向量$\boldsymbol{x}$和$\boldsymbol{y}$的内积可以表示为$\boldsymbol{x} \cdot \boldsymbol{y} = |\boldsymbol{x}||\boldsymbol{y}| \cdot \cos\theta$，其中$|\boldsymbol{x}|$表示向量$\boldsymbol{x}$的模，$\theta$表示两个向量之间的夹角。此时，可以得到夹角余弦的表达式为

$$\cos\theta = \frac{\boldsymbol{x} \cdot \boldsymbol{y}}{|\boldsymbol{x}||\boldsymbol{y}|} \tag{5-8}$$

Salton 提出将邻接矩阵中第i行(列)和第j行(列)分别看成两个向量，将两个向量之间夹角的余弦值用于相似性度量[7]。式(5-7)中$\sum_{k} A_{ik} A_{kj}$就对应于无向网络中邻接矩阵的两行的内积计算，此时可以得到一种新的相似性测度，

即余弦相似性

$$\sigma_{ij}=\cos\theta=\frac{\sum_k A_{ik}A_{kj}}{\sqrt{\sum_k A_{ik}^2}\sqrt{\sum_k A_{kj}^2}} \tag{5-9}$$

余弦相似性也称为 Salton 余弦。在无权网络中，邻接矩阵中只有 0 和 1，对于所有的节点 i 和 j，有 $A_{ij}^2=A_{ij}$，进而 $\sum_k A_{ik}^2=\sum_k A_{ik}=k_i$，其中 k_i 是节点 i 的度。此时式(5-9)可以改写为

$$\sigma_{ij}=\frac{\sum_k A_{ik}A_{kj}}{\sqrt{k_i}\sqrt{k_j}} \tag{5-10}$$

因此，在无权网络中节点 i 和节点 j 的余弦相似性就是两个节点的共同邻居数除以它们度的几何平均数的乘积。网络中节点的度可能为 0，按照式(5-9)，此时任何其他节点与该节点的余弦相似性都没有定义，通常这种情况下以 $\sigma_{ij}=0$ 处理。

余弦相似性为相似性的测度提供了一种自然的标度。根据余弦的定义，这种相似性的取值在-1 和 1 之间。虽然余弦的值存在负值，但是余弦相似性的计算中分子分母都是正值，因此该值是非负的。余弦相似性为 0 代表两个节点没有任何共享邻居节点，余弦相似性为 1 代表两个节点共享所有邻居节点。

5.5.2　皮尔逊相关系数

另一种对共享邻居节点数归一化的方法是将这个值与一个期望值比较，该期望是在网络中节点随机选择邻居节点的条件下，两个节点间共享邻居节点数的期望值。这种思想就是本节将要介绍的皮尔逊相关系数。

假设节点 i 和 j 各自的度是 k_i 和 k_j，节点 i 从网络的 N 个节点中(实际上为 $N-1$，但是在大规模网络中这种差异可以忽略)随机且均匀地选择了 k_i 个邻居节点，节点 j 也随机地选择了 k_j 个邻居节点。对于节点 j 随机选择的第一个邻居节点来说，该节点属于节点 i 的 k_i 个邻居节点的概率是 k_i/N，而 j 的其他邻居节点同时也是节点 i 的邻居节点的概率也是 k_i/N。事实上，可能会出现两次选择同一个节点的情况，但是在大规模网络中这种情况出现的可能性非常低。节

点 j 共有 k_j 个邻居节点，两个节点之间共享邻居节点的期望值是 k_jk_i/N。

根据之前提到的，将两个节点的共享节点数减去随机选择邻居节点条件下它们的共享邻居节点数的期望，可以得到一个新的相似性测度：

$$
\begin{aligned}
\sum_k A_{ik}A_{kj} - \frac{k_jk_i}{N} &= \sum_k A_{ik}A_{kj} - \frac{1}{N}\sum_k A_{ik}\sum_l A_{jl} \\
&= \sum_k A_{ik}A_{kj} - N\langle A_i\rangle\langle A_j\rangle \\
&= \sum_k \left[A_{ik}A_{jk} - \langle A_i\rangle\langle A_j\rangle\right] \\
&= \sum_k (A_{ik} - \langle A_i\rangle)(A_{jk} - \langle A_j\rangle) \qquad (5-11)
\end{aligned}
$$

其中，$\langle A_i\rangle$ 是邻接矩阵第 i 行元素的均值 $\frac{1}{N}\sum_k A_{ik}$。如果节点 i 和节点 j 的共享邻居节点数等于随机选择条件下的邻居节点数的期望值，那么式(5-11)等于零。如果两个节点共享节点数大于期望值，则式(5-11)的值为正数，表明两个节点之间具有相似性。式(5-11)的值也可能为负数，代表两个节点的实际共享节点数小于期望值，表示两个节点之间不具有相似性。

式(5-11)实际上是邻接矩阵两行的协方差 $\mathrm{COV}(A_i, A_j)$ 的 n 倍。和余弦相似性一样，通常需要对相似性进行归一化。当两个集合的值完全相同时，协方差值最大，此时的值等于任一集合中元素的方差，该方差可以表示为 $\sigma_i\sigma_j$。利用这个值进行归一化后，可以得到标准的皮尔逊系数为

$$
r_{ij} = \frac{\mathrm{COV}(A_i, A_j)}{\sigma_i\sigma_j} = \frac{\sum_k (A_{ik} - \langle A_i\rangle)(A_{jk} - \langle A_j\rangle)}{\sqrt{\sum_k (A_{ik} - \langle A_i\rangle)^2}\sqrt{\sum_k (A_{jk} - \langle A_j\rangle)^2}} \qquad (5-12)
$$

注意到式(5-12)的取值区间为[-1, 1]。

皮尔逊系数是度量相似性的常用方法。该方法通过将两个节点的实际共享邻居节点数与网络随机连接情况下的共享邻居节点数的期望值进行比较，以判断两个节点是否相似。

5.5.3 结构等价的其他测度

除了上述两种基于结构等价的相似性计算方法，还有一些其他的方法。例如，将共享邻居节点数除以期望值得到一种新的相似性：

$$\frac{N_{ij}}{k_i k_j / N} = N \frac{\sum_k A_{ik} A_{kj}}{\sum_k A_{ik} \sum_l A_{jl}} \tag{5-13}$$

如果共享邻居节点数与随机选择条件下的期望值相等，那么式(5-13)的值为1；如果共享邻居节点数大于期望值，那么该式的值大于1；对于不相似的两个节点，共享邻居节点数小于期望值，该式的值小于1。与余弦相似性类似，该式的取值也是非负的，且两个节点没有共享邻居节点时这个值为零。因此，这种方式可以看成余弦相似性的一种变形。有些研究认为，式(5-13)这种方法比余弦相似性更好，因为该测度使用共享邻居节点的期望值代替最大值进行归一化，能够更容易地从统计意义上确定节点的邻居节点之间的相似性，而余弦相似性则没有这样的效果[8]。

另一种结构等价测度是欧几里得距离(Euclidean distance)。这种测度方法是计算两个节点之间邻居节点数的差值，即与节点 i 和 j 相邻，但不同时与节点 i 和 j 相邻的节点数。实际上，欧几里得距离是一种度量不相似性的方法，两者差异越大这个值也越大。欧几里得距离表达式为

$$d_{ij} = \sum_k (A_{ik} - A_{jk})^2 \tag{5-14}$$

与其他测度一样，有时候可以通过除以可能的最大值进行归一化。当两个节点没有共同邻居节点时，欧几里得距离最大，此时的距离为 $d_{ij} = k_i + k_j$。因此，可以得到归一化的欧几里得距离为

$$\frac{\sum_k (A_{ik} - A_{jk})^2}{k_i + k_j} = \frac{\sum_k (A_{ik} + A_{jk} - 2A_{ik}A_{jk})}{k_i + k_j} = 1 - 2\frac{2N_{ij}}{k_i + k_j} \tag{5-15}$$

式中第二个等号的转化中利用了无权网络中 $A_{ij}^2 = A_{ij}$ 这一条件。虽然这种测度距离叫作欧几里得距离，但这个方法更加贴近于计算机科学中的汉明距离(Hamming distance)的概念。

5.5.4 规则等价

本节将介绍另一类相似性测度即规则等价。规则等价不必共享邻居节点，而是两个节点本身具有相似性。

规则等价的概念发展较晚，研究者们提出了一些非常复杂的算法用于发现

网络中的规则等价。例如，White 和 Reitz 提出的 REGE 算法[9,10]。但是，这些算法都很复杂，且不容易解释。在后来的研究中，一些更为简单的代数测度取得了更好的效果。这种测度的基本思想是定义一个相似性值 σ_{ij}，如果节点 i 和 j 各自的邻居节点 k 和 l 本身具有较高的相似性，则节点 i 和 j 具有较高的相似性[11,12]。在无向网络中，这个过程可以写成表达式

$$\sigma_{ij} = \alpha \sum_{k,l} A_{ik} A_{kl} \sigma_{kj} \tag{5-16}$$

或者写成矩阵形式

$$\boldsymbol{\sigma} = \alpha \boldsymbol{A} \boldsymbol{\sigma} \boldsymbol{A} \tag{5-17}$$

该公式是一种特征向量方程，其中的相似性矩阵 $\boldsymbol{\sigma}$ 就是特征向量，α 是特征值的倒数，与特征向量中心性类似，我们只关注主特征值。

但是这个公式存在一些问题。首先，这种方法并不会赋予一个节点很大的“自相似性”的值 σ_{ii}，而一般认为所有节点跟自身高度相似；其次，式(5-17)也不会赋予有着很多共享邻居节点的两个节点较高的相似值，而按照结构等价测度的概念来说，这种情况下应该赋予高的相似值。为了解决这两个问题，可以通过在相似性矩阵中引入对角元项解决。式(5-16)可改写为

$$\sigma_{ij} = \alpha \sum_{k,l} A_{ik} A_{kl} \sigma_{kj} + \delta_{ij} \tag{5-18}$$

写成矩阵形式为

$$\boldsymbol{\sigma} = \alpha \boldsymbol{A} \boldsymbol{\sigma} \boldsymbol{A} + \boldsymbol{I} \tag{5-19}$$

然而，尽管这个表达式可以作为相似性的测度，但仍然存在一些问题。假设通过重复迭代来求解式(5-19)，首先确定一个初始值 $\boldsymbol{\sigma}(0)=\boldsymbol{0}$，然后整个迭代过程可以写为

$$\begin{aligned} \boldsymbol{\sigma}(1) &= \boldsymbol{I} \\ \boldsymbol{\sigma}(2) &= \alpha \boldsymbol{A}^2 + \boldsymbol{I} \\ \boldsymbol{\sigma}(3) &= \alpha^2 \boldsymbol{A}^4 + \alpha \boldsymbol{A}^2 + \boldsymbol{I} \\ &\cdots\cdots \end{aligned} \tag{5-20}$$

根据这种更新规则，当迭代取极限后，将得到邻接矩阵的偶数次幂的总和。事实上，邻接矩阵的 r 次幂的元素等于节点之间长度为 r 的路径数，因此这个相似性测度本质上是节点之间偶数长度的路径数的加权和。

此时一个问题出现了：为什么只考虑偶数长度的路径呢？因为可以给出规则等价的更好的定义：如果节点 i 的邻居节点 k 与节点 j 相似，那么节点 i 与 j 相似。再次假定节点与自身相似，利用相似性矩阵中对角元素 δ_{ij} 项表示这一点，此时相似性测度公式为

$$\sigma_{ij}=\alpha\sum_{k}A_{ik}\sigma_{kj}+\delta_{ij} \tag{5-21}$$

或者写成矩阵形式

$$\boldsymbol{\sigma}=\alpha\boldsymbol{A}\boldsymbol{\sigma}+\boldsymbol{I} \tag{5-22}$$

同样地，迭代过程表达式为

$$\begin{aligned}\boldsymbol{\sigma}(1)&=\boldsymbol{I}\\ \boldsymbol{\sigma}(2)&=\alpha\boldsymbol{A}+\boldsymbol{I}\\ \boldsymbol{\sigma}(3)&=\alpha^2\boldsymbol{A}^2+\alpha\boldsymbol{A}+\boldsymbol{I}\\ &\cdots\cdots\end{aligned} \tag{5-23}$$

当迭代次数无穷大时，可以得到

$$\boldsymbol{\sigma}=\sum_{m=0}^{\infty}(\alpha\boldsymbol{A})^m=(1-\alpha\boldsymbol{A})^{-1} \tag{5-24}$$

式(5-24)也可以通过对式(5-22)直接求解推出。这样，相似性测度中就包括了所有长度的路径数。实际上，这个相似性公式可以定义成一种完全不同的方式，即计算节点 i 与 j 的路径加权数，长度为 r 的路径权重为 α^r。由于 $\alpha<1$，因此路径越长则权重越小。这看起来很合理，因为如果两个节点之间通过少量路径相连，或者通过很多个长路径相连，则认为它们相似。

注意到式(5-24)是一个矩阵函数，它的收敛条件是 $\alpha<(1/\lambda_1)$，λ_1 是矩阵的最大特征值。

这种规则等价相似性还有一些变形。根据定义可以看出，上述方法倾向于赋予度较大的节点以较高的相似性，因为如果一个节点有很多邻居节点，那么在这些邻居节点中，与任意给定节点相似的数量也会增多，从而提升其与给定节点的相似性。但是，有时偏向度大的节点会导致不必要的偏差。例如，两个没有任何朋友的隐士也同样是相似的。因此，可以将相似性除以节点的度，以此来避免因偏向高度数节点而导致的偏差，从而有

$$\sigma_{ij} = \frac{\alpha}{k_i} \sum_k A_{ik} \sigma_{kj} + \delta_{ij} \tag{5-25}$$

写成矩阵形式

$$\boldsymbol{\sigma} = \alpha \boldsymbol{A} \boldsymbol{D}^{-1} \boldsymbol{\sigma} + \boldsymbol{I} \tag{5-26}$$

其中，$\boldsymbol{D}$ 是对角矩阵，对角元素 $D_{ii} = k_i$。重新排列可写为

$$\boldsymbol{\sigma} = (1 - \alpha \boldsymbol{D}^{-1} \boldsymbol{A})^{-1} = (\boldsymbol{D} - \alpha \boldsymbol{A})^{-1} \boldsymbol{D} \tag{5-27}$$

再考虑一种方式，在式(5-21)的最后一项不仅加上对角元还包括非对角元素。这种方式可以使我们基于已掌握的其他信息(可以是非网络信息)，明确指出哪两个节点是相似的。例如，我们想知道两个班中班长的相似性，这两个班长分别与各自班中的副班长、学习委员等有联系。此时如果我们明确发现了两个班中学习委员的相似性，就可以利用该相似性测度并根据网络结构判断两个班长之间的相似性。当网络中不止一个分支，即网络中有些节点对不相连时，这种测度是很有用的。例如，两个分支代表两个社团，两个不同社团的人互不相识，因此按照式(5-21)或式(5-24)计算，不同社团中个体间的相似性为零。但是，一旦给不同社团的人之间赋予一些相似性值，那么就可以通过泛化和扩展这些初始相似性值，推导出其他人之间的相似性。

这种利用给定相似性推广的思想在其他领域也有应用，一个比较常见的应用就是下面将要介绍的链路预测。

5.5.5 相似性与链路预测

链路预测是一门网络科学与信息科学结合的交叉学科。在处理信息数据时，很多时候并不知道完整的网络的数据，如何利用已有的网络信息来还原现有网络的链路信息或预测网络未来可能出现的链路信息就是链路预测研究的内容。

链路预测在很多领域都有着成功的应用。在数据挖掘领域，其主要研究思路和方法是基于马尔可夫链的机器学习。Sarukkai 应用马尔可夫链进行了网络的链路预测和路径分析[13]。Zhu 等人将基于马尔可夫链的预测方法扩展到万维网的预测中，进一步帮助网络用户进行在线导航[14]。在生物领域，以蛋白质相互作用网络为例，酵母蛋白质之间 80% 的相互作用仍然是未知的[15]，由于揭示这些还未发现的链接需要高额的实验成本，因此利用链路预测方法指导实

验，可降低实验成本并提高成功率。此外，社交网络中也存在链路预测，例如，新浪微博的关注对象推荐就是根据基于共同邻居节点的相似性指标设计的。

目前研究链路预测的两种主要方法分别是基于相似性的链路预测和基于似然分析的链路预测。基于相似性的链路预测主要讨论的是利用节点信息或网络结构相关信息进行链路预测，按照讨论相似性的对象，可以进一步分为基于(节点)局部信息的相似性指标、基于路径的相似性指标、基于随机游走的相似性指标等。本节介绍的结构等价和规则等价等测度，其中结构等价主要讨论的是节点的共同邻居节点对相似性的影响，属于基于局部信息的相似性指标；规则等价中介绍的几种测度属于基于路径的相似性指标。这两种相似性都属于利用网络结构信息进行链路预测的方法，这种方法最关键的就是需要抓住目标网络的结构特征，如共同邻居节点等。在聚类系数较高的网络中，这些预测方法表现很好，甚至超过一些非常复杂的算法；而在聚类系数较低的网络中，预测精度会差一些。关于链路预测的其他方法的具体介绍，可以参考文献[16]。

思考题

5.1　请在本题图中找出一个 3-核。

5.2　如果有向网络中有一半的节点对只存在单个方向的连边，而另一半节点对存在双向连边，试求该网络的相互性。

5.3　请判断本题图给出网络的平衡性，并给出理由。

5.4　2-分支和 2-核的区别是什么？画出一个有 2-核但没有 2-分支的小型网络。

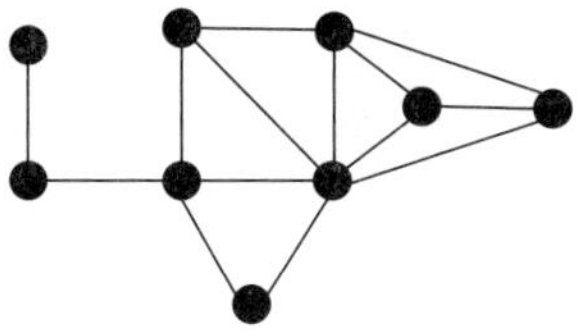

题 5.1 图

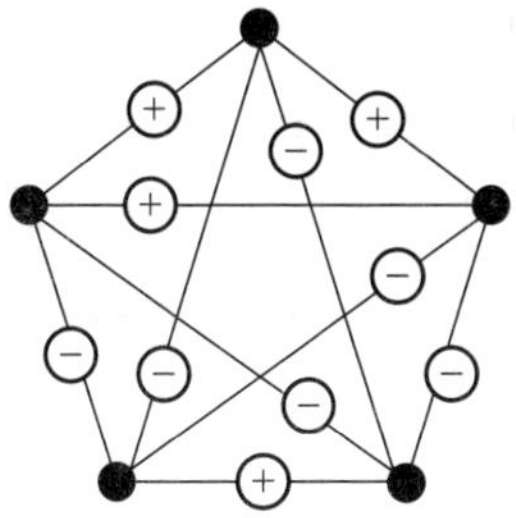

题 5.3 图

参考文献

[1] Newman M E J. Networks: An Introduction[M]. New York: Oxford University Press, 2010.

[2] Newman M E J. The structure and function of complex networks[J]. SIAM Review, 2003, 45(2): 167-256.

[3] Newman M E J. The structure of scientific collaboration networks[J]. Proceedings of the National Academy of Sciences, 2001, 98(2): 404-409.

[4] Burt R S. Structural Holes: The Social Structure of Competition[M]. Cambridge: Harvard University Press, 1995.

[5] Watts D J, Strogatz S H. Collective dynamics of 'small-world' networks[J]. Nature, 1998, 393(6684): 440-442.

[6] Harary F. On the notion of balance of a signed graph[J]. Michigan Mathematical Journal, 1953, 2(2): 143-146.

[7] Salton G. A new comparison between conventional indexing (MEDLARS) and automatic text processing (SMART)[J]. Journal of the American Society for Information Science, 1972, 23(2): 75-84.

[8] Leicht E A, Holme P, Newman M E J. Vertex similarity in networks[J]. Physical Review E, 2006, 73(2): 026120.

[9] Wolfe A W. Social network analysis: Methods and applications[J]. Contemporary Sociology, 1995, 91(435): 219-220.

[10] White D R, Reitz K P. Measuring role distance: Structural, regular and relational equivalence[R]. University of California, Irvine, 1985.

[11] Blondel V D, Gajardo A, Heymans M, et al. A measure of similarity between graph vertices: Applications to synonym extraction and web searching[J]. SIAM Review, 2004, 46(4): 647-666.

[12] Jeh G, Widom J. Simrank: a measure of structural-context similarity[C]. Proceedings of the Eighth ACM SIGKDD International Conference on Knowledge Discovery and Data Mining, Edmonton, 2002: 538-543.

[13] Sarukkai R R. Link prediction and path analysis using markov chains[J]. Computer Networks, 2000, 33(1-6): 377-386.

[14] Zhu J, Hong J, Hughes J G. Using markov chains for link prediction in adaptive web sites[C]. Int. Conference on Soft Issues in the Design, Development, and Operation of Computing Systems, Belfast, 2002: 60-73.

[15] Yu H, Braun P, Yıldırım M A, et al. High-quality binary protein interaction map of the yeast interactome network[J]. Science, 2008, 322(5898): 104-110.

[16] 吕琳媛, 周涛. 链路预测[M]. 北京: 高等教育出版社, 2013.

第 6 章　网络算法基础

本章主要介绍网络算法的基本概念，重点介绍用于存储网络数据的数据结构及估计算法时间开销的常用方法。早期的网络分析和计算工作主要依靠手工，这一方面是受当时的条件所限，计算机的速度还很慢，并且价格昂贵、数量较少；另一方面也是因为当时所研究的网络规模较小，一般只有几十个节点或者更少。但现在的网络已经有上万甚至百万的节点，只有在运算速度快且算法效率高的计算机支持之下，才有可能采集并分析如此大规模的网络数据。

6.1 运行时间和计算复杂度

有些网络的计算方法非常简单，只要有一台计算机，就可以相对容易地实现；但是有些网络的计算需要仔细研究，包括计算机中网络数据的存储也需要深入思考，因为有很多方法可以实现这一功能，但不同的方法对后续的计算性能有很大的影响。

在计算机科学中，算法的计算复杂性表示运行该算法所需的资源量[1]，特别关注时间和内存要求。问题的复杂性即是解决该问题的最佳算法的复杂性。

对一个明确给定算法的复杂性的研究称为算法分析，而对问题复杂性的研究称为计算复杂性理论[2]。这两个概念是高度相关的，因为算法的复杂性始终是该算法所解决问题的复杂性的上限。此外，为了设计有效的算法，通常将特定算法的复杂性与要解决问题的复杂性进行比较。在大多数情况下，关于问题复杂性的唯一已知信息是它低于最有效的已知算法的复杂性。

由于运行算法所需的资源量通常随输入的大小而变化，因此复杂性通常表示为函数 $n \rightarrow f(n)$，其中 n 是输入的大小，$f(n)$是最坏情况的复杂性(大小为 n 的所有输入所需资源量的最大值)或平均情况复杂性(大小为 n 的所有输入的资源量的平均值)。时间复杂度通常表示为对大小为 n 的输入所需的基本操作数，其中假定基本操作在给定计算机上花费恒定的时间量，并且在其他计算机上运行时仅通过常量因子而变化[3]。空间复杂度通常表示为算法在大小为 n 的输入上所需的内存量[4]。

由于算法的运行时间在相同大小的不同输入之间可能会有所不同，因此通常考虑最坏情况的时间复杂度，即给定大小的输入所需的最大时间量。不太常见且通常明确指定的是平均情况复杂度，它是给定大小的输入所花费的时间的平均值(因为给定大小的可能输入为有限数量，所以可以算出平均值)。在这两种情况下，时间复杂度通常表示为与输入大小相关的函数[5]。由于这个函数通常很难精确计算，而且当输入较小时运行时间通常不那么重要，因此人们通常关注输入大小增加时复杂度的行为，即复杂度的渐近行为。时间复杂度通常使用大写字母 O 表示，算法复杂度根据算法中出现的函数类型进行分类。例如，具有时间复杂度 $O(n)$ 的算法是一种线性时间算法；对于常数 $\alpha>1$，具有时间复杂度 $O(n^{\alpha})$ 的算法是一个多项式时间算法。

研究计算复杂度的重要性在于可以用其来估计算法的实际运行时间。在程序运行前，估算可能的运行时间，就可以决定其算法是否可行。对计算复杂度的了解有助于通过测量小规模问题的运行时间，然后将结果按实际问题的规模进行扩展，以得到实际问题的时间开销。

例如，广度优先算法的时间复杂度是 $O(m+n)$，现在需要对一个有 100 万个节点和 1000 万条边的网络进行计算。可以先在一个有 1000 个节点和 10 000 条边的小规模网络上进行测试。可能该算法在测试网络上的运行时间为 1 s。由于该算法的时间复杂度为 $am+bn$，因此可以按比例估计更大规模网络的运行时间。对于节点数 $n=1\ 000\ 000$，边数 $m=10\ 000\ 000$ 的实际网络，n 和 m 都是测试网络的 1000 倍，那么该程序的运行时间大约为测试网络的 1000 倍，即 1000 s。

假设某个算法的复杂度是 $O(n^4)$，在这种情况下，不管该算法在小规模测试网络中的运行时间有多短，在大规模实际网络中的运行时间会大得无法接受。显然该算法是不可取的，需要寻找其他能够在合理时间内求解问题的算法。

更深入地观察算法复杂度与运行时间的关系，便会发现复杂度的算法运行时间估计并不能精确地给出算法的实际运行时间。因为在时间复杂度的标准计算方法中忽略了次要因素对运行时间的影响，这会对实际任务中的运行时间估计造成误差。而在有些情况下，程序的运行时间要小于利用计算复杂度估计的时间，特别是计算复杂度通常由程序运行的最坏情况决定。

正是因为上述原因，随着问题输入规模的增大，程序实际运行时间与理论估计时间将产生差异。但无论如何，计算复杂度仍然是衡量程序性能的有效且常用的准则，是大规模网络数据分析的必备工具。

6.2　网络数据的存储形式

程序处理网络数据之前的首要任务是读取数据，这些数据通常以计算机文件的形式保存，然后以某种特定的格式进行存储。

在计算机中表示网络的第一步是对每个节点进行标记。标记节点最常用的方法是为每个节点标记一个数值，通常是整数。最简单的方法就是使用连续整数 $i=1$，2，…，n 为 n 个节点的网络设置标号。

网络节点上除了整数标号外，可能还有其他符号或数值信息。例如，万维网中每个节点都会有统一资源定位符，社会网络中每个节点都会有姓名或者年龄等信息，这些属性和值都能通过定义一个 n 元数组来存储，数组中的每个元素对应一个节点，按照顺序为每个元素赋值。例如，可以用 n 元字符串型数组存储社会网络中每个节点代表的人的姓名，用另一个整型数组存储每个节点代表的人的年龄。

除了需要为存储节点的属性确定合适的方法，还需要找到一种合适的方法来存储网络中的边。下面将介绍两种最常用的网络数据存储方法——邻接矩阵与邻接表。需要注意的是，从文件中读取数据时，数据在内存中的存储格式会对程序的执行速度和占用的存储空间造成极大的影响。

6.2.1　邻接矩阵

邻接矩阵又称为布尔矩阵，因为所有项只能是 0 或 1(布尔值)。如果两个节点连接，邻接矩阵相应元素记为 1，否则记为 0。当用计算机进行网络运算时，这种邻接性质是很有用的，比如两个邻接矩阵的布尔积就是一个只包含 0 和 1 的布尔矩阵。

邻接矩阵还具有很多其他优势。例如，利用邻接矩阵可以很容易地实现在任意给定节点之间添加或删除一条边。如果要在节点 i 和 j 之间增加一条边，只需将邻接矩阵中 A_{ij} 元素的值增加 1。如果要移除这两个节点之间的边，就将对应元素的值减 1。这些操作花费的时间是常数，与网络规模无关，因此其计算复杂度是 $O(1)$。同样，如果要检查节点 i 和 j 之间是否存在一条边，只需要检查矩阵中对应元素的值，该操作的计算复杂度也是 $O(1)$。

由于无向网络具有对称性，因此在用邻接矩阵表示时可以用对称矩阵来表示其特点。如果在节点 i 和 j 之间增加一条无向边，原则上需要将矩阵中的 A_{ij} 和 A_{ji} 元素值加 1，但实际上这种做法有些浪费时间。一种更好的办法是只更新矩阵中的上三角区域中对应的元素值，而将下三角区域的值置零或者根本不存储，因为该区域的值等于上三角区域中对应的元素值。例如，如果想在节点 5 和节点 2 之间增加一条边，那么意味着邻接矩阵中元素 A_{52} 和 A_{25} 的值都需要加 1；但是由于只需要更新 $i<j$ 的元素值，因此只需要将 A_{25} 的值加 1 即可。

邻接矩阵中下三角区域中的值没有必要进行存储是因为不对这些元素进行更新，因此没有必要浪费存储空间。但目前绝大多数计算机编程语言都没有一种数据结构可以用来存储三角矩阵的数据集合，一种方法是利用 C 语言或 Java 语言提供的动态队列分配功能来存储三角矩阵，但是当存储空间足够大时，这种处理方法就没有必要了。

邻接矩阵很严谨，但是在面对诸如稀疏矩阵等有其固有特点的矩阵表示时，仍可以寻求更高效的方法。例如，在稀疏网络中，给定一个节点，遍历该节点的所有邻居节点时，节点 i 的邻居节点在邻接矩阵中用第 i 行的非零元素来表示，找到这些节点必须遍历该行中的所有元素，从中找出非零值。该操作的计算复杂度为 $O(n)$（n 是行的大小），在大规模稀疏网络中，每个节点只和一小部分节点有连接，因而其邻接矩阵中的大部分元素为零，因此这种查找操作浪费了很多时间。

同时对于稀疏网络而言，计算机存储空间的使用效率也相对较低。如果网络对应的邻接矩阵中的大部分元素值是 0，那么矩阵占用的大部分存储空间存储的是 0。除了邻接矩阵外，还有很多其他的数据表示形式，例如第 6.2.2 节将介绍的邻接表，这种存储方法能够避免存储元素值 0，因此占用的存储空间小得多。

计算邻接矩阵占用的存储空间比较容易。矩阵有 n^2 个元素，若元素都是整数（大多数现代计算机都用 4 B 存储），则矩阵占用的存储空间为 $4n^2$ B。例如

内存为 10^{10} B(10 GB)的计算机，利用邻接矩阵在内存中能够存储的最大规模网络应该满足 $4n^2 = 10^{10}$，即 $n = 50\ 000$。这样的存储规模远远不能满足当前研究的大规模网络的存储需求。

利用邻接矩阵存储网络结构的不足主要是针对稀疏网络而言的。如果研究对象是密集网络，由于这类网络理论上所有可能出现的边大部分都是存在的，那么采用邻接矩阵就比较恰当。

6.2.2　邻接表

在图论和计算机科学中，邻接表是表示图中与每一个节点相邻的边集的无序集合。如果是无向图，那么每条边由两个节点组成，分别代表边的两个端点；如果是有向图，那么每条边是一个节点对，分别代表边的起点和终点。

图形的邻接表将图形中的每个节点与其相邻节点或边的集合相关联。这个基本思想有许多变体，在它们如何实现节点和集合之间的关联、如何实现集合、它们是否同时包含节点和边或仅包含节点作为第一类对象以及使用哪些类型的对象来表示节点和边等方面存在差异。文献[6]建议使用哈希表(也叫散列表)，根据键值直接访问在记忆体存储位置的数据结构[6]。也就是说，它通过计算一个键值的函数，将所需查询的数据映射到表中的一个位置，加快了查找速度。这个映射函数称作散列函数，存放记录的数组称作散列表。将图中的每个节点与相邻节点数组相关联来实现，在这种表示形式中，节点可以由任何可哈希的对象表示，但没有将边显式表示为对象[7]。文献[8]提出了一种实现方法，其中节点由索引号表示。它们的表示形式为一个按节点编号索引的数组，每个节点的数组单元格指向该节点的相邻节点的单一链接列表。在此表示中，单链表的节点可以解释为边缘对象；但是，它们不存储有关边的完整信息，仅存储边的两个端点中的一个，并且在无向图中，每个边将有两个不同的链表节点(在边缘的两个端点列表中的一个)。

面向对象的关联列表结构具有特殊类别的节点对象和边缘对象。每个节点对象都有一个实例变量，该变量指向列出相邻边缘对象的集合对象。反过来，每个边对象都指向其端点处的两个节点对象[9]。此版本的邻接表比直接列出相邻节点的版本使用更多的内存，但显式边缘对象的存在使其在存储有关边缘的其他信息方面具有额外的灵活性。邻接表数据结构执行的主要操作是报告给定节点的相邻节点的列表。使用上面介绍的实现方法，遍历每个邻居都可以在恒定时间内完成。换句话说，遍历节点 v 的所有邻居的总时间与 v 的度数成正比。

也可以使用邻接表来测试两个指定节点之间是否存在边，但效率不高。在邻接表中，每个节点的相邻节点未排序，如果使用通过此节点的相邻节点的顺序搜索，可以在与两个给定节点的最小度数成比例的时间内发现是否存在边。如果邻居节点用有序数组来表示，则可以使用二进制搜索，所需时间与度数的对数成正比。

对于大多数节点对不通过边连接的稀疏图，邻接表比邻接矩阵的空间存储效率高得多：邻接表的空间使用与图中边和节点的数量成正比，而邻接矩阵的空间使用与节点数的平方成正比。但是，通过使用由节点对而不是数组编制索引的哈希表，可以更节省地存储邻接矩阵，从而与邻接表的线性空间相匹配。邻接表和邻接矩阵的另一个区别在于它们执行操作的效率。一方面，在邻接表中，可以有效地列出每个节点的相邻项，其时间与节点的度数成正比；在邻接矩阵中，此操作所需的时间与图中的节点数成正比，明显高于度数。另一方面，邻接矩阵允许测试两个节点在一定时间内是否相邻，但邻接表支持此操作的速度较慢。

邻接表的主要替代方法是邻接矩阵。在一台 32 位计算机上，由于邻接矩阵中的每个元素只占一位，因此可以以非常紧凑的方式存储，仅占用 $n^2/8$ B 的连续空间，其中 n 是图的节点数。此外，这种紧凑性还有利于访问局部性。对于稀疏图，邻接表需要较少的空间，因为它们不会浪费任何空间来表示不存在的边。如果使用数组结构实现邻接表，一个无向图的邻接表需要大约 $2(32/8)m=8m$ B 的空间，其中 m 是图的边数。

一个图最多可以有（$|n|^2-|n|)/2\approx n^2$ 条边（允许自己连接的情况下），用 $d=m/n^2$ 表示图的密度。当 $m/n^2>1/64$ 时，有 $8m>n^2/8$，即当 $d>1/64$ 时，邻接表的存储方式会比邻接矩阵的存储方式占用更多的空间。因此，图必须足够稀疏，才会凸显使用邻接表存储的优势。但是，以上分析仅在考虑边的连接性而不考虑边的任何数值信息时才有效。除了考虑存储空间之外，不同的数据结构也有利于不同的操作。查找邻接表中与给定节点相邻的所有节点就像阅读列

表一样简单。使用邻接矩阵时，必须扫描整行，这需要 $O(n)$ 的时间。两个给定节点之间是否存在边可以使用邻接矩阵立即确定，同时需要与邻接表的两个节点的最小度数成正比的时间。

邻接表中删除边的操作首先要查找到该边，需要的时间是 $O(m/n)$，然后将该边删除。删除操作需要的时间是 $O(1)$，只需要用邻居节点列表中的最后一个元素覆盖要删除的元素，并且将该节点的度减 1，如果邻居节点列表只有 1 个元素，就把当前元素置空并将节点的度减 1。因此，删除边操作的时间复杂度是 $O(m/n)$。

邻接表最突出的特点是它能够很快遍历给定节点的所有邻居节点，只要遍历给定节点的邻居节点列表就可以得到全部邻居节点，该操作所需时间与节点的邻居节点数成正比，平均值是 $c=2m/n$。因此该操作的时间复杂度是 $O(m/n)$，比采用邻接矩阵进行枚举操作的时间复杂度 $O(n)$ 高效很多。

为了便于比较，这里列出 4 种基本操作所对应的主阶时间复杂度，见表 6-1。这里选用的 4 种操作是：在网络中添加一条边（插入）、删除一条边（删除）、检查两个给定节点之间是否存在一条边（查找）以及列出给定节点的所有邻居节点（枚举）。

表 6-1　节点数为 n、边数为 m 的网络 4 种操作所对应的主阶时间复杂度

操作	邻接矩阵	邻接表
插入	$O(1)$	$O(1)$
删除	$O(1)$	$O(m/n)$
查找	$O(1)$	$O(m/n)$
枚举	$O(n)$	$O(m/n)$

6.3　度和度分布计算方法

在前文的基础上，本节将探讨用于网络计算的算法。许多网络参数可以使用简单的算法进行计算，这些算法只需将相应网络参数的定义转换为程序代码即可。在编写计算机程序之前，有必要对算法进行快速评估，以确保它是合理的。即使是最简单的算法，也有必要评估计算的复杂性，以估计计算完成特定任务所需的时间。

6.3.1 度和度分布

节点的度是一个网络最基本的属性，有关网络的算法都是围绕网络的度展开的。通常情况下，度很容易计算。如果一个网络以邻接表的格式存储，通常用一个数组存储各节点的度，这样就可以知道每个节点的邻居节点列表有多少个记录。这意味着计算任意节点的度时只需在该数组中查询即可，时间复杂度为 $O(1)$[10]。

如果网络是以邻接矩阵的格式存储的，那么计算时间要长一些。在这种情况下，计算节点 i 的度并统计非零元素的个数，需要遍历邻接矩阵第 i 行所有元素。因为矩阵每行有 n 个元素，n 是网络节点数量，所以该计算需花费 $O(n)$ 时间，比基于邻接表的计算慢得多。如果在某个利用邻接矩阵的大规模计算中需要频繁地查找节点的度，那么更可行的方法是把所有节点的度计算一次，将结果存储在一个独立的数组中[11]。

度分布能够反映一个网络的稀疏程度等诸多特性。同样可以简单地计算度分布 p_k：当已知所有节点的度时，首先创建一个数组，其第 k 个元素存储度为 k 的节点数；将数组所有元素初始化为 0，然后遍历节点，若节点的度为 k，则将数组第 k 个元素的值加 1；最后通过该数组得到度的直方图，该过程的时间复杂度为 $O(n)$[12]。将数组的第 k 个元素的值除以 n 即可得到度为 k 的节点所占的比例 p_k。

6.3.2 度的累积分布计算方法

有两种常用方法可以计算度的累积分布函数 P_k的值。一种计算方法是，首先利用上述方法构造度的直方图，然后利用下式计算累积分布[13]：

$$P_k = \sum_{k'=k}^{\infty} p_{k'} = -p_{k-1} + \sum_{k'=k-1}^{\infty} p_{k'} = P_{k-1} - p_{k-1} \qquad (6-1)$$

注意到 $P_0 = \sum_{k'=0}^{\infty} p_{k'} = 1$，因此可以从 P_0开始，利用公式(6-1)计算任意度 k

的累积分布 P_k，该过程的时间复杂度为 $O(n)$。由于计算 p_k 的时间复杂度也为 $O(n)$，因此整个计算过程的时间复杂度为 $O(n)$。

但事实上，通常不使用该方法计算累积分布函数。该方法虽然速度快，但还有一种更简单的计算方法，即将所有节点的度按降序排列，并从 1 到 n 编号。将每个度的编号除以 n 后作为度的函数，得到的图就是度的累积分布函数图[14]。该计算最耗费时间的部分是度的排序。对排序问题的研究已经十分成熟，排序算法最短运行时间为 $O(n\log n)$。因此累积分布算法的时间复杂度是 $O(n\log n)$，这比第一种方法的时间 $O(n)$ 要慢，但是慢得并不多，而且第二种方法还有一个很大的优势，即几乎所有计算机语言都提供具有数值排序功能的标准软件，这意味着大部分情况下不需要自己编写程序来计算累积分布。例如，所有的电子制表软件都有数值排序功能，因此可以直接在电子制表软件中计算累积分布。

6.3.3　节点度的相关系数计算方法

另一个很重要的参数是节点度的相关系数 r，其公式为

$$r=\frac{\sum_{ij}(A_{ij}-k_ik_j/2m)k_ik_j}{\sum_{ij}(k_i\delta_{ij}-k_ik_j/2m)k_ik_j},\tag{6-2}$$

该参数衡量度的同配混合性[15]。其计算也比较简单，计算式定义为

$$r=\frac{S_1S_e-S_2^2}{S_1S_3-S_2^2}\tag{6-3}$$

其中，

$$S_e=\sum_{ij}A_{ij}k_ik_j=2\sum_{\text{边}(i,j)}k_ik_j\tag{6-4}$$

公式右端表示对所有由边连接的不同(无序)节点对(i,j)的求和，并且有

$$S_1=\sum_i k_i,\quad S_2=\sum_i k_i^2,\quad S_3=\sum_i k_i^3\tag{6-5}$$

给定所有节点的度，式(6-4)中求和操作的时间复杂度为 $O(m)$，其中 m 是网络中边的数量，式(6-5)中每一步求和操作的时间复杂度为 $O(n)$，因此计算相关系数 r 的时间复杂度为 $O(m+n)$。如果所研究的网络是稀疏网络，根据稀疏网络的定义，可知 $m\propto n$，而平均度是一个常量。在这样的网络中，

$O(m+n) \equiv O(n)$，因此计算 r 的时间复杂度取决于节点数。如果所研究的网络是密集的，根据密集网络的定义，即 $m \propto n^2$，那么 $O(m) \equiv O(n^2)$，此时计算复杂度将会随着 n 的增长呈指数级增长[16]。

6.4 聚类系数计算方法

无向网络中单个节点 i 的局部聚类系数 C_i 的计算式为[17]：

$$C_i = \frac{\text{节点 } i \text{ 的邻居节点中直接相连的节点对数}}{\text{节点 } i \text{ 的邻居节点对总数}} \tag{6-6}$$

计算式(6-6)中的分子需要遍历节点 i 的所有邻居节点对，每个节点对只需遍历一次，这可以通过遍历节点对 (j, l) 实现，其中 $j<l$。对于每一对节点，查找它们之间是否存在边，并统计这些边的数目，然后将结果除以邻居节点对的总数 $\frac{1}{2}k_i(k_i-1)$，其中 k_i 是节点 i 的度。网络聚类系数的计算式为

$$C = \frac{\text{三角形数} \times 3}{\text{连通三元组数}} \tag{6-7}$$

对每个节点，考察其每一对邻居节点 (j, l)，其中 $j<l$，并查找它们之间是否存在边。然后把所有节点的这种类型的边数相加，最后用该值除以连通三元组的数量 $\sum \frac{1}{2}k_i(k_i-1)$。

最后考虑该算法的时间复杂度。可以发现，因为度为 k_i 的节点 i 有 $\frac{1}{2}k_i(k_i-1)$ 个邻居节点对，所以不得不在整个网络中查找每一对邻居节点间是否存在边，因而总的查找次数为

$$\sum_i \frac{1}{2}k_i(k_i-1) = \frac{1}{2}n(\langle k^2 \rangle - \langle k \rangle) \tag{6-8}$$

其中，

$$\langle k\rangle = \frac{1}{n}\sum_i k_i,\ \langle k^2\rangle = \frac{1}{n}\sum_i k_i^2 \tag{6-9}$$

分别是网络度的均值和均方值。

式(6-8)很大程度上取决于网络的度分布。到目前为止，所讨论的其他算法的运算时间均取决于网络的节点数 n 和边数 m，因此间接取决于度的均值 $\langle k\rangle = 2m/n$。但是对于聚类系数，计算复杂度(在此考虑运行时间)不仅与 n 和 $\langle k\rangle$ 有关，还与二阶矩 $\langle k^2\rangle$ 有关。

下面对聚类系数算法时间复杂度的计算进行更详细的介绍。首先，假设网络是以邻接表的格式存储的，考虑单个节点 i，此时可以很容易在近似 k 的时间内枚举出该节点的所有邻居节点。对于每个邻居节点 j，在剩下的邻居节点中查找与其直接相连的节点 $l(l>j)$，即在 $\frac{1}{2}k_i(k_i-1)$ 个节点对中，查找每对之间是否存在边。该操作的时间复杂度与 k_j 或 k_l 成正比，这取决于是通过 j 还是通过 l 的邻接表来查找边。假设某算法从两个节点中随机选择一个，则该算法的时间复杂度与两个度的平均值成正比，即与 k_j+k_l 成正比。

用 Γ_i 表示节点 i 的邻居节点集，那么查找所有邻居节点对之间存在的总边数的时间复杂度正比于

$$\begin{aligned}\sum_{j,\ l\in\Gamma_i,\ j<l}(k_j+k_l) &= \frac{1}{2}\sum_{j,\ l\in\Gamma_i,\ j\neq l}(k_j+k_l) = \sum_{j,\ l\in\Gamma_i,\ j\neq l}k_j \\ &= (k_i-1)\sum_{j\in\Gamma_i}k_j \end{aligned}\tag{6-10}$$

式(6-7)中分子项的计算时间与式(6-10)对所有 i 求和的结果成正比：

$$\sum_i (k_i-1)\sum_{j\in\Gamma_i}k_j = \sum_{ij}A_{ij}(k_i-1)k_j = \sum_{ij}A_{ij}k_ik_j - \sum_j k_j^2 \tag{6-11}$$

其中，A_{ij} 是邻接矩阵中的元素，并且 $\sum A_{ij} = k_j$。

已知计算网络中节点之间度相关系数 r 的计算式为式(6-2)，将式(6-11)与式(6-2)进行比较，显然，式(6-11)的第一项和该相关系数分子的第一项相同。因此，计算聚类系数的时间复杂度取决于节点的度是否相关。这将导致依据度的同配网络具有特有的行为特征。为了简单起见，这里假设度之间没有相关性，即这里考虑的网络不存在同配性。此时式(6-2)中的 $r=0$，即式中分子为零，也即

$$\sum_{ij} A_{ij}k_ik_j = \frac{1}{2m}\sum_{ij} k_i^2k_j^2 = \frac{1}{2m}\left[\sum_i k_i^2\right]^2 \qquad (6-12)$$

把这个结果代入式(6-11)中，则不相关网络中计算聚类系数的时间复杂度正比于

$$\frac{1}{2m}\left[\sum_i k_i^2\right]^2 - \sum_j k_j^2 = n\langle k^2\rangle\left[\frac{\langle k^2\rangle}{\langle k\rangle} - 1\right] \qquad (6-13)$$

其中利用了 $2m = \sum_i k_i = n\langle k\rangle$。

这是式(6-7)中分子项运算时间复杂度的一种计算方法。假设网络以邻接表格式存储，那么所有节点的度已知，由于式(6-7)的分母项等于 $\sum_i k_i(k_i - 1)$，因此其时间复杂度为 $O(n)$。这将永远不会比式(6-13)的时间复杂度大，所以式(6-13)给出了计算聚类系数时间复杂度的主阶项。

可以看出，计算聚类系数的时间复杂度不仅取决于 m 和 n，还取决于度分布的二阶矩$\langle k^2\rangle$。在多数情况下这没有很大影响，因为随着网络规模的增长，二阶矩往往趋于一个有限的常数值。但是，对于具有极度偏移的度分布网络，$\langle k^2\rangle$会变得非常大，且在度分布服从指数 $\alpha<3$ 的幂律时，该值发散，算法的时间复杂度也随之发散。

更实际些，如果网络是没有重边的简单图，那么度的最大值为 n，即 $k=n$，此时度分布会被截断，这表示二阶矩在最坏情况下与 $n^{3-\alpha}$ 成正比，而一阶矩仍为常数。这意味着无标度网络中计算聚类系数算法的时间复杂度为 $n\times n^{3-\alpha}\times n^{3-\alpha}=n^{7-2\alpha}$。当 $2\leqslant\alpha\leqslant3$ 时，时间复杂度在 $\alpha=3$ 时有最小值 $O(n)$，在 $\alpha=2$ 时有最大值 $O(n^3)$。当 α 值较小时，聚类系数的计算相当烦琐，消耗的时间随着网络规模增长而快速增长。

可以采用多种方法提高算法的执行效率。算法的大部分工作是确定一对给定节点之间是否有边相连的查找操作，如果该操作可以更有效地完成，算法速度就能够得到极大提高。一种简单的(虽然可能浪费较多内存空间)方法是使用矩阵+列表混合数据结构，基于该结构的查找操作可以在常数时间内完成。但即便在这种情况下，需要执行的查找操作次数仍然等于网络中的连通三元组数量，这意味着运行时间为式(6-8)，该值在一个度分布服从幂律的网络中仍然

发散。在一个服从幂律分布在 $k=n$ 时被截断的简单图中，由式(6-8)给出的运行时间与 $n^{4-\alpha}$ 成正比，当 $2\leqslant\alpha\leqslant3$ 时，其范围是 $O(n)$ 到 $O(n^2)$。这比之前的算法性能好，但是当 α 较小时，算法性能仍相对较差。

只有在无标度网络中计算聚类系数比较困难。在其他情况下，通常可以快速地计算出聚类系数。还有其他一些算法可以快速地计算出聚类系数的近似值，比如 Schank 和 Wagner[18] 算法，如果需要计算超大规模网络的聚类系数，这些方法值得考虑。

6.5 广度优先搜索算法和最短路径算法

6.5.1 广度优先搜索算法

广度优先搜索也叫作宽度优先搜索，是连通图的一种遍历算法，这一算法也是很多重要的图算法的原型[19]。Dijkstra 单源最短路径算法和 Prim 最小生成树算法都采用了和宽度优先搜索类似的思想。作为一种盲目搜寻法，广度优先搜索需要系统地展开并检查图中的所有节点。网络的不同属性对它的搜索方式影响不大，因为它并不考虑目标或结果的潜在可能方向，而是搜索整张图，直到找到结果为止。

广度优先搜索查找从一个给定源点 s 到同一分支中所有其他节点的最短距离。如图 6-1 所示，初始状态时，s 作为源点，与其自身的距离为 0，这时对于其他任意节点距离都是未知的。首先找到 s 的所有邻居节点，根据定义它们与 s 的距离为 1；然后找到这些节点的所有邻居节点，其中所有未访问过的节点的距离为 2，依次类推。每一次迭代完成，已访问的节点集合就会增加。如果所有节点均被访问，则算法终止。一般采用队列数据结构来辅助实现广度优先搜索算法。

如果 s 到节点 t 的最短路径长度为 d，那么该路径上的倒数第二个节点，即 t 的一个邻居节点，根据定义，可以在 $d-1$ 步到达，因此 s 到该节点的最短距

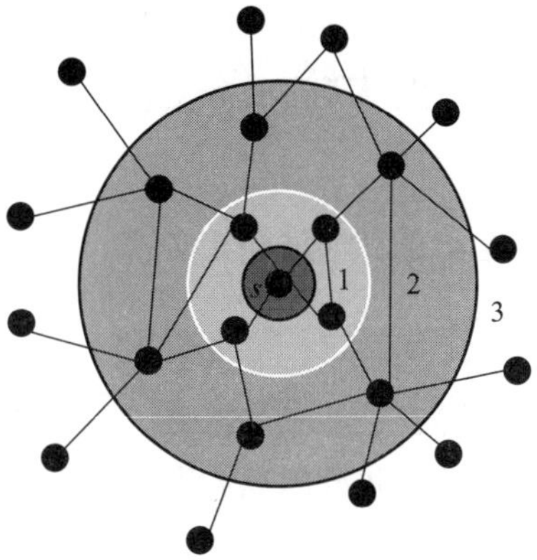

图 6-1 广度优先搜索

离不可能比 $d-1$ 更大。同样，最短距离不可能比 $d-1$ 更小，否则 s 到 t 会有距离比 d 更短的路径。

现在假设已知到源点 s 的距离不大于 d 的所有节点集合。例如在图 6-1 中，已知所有到源点的距离不大于 2 的节点。对于距离为 d 的所有节点，其每个邻居节点都存在一条长度为 $d+1$ 的路径：可以先沿着长度为 d 的路径到达距离为 d 的节点，然后再用一步到达它的邻居节点。因此每个这样的邻居节点到 s 的距离最多为 $d+1$，如果网络中存在一条更短的路径，那么它到 s 的距离可以小于 $d+1$。但是，根据假设，已知所有节点集合到 s 的距离不大于 d，因此可以明确得出 s 到该节点集合中任意节点之间不存在一条更短的路径。

考虑到 s 的距离为 d 的所有节点的邻居节点的集合，其中不包括到 s 的距离小于或等于 d 的节点。可以直接得到如下结论：(1) 该集合的所有节点到 s 的距离为 $d+1$；(2) 不存在到 s 的距离为 $d+1$ 的其他节点。第 2 个结论可由上述性质推导得出：所有到 s 的距离为 $d+1$ 的节点必定是距离为 d 的节点的邻居节点。因此可以得到到 s 的距离为 $d+1$ 的节点集合，从而可以得到所有到 s 的距离小于或等于 $d+1$ 的节点集合。

现在只需重复该过程。在算法的每一轮，找出到 s 的距离比上一轮多 1 的所有节点。算法继续运行，直到到达这样一种情况：到 s 的距离为 d 的所有节点，其邻居节点到 s 的距离均小于或等于 d，这表示没有到 s 的距离为 $d+1$ 的节点，因此根据上述性质，也没有任何到 s 的距离更大的节点，所以可以确认

已经找到网络中 s 所在分支中的所有节点的最短距离。作为查找距离的必然结果，广度优先搜索也找出了节点 s 所在的分支，事实上广度优先搜索也是寻找网络分支的可选算法之一。

6.5.2　基于广度优先搜索的最短路径算法

1. 一种简单的算法实现

现在考虑如何在计算机中实现广度优先搜索。最简单的实现方法如下[20]：创建一个有 n 个元素的数组，存储从源点 s 到其他所有节点的距离，且初始化时假设 s 与其自身的距离为零，从 s 到所有其他节点的距离未知。为了标记未知距离，可以将数组中的相应元素设为-1。

在广度优先搜索过程中，还需要创建一个距离变量 d 来记录当前在搜索过程中所处的层数，并将其初始值设为零。然后按照以下步骤操作：

（1）遍历距离数组，查找到 s 的距离为 d 的所有节点。

（2）查找上述节点的所有邻居节点，逐一检查并判断其与 s 的距离是否未知(例如距离数组中标记为-1 的项)。

（3）如果具有未知距离的邻居节点的数量为零，那么算法结束。否则，将每一个这样的邻居节点的距离设为 $d+1$。

（4）将 d 的值加 1。

（5）从第 1 步开始重复上述过程。

当算法结束后，得到一个数组，其元素表示 s 所在的网络分支中每个节点到 s 的距离(其他分支中的节点到 s 的距离是未知的)。

该算法的时间复杂度如何？首先要创建一个距离数组，其中每个元素对应一个节点。设置每个元素需要花费常量时间，因此创建这个距离数组的时间复杂度为 $O(n)$。

其次，对于算法本身，每次迭代将遍历所有 n 个节点，以寻找到 s 的距离为 d 的节点。大部分节点到 s 的距离都不是 d，此时就跳过该节点，每次耗时 $O(1)$。因此每次迭代的基本耗时为 $O(n)$。若迭代总次数为 r，则在最坏情况下，这部分的算法耗时为 $O(rn)$。

但是，若一个节点到 s 的距离为 d，则必须在此节点暂停，然后花费时间检查它的每个邻居节点，检查其距离是否未知，若距离未知，就将其距离置为 $d+1$。如果网络以邻接表格式存储，那么遍历一个节点的邻居节点的平均时间复杂度为 $O(m/n)$，而在算法的整个过程中，恰好在每个节点上暂停一次，检查这些节点的邻居节点所花费的总时间为 $nO(m/n)=O(m)$。因此包括初始化操作在内的算法运行时间复杂度为 $O(n+rn+m)$。

r 的值是从源点 s 到其他任何节点的最大距离。在最坏情况下，该距离等于网络直径，且最坏情况下网络直径为 $n-1$，此时网络是由 n 个节点彼此相连构成的链。因此在最坏情况下，算法运行时间复杂度为 $O(m+n^2)$。

然而该算法的执行效率较低，多数网络的直径只随 $\log n$ 增长，所以在考虑主阶项时，算法运行时间复杂度为 $O(m+n\log n)$。

2. 更好的算法实现

上述算法主要耗时的部分是第 1 步，需要通过遍历距离列表来找到距源点 s 的距离为 d 的节点。因为该操作包括检查所有 n 个节点的距离，但仅一小部分节点到 s 的距离为 d，这样就浪费了很多时间。考虑到在广度优先搜索的每次迭代过程中，找到并标记了所有到 s 的距离为 $d+1$ 的节点，如果把这些节点存储到一个列表中，那么下一轮迭代就可以利用该列表，而无须在整个网络中搜索到 s 的距离为 $d+1$ 的节点。

最常见的实现方法是利用先进先出缓冲区或队列[21]，其本质是一个用于存储节点标识列表的 n 元数组。在算法的每次迭代中，从列表中读取到 s 的距离为 d 的节点，然后利用这些节点找出到 s 的距离为 $d+1$ 的节点，并把它们作为距离为 $d+1$ 的节点添加到列表中，然后重复该过程。

为了实现该想法，从一开始就对队列进行填充。设置一个写指针，该指针是一个简单的整型变量，其值指示队尾还未用过的下一个空位。当需要把一个元素添加到队列中时，只需将其存储在写指针所指向的数组元素中，然后将写指针加 1 以指向下一个空位。同时设置一个读指针，该指针指向队列中将要读取的下一项。每项只读取一次，且读取之后将读指针加 1，使其指向下一个未读元素。队列结构示意图如图 6-2 所示。

广度优先搜索算法使用两个 n 元数组，一个表示队列，另一个表示 s 到任意节点的距离。算法过程如下：

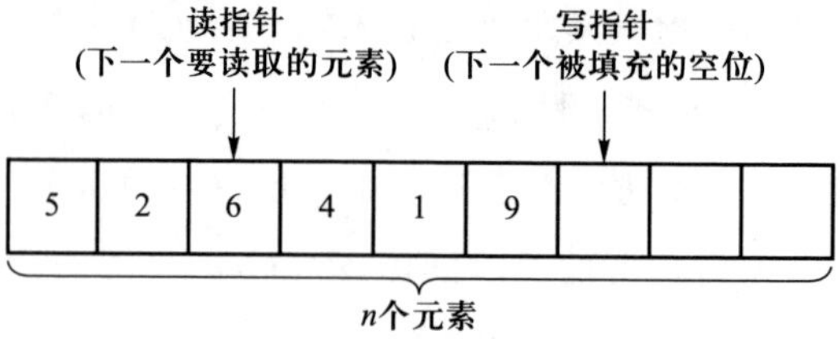

图 6-2　队列结构示意图

（1）将源点 s 的标识放入队列的第一个元素，令读指针指向它，并令写指针指向第二个元素，也即第一个空位。在距离数组中，将节点 s 与自身的距离设为零，而 s 到所有其他节点的距离设为未知。

（2）如果读指针与写指针指向队列的同一个元素，那么算法结束；否则，读取读指针指向元素中的节点标识，并将读指针加 1。

（3）在距离数组中读取该节点的距离 d。

（4）依次遍历该节点的每个邻居节点，同时在距离数组中查找其距离。如果距离是已知的，不操作；如果距离是未知的，则将距离设为 $d+1$，并将其标识存储在队列中写指针指向的元素中，并将写指针加 1。

（5）从第 2 步开始重复上述过程。

注意第 2 步运用的判断：如果读指针和写指针指向同一个元素，队列中就没有可以读取的节点(因为写指针总是指向下一个空元素)。因此该判断能够说明队列中何时没有需要检查其邻居节点的节点(即算法的结束条件)。

需要注意的是，该算法从队列中逐一读取距离为 d 的所有节点，并利用它们找到距离 s 为 $d+1$ 的所有节点。因此具有相同距离的所有节点在队列中依次排列，距离为 $d+1$ 的节点紧跟在距离为 d 的节点后面。此外，每个节点在队列中最多出现一次。当然，一个节点可以是多个其他节点的邻居节点，但是仅在第一次遇到该节点时对其指定一个距离并将其放入队列中。如果再次遇到该节点，由于它到 s 的距离是已知的，因此不会被再次添加到队列中。当然，如果一个节点在广度优先搜索过程中不能到达，即该节点与 s 不在同一个分支，那么该节点就不会出现在队列中。

因此该队列可以完成所要求的工作：它存储具有特定距离的所有节点，所以可以在算法的下一轮迭代中利用此节点队列。这样就无须搜索整个网络，从而节省很多时间。算法的其他部分和上一个简单算法的实现一样，并且能给出相同的结果。

接下来讨论该算法的运行时间。已知初始化创建距离数组的时间复杂度为 $O(n)$，对于队列里的每个元素，即与 s 在同一分支的每个节点，执行如下操作：遍历其邻居节点，平均时间复杂度为 $O(m/n)$，对于每个邻居节点，若距离为未知，则计算其到 s 的距离并将该节点添加到队列中，如果距离已知则不执行任何操作。这两种操作运行的时间复杂度都是 $O(1)$。因此，对于队列里的每个元素，即与 s 在同一分支的每个节点，执行如下操作：遍历其邻居节点，平均时间复杂度为 $O(m/n)$，对于每个邻居节点，若距离为未知，则计算其到 s 的距离并将该节点添加到队列中，如果距离已知则不执行任何操作。这两种操作运行的时间复杂度都是 $O(1)$。因此，对于分支中的每个节点，时间复杂度为 $O(m/n)$，在最坏情况下，对所有 n 个节点执行操作，算法运行的时间复杂度为 $nO(m/n)=O(m)$。

因此，将创建距离数组的时间包含在内，整个算法运行的时间复杂度为 $O(m+n)$，这比简单实现方法的时间复杂度 $O(m+n\log n)$ 好。对 $m\propto n$ 的稀疏网络而言，$O(m+n)$ 相当于 $O(n)$，所以算法运行的时间复杂度和节点数量成正比。这恰恰是最优的，因为算法需要计算源点 s 到所有 n 个节点的距离，对距离数组中的 n 个元素指定 n 个值，在最好的情况下也要花费 $O(n)$ 时间。

因此，在稀疏网络上，广度优先搜索算法在计算一个节点到其他节点的距离时速度很快，它是实现此类操作的最快算法。

3. 广度优先搜索算法的变形

一些广度优先搜索算法的变形也值得一提[22]。假设只需要计算单个节点对 s 和 t 之间的最短路径，而不是 s 和任何节点之间的最短路径。正如上文所提到的，广度优先搜索算法最快，可以在找到目标节点 t 的距离时停止算法，从而缩短算法执行时间。在最坏情况下，算法运行的时间复杂度为 $O(m+n)$，因为目标节点 t 可能是算法找到的最后一个节点。但是如果可以很早找到目标，那么运行时间就会大幅缩短[23]。

如果需要计算整个网络中每对节点之间的最短路径，可以通过依次对每一个节点进行广度优先搜索而实现。计算所有节点对之间的最短路径的运行时间复杂度为 $nO(m+n)=O(n(m+n))$，在稀疏图上为 $O(n^2)$。与标准的广度优先搜索一样，计算 n^2 个节点对耗时 $O(n^2)$，这无疑是最理想的。

如上文所提及的，广度优先搜索可以得到节点 s 所在分支。在算法结束时，距离数组包含从 s 到分支内任意节点的距离，因此可以通过统计已知距离的节点数量，得到 s 所在分支的大小。统计节点总数的时间复杂度是 $O(n)$，所以寻找分支操作的时间复杂度是 $O(m+n)$。

接近度中心性也可以通过广度优先搜索得到。接近度定义为从一个节点到其所在分支的其他任意节点的平均距离的倒数，由于广度优先搜索能够得到分支内其他任意节点的距离，所以只需遍历距离数组，计算所有已知距离的总和，除以分支的大小，并取倒数即可。同样，其运行的时间复杂度为 $O(n+m)$。用相似的方法，在相同的运行时间复杂度内，可以计算出基于距离的调和平均数的另一种接近度中心性。

6.5.3　加权网络的最短路径算法

在加权网络中，边的权重或强度可用来表示网络连接的数据流量或社会网络中熟人之间的联系频率等信息[24]。如果需要在加权网络中计算两个节点之间的最短路径，需要考虑边的权重信息。当考虑边权重时，网络中的最短路径与只考虑边的数量时不一定相同。考虑如图 6-3 所示的小型网络，从 s 到 t 的最短路径经过 4 条边，虽然其包含的边数较多，但这条路径仍比只有两条边的路径短，因此用标准广度优先搜索找不到这条最短路径，只能找到边数最少的路径。此类问题需要使用不同的算法，即 Dijkstra 算法[25]。

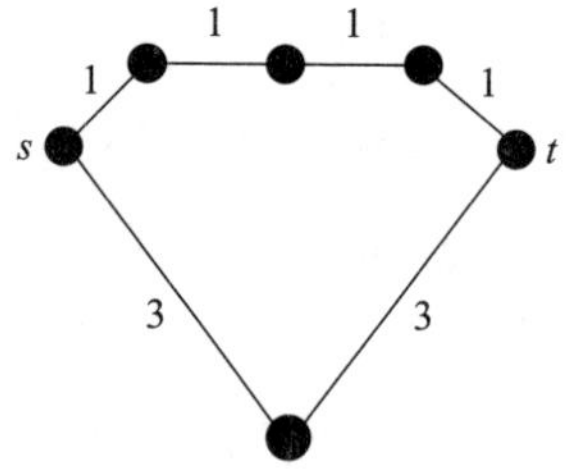

图 6-3　边长不同的网络的最短路径

与广度优先搜索类似，Dijkstra 算法可以找到网络中从给定源点 s 出发到其所在分支内任何节点的最短路径，不同的是，该算法考虑了边权重。算法的基本原理是记录当前找到的最短路径，并且当找到一条更短的路径时更新该记录。可以证明，当算法结束时，到每个节点的最短距离实际上是所有可能线路中的最短距离。

Dijkstra 算法介绍如下。创建一个 n 元数组来存储从 s 到任意节点的估计距离。在算法执行过程中，这些估计距离一直是最短路径的上限值。设 s 到其自身的初始距离为零，从 s 到其他任何节点的距离为 ∞。同时创建另一个 n 元数组，记录到一个给定节点的距离是否为最短距离。首先，将数组的每个元素置为 0；其次，执行以下操作：

(1) 在网络中寻找节点 v，它与节点 s 的距离为最小估计距离，即该距离还未被确认为最短距离。

(2) 将该距离标记为最短距离，即将节点 v 标记为确定。

(3) 通过将 s 到 v 的距离加上从 v 到其每个邻居节点的距离，计算从 s 经过 v 到 t 的每个邻居节点的距离。如果新得到的到每个邻居节点的距离比该邻居节点的最短距离小，则用该距离取代其原有的最短距离。

(4) 从第 1 步开始重复上述过程，直到所有节点的距离都标记为最短距离。

6.6 最大流和最小割集算法

在第 2.4 节中讨论了网络中的独立路径、连通度及割集的相关内容。本节将讨论计算网络中节点之间最大流的算法。通过 Ford-Fulkerson 算法，也就是增广路径算法，可以在平均时间复杂度 $O((m+n)m/n)$ 内计算两个节点之间的最大流。一旦得到最大流，就可以得到边独立路径数和该节点对之间最小边割集的规模。通过进一步扩展，可以得到最小边割集中对应的边集合。通过对算法进行简单的改进，还可以得到节点独立路径和节点割集。

6.6.1　最大流最小割定理

在计算机科学和优化理论中，最大流最小割定理(maximum flow minimum cut theorem)[26]指出：在流动网络中，从源点到汇点的最大流量等于最小割中边的总容量，如果移除，将断开源与接收器的连接，这是线性规划对偶问题的一个特例[27]。最大流最小割定理用到了两个量：通过网络的最大流量和切割网络的最小容量。为了更好地陈述，下面分别解释这两个概念，在此之前先给出网络流图的定义。

在有向图 $G=(V, E)$ 中：① 有唯一的一个源点 s(入度为 0，出发点)；② 有唯一的一个汇点 t(出度为 0，结束点)；③ 图中每条弧(u, v)都有一非负容量 $c(u, v)$，或记为 c_{uv}。满足上述条件的图 G 称为网络流图，并记为 $G=(V, E, C)$。

一个网络的流(flow)是一个映射 $f: E\to\mathbb{R}^+$，通常表示为 f_{uv} 或 $f(u, v)$，但须遵守两个约束：① 容量限制：适用于每条边 $(u, v)\in E$，$f_{uv}\leqslant c_{uv}$；② 流动守恒：对于每个节点 v 除了 s 和 t，有下式成立：

$$\sum_{\{u:(u,v)\in E\}} f_{uv} = \sum_{\{w:(v,w)\in E\}} f_{vw} \tag{6-14}$$

流可以视为一种流体沿着边的方向通过网络的物理流动，容量约束表示单位时间流经每个边的最大容量，守恒约束表示流入每个节点的量等于流出每个节点的量，除了源点 s 和汇点 t。

流的定义为：$|f| = \sum_{\{v:(s,v)\in E\}} f_{sv} = \sum_{\{v:(v,t)\in E\}} f_{vt}$。在流体类比中，它表示从源点进入网络的流体量，由于流量守恒，这与在汇点处离开网络的流量相同。最大流问题是寻求一个给定网络上的最大流量，使得 $|f|$ 最大化。

最大流最小割定理的最小割指的是网络的另一个方面：割(cut)的集合。s-t 割记为 $C=(S, T)$，是网络的一种分区方式，使得 $s\in S$ 和 $t\in T$。也就是说，s-t 割是将网络的节点划分为两部分，源点位于一部分，汇点位于另一部分。一个 s-t 割的割集 X_C 是一组连接割的源点和汇点的边：

$$X_C := \{(u, v)\in E: u\in S, v\in T\} = (S\times T)\cap E \tag{6-15}$$

因此，如果删除了割集 C 中的所有边，则不可能有流，因为没有从源点到汇点的路径。s-t 割的容量是其割集内各边容量的和：

$$C(S, T) = \sum_{(u,v) \in X_c} c_{uv} = \sum_{(i,j) \in E} c_{ij} d_{ij} \tag{6-16}$$

其中，如果 $i \in S$，$j \in T$，则 $d_{ij}=1$，否则 $d_{ij}=0$。图中通常有许多割，但权重较小的割通常很难找到。最小 s-t 割问题是寻找最小化 $C(S, T)$，即确定 S 和 T，使得 s-t 割的容量最小。

网络流如图 6-4 所示，每个边都标有一个分数，其中分子是边上的流量，分母是边的容量。从源点 s 发出的流量总计为 5，汇点 t 流入的流量也是 5，确定最大流的值为 5。一种最小 s-t 割是 $S=\{s, p\}$ 和 $T=\{o, q, r, t\}$，容量为 5。

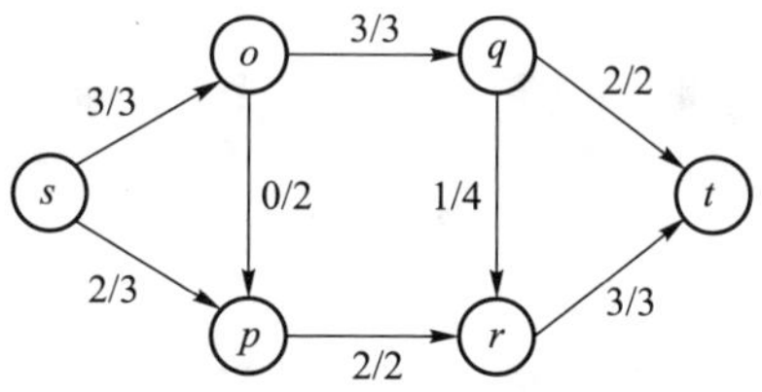

图 6-4　网络流示意图

最大流最小割定理的含义便是 s-t 流的最大值等于所有 s-t 割的最小容量。因此最大流等价于最小割，求解最大流问题也可以转化为求解最小割问题。但是求解最大流和求解最小割集是两类不同的算法。求解最小割集普遍采用 Stoer-Wagner 算法，求解最大流问题常用 Ford-Fulkerson 算法。

6.6.2　基于增广路径的最大流算法

Ford-Fulkerson 算法是一种贪婪算法，用于计算流网络中的最大流量。它有时被称为方法而不是算法，因为在残差图中查找增广路径的方法没有完全指定[28]，或者在这种思想下包含着若干种时间复杂度不同的实现[29]。它由 Ford 和 Fulkerson 于 1956 年在他们的文章中提出[30]。

增广路径算法的基本思路如下。首先，利用广度优先搜索算法找到一条从源 s 到目标 t 的路径。从严格的定义来说，增广路径算法依然存在局限性，例如，它不能确定具体的路径。这里讨论一种特殊情况，即利用广度优先搜索找到路径，这是广度优先算法具有较好性能的变形之一。有时该类变形称为最短增广路径算法或 Edmonds-Karp 算法。该步骤“耗费”了网络中的一些边，将这些边的容量填充满后，它们不再承载更多流量。其次，在剩余边中找到从 s 到 t 的另一条路径，重复该过程直到不能找到更多的路径。但是，这不是一个有效的算法，因为上述操作并不总能找到最大流。

增广路径算法如图 6-5 所示。在图 6-5(a)中，如果在 s 和 t 之间运用广度优先搜索，可以找到灰色箭头标记的路径。问题在于一旦将这些边的容量填充满，就不能在剩余边中找到从 s 到 t 的更多路径，所以算法在找到该路径后就停止了。但很明显，从 s 到 t 还有两条独立路径(分别沿着网络的顶部和底部)，所以该算法给出了错误的结果。如果允许流量沿着一条边双向流动(比如该网络的中心边)，如图 6-5(b)所示，那么可以找到另一条路径。

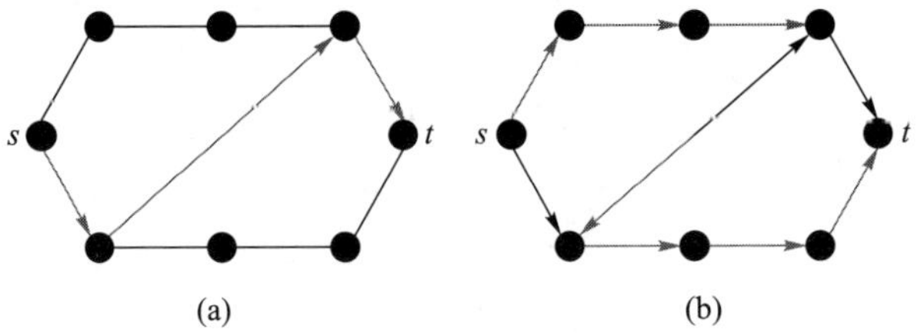

图 6-5　增广路径算法

可以通过一个巧妙的方法来使算法中的单位流量在一条边的两个方向上均存在流动(这种情况表示实际上没有流量经过该边)。这表示找到的路径不必再是独立路径，因为只要两条路径沿着相反的方向经过同一条边，它们就可以共享该边。路径所承载的流量是被许可的流量，因为没有边承载超过一个单位的流量。即使独立路径和算法找出的路径有所不同，但最大流在数值上等于实际的独立路径数。因此可以创建一个算法来计算独立路径的总数，即通过计算特定类型的非独立路径总数得到这个值，且通过最大流最小割定理证明它具有正确性和可操作性。

基于以上分析可得，因为一条边容许承载的最大流是在任意方向的单位流量，那么一条边可以有多个单位流量，只要保证它们能够相互抵消，并且最终每条边承载不超过一个单位的流量。因此，允许在两个方向上各承载 2 个单位流量，或一个方向承载 3 个单位流量，另一个方向承载 4 个单位流量，等等。

增广路径算法不是计算最大流的唯一算法，但是，它是最简单的算法，且其平均性能也和其他算法一样好，所以该算法很适合用于日常计算。不过需要注意的是，在最坏情况下该算法很糟糕，例如对于病理学网络，该算法的运行时间非常长。另外一种算法称为预流推进算法（preflow-push algorithm）[31]，在最坏情况下的性能要好得多，且具有类似的平均性能，但是实现起来相当复杂。

思考题

6.1 若 G 为一个有 n 个节点和 m 条边的无向网络，且该网络以邻接表格式被存储。

（1）如果要计算网络 G 的度的均值，那么该操作的时间复杂度是多少？

（2）如果要计算网络 G 的度的中位数，那么该操作的时间复杂度是多少？

（3）如果要计算网络 G 的直径，那么该操作的时间复杂度是多少？

6.2 请根据图 6-4 所示，找到其他流分配路径，使最大流达到 10。

6.3 在 8×8 的国际象棋棋盘上，需要在每一行放置一个皇后，使得其在水平、竖直以及斜方向都没有冲突，请问应该选用哪一种遍历方式，为什么？并尝试写出遍历代码。

参考文献

[1] Arora S, Barak B. Computational Complexity: A Modern Approach[M]. Cambridge: Cambridge University Press, 2009.

[2] McConnell J. Analysis of Algorithms[M]. Sudbury: Jones & Bartlett Publishers, 2007.

[3] He J, Yao X. Drift analysis and average time complexity of evolutionary algorithms[J]. Artificial Intelligence, 2001, 127(1): 57-85.

[4] Filmus Y, Lauria M, Nordstrom J, et al. Space complexity in polynomial calculus[J]. SIAM

Journal on Computing, 2015, 44(4): 1119-1153.

[5] Sipser M. Introduction to the theory of computation[J]. ACM Sigact News, 1996, 27(1): 27-29.

[6] Van Rossum G, Jr Drake F L. Python Tutorial[M]. Amsterdam: Centrum voor Wiskunde en Informatica, 1995.

[7] Van Rossum G.Python patterns-implementing graphs[R]. Python Software Foundation, 2003.

[8] Cormen T H, Leiserson C E, Rivest R L, et al. Introduction to Algorithms [M]. 2nd ed. Cambridge: MIT Press, 2001.

[9] Goodrich M T, Tamassia R. Algorithm Design: Foundation, Analysis and Internet Examples [M]. Hoboken: John Wiley & Sons, 2006.

[10] Larranaga P, Lozano J A. Estimation of Distribution Algorithms: A New Tool for Evolutionary Computation[M]. Berlin, Heidlberg: Springer, 2001.

[11] Panconesi A, Rizzi R. Some simple distributed algorithms for sparse networks [J]. Distributed Computing, 2001, 14(2): 97-100.

[12] Eubank S, Kumar V S A, Marathe M V, et al. Structural and algorithmic aspects of massive social networks[C]//Proceedings of the Fifteenth Annual ACM-SIAM Symposium on Discrete Algorithms, New Orleans, 2004: 718-727.

[13] Lenth R V.Algorithm as 243: Cumulative distribution function of the non-central distribution [J]. Journal of the Royal Statistical Society, Series C(Applied Statistics), 1989, 38(1): 185-189.

[14] Drew J H, Glen A G, Leemis L M. Computing the cumulative distribution function of the Kolmogorov-Smirnov statistic[J]. Computational Statistics & Data Analysis, 2000, 34(1): 1-15.

[15] Meghanathan N. Correlation coefficient analysis of centrality metrics for complex network graphs[C]. Proceedings of the 4th Computer Science Conference, On-line, 2015: 11-20.

[16] Goh K I, Oh E, Kahng B, et al. Betweenness centrality correlation in social networks[J]. Physical Review E, 2003, 67(1): 017101.

[17] Zhang P, Wang J, Li X, et al. Clustering coefficient and community structure of bipartite networks[J]. Physica A: Statistical Mechanics and its Applications, 2008, 387(27): 6869-6875.

[18] Schank T, Wagner D. Approximating clustering coefficient and transitivity[J]. Journal of

Graph Algorithms and Applications, 2005, 9(2): 265-275.

[19] Zhou R, Hansen E A. Breadth-first heuristic search[J]. Artificial Intelligence, 2006, 170(4-5): 385-408.

[20] Zhou Y, Wang W, He D, et al. A fewest-turn-and-shortest path algorithm based on breadth-first search[J]. Geo-spatial Information Science, 2014, 17(4): 201-207.

[21] Lotufo R, Falcao A. The ordered queue and the optimality of the watershed approaches[J]. Mathematical Morphology and its Applications to Image and Signal Processing, 2002: 341-350.

[22] Corneil D G. Lexicographic breadth first search-a survey [C]. International Workshop on Graph-Theoretic Concepts in Computer Science, Bad Honnef, 2004: 1-19.

[23] Motter D R B, Markov I L. A compressed breadth-first search for satisfiability [C]. Workshop on Algorithm Engineering and Experimentation, San Francisco, 2002: 29-42.

[24] Barbehenn M. A note on the complexity of Dijkstra's algorithm for graphs with weighted vertices[J]. IEEE Transactions on Computers, 1998, 47(2): 263.

[25] Javaid A. Understanding Dijkstra's algorithm[EB/OL]. SSRN 2340905, 2013.

[26] Elias P, Feinstein A, Shannon C. A note on the maximum flow through a network[J]. IRE Transactions on Information Theory, 1956, 2(4): 117-119.

[27] Dantzig G B, Fulkerson D R. On the max flow min cut theorem of networks[R]. Santa Monica, CA: Rand Corp, 1955.

[28] Wang L T, Chang Y W, Cheng K T. Electronic Design Automation: Synthesis, Verification, and Test[M]. San Franciso: Morgan Kaufmann, 2009.

[29] Cormen T H, Leiserson C E, Rivest R L, et al. Introduction to Algorithms[M]. 4th ed. Cambridge: MIT Press, 2022.

[30] Ford L R, Fulkerson D R. Maximal flow through a network[J]. Canadian Journal of Mathematics, 1956, 8: 399-404.

[31] Ahuja R K, Magnanti T L, Orlin J B. Network Flows: Theory, Algorithms, and Applications[M]. London: Pearson, 1993.

第 7 章　矩阵算法和图划分

网络往往可以视为是由若干个群组构成的，每个群组内部的节点之间的连接相对较为紧密，但是各个群组之间的连接相对稀疏。网络中的群组关系是研究网络拓扑结构的重点。本章将主要介绍基于矩阵和线性代数的网络算法，包括将网络节点划分为群组的算法，为此需要了解矩阵的特征值与特征向量的求解方法，这里的矩阵包括邻接矩阵、图拉普拉斯矩阵等，它们的特征值对网络具有重要的含义。将网络节点划分为群组，主要分为群组的数量及规模已知和未知两种情况，前者为图划分问题，后者为社团发现问题。对于图划分问题，本章将介绍两种经典的算法——Kernighan-Lin 算法和谱划分算法；对于社团发现问题，本章将重点介绍基于模块度的社团划分方法，并介绍一些其他社团划分方法。

7.1 特征向量中心性和主特征向量

7.1.1 特征向量中心性

特征向量中心性是测量节点对网络影响的一种指标。针对连接数相同的节点，相邻节点分数较高的节点比相邻节点分数较低的节点的分数高，依据此原则给所有节点分配分数，分数高意味着该节点与许多分数较高的节点相连接。

网络中某个节点 i 的特征向量中心性为其邻接矩阵主特征向量的第 i 个元素，也就是对应最大特征值的特征向量的第 i 个元素，即

$$EC(i) = x_i = c\sum_{j=1}^{n} a_{ij}x_j \tag{7-1}$$

其中，c 为一个比例常数。记 $\boldsymbol{x}=[x_1, x_2, \cdots, x_n]^{\mathrm{T}}$，经过多次迭代到达稳态时可写成如下的矩阵形式：

$$\boldsymbol{x} = c\boldsymbol{A}\boldsymbol{x} \tag{7-2}$$

其中，$\boldsymbol{x}$ 是矩阵 $\boldsymbol{A}$ 的特征值 c^{-1}对应的特征向量。

如果要计算特征向量中心性，需要先计算邻接矩阵的主特征向量。

7.1.2 主特征值和特征向量算法

在矩阵的特征值中，模最大的特征值称为主特征值(对于实数矩阵即绝对值最大的特征值)，主特征值对应的特征向量称为主特征向量。本节将介绍一种简单快速的求矩阵主特征向量的方法，即幂法。

设矩阵 $\boldsymbol{A} \in C^{n\times n}$，给定初始向量 $\boldsymbol{x}(0) \in C^n$，构造序列 $\boldsymbol{x}(0)$，$\boldsymbol{x}(1)=\boldsymbol{A}\boldsymbol{x}(0)$，…，$\boldsymbol{x}(k)=\boldsymbol{A}\boldsymbol{x}(k-1)$，…，设特征值按模大小排列为 $|\lambda_1| \geqslant |\lambda_2| \geqslant \cdots |\lambda_n|$，相应特征向量为 $\boldsymbol{v}_1$，$\boldsymbol{v}_2$，…，$\boldsymbol{v}_n$，那么

$$\boldsymbol{x}(0) = \alpha_1\boldsymbol{v}_1 + \alpha_2\boldsymbol{v}_2 + \cdots + \alpha_n\boldsymbol{v}_n \tag{7-3}$$

由于 $\boldsymbol{x}(k)=\boldsymbol{A}^k\boldsymbol{x}(0)$，可得

$$\boldsymbol{x}(k) = \alpha_1\boldsymbol{A}^k\boldsymbol{v}_1 + \alpha_2\boldsymbol{A}^k\boldsymbol{v}_2 + \cdots + \alpha_n\boldsymbol{A}^k\boldsymbol{v}_n \tag{7-4}$$

下面仅考虑 $\boldsymbol{\lambda}_1$为实数且是单根的情况。

将 $\boldsymbol{Ax}=\lambda\boldsymbol{x}$ 代入式(7-4)，有

$$\boldsymbol{x}(k)=\alpha_1\boldsymbol{\lambda}_1^k\boldsymbol{v}_1+\alpha_2\boldsymbol{\lambda}_2^k\boldsymbol{v}_2+\cdots+\alpha_n\boldsymbol{\lambda}_n^k\boldsymbol{v}_n \tag{7-5}$$

可得到

$$\boldsymbol{x}(k)=\boldsymbol{\lambda}_1^k\left(\alpha_1\boldsymbol{v}_1+\alpha_2\left(\frac{\boldsymbol{\lambda}_2}{\boldsymbol{\lambda}_1}\right)^k\boldsymbol{v}_2+\cdots+\alpha_n\left(\frac{\boldsymbol{\lambda}_n}{\boldsymbol{\lambda}_1}\right)^k\boldsymbol{v}_n\right) \tag{7-6}$$

如果 $\alpha_1\neq0$，则当 k 充分大时有

$$\boldsymbol{x}(k)=\boldsymbol{\lambda}_1^k(\alpha_1\boldsymbol{v}_1+\boldsymbol{\varepsilon}_k),\quad \boldsymbol{\varepsilon}_k\rightarrow0 \tag{7-7}$$

可以求解出 $\boldsymbol{\lambda}_1$的近似值为

$$\lambda_1\approx x(k+1)/x(k) \tag{7-8}$$

这就是目前较常使用的计算矩阵主特征向量的方法，虽然它使用起来很简单，但在应用时需要注意一些事项[1]。

一是初始变量 $\boldsymbol{x}(0)$不能与主特征向量 $\boldsymbol{v}_1$正交。否则，式(7-5)中将不包含 $\boldsymbol{\lambda}_1$，无法求解出 $\boldsymbol{\lambda}_1$的近似值。由于邻接矩阵 $\boldsymbol{A}$ 是非负实数矩阵，其主特征向量所有元素的符号均相同，所以只有同时包含正元素和负元素的向量才能与之正交。为了满足幂法的使用条件，可以选择元素均为正数的向量作为初始向量。

二是每次迭代时都要对向量进行归一化处理。在实际计算时，可能会出现绝对值过大或过小的数参与运算，因此在每次迭代时，将向量除以向量的模以保证数值不溢出。

三是为了减少收敛到主特征向量所需要的迭代次数，应当尽量使算法的收敛性处于最优状态。这里提供一种衡量算法收敛性的方法，即选取两个不同的初始向量进行计算，观察它们何时能在容许的误差范围内达到相同的值。如果一个向量中有部分元素从大到小收敛，而另一个向量中相对应的元素从小到大收敛，则该算法的收敛性达到最优状态。因为这对元素在主特征向量的真实值处于这对元素的值之间，这对元素能在容许的误差范围内以相对方向收敛到一个值，说明这个值接近其在主特征向量的真实值。

四是在计算时可以选取向量中多个不同元素来计算主特征值，取平均值作为结果，从而减小误差。但需要注意的是，应当避免选择值非常小的元素，因为对于值非常小的元素，误差对结果的影响会很大。因此，建议选择多个值较

大的元素的计算结果取平均值，达到提高精度的目的。

7.1.3　其他特征值和特征向量算法

除了主特征值和主特征向量，在某些情况下还需要求解其他特征向量或特征值。例如，图拉普拉斯矩阵的第二小特征值，它可以用来衡量代数连通度，判定网络是否连通，以及在图对分问题中度量两组节点之间只存在少数边相连的难易程度，对解决网络划分问题有着重要作用。因此，除最大特征值外，其他特征值及对应的特征向量也是非常有用的。

求解矩阵最小特征值同样可以采用幂法，但需要将所有特征值进行一系列的常量变换，使得最小特征值转变为最大特征值。以图拉普拉斯矩阵 $\boldsymbol{L}$ 为例[1]，$\boldsymbol{L}$ 的特征值都是非负的，把这些特征值按照升序进行排列，得到 $\lambda_1 \leqslant \lambda_2 \cdots \leqslant \lambda_n$，其对应的特征向量分别为 $\boldsymbol{v}_1$，$\boldsymbol{v}_2$，…，$\boldsymbol{v}_n$，于是有

$$(\lambda_n \boldsymbol{I} - \boldsymbol{L})\boldsymbol{v}_i = (\lambda_n - \lambda_i)\boldsymbol{v}_i \tag{7-9}$$

因此 $\boldsymbol{v}_i$ 是矩阵 $\lambda_n \boldsymbol{I}-\boldsymbol{L}$ 的特征向量，其对应的特征值为 $\lambda_n-\lambda_i$。显然，这些特征值仍然为非负数，但与原始图拉普拉斯矩阵的特征值相比，其排序发生了反转，也就是说，原始矩阵的最小特征值对应新矩阵的最大特征值，计算拉普拉斯矩阵最小特征值对应的特征向量被转化成计算矩阵 $\lambda_n \boldsymbol{I}-\boldsymbol{L}$ 的主特征向量。这时就可以利用幂法计算 $\lambda_n-\lambda_i$ 的最大值，将其减去 λ_n 再取反，即可得到矩阵的最小特征值 λ_i。

同样，如果能够求解矩阵的第二大特征值，就可以使用上述减法运算求解第二小特征值。

求解矩阵的第二大特征值及其对应的特征向量可采用如下的方法[1]。设 $\boldsymbol{v}_1$ 为矩阵 $\boldsymbol{A}$ 最大特征值对应的归一化特征向量，该向量可利用幂法求解。然后，任意选取一个初始向量 $\boldsymbol{x}$ 并定义向量 $\boldsymbol{y}$ 为

$$\boldsymbol{y} = \boldsymbol{x} - (\boldsymbol{v}_1^{\mathrm{T}}\boldsymbol{x})\boldsymbol{v}_1 \tag{7-10}$$

向量 $\boldsymbol{y}$ 具有如下的性质：

$$\begin{aligned} \boldsymbol{v}_i^{\mathrm{T}}\boldsymbol{y} &= \boldsymbol{v}_i^{\mathrm{T}}\boldsymbol{x} - (\boldsymbol{v}_1^{\mathrm{T}}\boldsymbol{x})(\boldsymbol{v}_i^{\mathrm{T}}\boldsymbol{v}_1) = \boldsymbol{v}_i^{\mathrm{T}}\boldsymbol{x} - \boldsymbol{v}_1^{\mathrm{T}}\boldsymbol{x}\delta_{i1} \\ &= \begin{cases} 0, & i = 1 \\ \boldsymbol{v}_i^{\mathrm{T}}\boldsymbol{x}, & \text{其他} \end{cases} \end{aligned} \tag{7-11}$$

其中，$\boldsymbol{v}_i$是$\boldsymbol{A}$的第i个特征向量，δ_{ij}为克罗内克δ函数。式(7-11)表明，$\boldsymbol{y}$在主特征向量方向上没有分量，在其余特征向量方向上等于$\boldsymbol{x}$。这意味着$\boldsymbol{y}$的表达式可以写为

$$\boldsymbol{y} = \sum_{i=2}^{n} c_i \boldsymbol{v}_i \tag{7-12}$$

此时，同样采用幂法，把$\boldsymbol{y}(0)$作为初始向量并不断用$\boldsymbol{A}$与之相乘，经t次后得到

$$\boldsymbol{y}(t) = \boldsymbol{A}^t \boldsymbol{y}(0) = \lambda_2^t \sum_{i=2}^{n} c_i \left[\frac{\lambda_i}{\lambda_2}\right]^t \boldsymbol{v}_i \tag{7-13}$$

对于所有的$i>2$，λ_i/λ_2均小于1(假设λ_2是单特征值)，因此在$t\to\infty$时，式(7-13)的求和项里除了第一项，其余项将为0，$\boldsymbol{y}(t)$趋于$\boldsymbol{v}_2$的倍数，将该向量归一化即可得到$\boldsymbol{v}_2$。

需要注意的是，虽然在数学推导中$\boldsymbol{y}$在$\boldsymbol{v}_1$方向上没有任何分量，但在实际计算时有舍入误差，导致每次迭代会在$\boldsymbol{v}_1$方向上增加微小的分量，并随着次数增加而增大。当次数达到一定数量时，这些微小分量会发生作用，影响计算结果。为了避免这种情况的发生，需要定期删除$\boldsymbol{y}(t)$在$\boldsymbol{v}_1$方向上的分量，即执行类似式(7-10)中的减法操作。这种减法操作有时也称为施密特正交化，反复应用该操作来防止非必要项增长的方法称为重正交。

从理论上讲，本节介绍的方法可以计算矩阵的所有特征向量和特征值，但实际上，由于累积误差的存在，该方法只能求解前几个特征向量。并且，因为每次计算一个新的特征向量，都需要进行施密特正交化，删除之前的特征向量方向上的分量，从而导致计算速度较慢。

7.1.4 矩阵特征值和特征向量算法

计算矩阵$\boldsymbol{A}$的所有或大多数特征值和特征向量，方法之一是寻找一个正交矩阵$\boldsymbol{Q}$，使得通过相似变换$\boldsymbol{T}=\boldsymbol{Q}^{\mathrm{T}}\boldsymbol{A}\boldsymbol{Q}$能得到一个三对角矩阵(若$\boldsymbol{A}$是对称的)或海森伯格矩阵(若$\boldsymbol{A}$是非对称的)。如果能找到这种变换，令$\boldsymbol{v}_i$是$\boldsymbol{A}$的特征向量，$\lambda_i$是其对应的特征值，考虑到对一个正交矩阵有$\boldsymbol{Q}^{-1}=\boldsymbol{Q}^{\mathrm{T}}$，则有

$$\lambda_i \boldsymbol{Q}^{\mathrm{T}} \boldsymbol{v}_i = \boldsymbol{Q}^{\mathrm{T}} \boldsymbol{A} \boldsymbol{v}_i = \boldsymbol{T} \boldsymbol{Q}^{\mathrm{T}} \boldsymbol{v}_i \tag{7-14}$$

令向量$\boldsymbol{w}_i=\boldsymbol{Q}^{\mathrm{T}}\boldsymbol{v}_i$，则$\boldsymbol{w}_i$是$\boldsymbol{T}$的特征向量，$\lambda_i$是其对应的特征值。因此，通

过求解 $\boldsymbol{T}$ 的特征值及其对应的特征向量，就可以得到 $\boldsymbol{A}$ 的特征值 $\boldsymbol{v}_i$。

目前已经有一些求解三对角矩阵和海森伯格矩阵的特征值和特征向量的有效方法，如 QL 算法[1]，可以采用这些方法来获得 $\boldsymbol{w}_i$。

同样，求解矩阵 $\boldsymbol{Q}$ 的方法也有很多，例如 Householder 算法[2]、Lanczos 算法[3]以及 Arnoldi 算法[3]。

7.2 图划分

本节将介绍两个著名的图划分算法，分别是 Kernighan-Lin 算法和基于图拉普拉斯矩阵谱特性的划分方法。

7.2.1 图划分问题

图划分问题，指将一个图划分为若干子图以便在分布式系统中运行。图划分的优化目标包括两项：负载均衡和最小割。负载均衡是为了使分布式系统中的多台计算机有相近的任务负荷，避免少数计算机负载过高。最小割则是为了减少计算机之间的通信代价。同时优化两个目标目前已知是 NP 困难问题。图划分是把一个图的节点集分成 k 个不相交的子集，且满足子集之间的某些限制。图划分时，群组的规模和数量都是固定的。

图划分问题涉及多个领域，最为广泛的应用是在计算机科学领域，在理论数学、应用数学、物理学及网络科学的研究中也有应用。图划分可以使得复杂网络的计算更简便，例如在并行计算机上对网络过程进行数值求解。

本书后续章节将研究发生在网络中的过程，如流行病传播过程及信息传播过程等。这些过程可以用数学模型进行描述，具体来说，就是为网络节点设置变量，建立节点的各变量与其邻居节点各变量之间的动力学方程。由于网络的规模普遍较大，且变量通常为多变量，因此计算量较大，这时可以考虑将计算任务分配给多个处理器并行处理。

但是，除非网络完全由不连通的分支组成，否则分配到不同处理器上的节点之间一定会存在连边，因此在求解节点方程时，也会涉及其他处理器处理的变量。这就需要处理器之间进行变量的传输，但传输过程通常比较慢，所以要尽可能地减少这样的通信。为了达到这个目的，互为邻居节点的节点应当尽量被分配在同一个处理器上。换句话说，该解决方法是把网络节点划分成不同的群组，并保证群组之间的边数最少，也就是实现最小割。大多数情况下，要为每个处理器分配同等或几乎同等数量的节点，以使其负载均衡，可见这正是图划分问题。

图对分是最简单的图划分问题，指的是将一个网络中的节点划分成两个指定规模的非重叠群组，使得不同群组之间相互连接的边数最小。群组之间的边数称为割集规模。反复使用图对分是网络划分的常见方法。

解决图对分问题最简单的方法是遍历网络划分的所有情况，选择其中割集规模最小的划分。这种遍历所有可能情况的搜索方法叫穷举搜索。显然，穷举所有的可能性是一种工作量很大的方法，即使是在网络规模较小的前提下，这种搜索也是极为耗时的，在实际应用上是不可行的。对于实际应用来说，虽然不能找到最优的划分，但只要接近最优解即可。接近最优解的可行解算法称为启发式算法。

7.2.2 Kernighan-Lin 算法

1970 年出现的 Kernighan-Lin 算法[4]是图对分问题中的启发式算法之一。该算法采用贪婪算法原理将网络划分为两个指定规模的群组，其主要思想是不断交换两个群组即子图中的节点，使得两个子图之间的边尽可能地少。具体执行过程描述如下：

(1) 初始化：随机将网络节点按指定规模划分成两个群组。

(2) 交换并计算：将属于不同群组的节点 i 和节点 j 组成节点对 (i, j)，交换 i 和 j 的位置，并计算交换前后两个群组之间割集规模的变化量。重复这两个操作直至网络中的所有节点都被交换一次。

(3) 选择：在所有节点对 (i, j) 中，找到使割集规模减小最多的节点对；如果没有，则找到使割集规模增加最少的节点对，然后交换这两个节点。

注意，在交换过程中，每个节点只能交换一次；割集规模在某次交换中可能会有增加的情况，但并不影响其在随后的过程中减小。在算法中重复交换及选择过程，并在下一步不再对之前选中的节点进行交换。当所有的节点都进行过一次交换后，停止交换。此时，检查网络在交换过程中的每一个状态，选择割集规模最小的状态，将此轮的划分结果作为新一轮的初始状态。最后，重复上述过程，直到割集规模达到局部最小值，结束交换轮次，并将最后的群组划分作为最优的群组划分。

下面来计算交换前后两个群组之间割集规模的变化量。假设节点 i 交换前在自己的群组内有 k_i^{in} 条边，与另一个群组有 k_i^{out} 条边。交换之后，两种边所处的位置也进行了互换，交换前群组内的边在交换后变成了群组之间的边。当然，有一条特殊的边，即 i 和 j 之间直接相连的边，不论是在交换前还是交换后，这条边都是群组之间的边。Kernighan-Lin 算法选择节点对的标准是使割集规模减少最多。因此，这里考虑移动节点 i 带来的割集规模的减少量，为 $k_i^{\text{out}}-k_i^{\text{in}}-A_{ij}$；节点 j 也有类似的结果。两个结果相加，即为节点交换带来的割集规模的变化量，表达式为

$$\Delta = k_i^{\text{out}} - k_i^{\text{in}} + k_j^{\text{out}} - k_j^{\text{in}} - 2A_{ij} \tag{7-15}$$

图 7-1 是 Kernighan-Lin 算法一个简单的示例。图 7-1(a)是交换前的网络，通过 Kernighan-Lin 算法找到了本次需要进行交换的节点，即被圈出的两个节点。图 7-1(b)为将网络中的两个节点互换后的网络，可以发现互换之后两个群组之间的连边减少了。

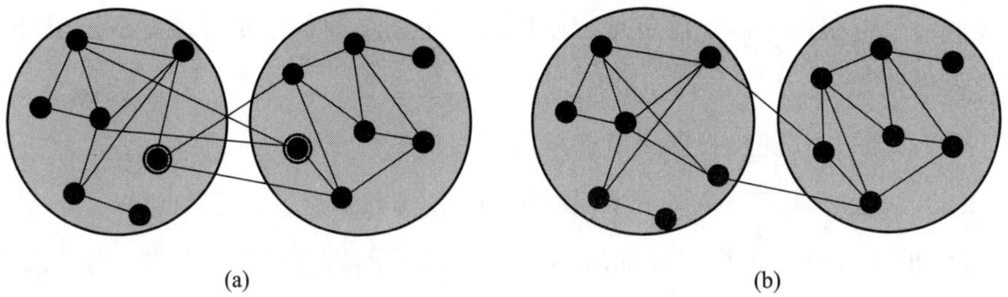

图 7-1　Kernighan-Lin 算法示例[1]

虽然 Kernighan-Lin 算法可以较好地解决图对分问题，但仍有一些缺陷。Kernighan-Lin 算法的结果具有不稳定性，会受到初始状态的影响。如果将网络

节点随机分组，那么即使在同一网络中运行两次 Kernighan-Lin 算法，也可能无法给出同样的答案。所以，通常需要重复运行算法多次，比较各个结果之间的差距，从中选取割集规模最小的划分。

此外，Kernighan-Lin 算法还有一个缺点是运算速度较慢，时间复杂度较高。在算法的每一轮中，交换的次数等于两个群组中规模较小的群组的规模，在具有 N 个节点的网络中，其值介于 0 和$\frac{1}{2}N$之间。因此，在最坏情况下，交换次数为$\frac{1}{2}N$，时间复杂度为 $O(N)$。对于每一次交换，需要检查不同群组之间的所有节点对，在最坏情况下其数量为$\frac{1}{2}N\times\frac{1}{2}N=\frac{1}{4}N^2$，时间复杂度为 $O(N^2)$。因此，该算法仅适用于只有几百或几千个节点的网络，而不适用于更大规模的网络。

7.2.3 谱划分算法

本小节将介绍另一种广泛使用的方法，谱划分算法[5]。根据第 7.1.3 节的内容，可知图拉普拉斯矩阵的第二小特征值可以用于解决图划分问题，谱划分算法就是基于此进行划分的一种方法。和 Kernighan-Lin 算法一样，这里也只考虑将网络划分为两个群组的情况[1]。

将有 N 个节点 M 条边的网络划分成两个群组，其割集规模即两个群组之间的边数为

$$R=\frac{1}{2}\sum_{ij}A_{ij},\quad \text{节点 } i \text{ 和 } j \text{ 在不同的群组中} \tag{7-16}$$

对于属于不同群组的节点，定义一个参数 s_i来进行区分：

$$s_i=\begin{cases}+1, & \text{节点 } i \text{ 在群组 1 中}\\ -1, & \text{节点 } i \text{ 在群组 2 中}\end{cases} \tag{7-17}$$

那么

$$\frac{1}{2}(1-s_is_j)=\begin{cases}1, & \text{节点 } i \text{ 和 } j \text{ 在不同的群组中}\\ 0, & \text{节点 } i \text{ 和 } j \text{ 在相同的群组中}\end{cases} \tag{7-18}$$

因此可以将式(7-16)改写为

$$R = \frac{1}{4}\sum_{ij} A_{ij}(1 - s_i s_j) \tag{7-19}$$

由于 $\sum_{ij} A_{ij} = \sum_{ij} k_i \delta_{ij} s_i s_j$（$\delta_{ij}$是克罗内克 δ 函数，当 $i=j$ 时为 1，其余为 0），式(7-19)可写为

$$R = \frac{1}{4}\sum_{ij}(k_i\delta_{ij} - A_{ij})s_i s_j = \frac{1}{4}\sum_{ij} L_{ij} s_i s_j \tag{7-20}$$

其中，由 $L_{ij}=k_i\delta_{ij}-A_{ij}$构成的矩阵 $\boldsymbol{L}$ 为图的拉普拉斯矩阵。

将式(7-20)写成矩阵形式为

$$R = \frac{1}{4}\boldsymbol{s}^{\mathrm{T}}\boldsymbol{L}\boldsymbol{s} \tag{7-21}$$

图划分的目标是使割集规模尽量小。由于 s_i不能取任意值，这里引入一种向量优化问题近似求解的方法，松弛法[1]。根据 s_i的取值范围，设立两个约束条件：一是 s_i的值只能取±1，二是其中+1 和−1 的数量必须分别等于两个群组的指定规模。第一个条件，可以通过 $|\boldsymbol{s}|=\sqrt{n}$进行约束；第二个条件可以写成 $\sum_i s_i = n_1 - n_2$，n_1 和 n_2分别为两个群组的规模。问题的解决方法为：假设 s_i取任意值，在满足这两个约束的条件下，找到使 R 最小的值。

现在，该问题就变成一个标准的代数问题。通过一系列的推导，最后得出割集规模和拉普拉斯矩阵 $\boldsymbol{L}$ 的特征值 λ 成正比。要使 R 最小，就要选择矩阵 $\boldsymbol{L}$ 可取的最小特征值(0 除外)对应的特征向量。

由于矩阵 $\boldsymbol{L}$ 中所有的行和列的和都是 0，该矩阵一定存在 0 特征值，其对应的特征向量为 $\boldsymbol{e}=(1,\ 1,\ \cdots,\ 1)^{\mathrm{T}}$。当网络被划分为两个群组且群组之间存在少量边时，该网络的拉普拉斯矩阵 $\boldsymbol{L}$ 对应两个近似的对角矩阵块。此时，矩阵只有一个特征值是 0，其余特征值都大于 0。因为实对称矩阵非零特征值对应的特征向量是正交的，所以除了零特征值对应的特征向量之外，其余特征向量所含元素有正数也有负数。接下来需要计算除了 0 之外的最小特征值(第二小特征值)对应的特征向量 $\boldsymbol{v}_2$，再根据向量里元素的正负性来划分群组，其中正元素对应的节点属于一个群组，负元素对应的节点属于另一个群组。

该算法主要耗时于特征向量 $\boldsymbol{v}_2$ 的计算。对于一个有 N 个节点 M 条边的网络，计算特征向量 $\boldsymbol{v}_2$ 的时间复杂度为 $O(MN)$，对于稀疏网络其时间复杂度为 $O(N^2)$，这比 Kernighan-Lin 算法小得多。

拉普拉斯矩阵的第二小特征值，当且仅当网络连通时该特征值才为非零值。出于这个原因，第二小特征值也被称为网络的代数连通度，它可以作为衡量谱划分效果的标准，值越小，划分的效果越好。

7.3 社团发现

图划分问题是将网络节点按照指定的规模划分成群组，但是在有些情况下，群组的规模是不确定的，此时如何找到网络中自然出现的群组？这就是本节将要讨论的社团发现问题。

7.3.1 社团发现问题介绍

查找网络中簇的另一类问题为社团发现问题，它的基本目的与图划分相似，即把网络分成若干群组。社团发现不同于图划分的地方是，网络群组的数量和规模由网络本身的结构决定。它的约束条件只有群组规模之和等于整个网络的规模 N，即把网络划分成多个非重叠的群组或社团。社团发现的目的是要找到网络内部不同群组之间的自然分割线。因此，不仅群组的个数和规模不确定，而且群组之间规模的差别也可能很大。

这里先考虑一个简单的社团发现例子，将网络划分为两个不重叠的社团，这类似于图对分问题，但是群组的规模没有限制。如果还按照图划分问题的思路，只找出使割集规模最小的划分，而不对群组规模有限制，那么就会出现一个问题：最优划分的结果就是简单地把所有节点放入其中一个群组，而其他群组为空集。这种结果显然是没有意义的。

解决这一问题有两个方法：一是对群组规模增加一些松散的约束条件，二是研究新的衡量划分质量的测度。

前者的一个例子是比率割集划分[1]，其优化目标不是使割集规模 R 最小，而是使比率 R/n_1n_2最小，其中 n_1和 n_2分别是两个群组的规模。当 n_1和 n_2相等，即 $n_1=n_2=\frac{1}{2}n$ 时，分母 n_1n_2取最大值，比率的值最小。当群组规模不相等时，差别越大，分母值越小，比率的值越大。当任意一个群组规模为 0 时，比率的值为无穷大。比率割集划分有效地排除了将所有节点放在同一个群组的情况，但它倾向于将网络划分为两个规模大致相等的群组。

对于后者，纽曼[6]提出了一种衡量网络社团结构强度的测度——模块度。模块度是各群组内的边与这些边在网络中随机连接时的期望值的差异的量化。要计算一个网络的模块度，需要构造一个具有相同节点度分布的随机网络作为参照。通俗地来说，模块度的物理含义是：在社团内，实际的边数与随机情况下的边数的差值。如果差值即模块度比较大，说明社团内部密集程度高于随机情况，社团划分的质量较好；如果社团内部节点间的边没有随机连接得到的边多，则模块度为负数；当模块度接近 1 时，表明相应的社团结构划分得很好。在实际应用中，模块度的最大值一般在 0.3~0.7 的范围内。

模块度的表达式为

$$Q=\frac{1}{2M}\sum_{ij}\left(A_{ij}-\frac{k_ik_j}{2M}\right)\delta(c_i,\ c_j) \tag{7-22}$$

其中，c_i是节点 i 所属的群组或社团。

寻找模块度最大的划分是常用的社团发现方法。与图划分一样，找到模块度的最大值也是一个很难的问题。但是实际上在大多数情况下，能给出较好的结果即可。因此，再次考虑使用启发式算法。

7.3.2　简单模块度最大化算法

类似于 Kernighan-Lin 算法，有一个使模块度最大化的简单算法，模块度最大化算法，该算法的核心思想就是不断移动那些使模块度增加最多或减少最少的节点[6]。该算法过程为：

(1) 初始化：把网络随机划分成两个规模相等的群组。

(2) 移动并计算：依次移动网络的每个节点，计算将该节点移到另一个群组之后模块度的变化量。

（3）选择：选择移动后使模块度增加最多或减少最少的节点，并将其移至另一个群组。注意，在算法的一轮执行过程中，一个节点只能移动一次。当没有可以移动的节点时，本轮停止，遍历网络所经过的所有状态并选择具有最大模块度的状态。每轮移动节点后，将移动后的状态作为新一轮执行的初始条件，重复这一过程直至模块度不再增加。

和 Kernighan-Lin 算法相比，该算法不是交换节点对，而是移动单个节点。这是因为图划分问题对群组的规模有要求，需要保持两边节点数量恒定，而社团发现没有这一约束条件。

图 7-2 给出了模块度最大化算法的应用实例。Zachary 空手道俱乐部网络为北美一所大学空手道俱乐部里成员的朋友关系网络，俱乐部成员因争论俱乐部的费用问题分成两派，人数分别为 18 人和 16 人。图 7-2 中不同灰度的节点分别表示两个派别的成员，网络被划分成了两个各含 17 个节点的群组，除了一个节点的分组不正确，算法识别出的社团和真实的群组相同。

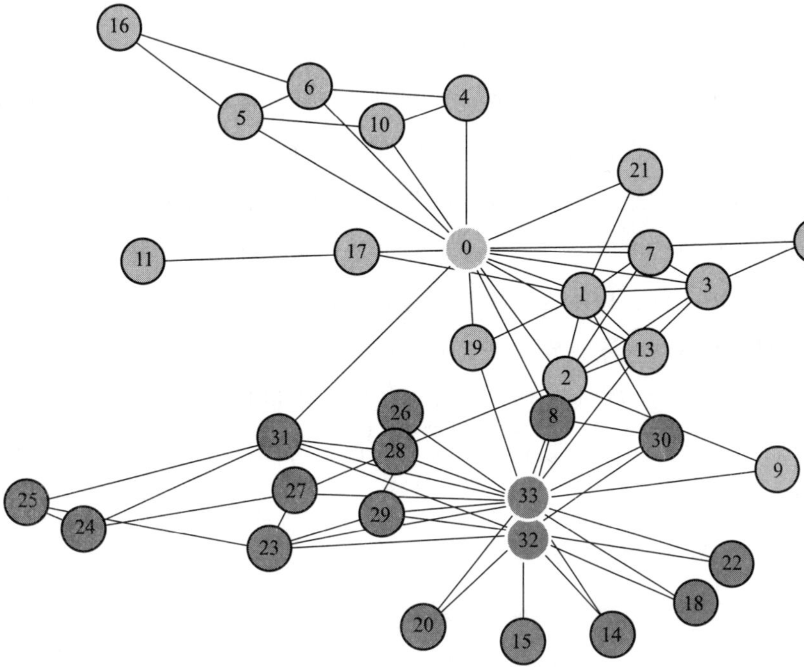

图 7-2　模块度最大化算法应用实例

和 Kernighan-Lin 算法相比，该算法具有相当高的效率[1]。这是因为当移动单个节点时，每一步只需考虑 $O(N)$ 种可能的移动，而在 Kernighan-Lin 算法中，每一步必须考虑 $O(N^2)$ 种可能的节点对交换。

7.3.3 谱模块度最大化算法

根据模块度的表达式(7-22)，设

$$B_{ij} = A_{ij} - \frac{k_i k_j}{2M} \tag{7-23}$$

由元素 B_{ij} 构成的 $n \times n$ 矩阵被表示为 $\boldsymbol{B}$，称为模块度矩阵[1]。

用谱划分方法相同的推导思路，可以得到

$$Q = \frac{1}{4m}\boldsymbol{s}^{\mathrm{T}}\boldsymbol{B}\boldsymbol{s} \tag{7-24}$$

如何使 Q 最大化的问题类似于谱划分时遇到的问题，同样可以采用松弛法，但是与图划分问题不同，向量 $\boldsymbol{s}$ 中值为+1 或-1 的元素数量不是固定的，只需要满足 $\boldsymbol{s}$ 的元素只能取值±1 这一约束条件即可。通过一系列计算可得 Q 与模块度矩阵的特征值成正比。

因此，谱模块度最大化算法的过程为[1]：先计算模块度矩阵最大特征值对应的特征向量，然后根据向量元素的正负性，把节点分配到社团，其中符号为正的节点分到一个群组中，符号为负的节点分到另一个群组中。

下面分析该算法的时间复杂度。虽然也是计算矩阵的某个特征向量，但是和拉普拉斯矩阵不同，模块度矩阵 $\boldsymbol{B}$ 不是稀疏矩阵。因此，求矩阵 $\boldsymbol{B}$ 的主特征向量的时间复杂度远大于正常的谱对分算法。但是有研究表明，模块度矩阵具有特殊性，可以通过一定的方法[7]将在稀疏网络中找到特征向量的时间复杂度降低为 $O(N^2)$。和简单模块度最大化算法相比，两种算法各有优势，需要根据具体情况选择。

7.3.4 两个以上群组的社团划分

本节将介绍两个以上群组的社团划分方法[1]。

第一种方法是第 7.2.1 节提到的重复对分法。然而，整个网络的模块度并不等于划分后的各社团的模块度之和，并且每个社团的最大模块度之和一般不会是整个网络的最大模块度。因此我们需要在每次对分后重新计算整个网络的模块度增量，不能直接以单个社团的模块度增量决定划分。

一个规模为 n_c 的社团进行一次对分后，整个网络的模块度增量为

$$\begin{aligned}\Delta Q &= \frac{1}{2m}\left[\frac{1}{2}\sum_{i,j\in c}B_{ij}(s_i s_j + 1) - \sum_{i,j\in c}B_{ij}\right] \\ &= \frac{1}{4m}\left[\sum_{i,j\in c}B_{ij}s_i s_j - \sum_{i,j\in c}B_{ij}\right] = \frac{1}{4m}\sum_{i,j\in c}\left[B_{ij} - \delta_{ij}\sum_{k\in c}B_{ik}\right]s_i s_j \\ &= \frac{1}{4m}\boldsymbol{s}^{\mathrm{T}}\boldsymbol{B}^{(c)}\boldsymbol{s}\end{aligned} \tag{7-25}$$

这里可以采用谱方法，通过计算增量模块度矩阵的主特征向量，根据其元素的正负性划分网络。增量模块度矩阵 $\boldsymbol{B}^{(c)}$ 的元素为

$$B_{ij}^{(c)} = B_{ij} - \delta_{ij}\sum_{k\in c}B_{ik} \tag{7-26}$$

因为不确定群组的数量，所以只要整个网络的模块度还在增加就继续划分。

重复对分法在许多情况下能发挥很好的作用，但与图划分一样，其中最主要的一个问题是虽然每次的局部对分是最优的，但是在此基础上对其中一个部分对分后，不能保证这次划分对整个网络是最优的。

下面是一个模块度最大化划分简单的例子[1]。如图 7-3 所示，该网络由 10 个连在一条直线上的节点组成。使模块度增加最多的网络对分如图 7-3(a)所示，即在网络的中间进行划分，将其分成两个规模相同的群组。然而，如果不

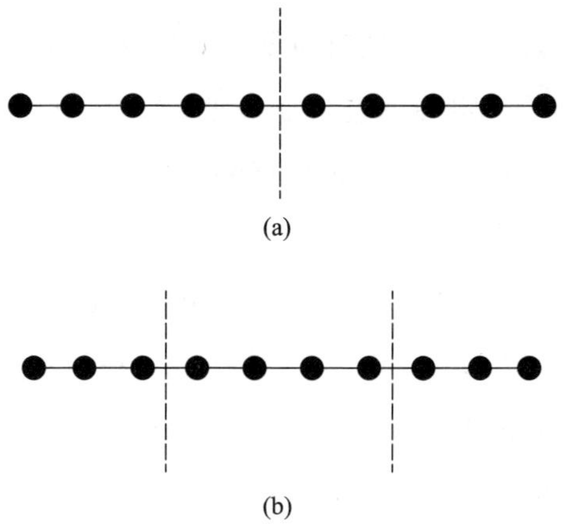

图 7-3　一个简单网络的模块度最大化划分

限制群组的数量，模块度最大的划分应该如图 7-3(b)所示，即由 3 个规模分别为 3、4、3 的群组构成。显然，重复对分法无法得到最优结果。

第二种把网络划分成两个以上社团的方法类似于图 7-3(b)，尝试在将网络划分成任意数量群组的基础上找出最大模块度。虽然这种方法理论上可以找到比重复对分法更好的划分，但实现起来非常复杂，现在已经有一些有效的解决方法，将在下文讨论。

7.3.5　其他模块度最大化算法

本节将简单描述几种模块度最大化算法，每种算法都尝试在将网络划分成任意数量和不同规模的社团的基础上使模块度最大，并在此过程中确定社团的数量和规模。

1. 基于贪婪算法的模块度最大优化算法

纽曼基于贪婪思想提出了模块度最大化的 Newman 算法[6]和 Fast Newman 算法[9]。贪婪思想的目标是找出目标函数的整体最优解或近似最优解，它将整体最优化问题分解为局部最优化问题，找出每个局部最优解，最终将局部最优解整合成整体的近似最优解。在 Newman 算法中，每个节点被当作一个社团，计算两个社团合并后模块度的变化量 ΔQ，选择使得 ΔQ 最大的两个社团进行合并，如果都没有增加则选择使其下降最小的两个社团合并，重复上述过程直至最后合并为一个大社团。接着，遍历网络在算法执行过程中经过的所有状态，选择模块度最大的状态。该算法的时间复杂度为 $O(N^2)$。在 Newman 算法的基础上，Fast Newman 算法利用最大堆将复杂度降为 $O(N\log^2 N)$。

Louvain 算法[10]是一种启发式贪婪算法，用于在复杂加权图中发现社群。该算法包括两个步骤：第一步，每一个节点初始时被看作一个社团，按一定次序遍历每一个节点，对每一个节点 i，将 i 移至其邻居节点 j 的社团中，模块度的变化为 ΔQ。如果 $\Delta Q>0$，将节点 i 移至使得模块度变化最大的节点的社团中；否则，节点 i 保持不动。重复这个过程，直到任何节点的移动都不能使模块度增大。第二步，将第一步得到的每一个社团看作一个新的节点，开始新一轮迭代，直到模块度不再变化，即可得到网络的社团近似最优划分。Louvain 算法的时间复杂度为 $O(N\log N)$。

2. 基于模拟退火的模块度最大优化算法

模拟退火是一种常见的优化策略，其过程类似物理的退火降温的过程，其基本思想为给一个高温的物体降温，使物体内能降低。快速降温使得物体来不及有序地收缩，难以形成结晶，达到内能最低的状态。正确的做法是逐渐降温，才能使得物体的每一个粒子都有时间找到自己的最佳位置并紧密有序地排列。模拟退火的工作过程是把感兴趣的量(比如模块度)当成一种能量，然后模拟冷却过程直到系统到达最低能量状态。由于希望找到最大模块度，所以这里将能量等同于负模块度。文献[10]使用了基于模拟退火的模块度优化方法，它优化了基于局部和全局的移动。局部移动是指基于模块度增益，将节点从一个分区随机移动到另一个分区；全局移动包括分区的拆分和合并。

3. 基于遗传算法的模块度最大优化算法

遗传算法的基本思想为：适应性强的生物物种更容易繁殖并通过基因将适应性传递给下一代，将同一网络的不同划分视为种群里的个体，令个体的适应性与模块度成正比，以“优胜劣汰”为原则，该种群将进化成由高模块度划分组成的种群，而其中最优的即是遗传算法返回的最终划分。目前已有许多基于遗传算法的社团划分算法，如基于聚类融合的遗传算法(clustering combination based genetic algorithm，CCGA)[12]。

4. 基于极值优化的模块度最大优化算法

极值优化[13]作为物理和组合优化问题的通用启发式搜索技术，着重于局部变量的优化。文献[14]将其应用于模块化优化，将适应度分配给每个节点，适应度值是通过节点的局部适应性与其度的比值获得的。它首先将网络随机划分为两个相同顺序的分区；通过迭代，将适应度最低的节点移动到其他分区；节点移位后分区会发生变化，因此重新计算节点的局部适应度；该过程重复进行，直到达到全局模块度的最优值。

5. 基于进化算法的模块度最大优化算法

进化算法是基于人工智能的元启发式优化算法，其特点为有效的本地学习能力和全局搜索能力。目前已有很多基于进化算法的模块度最大优化算法，根据单目标优化和多目标优化可将这些算法大致分为两类，第一类包括 MAGA 网络[15]、MLAMA 网络[16]及 MLCD[17]等，第二类包括 MOEA/D[18]、COMBO[19]及 I-NSGAII[20]等。

7.3.6 其他社团划分算法

除了根据割集规模和模块度进行社团划分，还有一些其他算法[21]，下面简要介绍。

1. 基于聚类的算法

(1) 分层聚类

分层聚类算法中，将整个网络视为一个大社团，这个大社团包含复杂的层次结构，即社团可能是不同级别的小社团的集合[21]。在这种情况下，可以使用分层聚类技术来识别图的多级社团结构。分层聚类技术基于节点相似性度量，例如 Jaccard 距离。此类方法不需要预定义社团的规模和数量。

分层聚类可分为凝聚聚类和分裂聚类两类[22]。凝聚聚类是一种自下而上的算法。在开始时，它将每个节点视为一个单独的集群，并基于高度相似性进行迭代合并，最终形成唯一的社团。凝聚聚类的缺陷在于在某些应用中，当社团数目已知时，未必能得到正确的社团结构。另外，凝聚聚类倾向于发现社团的核心部分，而忽略社团的外围部分。社团的核心部分往往与它周围的点联系密切，因而易于发现。两社团的边缘部分由于联系较少，在一些情况下，边缘点仅和社团有一条边，凝聚聚类很难正确划分这样的点。

与凝聚聚类相反，分裂聚类是一种自上而下的算法。在开始时，它将整个网络视为一个集群，通过消除连接低相似度节点的边来迭代地将其分割，最终形成独立的社团。

(2) 划分聚类

划分聚类的原理简单来说就是希望达到“类内的点都足够近，类间的点都足够远”的聚类效果。首先需要确定最终聚类得到的社团数量，其次挑选几个点作为初始中心点，再次依据预先确定的启发式算法对数据点进行迭代重置，直到实现目标效果。典型的例子是 k 均值聚类算法。k 均值聚类算法的对象基本上都是点，关键在于如何定义点之间的距离和聚类中心，与网络结构没有直接关系，这里不详细介绍。

2. 基于分裂的算法

(1) Girvan-Newman 算法

发现社团的一种方法是寻找位于社团之间的边，如果能找到并移除这些边，将只剩下孤立的社团。可以使用介数中心性来量化位于社团之间的边。一条边的介数是指通过该边的最短路径的条数。社团之间的边有较高的介数，而社团内部的边的介数相对较小。因此，通过去掉这些高介数的边，社团结构就会显现出来。算法的过程为：首先计算每条边的介数，然后去掉具有最高介数的边，如果还没有满足社团划分的要求就再次计算每条边的介数，重复上面的操作直到满足社团划分要求。这一算法被称为 Girvan-Newman 算法[23]，简称 GN 算法。

GN 算法存在一定的缺陷。该算法不能确定最后有多少个社团；给出的划分也不是唯一的，需要用户根据其目标来选择；在计算边的介数时可能有很多重复计算最短路径的情况，时间复杂度高；GN 算法不能判断算法终止位置。

对于具有 N 个节点 M 条边的网络，按照广度优先计算某个节点到其他所有节点的最短路径对网络中每条边的边介数最多耗时 $O(M)$，因此计算网络中所有边的边介数的计算复杂度为 $O(MN)$。又因为每次移除边后需要重新计算网络中存在边的边介数，因此在最糟糕的情况下，该算法总的计算复杂度为 $O(MN^2)$；在稀疏网络中，该算法的复杂度通常为 $O(N^3)$[24]。

(2) 边聚类系数法

为了降低算法的复杂度，在 GN 算法的基础上提出了一种新的分裂算法，称为边聚类系数法[25]。这种算法只需要计算网络局部结构的边聚类系数，并去掉聚类系数最小的边。

在算法的执行过程中，每移除一条边，都要检查该网络是否被分解成了若干社团，同时重新计算网络中剩余边的聚类系数。每移除一条边后，重新计算各条边聚类系数的复杂度大致为 $O(M)$，最多移除 M 条边。因此，该算法总的复杂度大致为 $O(M^2)$。

3. 重叠社团检测算法

在此之前讨论的社团划分，一个节点只能属于一个社团。但是在实际网络中，部分节点可能属于多个社团，因此出现了重叠社团检测算法。派系过滤算法(clique percolation method，CPM)[26]用于识别网络中的重叠社区。该算法认为：一个社团可以看作是多个相互连通的小的全耦合网络的集合，这些全耦合网络称为派系，k-派系表示该全耦合网络的节点数目为 k。如果两个 k-派系共享 $k-1$ 个节点，则认为它们相邻。k-派系社团是由所有相邻的 k-派系组成的。

CPM 算法的执行过程为：首先寻找网络中极大的完全子图，然后利用这些完全子图来寻找 k-派系的连通子图(即 k-派系社团)，不同的 k 值对应不同的社团结构。找到所有的 k-派系之后，建立这些派系的重叠矩阵。在这个对称矩阵中，每一行(列)代表了一个派系，矩阵中的非对角线元素代表两个连通派系中共享节点的数目，对角线元素代表派系的规模。将小于 $k-1$ 的非对角线元素置为 0，小于 k 的对角线元素置为 1，得到 k-派系连接矩阵，每个连通部分构成一个 k-派系社区。

重叠社区检测算法还包括 TopGC(top graph clusters)[27]、SVINET[28]等，这里不详细介绍。

4. 动态社区检测算法

上面的算法考虑了社团重叠的情况，但是没有考虑社团的动态变化。接下来将介绍一些在时间变化的过程中动态更新节点的社团划分算法。

(1) 自旋模型

Potts 模型[29]是统计物理学中的一个模型，它展示了一个自旋系统，可以处于 q 个不同的状态，相邻自旋之间的相互作用可能是铁磁性的或反铁磁性的。Potts 自旋变量可以映射到具有社团结构的图的节点。从相邻自旋之间的相互作用来看，社团结构可以从系统的自旋簇中识别出来，因为社团内的相互作用多，社团外的相互作用少。基于 q-Potts 模型的社团检测技术[30]考虑了近邻之间的相互作用。

(2) 随机游走

可以采用随机游走[31]来识别社团。在随机游走中，步行者从一个节点开始在社区内行走，并在每个时间步移动到随机均匀选择的相邻节点。由于高密度和多条路径，步行者在密集的社团内将花费很长时间。基于随机游走识别社团的例子有 PageRank 算法[32]、WalkTrap 算法[33]和 Infomap 算法[34]等。

（3）扩散社团

复杂网络中的扩散社团是一组节点，通过网络中相同属性、行为或信息的传播而组合在一起[35]，这些节点组会受到网络内特定传播的影响，故社团可以定义为仅受同一组扩散源影响的群体。这一类别的例子包括标签传播[36]、动态节点着色[37]等。

标签传播算法是基于图的半监督学习方法，基本思路是从已标记的节点的标签信息来预测未标记的节点的标签信息，利用样本间的关系，建立完全图模型。在节点传播的每一步里，每个节点根据相邻节点的标签来更新自己的标签，和相邻节点的相似度越大，该相邻节点对其标签的影响权值越大，相似节点的标签越趋于一致，其标签就越容易传播。在标签传播过程中，保持已标记的节点的标签不变，使其将标签传给未标注的节点。最终当迭代结束时，相似节点的概率分布趋于相似，因此划分到同一类中。

思考题

7.1 常用的社团发现方法有哪些？简单介绍其原理。

7.2 求 Zachary 网络的拉普拉斯矩阵的第二小特征值 λ_2对应的特征向量，并给出谱划分算法的划分结果。

7.3 用 Matlab 计算 Zachary 网络的模块度矩阵，并求其最大特征值和对应的特征向量。

参考文献

[1] Newman M E J. Networks: An Introduction [M]. New York: Oxford University Press,

2010：328-365.

[2] Teukolsky S A, Flannery B P, Press W H, et al. Numerical recipes in C[J]. SMR, 1992, 693(1)：59-70.

[3] Meyer C D. Matrix Analysis and Applied Linear Algebra[M]. Philadelphia：SIAM, 2000：642-660.

[4] Kernighan B W, Lin S. An efficient heuristic procedure for partitioning graphs[J]. The Bell System Technical Journal, 1970, 49(2)：291-307.

[5] Fiedler M. Algebraic connectivity of graphs[J]. Czechoslovak Mathematical Journal, 1973, 23(2)：298-305.

[6] Newman M E J. Fast algorithm for detecting community structure in networks[J]. Physical Review E, 2004, 69(6)：066133.

[7] Newman M E J. Finding community structure in networks using the eigenvectors of matrices [J]. Physical Review E, 2006, 74(3)：036104.

[8] Newman M E J. Modularity and community structure in networks[J]. Proceedings of the National Academy of Sciences, 2006, 103(23)：8577-8582.

[9] Clauset A, Newman M E J, Moore C. Finding community structure in very large networks [J]. Physical Review E, 2004, 70(6)：066111.

[10] Blondel V D, Guillaume J L, Lambiotte R, et al. Fast unfolding of communities in large networks[J]. Journal of Statistical Mechanics：Theory and Experiment, 2008, 2008 (10)：P10008.

[11] Guimera R, Amaral L A N. Cartography of complex networks：Modules and universal roles [J]. Journal of Statistical Mechanics：Theory and Experiment, 2005, 2005 (02)：P02001.

[12] 何东晓，周栩，王佐，等．复杂网络社区挖掘——基于聚类融合的遗传算法[J]．自动化学报，2010，36(8)：1160-1170.

[13] Boettcher S, Percus A G. Extremal optimization for graph partitioning[J]. Physical Review E, 2001, 64(2)：026114.

[14] Duch J, Arenas A. Community detection in complex networks using extremal optimization [J]. Physical Review E, 2005, 72(2)：027104.

[15] 李张涛．基于进化算法的属性网络社区检测及应用[D]．西安：西安电子科技大学，2017.

[16] Mirsaleh M R, Meybodi M R. A Michigan memetic algorithm for solving the community detection problem in complex network[J]. Neurocomputing, 2016, 214: 535-545.

[17] Ma L, Gong M, Liu J, et al. Multi-level learning based memetic algorithm for community detection[J]. Applied Soft Computing, 2014, 19: 121-133.

[18] Zhang Q, Li H. MOEA/D: A multiobjective evolutionary algorithm based on decomposition [J]. IEEE Transactions on Evolutionary Computation, 2007, 11(6): 712-731.

[19] Sobolevsky S, Campari R, Belyi A, et al. General optimization technique for high-quality community detection in complex networks[J]. Physical Review E, 2014, 90(1): 012811.

[20] Deng K, Zhang J P, Yang J. An efficient multi-objective community detection algorithm in complex networks[J]. Tehnicki vjesnik-Technical Gazette, 2015, 22(2): 319-328.

[21] Fortunato S. Community detection in graphs[J]. Physics Reports, 2010, 486(3-5): 75-174.

[22] Khan B S, Niazi M A. Network community detection: A review and visual survey[J/OL]. arXiv preprint arXiv: 1708.00977, 2017.

[23] Girvan M, Newman M E J. Community structure in social and biological networks[J]. Proceedings of the National Academy of Sciences, 2002, 99(12): 7821-7826.

[24] 郭世泽, 陆哲明. 复杂网络基础理论[M]. 北京: 科学出版社, 2012: 279-281.

[25] Radicchi F, Castellano C, Cecconi F, et al. Defining and identifying communities in networks[J]. Proceedings of the National Academy of Sciences, 2004, 101(9): 2658-2663.

[26] Derényi I, Palla G, Vicsek T. Clique percolation in random networks[J]. Physical Review Letters, 2005, 94(16): 160202.

[27] Macropol K, Singh A. Scalable discovery of best clusters on large graphs[J]. Proceedings of the VLDB Endowment, 2010, 3(1-2): 693-702.

[28] Gopalan P K, Wang C, Blei D. Modeling overlapping communities with node popularities [C]. Advances in Neural Information Processing Systems 26(NIPS 2013), Lake Tahoe, 2013: 2850-2858.

[29] Wu F Y. The potts model[J]. Reviews of Modern Physics, 1982, 54(1): 235.

[30] Reichardt J, Bornholdt S. Detecting fuzzy community structures in complex networks with a Potts model[J]. Physical Review Letters, 2004, 93(21): 218701.

[31] Hughes B D, Sahimi M. Random walks on the Bethe lattice[J]. Journal of Statistical Physics, 1982, 29(4): 781-794.

[32] Page L, Brin S, Motwani R, et al. The PageRank citation ranking: Bringing order to the web[R]. Stanford InfoLab, 1999.

[33] Pons P, Latapy M. Computing communities in large networks using random walks[C]. International Symposium on Computer and Information Sciences, Istanbul, 2005: 284-293.

[34] Rosvall M, Bergstrom C T. Maps of random walks on complex networks reveal communitystructure[J]. Proceedings of the National Academy of Sciences, 2008, 105(4): 1118-1123.

[35] Coscia M, Giannotti F, Pedreschi D. A classification for community discovery methods in complex networks[J]. Statistical Analysis and Data Mining: The ASA Data Science Journal, 2011, 4(5): 512-546.

[36] Raghavan U N, Albert R, Kumara S. Near linear time algorithm to detect community structures in large-scale networks[J]. Physical Review E, 2007, 76(3): 036106.

[37] Tantipathananandh C, Berger-Wolf T, Kempe D. A framework for community identification in dynamic social networks[C]. Proceedings of the 13th ACM SIGKDD International Conference on Knowledge Discovery and Data Mining, San Jose, 2007: 717-726.

第 8 章　随机网络模型

在本书的前面章节已经介绍了多种实际网络，并用数学、统计和计算的方法分析了网络特征。例如，第 2 章介绍了网络可以用图或邻接矩阵表示，第 3 章介绍了能够体现网络拓扑特征的属性，如度分布、平均路径长度以及聚类系数等，在此之后介绍了一些网络测度来度量网络结构，以及在完成结构观测后，如何将网络划分成群组或社团的最优划分。事实证明，度分布等性质可以对网络化系统产生很大影响，将这些性质和特征抽象出来的方式是建立数学模型，在接下来的几章中，将介绍 3 种经典的网络模型：随机网络模型、小世界网络模型和无标度网络模型，主要从网络模型的生成、网络模型的拓扑特征、网络模型拓展以及常用算法等方面展开讨论。

8.1 随机网络模型简介

本章主要研究随机网络模型。随机网络具有特殊的性质，例如对于指定的度分布，网络的其他性质可以是随机的。随机网络不仅有助于揭示网络的结构性质，还被广泛用作网络上动态过程模型的基础，例如小世界网络就是在随机网络的基础上演变而来的。

8.1.1 随机网络的描述

在规则网络的基础上修改网络连边概率或者固定连边数量，就可以把规则网络变为随机网络。为了让初学者有更好的认识，我们从规则网络讲起，然后介绍随机网络。

规则网络是指系统各元素之间的关系可以用一些规则的结构来表示，也就是说网络中任意两个节点之间的联系遵循既定的规则，通常每个节点的近邻数目都相同。常见的规则网络有三种：全局耦合网络、最近邻耦合网络和星形耦合网络。

全局耦合网络是指任意两个节点之间都有边相连的网络，也称完全图。对于无向网络，节点数为 N 的全局耦合网络有 $N(N-1)/2$ 条边，如图 8-1 所示；对于有向网络，节点数为 N 的全局耦合网络有 $N(N-1)$条边。

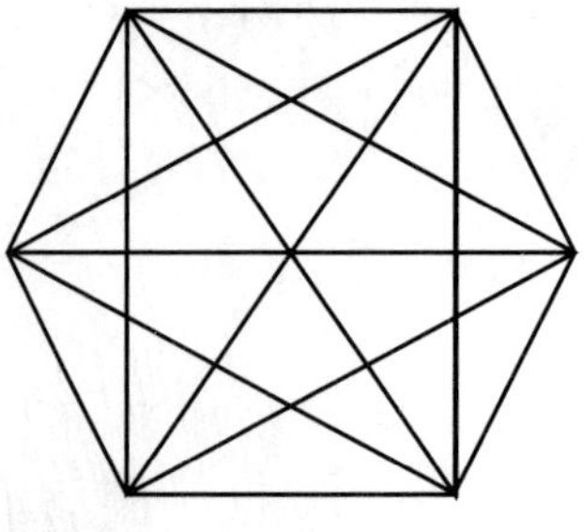

图 8-1　无向网络的全局耦合网络

最近邻耦合网络通常指在一个节点数为 N 的网络中，每个节点只与它最近的 K 个邻居节点相连，这里的 K 是小于等于 $N-1$ 的整数。一般情况下，一个具有周期边界条件的最近邻耦合网络包含 N 个围成一个环的节点，其中每个节点都与它左右各 $K/2$ 个邻居节点相连，如图 8-2 所示。

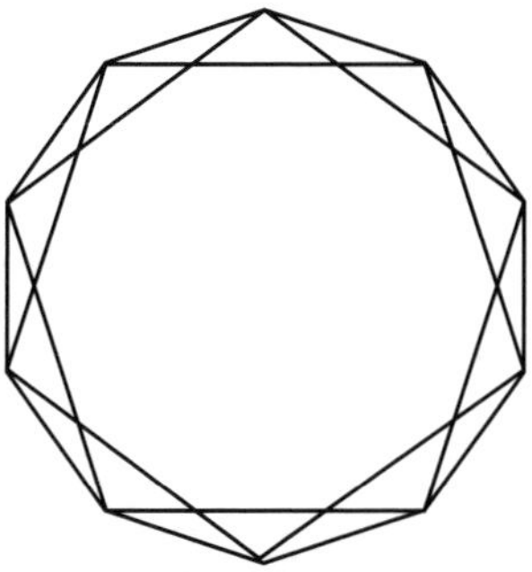

图 8-2　最近邻耦合网络

星形耦合网络有一个中心节点，其余的 $N-1$ 个节点都只与这个中心节点相连，而彼此之间没有连接，如图 8-3 所示。

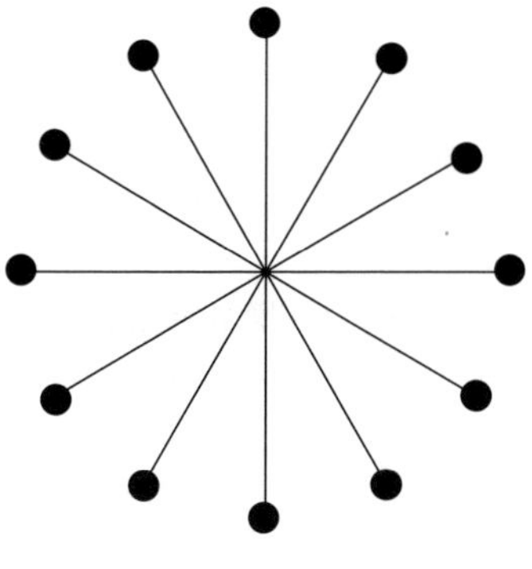

图 8-3　星形耦合网络

网络是节点与连边的集合。如果节点与连边的组合是规则的，那么就得到规则网络；如果节点与连边的组合是随机的，那么就得到随机网络；如果节点和连边按照某种自组织的方式组合，便可能演化出各种网络，那么便得到了复杂网络。复杂网络早期的研究源于小规模的规则网络。20 世纪 50 年代末，为了描述通信和生命科学中的网络，匈牙利数学家 Paul Erdös 和 Alfréd

Rényi 首次将随机性引入网络，提出了著名的随机网络模型，简称 ER 模型[1]，该模型的提出促进了图论的发展。由于具有复杂拓扑结构和未知组织规则的大规模网络通常表现出随机性，所以 ER 随机网络模型常常被用于复杂网络研究。

具体来讲，随机网络是指在由 N 个节点构成的图中以概率 p 随机连接任意两个节点而形成的网络，即两个节点之间是否连边由概率决定。随机网络可简单地描述为：在由 N 个节点构成的图中，可以存在 $N(N-1)/2$ 条边，从中随机连接 M 条边所构成的网络就叫作随机网络。随机网络和规则网络之间最大的区别在于引入了随机的因素，使得网络的不确定性变大，其数学性质也发生了变化。Erdös 和 Rényi 研究了当 N 趋于无穷时随机网络性质与概率 p 的关系，发现随机网络的许多重要性质都与网络规模有关。

由于随机网络具有复杂拓扑结构和未知组织规则，随着规模增大，网络通常表现出随机性，所以随机网络模型常常被用于复杂网络研究中，在下一小节将详细介绍随机网络的生成。

8.1.2　随机网络的生成

随机网络是一种网络模型，可以通过一些参数来描述。经典的随机网络生成一般有两种方式[2]：固定节点数 N 与边数 M 以及固定节点数 N 与连边概率 p。

1. 具有固定节点数 N 与边数 M 的随机网络 $G(N, M)$

随机网络 $G(N, M)$ 的生成步骤如下：给定固定的节点数 N 与边数 M，在节点之间进行随机连边，直至整个网络包含 M 条边。或者说，从所有可能的节点对中随机选择 M 对，将其连接成边。通常这种网络是简单图，即不存在重边和自环，所以每条边应该从未连接和非重合的节点对中选择。

该随机网络生成方式并未严格定义生成确定的网络，而是形成了一个网络集合，所以该方式也可以等价为从所有具有 N 个节点和 M 条边的简单图集合中随机选择一个来生成网络。在这个网络集合中，所有网络的存在是一个概率分布。$G(N, M)$ 可严格定义为所有图 G 上的一个概率分布 $P(G)$，当网络是具有 N 个节点和 M 条边的简单图时，$P(G)=1/\Omega$，其中 Ω 是集合中网络的总数。

2. 具有固定节点数 N 与连边概率 p 的随机网络 $G(N, p)$

随机网络 $G(N, p)$ 的生成步骤如下：给定固定的节点数 N 与连边概率 p，其中 $0 \leqslant p \leqslant 1$，选择两个未连接的节点，生成一个位于区间 $[0, 1]$ 的随机数 r，如果 $r<p$，那么在这两点之间添加连边，否则就不添加，重复上述步骤直到所有节点对都被选择。图 8-4 为在 $N=10$，$p=0.15$ 情况下生成的 3 个随机网络示例。

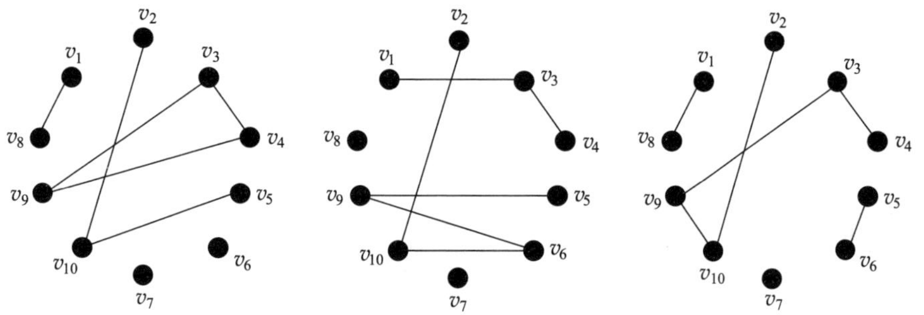

图 8-4　在 $N=10$，$p=0.15$ 情况下生成的 3 个随机网络示例

在该模型中，边的数量不是固定的，但连边概率一定，即两个节点之间的连边概率都为 p 且相互独立。极端情况下，网络可能完全没有边或者每两个节点间都存在连边。同样，这个随机网络模型的严格定义不对应单个网络，而是一个网络集合。所有的网络服从概率分布，其中每一个随机网络出现的概率为 $P(G)=p^M(1-p)^{\binom{N}{2}-M}$，$M$ 为网络中边的数量。

随机网络的性质通常是指随机网络的平均性质，例如，$G(N, p)$ 的直径指的是该集合中所有图 G 的直径的平均值，即

$$\langle D \rangle = \sum_G P(G) D = \frac{1}{\Omega} \sum_G D \tag{8-1}$$

其中 D 为图 G 的直径。采用这种定义比较合适，首先这一定义具有合理性，许多网络观测值的分布存在一个非常陡峭的尖峰，随着网络规模的增大，观测值越来越接近平均值，对于涉及随机性的实验，应该考虑多次重复试验取平均值。其次，它往往可以准确反映人们在创建网络时设想的结果，如果人们对于随机网络的典型性质感兴趣，那么集合平均性质会是一个好的参考。最后，这种方式便于计算，对于规模宏大的网络，可以精确计算很多平均性质。

下面将通过几个测度描述随机网络的性质，即随机网络的拓扑特征。

8.2　随机网络的拓扑特征

$G(N,\ p)$模型是最基本并且研究最广泛的模型，本章接下来将重点描述随机网络 $G(N,\ p)$的拓扑特征，包括边数分布、度分布、聚类系数与平均路径长度等典型特征。

8.2.1　随机网络的边数分布

对于 $G(N,\ p)$模型，其边数不是一个固定值，而是服从一定的分布，并可以求边数的均值或期望。具有 N 个节点和 M 条边的简单图的数量等于从$\binom{N}{2}$个节点对中选择 M 个作为连边位置的方法数。因此给定网络节点数 N 和连边概率 p，生成随机网络正好有 M 条边的概率等于从所有可能的网络中选择具有 M 条边的网络的概率

$$P(M)=\binom{\binom{N}{2}}{M}p^M(1-p)^{\binom{N}{2}-M} \tag{8-2}$$

其中，$\binom{\binom{N}{2}}{M}$表示符合上述条件的简单图的数量，有 M 对节点之间存在连边，$\binom{N}{2}-M$ 对节点之间没有连边。

式(8-2)是标准的二项分布，所以很容易得到 M 的均值为

$$\langle M\rangle=\sum_{M=0}^{\binom{N}{2}}MP(M)=\binom{N}{2}p \tag{8-3}$$

这一结果是合理的，任意节点对之间的边数的期望值等于相同节点对之间的连边概率，因此网络中总边数期望值等于任意节点对之间的边数期望值乘以节点对数。

同样，可求得边数分布的方差为

$$\sigma_M^2 = \langle M^2 \rangle - \langle M \rangle^2 = p(1-p)\frac{N(N-1)}{2} \tag{8-4}$$

边数的方差描述了实际生成的网络模型边数围绕均值的波动大小。进一步，为了刻画所生成网络边数与均值的偏离程度，可以用变异系数表示：

$$\frac{\sigma_M}{\langle M \rangle} = \sqrt{\frac{1-p}{p}\frac{2}{N(N-1)}} \approx \frac{1}{N} \tag{8-5}$$

可以发现，随着网络规模增大，变异系数随之减小，边数也接近均值。如果连边概率 p 与 $1/N$ 同阶，那么$\langle M \rangle = pN(N-1)/2 \sim O(N)$，说明当网络规模足够大时，得到的网络为稀疏网络。

8.2.2 随机网络的度分布

已知网络中节点与其余节点依概率 p 相连，因此某一节点只和其他 k 个节点相连的概率为 $p^k(1-p)^{N-1-k}$。选择其余 k 个节点的方式共有$\binom{N-1}{k}$种，因此恰好和其余 k 个节点相连的概率为

$$p_{(k)} = \binom{N-1}{k} p^k (1-p)^{N-1-k} \tag{8-6}$$

显然这也是一种二项分布。可以得到 $G(N, p)$的度的均值为

$$\langle k \rangle = \frac{2}{N}\binom{N}{2} p = (N-1)p \tag{8-7}$$

这个结果也是显而易见的，连接一个节点的边数的期望值等于该节点和任何其他节点之间边数的期望值 p 与其余节点数量 $N-1$ 的乘积。

一般来说，我们关心大规模网络的性质，很多网络的度的均值随着网络规模变大而近似为常数，例如一个人的好友数基本和世界人口总数是无关的。在这种情况下，式(8-6)可进行如下简化：当 N 趋于无穷大时，$p=\langle k \rangle/(N-1)$ 趋于无穷小，故

$$\ln[(1-p)^{N-1-k}] = (N-1-k)\ln\left(1-\frac{\langle k\rangle}{N-1}\right)$$

$$\approx -(N-1-k)\frac{\langle k\rangle}{N-1} \approx -\langle k\rangle \qquad (8-8)$$

将上式按泰勒级数进行展开，当 N 趋于无穷大时上述等式成立。上式两边以 e 为底数同取指数，有 $(1-p)^{N-1-k}=e^{-\langle k\rangle}$。同样地，当 N 足够大时有

$$\binom{N-1}{k} = \frac{(N-1)!}{(N-1-k)!\ k!} \approx \frac{(N-1)^k}{k!} \qquad (8-9)$$

因此式(8-6)在 N 趋于无穷大时即为

$$p_{(k)} = \frac{(N-1)^k}{k!}p^k e^{-\langle k\rangle} = \frac{(N-1)^k}{k!}\left(\frac{\langle k\rangle}{N-1}\right)^k e^{-\langle k\rangle} = \frac{e^{-\langle k\rangle}\langle k\rangle^k}{k!} \quad (8-10)$$

由此可以看出，当 N 趋于无穷大时，$G(N, p)$ 服从泊松分布，因此 ER 随机网络也称为泊松随机网络。由于随机网络中节点之间的连接是等概率的，因此大多数节点度都在均值附近，在对随机网络最大度值与最小度值的研究中发现，对于大范围的 p 值，最大度值与最小度值都是确定的和有限的。

8.2.3　随机网络的聚类系数

在前面的章节中，我们了解到聚类系数其实是网络传递性的测度，具体来说，网络中任意节点的聚类系数定义为该节点的任意两个邻居节点之间有边相连的概率。对于随机网络而言，任何两个节点之间的连接都是等概率的，因此两个节点之间不论是否有共同邻居，其连接概率均为 p，ER 随机网络的聚类系数为

$$C = p = \frac{\langle k\rangle}{N-1} \qquad (8-11)$$

直观上来看，随机网络的聚类系数并不大，且与节点数目 N 有关，然而，真实网络并不遵循随机网络的规律，甚至其聚类系数不依赖 N，而是依赖节点的邻居数目。通常，在具有相同节点数目和平均度的情况下，随机网络模型的聚类系数比真实复杂网络小很多。这表明真实网络一般具有明显的聚集特性，而大规模随机网络则具备稀疏特性。

聚类系数能够很好地反映一般规则网络和随机网络的性质与差异，规则网

络的普遍特征是聚类系数大，而随机网络的聚类系数小。

8.2.4 随机网络的平均路径长度

我们把网络中所有节点对之间的最大距离称为网络的直径，其中不连通网络的直径为无穷大。一般认为，在连边概率 p 不是非常小时，随机网络的直径趋于有限值，并且对于大多数 p 来说，几乎所有网络都有同样的直径，其变化幅度非常小，ER 随机网络的直径为

$$D_{ER}=\frac{\ln N}{\ln\langle k\rangle}=\frac{\ln N}{\ln pN} \tag{8-12}$$

前面提到过，随机网络通常以平均性质来度量，所以计算整个网络的平均路径是有必要的。实际上，随机网络的平均路径长度可以通过估计得到：对于平均度为$\langle k\rangle$的随机网络，网络中任意一个节点的一阶邻接点的数目为$\langle k\rangle$，二阶邻接点的数目为$\langle k\rangle^2$，以此类推，在 l 阶后网络节点数量总数为 N，有 $N=\langle k\rangle^l$，所以平均路径长度 L_{ER}为

$$L_{ER}\sim\frac{\ln N}{\ln\langle k\rangle} \tag{8-13}$$

可以看出，随机网络的平均路径长度随网络规模呈对数形式增长，这便是后面章节要介绍的小世界效应。因此即使是很大规模的网络，其平均路径长度依旧很小。

举一个社交网络的例子：在你的朋友网络中，假设你有 50 位朋友，这 50 位朋友就相当于一阶邻接点，他们每个人又有 50 位朋友，这 50 位朋友则相当于二阶邻接点，所以你的朋友的朋友数量就是 50^2，以此类推，如图 8-5 所示。全球人口总数不到 80 亿人，所以在 6 步之内，你就可以和全球任意一人建立联系，从这个角度来看，小世界效应似乎是可以理解的，但是，真实网络具有明显的聚集特性，很大可能你的朋友的朋友你也认识，也是你的朋友，这意味着与你距离为 2 的实际人数要少很多，社会网络高度聚集，所以在几步之内与全世界建立联系就不太现实了。

8.2.5 随机网络的演化与巨片的涌现

对于 $G(N,\ p)$随机网络模型，网络的规模和拓扑特征受 N 和 p 两个参数的影响。当网络规模 N 固定时，p 不断增大，会让原始网络平均度值不断增大，

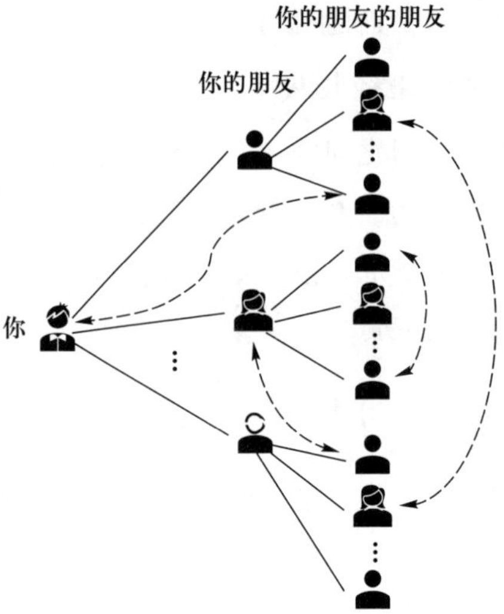

图 8-5　社交网络示意图

可以将整体过程视为随机网络的演化过程。想象这样一个过程：从 N 个孤立的节点开始，通过节点之间的随机连接逐渐添加连边，这对应于 p 的逐渐增加，将对网络拓扑结构产生显著的影响。为了量化这个过程，我们举以下两个极端的例子来进行分析。

考虑以下两种情况：① 考虑当 $p=0$ 时的随机网络 $G(N, p)$。在这种情况下，网给中没有边，完全处于非连通状态，每个节点都是孤立的，网络中存在 N 个仅包含单个节点的独立分支。② 相反地，当 $p=1$ 时，网络中所有可能的边都存在，严格地讲，这是一个包含 N 个节点的团，即每个节点和其他所有节点都直接相连。在这种情况下，所有节点连接在一起，形成覆盖整个网络的单个分支，也就是全耦合网络，最大连通分支规模为 N，并且随着网络规模的增长而增长。一般而言，如果网络中的一个连通分支的规模随着网络规模的增长而成比例增长，那么该连通分支就是一个巨分支，或者称为巨片，因为当网络规模充分大时，这个巨分支会包含网络中相当比例甚至全部的节点。

在许多网络应用中，拥有一个覆盖大部分网络节点的分支至关重要。通过分析随机网络中分支的行为特征，就能获得关于这类网络内部特征的某些信息。

直观来看，随着连边概率 p 的增加，生成的随机网络中的边也在增加，网络的连通性越来越好。举例来说，对于节点 $N=1000$ 的初始随机网络，如果 p 从 0 开始增加，在仿真实验中每次增加 0.01，那么每次仿真随机网络中将大约增加 500 条边。也就是说 p 的增加将增强网络的连通性，扩大网络的最大连通分支。

现在出现了一个很有意义的问题：随着连接概率 p 逐渐从 0 增加到 1，最大连通分支的规模是如何变化的？具体地，当 p 为多大时才会出现包含网络一定比例节点的最大连通分支？也就是说，巨片在什么条件下才会涌现？接下来，将详细分析网络参数与巨片的涌现及其规模之间的关系。图 8-6 为随机网络中的巨片示意图。

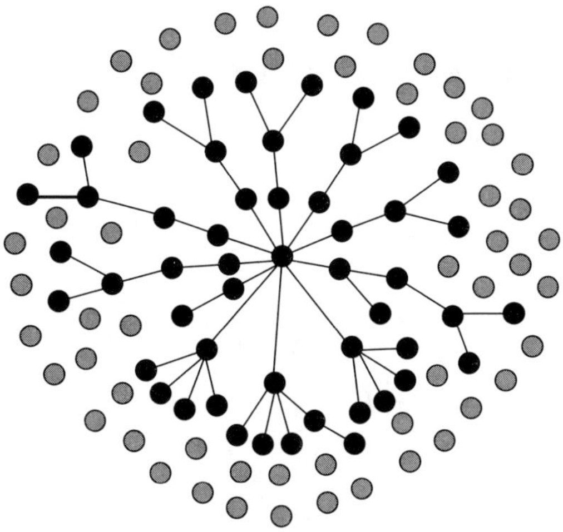

图 8-6　随机网络中的巨片示意图

Erdös 和 Rényi 系统地研究了当网络规模足够大时，ER 随机网络巨片和概率 p 之间的关系。他们发现 ER 随机网络具有涌现或相变性质，即 ER 随机网络的许多重要性质都是突然涌现的：对于任意给定的连边概率 p，要么几乎每一个 $G(N, p)$ 网络都具有某个性质 Q，要么几乎每一个这样的网络都不具有性质 Q[2]。这里的几乎每一个网络都具有性质 Q 可理解为：当网络规模 N 趋于无穷大时，产生一个具有性质 Q 的 ER 随机网络的概率为 1。

当网络规模趋于无穷大时，ER 随机网络的巨片的相对规模 $S\in[0, 1]$ 定义为巨片中所包含的节点占整个网络节点的比例，也就是网络中一个随机选择的节点属于巨片的概率。$u=1-S$ 为不属于巨片的节点所占的比例，即一个随机选择的节点不属于巨片的概率。显然，对于任意一个随机网络存在如下两种情况：① 网络中不存在巨片，即 $S=0$，$u=1$；② 网络中存在巨片，即 $S>0$，$u<1$。

这里认为，如果网络中一个随机选择的节点 i 不属于巨片，那么也说明它不能通过其他任何节点与巨片连接。也就是说对于网络中任意其他节点 j，必然存在两种情况：① 节点 i 和节点 j 之间没有边相连，这种情况发生的概率为 $1-p$。② 节点 i 与节点 j 之间有边相连，但是节点 j 不属于巨片，这种情况发生的概率为 pu[2]。

因此，可以求得节点 i 没有通过任意一个节点与巨片相连的概率为

$$u=(1-p+pu)^{N-1}=\left[1-\frac{\langle k\rangle}{N-1}(1-u)\right]^{N-1} \tag{8-14}$$

对上式两边取对数，可以得到

$$\begin{aligned}\ln u&=(N-1)\ln\left[1-\frac{\langle k\rangle}{N-1}(1-u)\right]\\&=-(N-1)\frac{\langle k\rangle}{N-1}(1-u)\\&=-\langle k\rangle(1-u)\end{aligned} \tag{8-15}$$

这样可以得到

$$u=\mathrm{e}^{-\langle k\rangle(1-u)} \tag{8-16}$$

可以得到巨片中节点的比例 S 满足

$$S=1-\mathrm{e}^{-\langle k\rangle S} \tag{8-17}$$

式(8-17)形式简单，但是不存在简单的解析解。网络平均度 $\langle k\rangle$ 和巨片规模 S 的关系如图 8-7 所示。

可以看到，当 $\langle k\rangle<1$ 时，$S=0$，意味着不存在巨片；当 $\langle k\rangle>1$ 时，$S>0$，意味着涌现巨片。可以通过下式得到临界点 $\langle k\rangle_c=1$：

$$\frac{\mathrm{d}}{\mathrm{d}S}(1-\mathrm{e}^{-\langle k\rangle S})\Big|_{S=0}=\langle k\rangle\mathrm{e}^{-\langle k\rangle S}\Big|_{S=0}=1 \tag{8-18}$$

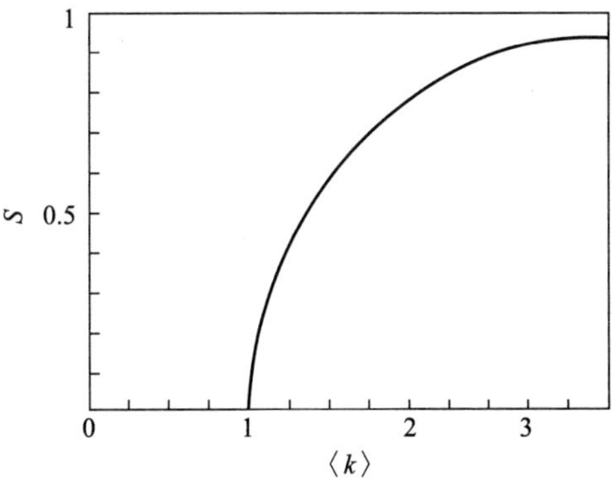

图 8-7 网络平均度⟨k⟩和巨片规模 S 的关系

ER 随机网络的平均度是$\langle k\rangle=p(N-1)\approx pN$，可得产生巨片的连边概率 p 的临界值为

$$p_c=\frac{\langle k\rangle_c}{N-1}\approx\frac{1}{N} \tag{8 - 19}$$

当 $p>p_c$时，几乎每一个随机网络都包含巨片。

也就是说，当 p 很小时，网络由大量的小分支组成；随着 p 的增大，一些小的连通分支融合成为大的连通分支；当 p 超过某个临界值 p_c时，网络中会突然涌现出一个包含大量节点的连通的巨片。

只要连边概率 p 超过了临界值 p_c，几乎每个随机网络中都有巨片。那么在一个网络中可以有多个巨片吗？答案是否定的，当网络规模足够大时，网络中基本不可能有两个分离的巨片。这一点可以通过反例来证明。

以连边概率 $p=\langle k\rangle/(N-1)$生成一个随机网络，然后以概率 $p'=\langle k\rangle/(N-1)^{3/2}$在没有连边的节点对之间增加连边，得到一个额外的边的集合。假设原始网络中有两个或多个巨片，现取其中规模分别为 S_1N 和 S_2N 的两个巨片，S_1和 S_2分别是两个分支的节点在网络中所占的比例。假设 i 是第一个巨片中的节点，j 是第二个巨片中的节点，节点对(i, j)的数量为 $S_1N\times S_2N=S_1S_2N^2$。现在以概率 $p'=\langle k\rangle/(N-1)^{3/2}$添加额外的边，如果两个分支仍然是分离的，则要求 $S_1S_2N^2$ 个节点对均不通过新增的边相连接，这种情况发生的概率为 $q=(1-p')^{S_1S_2N^2}$，对

其两边取对数，并展开成级数形式，可以得到

$$\ln q = S_1 S_2 N^2 \ln(1 - \langle k \rangle (N-1)^{-\frac{3}{2}}) \approx -\langle k \rangle S_1 S_2 \sqrt{N}, \quad N \to \infty \tag{8-20}$$

再取指数，可以得到

$$q = e^{-\langle k \rangle S_1 S_2 \sqrt{N}} \tag{8-21}$$

当$\langle k \rangle$为常数时，q 在 $N \to \infty$ 时趋于零。即当 N 趋于无穷大时，网络中有两个分离巨片的概率趋于零。

需要注意的是，在$\langle k \rangle > 1$ 的随机网络中，大多存在一个巨片可以覆盖网络的绝大部分节点，但通常不是包含所有节点，因为从式(8-17)可以看出网络中巨片规模想要达到 1，需要网络平均度值为无穷，显然这对于一般的网络不可能成立。那么网络的剩余部分以怎样的结构呈现？答案是它由许多小分支组成，这部分结构不随网络规模的增长而增长，其平均规模是固定的。

为了证明这一点，我们采取相同的办法，以连边概率 $p = \langle k \rangle / (N-1)$ 生成一个随机网络，然后以概率 $p' = \langle k \rangle / (N-1)^{3/2}$ 添加连边，得到一个额外的边的集合。显然，最后的结果仍然是生成了一个随机网络，只不过是连边概率较之前大，当 N 足够大时连边概率视为 $p+p'$，求得度的均值为

$$\langle k \rangle' = (N-1)(p+p') = (N-1)\left[\frac{\langle k \rangle}{N-1} + \frac{\langle k \rangle}{(N-1)^{\frac{3}{2}}}\right] = \langle k \rangle \left(1 + \frac{1}{\sqrt{N-1}}\right) \tag{8-22}$$

当 N 趋于无穷大时，可得$\langle k \rangle' = \langle k \rangle$，从而在这个极限条件下，得到了与之前随机网络具有相同度均值的新的随机网络。实际上，在随机网络上添加一些额外的边，但当网络规模 N 趋于无穷大，这些额外边的密度趋于零，甚至可以忽略不计，证明了小分支结构不随网络规模的增长而增长。

相对于巨片的概念，我们把不属于巨片且规模不与网络规模 N 成比例增长的分支称为小分支。

8.2.6 随机网络与实际网络的对比

现实世界中的自然现象很少是纯随机的，那么，为什么还要研究随机性呢？答案在于研究随机网络的目的是为了建立可以与非随机现象相比较的一种

基线。实际系统很少是纯随机的系统，但它们都可以抽象为非随机网络。将纯随机系统与结构化系统比较就能揭示结构化系统的本质。

因此，ER 随机网络仍是值得深入研究的网络模型之一。自提出半个多世纪以来，该模型为探究各类网络的期望结构，特别是分支规模和网络直径都提供了很重要的帮助。事实上，正是由于 ER 随机网络描述简单，且可以用解析方法直接研究，使得它成为分析各种网络现象的一个非常好的模型。

ER 随机网络与许多实际网络相比具有一些共性特征，可以借助 ER 随机网络来分析实际网络。总结起来有以下三点共性：

（1）稀疏特性。ER 随机网络在某些条件下是稀疏的，当连边概率 p 与网络规模的倒数同阶（$p\sim O(1/N)$）时，ER 随机网络是一个边数与网络规模同阶的稀疏图，实际网络往往也是稀疏的。

（2）巨片特性。当 $p>p_c\sim 1/N$ 时，ER 随机网络具有一个包含网络中相当比例节点的巨片，而实际网络中往往也存在巨片。

（3）小世界特性。ER 随机网络的平均距离大体上是网络规模的对数函数，$L\sim \ln N/\ln\langle k\rangle$，而实际网络往往也具有相同规模和密度的 ER 随机网络相近的平均距离。

然而，随机网络作为一个网络模型也存在不足的地方，在有的方面，它与实际网络存在显著不同的特征：

（1）聚类特性的差异。对于网络密度不变的网络来说，当网络规模 N 趋于无穷大时，ER 随机网络的聚类系数趋于 0，这表示 ER 随机网络不存在聚类特性。例如，对于 N 约为 80 亿的全球人际网络来说，假设其中每一个人拥有 1000 位熟人朋友，计算得到网络的聚类系数也会非常小（$C\approx 10^{-7}$）[3]；但实际网络却具有明显的聚类特性，它们的聚类系数比相同规模的 ER 随机网络的聚类系数高很多，甚至相差几个数量级。

（2）度分布特征的差异。在随机网络中，由于边是随机连接的，因此邻居节点的度之间不存在相关性。然而现实网络节点的度通常是相关的，绝大多数的现实网络都存在由节点构成的社团，但随机网络中很少出现。另外，ER 随机网络的度分布近似服从均匀泊松分布，意味着网络中节点的度基本都集中在平均度$\langle k\rangle$附近。而实际网络的度分布往往具有较为明显的非均匀特征：网络中会存在少量度相对很大的节点，从而意味着网络度分布与均匀泊松分布有显著偏离。

事实说明，这些差异对研究实际网络的各种性质带来了很大影响，使得 ER 随机网络无法充分解释实际网络中很多有趣的现象，例如传染病传播过程、弹性现象以及渗流现象等。但是，可以建立配置模型来对随机网络进行一般化处理，使其服从非泊松分布。

8.3　具有任意度分布的广义随机图

在前面我们介绍了经典的随机网络模型，该模型要么固定边数要么固定连边概率，可以生成一系列符合要求的随机网络，这种网络生成方式可以帮助我们了解网络结构。但是，这种网络模型也存在不可忽视的缺点：由于该模型生成的网络其度分布服从泊松分布，这与大多数真实网络度分布不一致。所以更复杂更灵活的网络模型——广义随机图应运而生，这种模型可以具有任意的度分布，并且当网络规模足够大时依然可以精准求解出它的诸多性质。研究最多的广义随机图模型是配置模型，接下来将详细介绍配置模型的生成方式与网络性质。

8.3.1　配置模型的生成

配置模型是一个灵活的网络模型，与 ER 随机网络相比，该模型节点的度不再严格服从泊松分布，而是可以服从符合我们期望的任意分布。具体来说，配置模型实际上是给定度序列而非度分布的随机网络模型。

这里简单介绍一下度序列。度序列是网络中所有节点度的集合 $\{k_1, k_2, \cdots\}$，例如，图 8-8 给出的小型网络的度序列是 $\{0, 1, 1, 2, 2, 2, 2, 3, 3, 4\}$，即每个节点的度都是可以确定的。网络的边数也是固定的，为 $\frac{1}{2}\sum_i k_i$。在某种意义上，该模型与随机网络模型 $G(N, M)$ 类似。

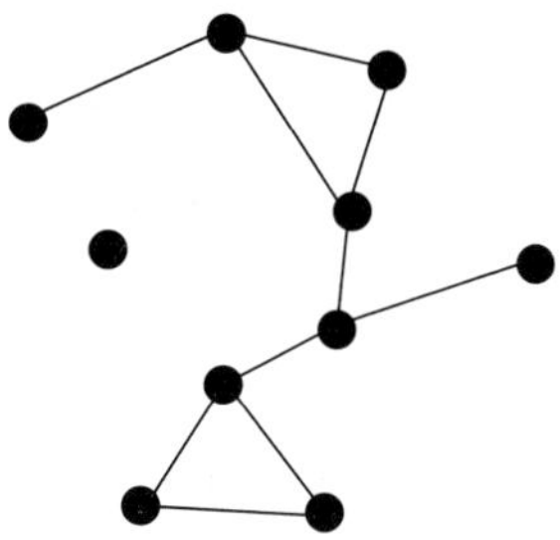

图 8-8　10 个节点的小型网络

配置模型的生成步骤如下：首先根据给定度序列确定 N 个节点的度值，然后从度为 k_i 的节点 i 引出 k_i 个线头，共有 $2M$ 个线头，M 为网络的边数，然后进行随机配对：完全随机地选取一对线头，把它们连在一起，形成一条边；再在剩余的线头中完全随机地选取另一对线头连成一条边；以此进行下去，直至用完所有的线头。在图 8-9 中，从每个节点引出的线头数量等于节点的期望度。随机选择线头对并将其连接在一起，形成一条边。

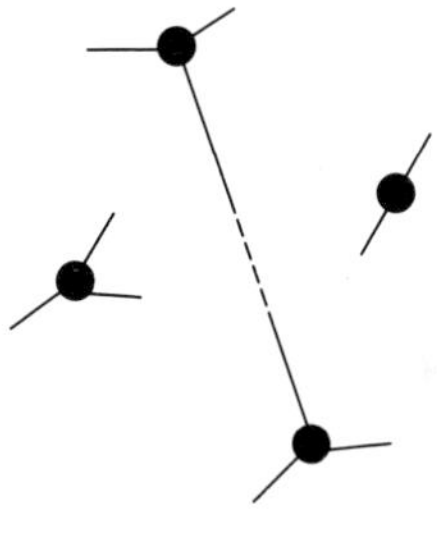

图 8-9　配置模型生成示意图

更具体来说，最终的结果是这些线头的一种特定匹配，形成线头对的某种特定集合。上述过程中每种可能的线头匹配是等概率的。因此，严格地讲，配置模型应定义为匹配集合，其中指定度序列的每种匹配出现的概率相同。同样上述过程也等价于从配置模型集合中选取网络的过程。

上述描述的网络生成过程存在以下几个问题：

（1）线头的总数必须是偶数，这样才能保证最后生成的网络不存在多余的线头，也就是所有节点度值总和 $\sum_i k_i$ 必须是一个偶数，否则无法创建给定度序列的网络。

（2）网络中可能包含自环或重边，或两者都有。在网络生成过程中没有任何约束条件来避免这种情况发生，并且也不能在生成时限制不创建这种边，因为一旦这么做，生成的网络将不再是从所有可能匹配集中均匀选择的。很多性质将无法利用解析方法进行计算，甚至可能导致网络生成过程完全失败。因此，在网络中允许创建重边和自环具有重要意义。

（3）虽然模型中线头的所有匹配相连的概率相同，但这并不意味着所有网络出现的概率也相同，因为多个线头匹配方式可能生成的是同一个网络，即这些网络的拓扑特征是相同的。如果标记线头来追踪线头的连接次序，就会发现通常多种不同的线头连接方式最终会生成相同的边配置。图 8-10 给出了一个 3 节点网络 8 种不同线头匹配的例子，该网络由 3 个节点组成，每个节点的度均为 2，因此每个节点都有两个线头。用字母分别标记这些线头，可以看到，由于每个节点线头有两种排列方式，故 3 个节点的线头共有 8 种排列方式，但所有的匹配均对应相同的边拓扑结构。

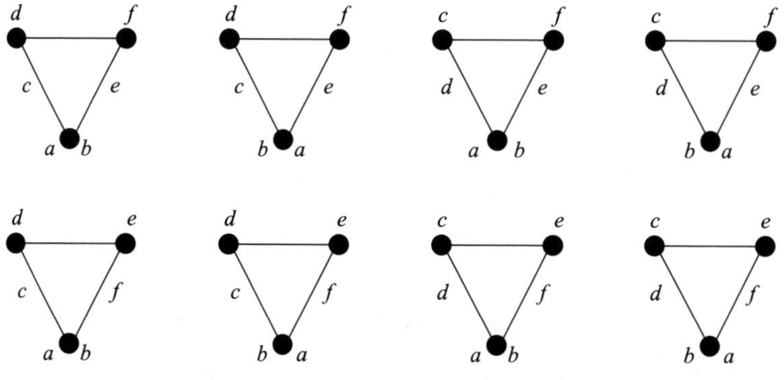

图 8-10　3 节点网络 8 种不同线头的匹配情况

然而，上述生成过程没有考虑自环和重边的情况，如果考虑自环和重边会出现不同的网络形式。图 8-11 给出了与图 8-10 具有相同度序列的一个网络，但图 8-11 中的线头匹配方式完全不同，在生成的网络中具有一条自环和由两条平行单边组成的重边。不过，当网络规模足够大时，采用配置模型构造网络产生的自环和重边的数量是非常少的。

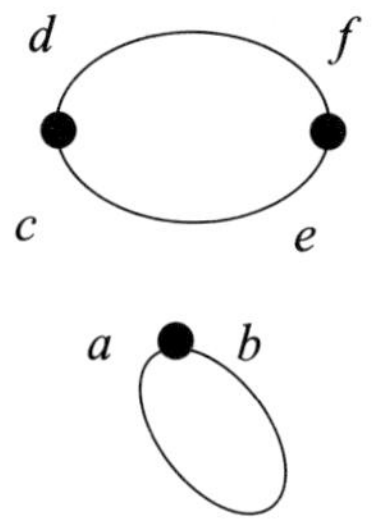

图 8-11 含有自环和重边的线头匹配方式

最后给出配置模型的一种等价的生成方法[2]，如图 8-12 所示。节点的度如图 8-12(a)所示，把每个度为 k 的节点看作一个包含 k 个小节点的大节点，如图 8-12(b)所示。然后把所有的小节点随机地两两相连，但不允许大节点内部的小节点相互连接，并且每个小节点只能配对一次。如果两个大节点之间至少有一对小节点相互连接，那么就在对应的两个节点之间添加一条边。这种构造方式避免了自环的出现，但是还是会出现重边，如图 8-12(c)所示。

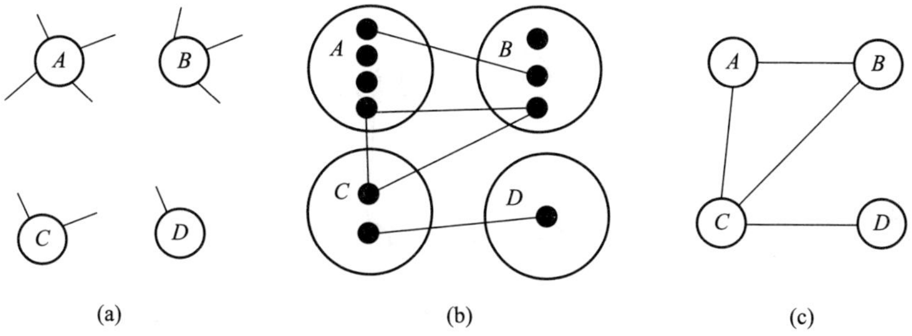

图 8-12 配置模型的等价生成方法

8.3.2 配置模型的余平均度

配置模型的构造方式灵活，能够表示的抽象网络种类很多，所以有助于研究一些网络问题。在很多时候，我们不仅对一个节点的度数感兴趣，对节点的邻居节点的度数也很感兴趣。例如要计算一个节点所属分支的规模，首先要先知道该节点有多少个邻居节点，然后再计算每个邻居节点还有多少个邻居节点。这就产生了一个新概念：余度，计算其平均值就得到余平均度。具体来说，假设节点 i 的 k_i 个邻居节点的度为 k_{i_j}，$j=1, 2, \cdots, k_i$，节点 i 的余平均度

$\langle k_{NN} \rangle_i$为

$$\langle k_{NN} \rangle_i = \frac{1}{k_i} \sum_{j=1}^{k_i} k_{i_j} \tag{8-23}$$

对于整个网络来说，一个网络的余平均度定义为网络中每个节点的余平均度的平均值，它反映了网络中随机选择一个节点的邻居节点的平均度。记为

$$\langle k_N \rangle = \frac{1}{N} \sum_{i=1}^{N} \langle k_{NN} \rangle_i = \frac{1}{N} \sum_{i=1}^{N} \frac{1}{k_i} \sum_{j=1}^{k_i} k_{i_j} \tag{8-24}$$

下面通过一个例子来说明网络平均度和余平均度之间的关系。图 8-13 是一个由 5 个节点组成的网络，可以算出其平均度为

$$\langle k \rangle = \frac{1}{5} \sum_{i=1}^{5} k_i = \frac{1}{5}(2 + 3 + 3 + 1 + 1) = 2 \tag{8-25}$$

其余平均度为

$$\langle k_N \rangle = \frac{1}{5} \sum_{i=1}^{5} \langle k_{NN} \rangle_i = \frac{1}{5}\left(\frac{3+3}{2} + \frac{2+3+1}{3} + \frac{2+3+1}{3} + \frac{3}{1} + \frac{3}{1}\right) = \frac{13}{5} \tag{8-26}$$

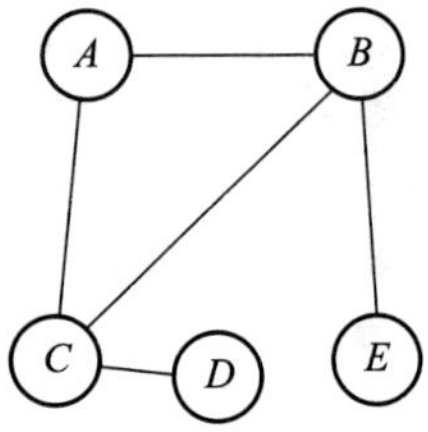

图 8-13　具有 5 个节点的简单网络

可以看到$\langle k_N \rangle > \langle k \rangle$，尽管情况相反的网络例子也可以被构造出来，但在对实际网络的验证中表明，$\langle k_N \rangle > \langle k \rangle$的结果具有一般性，即实际网络中节点的邻居节点的平均度往往大于网络节点的平均度，平均来看你的朋友比你拥有更多的朋友这一点在社交网络中已经被揭示[4]。对于这一结果，可以这样理解：网络节点的平均度只是把网络中每个节点度相加再除以节点总数，在计算网络节点的邻居节点的平均度时，度越大的节点的度往往越会被重复统计，从而导致这种现象的发生。

8.3.3 配置模型的余度分布

对于配置模型来说，其余度是不是也满足一种分布？考虑一个度分布为 p_k 的配置模型，网络中度为 k 的节点所占比例为 p_k，将分布 $P_N(k)$ 表示为从网络中随机均匀选择一个节点其度为 k 的概率。在配置模型网络中，从一个节点出发的边连接到网络中其他任意线头的概率都是相同的。网络中共有 $\sum_i k_i = 2M$ 个线头，除去起始边还剩 $2M-1$ 个，由于每个度为 k 的节点都有 k 个线头，因此从一个节点沿着一条边到达度为 k 的邻居节点的概率为 $k/(2M-1)$，当网络规模足够大时，其值近似为 $k/2M$。

由于 p_k 是网络中所有度为 k 的节点所占的比例，故网络中度为 k 的节点总数为 Np_k，起始边连接到任意度为 k 的节点的概率为

$$P_N(k) = Np_k \times \frac{k}{2M-1} = \frac{Nkp_k}{2M} = \frac{kp_k}{\langle k \rangle} \tag{8-27}$$

上式表明，在网络平均度给定的情况下，从网络中随机选择一个节点出发，沿着一条边到达一个度为 k 的邻居节点的概率与 kp_k 成正比，也就是说更加容易到达一个度更高的节点。但需要注意的是这一性质仅适用于配置模型，因为在现实世界中，网络邻居节点的度通常是相关的，因此上述概率还可能与起始节点所处位置有关。

我们知道，网络节点平均度可以通过度分布来计算：

$$\langle k \rangle = \sum_{k=0}^{\infty} kp_k \tag{8-28}$$

类似地，还可以通过以下方式计算余平均度：

$$\langle k_N \rangle = \sum_{k=0}^{\infty} kP_N(k) = \sum_{k=0}^{\infty} k\frac{kp_k}{\langle k \rangle} = \frac{\langle k^2 \rangle}{\langle k \rangle} \tag{8-29}$$

还可以计算余平均度和平均度的差值：

$$\langle k_N \rangle - \langle k \rangle = \frac{\langle k^2 \rangle - \langle k \rangle^2}{\langle k \rangle} = \frac{\sigma^2}{\langle k \rangle} \tag{8-30}$$

其中，σ^2 为网络度分布的方差，总是为非负值，所以有 $\frac{\sigma^2}{\langle k \rangle} \geqslant 0$，这个结果与上节讨论的结果一致。事实上，除非网络中所有节点的度都是相同的，否则 σ^2 总

是大于零的。

可以在计算机中生成多种配置网络模型，计算其平均度和余平均度，会发现上述结果总是成立的，这种情况对于现实网络也成立。这也验证了配置模型的优点，一方面可以用它进行理论分析，另一方面所得到的结果具有鲁棒性，可以在一定程度上适用于实际网络。

8.3.4 配置模型的聚类系数

可以利用余度分布来计算配置模型的聚类系数，聚类系数表示的是一个节点的两个邻居节点互为邻居节点的平均概率。随机选择一个至少有两个邻居节点的节点 v，其两个邻居节点分别为 i 和 j，有两条边分别从 v 出发指向 i 和 j，因此连接到它们的边数 k_i 和 k_j 均服从余度分布。i 和 j 也存在连边的概率为 $k_ik_j/2M$，令 q_k 表示从网络中随机均匀选择的一个节点的余度为 k 的概率，由于节点余度为 k 的概率等于总度数为 $k+1$ 的概率，那么将 $k\to k+1$ 代入式(8-27)，可以得到

$$q_k=\frac{(k+1)p_{k+1}}{\langle k\rangle} \tag{8-31}$$

对其中的 k_i 和 k_j 关于 q_k 取平均，得到聚类系数的表达式为

$$\begin{aligned}C&=\sum_{k_i,k_j=0}^{\infty}q_{k_i}q_{k_j}\frac{k_ik_j}{2M}=\frac{1}{2M}\left[\sum_{k=0}^{\infty}kq_k\right]^2\\&=\frac{1}{2M\langle k\rangle^2}\left[\sum_{k=0}^{\infty}k(k+1)p_{k+1}\right]^2\\&=\frac{1}{2M\langle k\rangle^2}\left[\sum_{k=0}^{\infty}(k-1)kp_k\right]^2\\&=\frac{1}{N}\frac{[\langle k^2\rangle-\langle k\rangle]^2}{\langle k\rangle^3}\end{aligned} \tag{8-32}$$

与泊松随机网络的聚类系数相似，对于固定的度分布，该结果和 $1/N$ 相关，当网络规模趋于无穷大时，聚类系数趋于零。因此，配置模型不适用于较高聚类系数网络的生成。

8.4 零模型和随机重连算法

从前面的内容，我们了解到配置模型由于具有比较好的解析特性被认为是比较理想的现实网络基础模型，但是现实网络往往具有很高的聚类系数，而随机网络很难做到。所以人们希望将现实网络的特性如幂律分布和高聚类系数引入随机网络，并将其作为参照来推断现实网络的其他特征。为了验证我们观察到的现象是受到某种机制影响还是只是一种偶然，可以使用零模型的概念。零模型的作用是给实际网络找一个合适的对象作为参照比较。

8.4.1 随机化网络和零模型

用随机网络作为现实网络参照零模型的思想可以溯源到瓦茨和斯托加茨1998年发表在*Nature*的文章[5]，社会学中将社会网络和随机网络比较并作假设检验的时间则更早。我们一般将一个与实际网络具有相同节点数和相同性质的随机网络称为该实际网络的随机化网络，这里的性质可以是平均度、度分布、聚类系数等，以及它们的组合，具有此种性质的网络也具有零假设性质。为了验证这一假设的成立，就需要与原网络具有相同性质的随机化网络作为参照，用来判定这类随机化网络是否具有零假设性质。在统计学中，这类随机化网络模型称为零模型。

零模型根据约束条件的多少分为不同的阶次，其中泊松随机网络可以看作阶数最低的零模型[2]。

（1）0阶零模型：指的是与原网络具有相同节点数N和边数M的随机化网络。

（2）1阶零模型：指的是与原网络具有相同节点数N和度分布$P(k)$的随机化网络。通常的做法是使网络度序列保持不变。

（3）2阶零模型：指的是与原网络具有相同节点数N和二阶度相关特性（联合度分布）$P(k, k')$的随机化网络，或者是与原网络具有相同同配系数的随机化网络。

(4) 3 阶零模型：指的是与原网络具有相同节点数 N 和三阶度相关特性(联合边度分布)$P(k_1, k_2, k_3)$的随机化网络，其中三阶度相关特性 $P(k_1, k_2, k_3)$包含 $P_\Lambda(k_1, k_2, k_3)$和 $P_\Delta(k_1, k_2, k_3)$两种连通三元组，如图 8-14 所示。

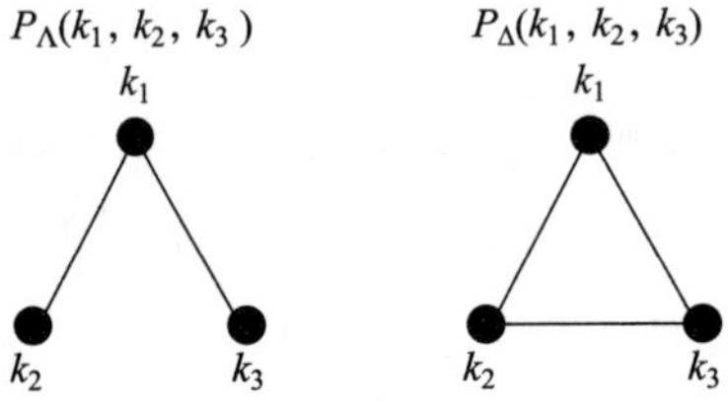

图 8-14　两种连通三元组

很显然，接着往下还会有更高阶的零模型。零模型具有如下重要性质：

(1) 对于任意给定网络和两个自然数 $d_1<d_2$，具有与该网络相同的 d_2阶分布的模型一定是与该网络相同的 d_1阶分布的模型集合的子集。

(2) 给定网络的 d 阶零模型的性质就是与该网络具有相同的 d 阶分布的模型集合的性质的平均，随着 d 的增大，d 阶零模型越来越接近给定网络[2]。

8.4.2　零模型的属性分析

在判断划分的社团结构是否为最优时，可以借助 1 阶零模型，将待判断的网络与具有相同度序列的 1 阶零模型比较，从而判断网络社团结构划分的效果。但是，在借用零模型研究网络特征时需要明确两点：① 确定零模型：根据所要研究的特征，确定合适的零模型，一般要求其低阶特征不变，即如果要研究二阶特征(度相关性)，就可以选择保持一阶特征(度序列)不变的 1 阶零模型。② 确定比较方法：把实际网络特征与相应零模型的特征进行比较。例如，某种拓扑特征在实际网络中出现的次数为 $N(j)$，在相应的随机化网络中出现次数的平均值为$\langle N_r(j)\rangle$，那么可以计算两者的比值 $R(j)$，通过观察 $R(j)$的值来判断实际网络中该拓扑特征出现的情况[2]。

还可以利用统计学中的 Z 检验方法来描述某个拓扑特征在实际网络和相应随机化网络中出现频率的差异，称为拓扑特征 j 的统计重要性：

$$Z(j) = \frac{N(j) - \langle N_r(j)\rangle}{\sigma_r(j)} \tag{8-33}$$

$Z(j)$的绝对值越大，说明差异越明显。在平面上绘制$R(j)$和$Z(j)$的图形，即可得到相关性剖面。

接下来分析度相关性。我们知道如果要得到网络的度相关性，可以通过联合概率分布来刻画。但是对于大规模网络，计算联合概率分布是比较困难的，下面介绍基于零模型比较的度相关分析方法[6]。

1. 无向网络的度相关性分析

网络的联合概率分布$P(j, k)$定义为网络中随机选取一条边的两个端点的度分别为j和k的概率：

$$P(j, k)=\frac{m(j, k)\mu(j, k)}{2m} \tag{8-34}$$

其中，$m(j, k)$是度为j的节点和度为k的节点之间的连边数；如果$j=k$，那么$\mu(j, k)=2$，否则$\mu(j, k)=1$。

具体地，可以通过比较一个实际网络的$m(j, k)$与相应的1阶零模型及其均值$\langle m_r(j, k)\rangle$来分析实际网络的度相关性，并求得相关性剖面。

2. 有向网络的度相关性分析

在有向网络中，边的方向有可能对网络的同配性质产生重要影响。一个有向网络的同配性可以有以下4种度量：$r(\text{out}, \text{in})$，$r(\text{in}, \text{out})$，$r(\text{out}, \text{out})$和$r(\text{in}, \text{in})$，其中$r(\text{out}, \text{in})$表示高出度节点有边指向高入度节点的倾向程度，其余的定义类似。

我们用$\alpha, \beta\in\{\text{in}, \text{out}\}$分别表示入度和出度类型，并把有向边$i$的源节点和目标节点的$\alpha$度和$\beta$度分别表示为$j_i^\alpha$和$k_i^\beta$，则有向网络的同配系数可以用皮尔逊相关系数来刻画：

$$r(\alpha, \beta)=\frac{M^{-1}\sum_i(j_i^\alpha-\langle j^\alpha\rangle)(k_i^\beta-\langle k^\beta\rangle)}{\sqrt{M^{-1}\sum_i(j_i^\alpha-\langle j^\alpha\rangle)^2}\sqrt{M^{-1}\sum_i(k_i^\beta-\langle k^\beta\rangle)^2}} \tag{8-35}$$

其中，M为网络边数，$\langle\cdot\rangle$为均值。

那么进一步可以求出$r(\alpha, \beta)$的统计重要性：

$$Z(\alpha, \beta)=\frac{r(\alpha, \beta)-\langle r_r(\alpha, \beta)\rangle}{\sigma_r(\alpha, \beta)} \tag{8-36}$$

其中，$\langle r_r(\alpha, \beta) \rangle$和$r(\alpha, \beta)$分别为 1 阶零模型同配系数的均值和方差。对$Z(\alpha, \beta)$进行归一化处理以消除网络规模的影响，得到同配重要性剖面(assortativity significance profile，ASP)为

$$ASP(\alpha, \beta) = \frac{Z(\alpha, \beta)}{\left(\sum_{\alpha, \beta} Z(\alpha, \beta)^2\right)^{\frac{1}{2}}} \tag{8-37}$$

如果$ASP(\alpha, \beta)>0$，表明实际网络比相应零模型更同配，此时称网络是 Z 同配的；如果$ASP(\alpha, \beta)<0$，则表明实际网络比相应零模型更异配，此时称网络是 Z 异配的[5]。

3. 零模型中的模体

实际网络往往具有较高的聚类系数，这导致实际网络可能包括多种由高度连接的节点组构成的子图。在一个完全规则的方形网格中，我们很容易找到其子图构成，如图 8-15 所示，虚线止方形框反映了网格的基本结构特征。

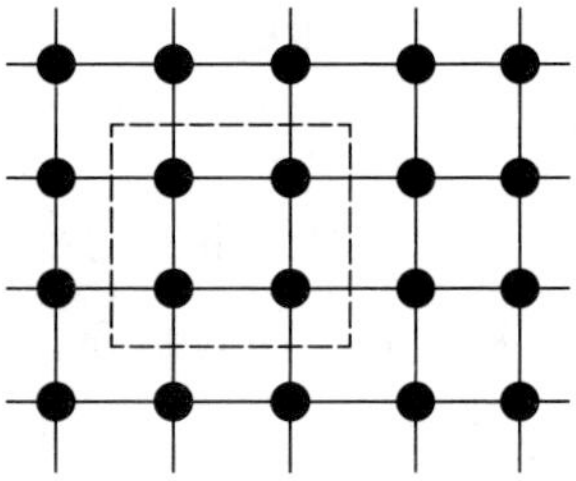

图 8-15　规则网格中的子图

实际网络中往往会包含不同种类的子图，这些子图被称为模体(motif)。模体有助于识别网络的典型局部连接方式，例如三角形模体常出现在神经网络中，而 4 个节点的模体则常见于电子线路中。

可以通过比较一个子图j在实际网络中出现的次数$N(j)$和在相应零模型中出现次数的平均值$\langle N_r(j) \rangle$来判断实际网络中的子图j是否为模体，求两者比值得到

$$R(j) = \frac{N(j)}{\langle N_r(j) \rangle} \tag{8-38}$$

这里一般要求子图在相应零模型中出现的次数多于在实际网络中出现的次数的概率小于某一阈值，或者该子图在实际网络中出现的次数$N(j)$不小于某个

下限[7]。

8.4.3 随机化重连算法

根据给定实际网络包含的节点信息和度序列的拓扑数据，如何构造一个与之具有相同度序列的随机网络模型？学者们提出了一种随机重连算法[8,9]，在给定实际网络数据的基础上，保持每个节点的度不变，尽可能地随机化连边的位置，得到一个具有给定度序列的随机网络。

对于不同阶的零模型，随机重连算法过程如下：

（1）在 0 阶零模型中，随机重连算法为：每次随机去掉网络中的一条边 v_1v_2，再随机选择网络中两个不相连的节点 v_3 和 v_4，然后将其相连，得到一条新边 v_3v_4，重复上述过程。

（2）在 1 阶零模型中，每次需要随机选择网络中的两条边，分别记为 v_1v_2 和 v_3v_4，如果这 4 个节点之间只有这两条边，就去掉这两条边，然后重新连接节点 v_1 和 v_4、v_2 和 v_3，得到两条新边 v_1v_4 和 v_2v_3；为了保证网络的度序列不变，要保持这 4 个节点度值不变，重复上述过程。

（3）2 阶零模型的随机重连算法步骤与 1 阶零模型相同，为了保持联合度分布不变，需要节点 v_2 与 v_4 具有相同的度值，重复上述过程。

零模型随机重连过程示意图如图 8-16 所示。

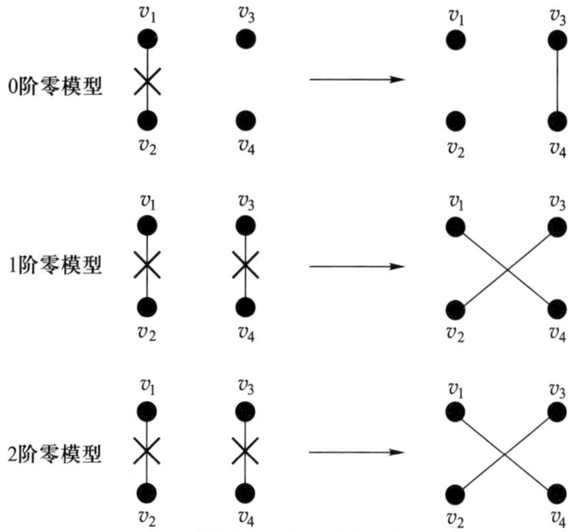

图 8-16　零模型的随机重连过程示意图

零模型阶数越高，约束条件越多，重连的可能性就越小，生成网络的随机化程度也逐渐降低。上述的随机重连算法可以推广至有向网络，例如，在 1 阶零模型中，可以通过保持节点的入度和出度不变来达成，这时随机选择的边为有向边。

思考题

8.1　考虑度均值为 c 的随机网络 $G(n,\ p)$，证明当 n 趋于无穷大时，网络中三角形数量的期望值是$\frac{1}{6}c^3$。你能从中得到什么结论？

8.2　考虑 ER 随机网络 $G(n,\ p)$，其中 $n=1000$，$p=0.05$，计算度值 $k>2\langle k\rangle$ 的节点数量的期望值。

8.3　按照节点序号依次写出本题图中小型网络的度序列。

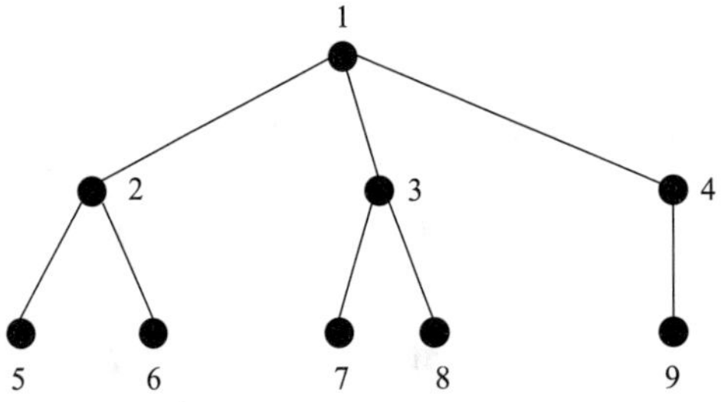

题 8.3 图

8.4　计算题 8.3 网络的度的均值，并按照配置模型的方式计算其聚类系数。

8.5　本题图中为包含 16 个节点的具有相同度序列的两个网络，其中节点 A、B、C 和 D 的度为 3，其余节点的度都为 1。判断两个网络的同配性质，并比较每一个网络的平均度和余平均度。

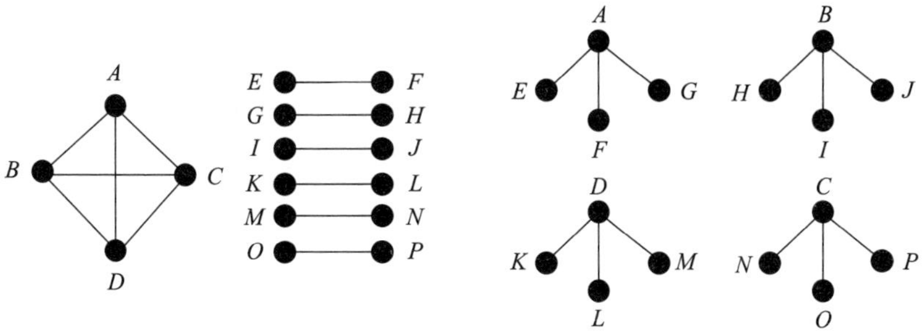

题 8.5 图

参考文献

[1] Erdös P, Rényi A. On the evolution of random graphs[J]. Publ. Math. Inst. Hung. Acad. Sci, 1960, 5(1): 17-60.

[2] 汪小帆, 李翔, 陈关荣. 网络科学导论[M]. 北京: 高等教育出版社, 2012: 193-229.

[3] Albert R, Barabási A L. Statistical mechanics of complex networks[J]. Reviews of Modern Physics, 2002, 74(1): 47.

[4] Feld S L. Why your friends have more friends than you do[J]. American Journal of Sociology, 1991, 96(6): 1464-1477.

[5] Watts D J, Strogatz S H. Collective dynamics of 'small-world' networks[J]. Nature, 1998, 393(6684): 440-442.

[6] Mahadevan P, Krioukov D, Fall K, et al. Systematic topology analysis and generation using degree correlations[J]. ACM SIGCOMM Computer Communication Review, 2006, 36(4): 135-146.

[7] Milo R, Shen-Orr S, Itzkovitz S, et al. Network motifs: Simple building blocks of complex networks[J]. Science, 2002, 298(5594): 824-827.

[8] Maslov S, Sneppen K. Specificity and stability in topology of protein networks[J]. Science, 2002, 296(5569): 910-913.

[9] Maslov S, Sneppen K, Zaliznyak A. Detection of topological patterns in complex networks: Correlation profile of the Internet[J]. Physica A: Statistical Mechanics and its Applications, 2004, 333: 529-540.

第9章　小世界网络模型

最早观察到小世界现象的是社会人际网络。将每个人作为节点，将人与人之间的人际关系作为连接，就创建起一个社会人际网络。有时你会发现，在这样一个社会网络中，某些你觉得与你隔得很“遥远”的人，其实与你“很近”，你会不禁感叹：“这个世界真小!”对于世界上任意两个人，通过第三者、第四者的间接关系来创建联系的话，平均需要多少人？这便引出了小世界网络的研究。

小世界网络的概念是随着对复杂网络的研究而出现的。“网络”其实就是图论研究中的图，由一群顶点以及它们之间的连边构成。在网络科学中则换了一套术语，用“节点”代替“顶点”，用“连接”代替“边”。本章将从两部分来重点介绍小世界网络模型。首先从六度分割理论来引入小世界网络，将介绍WS小世界网络模型，它是由规则网络上一些边的随机重连接导出的，以及NW小世界网络模型，它是纽曼与沃茨通过在常规网络上添加一些随机连接得到的。其次将介绍如何分析模型的聚类系数、平均距离和度分布。什么样的小世界网络可以实现有效搜索？即使世界上任意两个人之间的距离并不大，但也并不意味着能很容易找到一条很短的路径来连接这两个人。网络的可搜索性与网络的结构相关，Kleinberg 模型等对小世界网络可搜索性的研究是网络科学的又一重要突破。

9.1　小世界网络模型简介

20 世纪 60 年代，哈佛大学社会心理学家米尔格拉姆做了一个信件传送实验。他将一些信件交给参加实验的志愿者，要求他们通过自己的熟人将信件传送到信封上指定的收信人手里。他发现，296 封信件中有 64 封最终送到了目标人手中。而在成功传送的信件中，平均只需要 5 次转发，就能够到达目标。也就是说，在社会网络中，任意两个人之间的“距离”是 6。这就是所谓的“六度分隔”理论。尽管他的实验有不少缺陷，但这个现象引起了学界的注意。

9.1.1　小世界网络模型描述

继米尔格拉姆实验之后，为了检验六度分隔理论的真实性，人们又进行了一些实验，其中一个著名的例子是“凯文 · 贝肯游戏”(game of Kevin Bacon)。这个游戏的主角是美国电影演员凯文 · 贝肯(Kevin Bacon)，游戏里每一个演员都有一个“贝肯数”：如果一个演员与贝肯合作过一部电影，那么他(她)的贝肯数就是 1；如果一个演员没有与贝肯合作过，但与某个贝肯数为 1 的演员合作过，那么他(她)的贝肯数就是 2，以此类推。对超过 133 万名世界各地的演员进行统计，他们平均的贝肯数是 2.981，最大的也仅仅是 8[1]。

一个类似的实验是数学界中的“Erdös 数”。Erdös 是随机图理论的开创者之一，与他合作发表过论文的学者的 Erdös 数是 1，与这些学者合作发表过论文的学者的 Erdös 数是 2，以此类推。美国数学会的数据库中记录的超过 40 万名数学家的 Erdös 数平均是 4.65，最大的是 13[2]。

小世界网络是一种数学图。在这种图中，绝大多数节点并不相邻，但任何一个给定节点的邻居们却很可能彼此相邻，并且大多数任意节点，都可以用较少的步或跳跃访问其他节点。在社交网络中，这种网络属性意味着一些彼此并不相识的人，可以通过一条很短的熟人链条联系在一起，这也就是小世界现象。许多经验网络图都展示了小世界现象，例如社交网络、互联网的底层架构、维基百科类网站以及基因网络等。

9.1.2 小世界网络模型生成

米尔格拉姆实验、凯文·贝肯游戏、Erdös 数以及一些类似的实验证明，在现实世界里的一些网络中，尽管节点数量庞大，但从一个节点出发，其实只需要经过几步跳转，就能到达任一个节点。1998 年，康奈尔大学的瓦茨(Duncan Watts)和斯托加茨(Steven Strogatz)发表了一篇名为《小世界网络的集体动力学》的论文[3]，他们把这种现象归为某一类复杂网络的特性，并提出了瓦茨-斯托加茨模型(WS 模型)。他们注意到复杂网络可以按两个独立的结构特性分类，即聚类系数和节点间的平均路径长度。现实中的复杂网络是一种介于规则网络和随机网络之间的网络，一是有很小的平均路径长度：在节点数 N 很大时，平均路径长度近似正比于 $\log N$；二是有很高的聚类系数：聚类系数大约和规则网络在同一数量级，同时远大于随机网络的聚类系数。他们把这种特性称为现实网络的小世界特性。

不久之后，瓦茨又与纽曼提出了另一个稍有不同的模型，称为纽曼-瓦茨模型(NW 模型)[4]。下面分别介绍这两种小世界网络生成方式。

1. WS 模型的生成

小世界网络模型是基于一个假设：存在一种网络模型介于规则网络和随机网络之间。模型从一个完全的规则网络出发，以一定的概率将网络中的连接打乱重连。它解释了在聚集的同时保持了 ER 模型较短的平均节点间距离，这是通过在近似 ER 图的随机化结构和正则环点阵中进行内插得到的。因而，该模型能够部分解释许多网络中的小世界现象，比如电力网络、秀丽隐杆线虫 C. elegans 的神经网络以及电影演员合作网络等[5]。WS 模型的构造过程如下：

（1）从一个规则网络开始，网络中的 N 个节点排成晶格，每个节点都与离它最近的 $2K$ 个节点相连，K 是一个远小于 N 的非 0 偶数。

（2）选择网络中的一个节点作为 1 号节点，从它开始顺时针将所有节点进行编号，再将每个节点发出的连接也按顺时针排序。

（3）1 号节点的第 1 条连接会有 $0<p<1$ 的概率被重连。重连方式如下：保持 1 号节点这一端不变，将连接的另一端随机换成网络里的另一个节点，但不能使得两个节点之间多于 1 个连接。

1 号节点的第 1 条连接重连之后，对其余节点也进行同样的操作，如果这其中有连接已经有过重连的机会，就不再重复，直到绕完一圈的节点。

（4）再次从 1 号节点的第 2 条连接开始，重复第 3 步和第 4 步，直到绕完一圈的节点。

（5）再次从 1 号节点开始，重复第 4 步，直到所有的连接都执行过第 3 步（重连的步骤）。

（6）由于 $2NK$ 个连接里每个连接都有一次重连的机会，所以这个过程总会结束。最后得到的网络称为 WS 模型网络。

如果概率 $p=0$，那么重连永远不会发生，最后得到的是原来的规则网络；如果概率 $p=1$，那么所有的连接都被重连一次，最后得到的是一个随机网络，三种网络的演化示意图参见图 9-1。

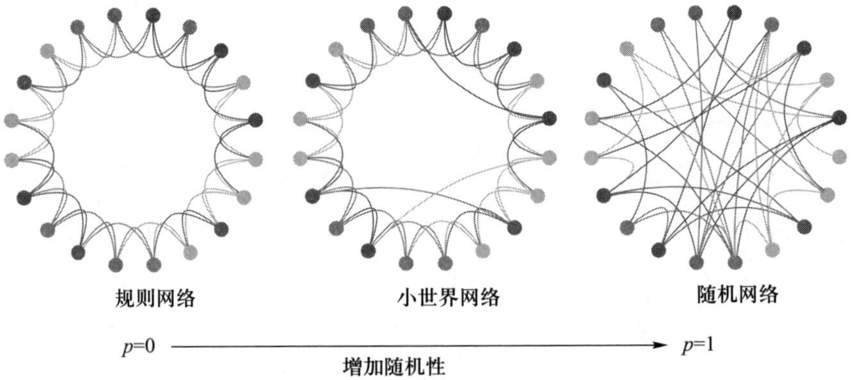

图 9-1　三种网络演化示意图

2. NW 模型的生成

NW 模型的生成是通过随机化加边取代 WS 模型生成中的随机化重连而得到的。随机选择一对尚未连接的节点，设定有 $0<p<1$ 的概率产生连接，这样重复一定次数即可生成 NW 模型。但 NW 模型不允许两节点之间有多于一条连接，也不允许节点与自身相连。

注意到在 WS 模型中，边的数目固定为 $2NK$，但是以概率 p 对这些边进行随机重连，这意味着随机重连得到的长程边数目的均值为 $2NKp$。在 NW 模型中，原来的 $2NK$ 条边保持不变，在此基础上再随机添加一些边，为了便于比较，这些添加的长程边数目的均值取为 $2NKp$。NW 模型的构造过程如下：

（1）从一个规则网络开始，给定一个含有 N 个节点的环状最近邻耦合网络，每个节点都与它左右相邻的各 K 个节点相连。

（2）以概率 $0<p<1$ 在随机选取的 $2NK$ 个节点之间添加边，其中两个节点之间不能多于 1 个连接，且自己和自己不能连接。

当 $p=0$ 时，WS 模型和 NW 模型都对应于原来的最近邻耦合网络；当 $p=1$ 时，WS 模型相当于随机网络，而 NW 模型则相当于在规则最近邻耦合网络的基础上再叠加一个一定边数的随机网络。即简单来说，两者间的区别在于 WS 模型是随机重连，边的总数不会增加；而 NW 模型是随机加边，边的总数是增加的。当 p 足够小而 N 足够大时，可以认为 WS 模型和 NW 模型是等价的。

9.2 小世界网络拓扑特征

复杂网络不仅是一种数据的表现形式，也是一种科学研究的手段。为了进一步研究小世界网络模型，本节将用 3 个统计特性来衡量网络。

9.2.1 度分布

在网络中，度为 k 的节点占总节点数的比例记为 p_k。从概率统计的角度，p_k 可以视为网络中一个随机节点的度为 k 的概率，即度分布 $P(k)$。对于有向网络，有出度分布 $P(k^{\text{out}})$ 和入度分布 $P(k^{\text{in}})$。

1. WS 模型的度分布

随着 p 由 0 到 1 增大，WS 小世界网络由近邻连接规则网络向随机网络过渡。规则网络的度分布是 δ 分布，随机网络的度分布是泊松分布，WS 小世界网络的度分布是从 δ 分布到泊松分布的过渡。在 $0<p<1$ 范围内，WS 小世界网络的度分布可记为

$$P(k) = \sum_{n=0}^{f(k,\ K)} \binom{K/2}{n} (1-p)^{n} p^{K/2-n} \frac{(pK/2)^{k-K/2-n}}{(k-K/2-n)!} \mathrm{e}^{-pK/2} \qquad (9-1)$$

其中，k_i 是第 i 个节点的边数或称为度。这里 $k \geqslant K/2$，$f(k,\ K) = \min(k-K/2,\ K/2)$。度分布的形状类似于随机图，在 $k = K$ 处取得明显峰值，对于较大的 $|k-K|$ 呈指数衰减。

以 $N = 5000$，$K = 10$，p 在 0 到 1 之间取不同值，生成一系列 WS 小世界网络，其度分布图如图 9-2 所示。可以看出，当 $p = 0$ 时，规则网络只有度是 10 的

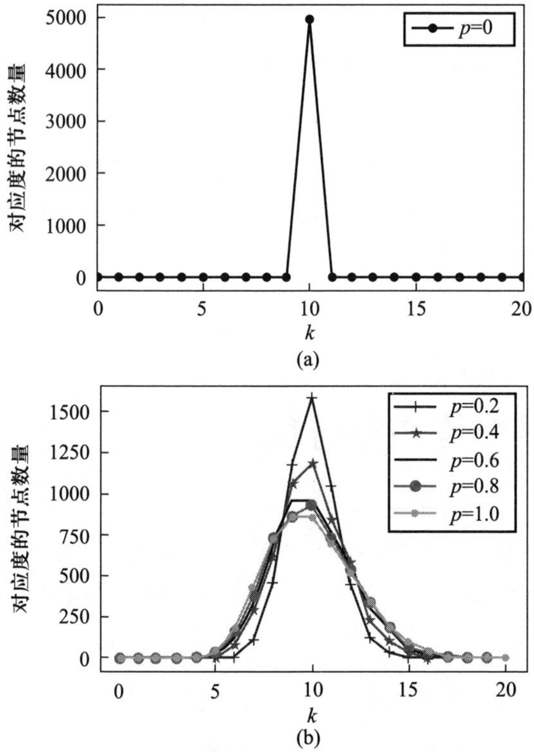

图 9-2　WS 小世界网络模型对应不同 p 值生成网络度分布示意图

节点。随着 p 的增大，度分布曲线向两边展开，分布曲线的方差逐渐增大，直到 $p=1$ 时成为泊松分布。泊松分布的均值和方差都是 λ，这里 $\lambda=10$。可见 WS 小世界网络的度分布，其方差小于对应的 $p=1$ 时的泊松分布的方差，均值相等。

2. NW 模型的度分布

NW 小世界网络是在近邻规则网络的基础上随机加边，随着 p 由 0 到 1 的增大，网络密度不断增大，因而 NW 小世界网络是在近邻连接规则网络的基础上叠加了随机网络的特性。由于原有的规则网络中的所有边保持不变，因此每个节点的度至少为 K。当 $k<K$ 时，$P(k)=0$；当 $k\geqslant K$ 时，一个节点的度为 k 就意味着有 $k-K$ 条长程边与该节点相连。易得，每一对节点之间有边相连的概率为 $Kp/(N-1)$。因此，一个随机选取的节点的度为 k 的概率为

$$P(k)=\binom{N-1}{k-K}\left[\frac{Kp}{N-1}\right]^{k-K}\left[1-\frac{Kp}{N-1}\right]^{N-1-k+K} \tag{9-2}$$

NW 模型中长程边的平均数为$\frac{1}{2}NKp$，涉及的端点数为 NKp。因此，平均而言，网络中与每个节点相连的长程边的数量为 Kp。当网络中节点数 N 充分大时，二项分布可近似写为如下泊松分布：

$$P(k)=\frac{(Kp)^{k-K}}{(k-K)!}\mathrm{e}^{-K_p} \tag{9-3}$$

由于具有 s 条长程边的节点的度值为 $k=s+K$，把 $s=k-K$ 代入上式，可得 $P(s)=\mathrm{e}^{-Kp}\frac{(Kp)^s}{s!}$。也就是说，考虑到连边的随机性，当 N 充分大时，一个节点具有 s 条长程边的概率服从均值为 Kp 的泊松分布。

以 $N=5000$，$K=10$，p 在 0 到 1 之间取不同值，生成一系列 WS 小世界网络，其度分布图如图 9-3 所示。可以看出，当 $p=0$ 时，规则网络只有度是 10 的节点。随着 p 的增大，度分布曲线向右展开，分布曲线的方差逐渐增大，直到 $p=1$ 时成为均匀分布。

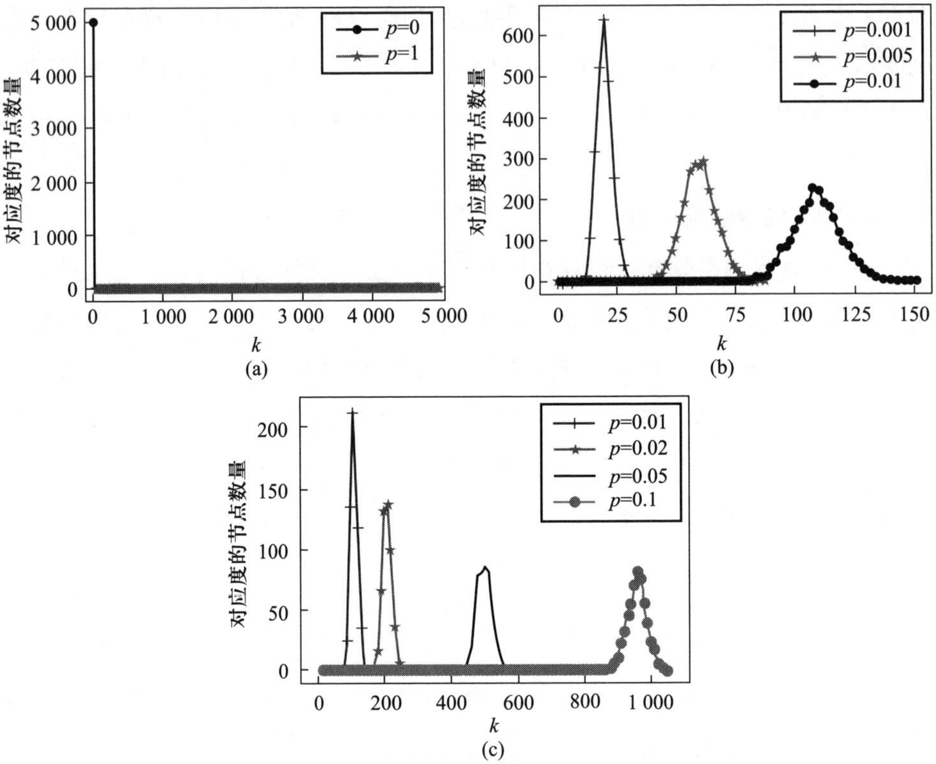

图 9-3　NW 小世界网络模型对应不同 p 值生成网络度分布示意图

9.2.2　聚类系数

之前章节提到过，聚类系数是用来描述一个图中的节点之间集结成团的程度的系数。在小世界网络模型中通常用聚类系数来表示一个节点的邻居节点之间相互连接的程度。例如在社交网络中，你的朋友之间相互认识的程度。

通常一个网络中某个节点的聚类系数刻画了该节点的邻居节点中任意一对节点与其有连边的概率，可表示为

$$C_i = \text{节点}\ i\ \text{的聚类系数} = \frac{\text{节点}\ i\ \text{的邻居节点之间实际存在的边数}}{\text{这些邻居节点可能存在的最大的边数}} \quad (9-4)$$

即

$$C_i = \frac{E_i}{\dfrac{k_i(k_i - 1)}{2}} = \frac{2E_i}{k_i(k_i - 1)} \quad (9-5)$$

其中，E_i为该点的邻居节点之间实际存在的边数，$k_i(k_i-1)/2$ 为这些邻居节点可能存在的最大的边数。对于孤立节点以及度为 1 的节点，其聚类系数定义为 0。聚类系数可以理解为一个节点与其邻域中任意两个节点构成一个三角形的概率。一个网络的聚类系数定义为其所有节点聚类系数的平均值，即

$$C = \frac{1}{N}\sum_{i=1}^{N} C_i \tag{9-6}$$

基于网络之中三角形的数量，可以给出另一种定义方式：

$$C_i = \frac{\sum_{i\neq j,\ i\neq k,\ j\neq k} a_{ij}a_{ik}a_{jk}}{\sum_{i\neq j,\ i\neq k,\ j\neq k} a_{ij}a_{ik}} \tag{9-7}$$

两种定义方式并不完全等价，但是在实际研究中通常关心的是网络聚类系数的相对大小，因而并不会带来本质区别。

1. WS 模型的聚类系数

当 $p=0$ 时，WS 小世界网络是规则网络。规则网络中每个节点与其相邻的 $2K$ 个节点相连，邻居节点之间实际存在的连边数为 $3K(K-1)/2$，可能存在的最多连边数为 $2K(2K-1)/2$，因此

$$C(0) = \frac{3(K-1)}{2(2K-1)} \tag{9-8}$$

当 $p=0$ 时有相互连接的某个节点的两个相邻节点，当 $p>0$ 时依旧是该节点的相邻节点且相互连接的概率为$(1-p)^3$，WS 小世界网络的聚类系数为

$$C(p) = \frac{3(K-1)}{2(2K-1)}(1-p)^3 \tag{9-9}$$

2. NW 模型的聚类系数

NW 小世界网络是在规则网络的基础上以概率 p 随机加边，规则网络每个节点的度是 $2K$，NW 小世界网络的平均度是 $2K(1+p)$。也就是说，任意节点的邻居节点数可认为是 $2K(1+p)$，则邻居节点中可能存在的最多连边数为 $2K(1+p)(2K(1+p)-1)/2$，邻居节点之间实际存在的连边数近似为 $3K(K-1)/2$。根据聚类系数的定义，可以得出 NW 小世界网络的聚类系数为

$$C(p) = \frac{3(K-1)}{2(1+p)(2K+2Kp-1)} \approx \frac{3(K-1)}{2(2K-1)+8Kp+4Kp^2} \tag{9-10}$$

9.2.3 平均路径长度

网络中两个节点 i, j 之间的最短路径(测地路径)上的边数被定义为两个节点之间的距离 d_{ij}，平均路径长度 L 通常定义为网络中任意两个节点之间距离的平均值：

$$L = \frac{1}{\frac{1}{2}N(N-1)} \sum_{i \geq j} d_{ij} \tag{9-11}$$

然而 NW 或 WS 小世界模型的平均路径至今尚未有精确的表达式。不过已有研究表明，小世界模型的平均路径长度应遵循以下形式：

$$L = \frac{N}{K} f(NKp) \tag{9-12}$$

其中 $f(\cdot)$ 为一个与模型参数无关的普适标度函数，目前还没有 $f(\cdot)$ 的精确表达式，下面用 $l_{avg}(p)$ 来表示 L 随 p 的变化。

瓦茨和斯托加茨发现，在 p 从 0 变到 1 的过程中，$l_{avg}(p)$ 下降得很快，而 $C(p)$ 下降得比较慢，图 9-4 是 WS 模型的聚类系数与平均路径长度随 p 变化的示意图，图中横轴 p 使用对数坐标表示，纵轴是比值。可以看到，$l_{avg}(p)/l_{avg}(0)$ 曲线很快就下降到 0.2 以下，而 $C(p)/C(0)$ 曲线则直到超过 $p=10^{-1}$ 后才开始

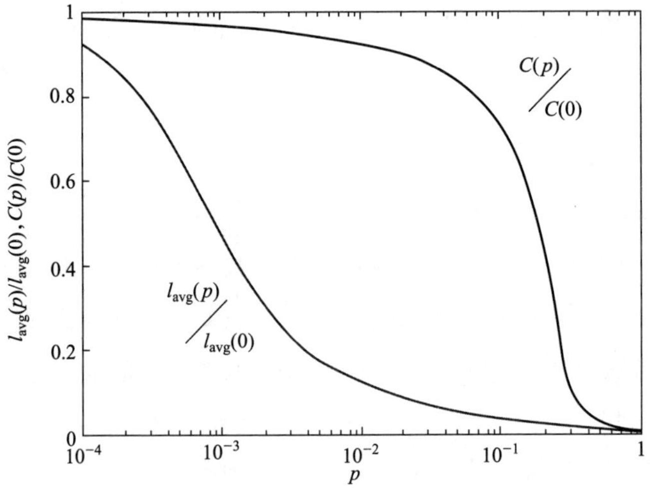

图 9-4　WS 模型的聚类系数与平均路径长度随 p 变化的示意图

有显著下降。当 $p=10^{-1}$ 时，$C(p)$ 大概还有 $C(0)$ 的 80%，但 $l_{avg}(p)$ 只占 $l_{avg}(0)$ 不到 5%了。所以对于很小的 p，$l_{avg}(p)$ 可以很小，但 $C(p)$ 可以很大，这正是小世界网络的特征。

纽曼等人基于平均场方法，对于 NW 模型给出了如下的近似表达式：

$$f(x)=\frac{2}{\sqrt{x^2+4x}}\operatorname{artanh}\sqrt{\frac{x}{x+4}} \tag{9-13}$$

对于不同的网络参数 N、K 和 p，可以利用广度优先搜索计算出平均路径长度 L，然后验证 KL/N 和 NKp 之间是否近似服从某种函数关系。只要网络中随机添加的边的绝对数量足够大(但是占整个网络边数的比例仍然可以相当小)，平均路径长度就可视为网络规模的对数增长函数。

9.3 Kleinberg 模型与可搜索性

小世界现象最初是作为社会学中的一个问题来研究的，同时人们注意到自然科学和技术领域出现的一系列网络的特征。一系列的实验研究揭示了小世界网络模型有两个基本组成部分：一是短链无处不在，二是使用纯本地信息操作的个人非常善于找到这些短链。第一个问题已经显而易见，本节将通过 Kleinberg 模型模拟个人如何在大型社交网络中找到短链来研究第二个问题。

9.3.1 Kleinberg 模型

2000 年 Kleinberg 在文章中指出发现短链所需的线索出现在一个非常简单的网络模型中[6]，该模型基于第 9.1 节讲到的早期实验，即信件传送实验。模型背后的网络遵循“小世界”范式：它们具有丰富的结构化短程连接，并且具有一些随机的远程连接。

对该现象的经验验证导致了一系列旨在回答以下一般性问题的分析工作：为什么存在将任意一对陌生人连接在一起的熟人短链？大多数关于这个问题的早期工作[7]都是基于以下解释：随机网络的直径较小[8]，也就是说，如果每个人都从全网络中随机选择少数几个熟人，并且如果熟人是对称的，那么两个随机个体将通过一条短链以高概率连接。即使是这项早期工作，也认识到了随机模型的局限性。

WS 模型是一种基于随机网络的小世界模型，网络中的边分为“短程”和“远程”。通常把底层规则网格上的已有连接称为短程连接或局部连接，而把随机添加的连接称为远程连接(尽管有时加的远程连接的长度未必很长)。典型的例子是重新布线的环格，构造过程如下：从在一个圆上均匀分布的 n 个点的集合 V 开始，通过一条边将每个点连接到它的每个 k 最近邻居，以获得一个小的常数 k，这些是网络中的“短程连接”；然后引入少量边缘节点，其中端点是从 V 中随机均匀选择的，得到“远程连接”。瓦茨和斯托加茨认为，这样的模型捕获了社交网络的两个关键参数：有一个简单的底层结构可以解释大多数边缘节点的存在，但少数边缘节点是由不遵守这种结构的随机过程产生的。因此，产生的网络具有低直径(如均匀随机网络)，但也具有节点的许多邻居本身就是邻居的特性(与均匀随机网络不同)。许多自然产生的网络都表现出这两个特性，因此该方法也被应用于万维网超链接网络的分析。

Kleinberg 模型研究了“去中心化”算法，在这种算法中，每个人只知道自己的熟人的位置，并试图沿着一条短路径将消息从源传送到目标。因此在设计网络模型时，可以用一个简单的框架来封装 WS 模型的范式，即丰富的局部连接以及一些远程连接。这里不是使用环作为基本结构，而是从二维网格开始，并允许边具有方向。构造方法如下：

(1) 从一组节点(代表社交网络中的个人)开始，这些节点用 $n\times n$ 正方形中的格点集标识，即 $\{(i,\ j):\ i\in\{1,\ 2,\ \cdots,\ n\},\ j\in\{1,\ 2,\ \cdots,\ n\}\}$；定义两个节点 $(i,\ j)$ 和 $(k,\ l)$ 之间的格子距离为它们之间的“格步数”：$d((i,\ j),\ (k,\ l))=|k-i|+|l-j|$。

(2) 对于常数 $p\geqslant 1$，节点 u 与距离 p 内的每一个节点都有一条有向边，这是它的局部连接。

(3) 对于常数 $q\geqslant 0$，利用独立随机试验构造了从节点 u 到距离为 q 的其他节点的有向边，这是它的远程连接。

(4) 从节点 u 开始的第 i 条到终点 v 的有向边的连接概率与 $[d(u,\ v)]^{-\alpha}$ 成正比，其中 $\alpha \geqslant 0$ 为聚类指数。为了得到概率分布，将这个数除以正态化常数 $\sum_{v}[d(u, v)]^{-\alpha}$，得到 α 次的逆幂分布。

这个模型可以这样来解释：人生活在一个网格上，并且在各个方向上通过一定数量的步骤认识他们的邻居，他们也有一些熟人分布在更广泛的网络上。将 p 和 q 视为固定常数，通过调整指数 α 的值来获得一组单参数的网络模型。当 $\alpha=0$ 时，远程连接具有均匀分布，这是在 WS 基本网络模型中使用的分布，一个人的远程连接与他们在网格上的位置无关；随着 α 的增加，一个节点的远程连接在其附近的网格中变得越来越聚集。因此，α 作为一个基本的结构参数，可以用来衡量节点潜在的社会化范围。

该模型的算法组件从网络中的两个任意节点 s 和 t 开始，目标是以尽可能少的步骤将消息从 s 传递到 t。通过去中心化算法这种机制，仅使用本地信息，从当前的消息持有人顺序地传递到他的一个本地或远程联系人。很重要的一个前提是，在给定的步骤中，消息持有人 u 知道以下信息：所有节点之间的局部接触集(即底层网格结构)、目标 t 在点阵上的位置以及与该信息有联系的所有节点的位置和远程连接。

远程连接被添加到由聚类指数 α 控制的二维网格中，该网格中两个节点之间连接的概率与其在晶格上的距离有关，如图 9-5 所示。在每个步骤中，消息持有人必须通过其短程连接或远程连接之一进行传递；值得注意的是，当前持有人不知道未接触消息的节点的远程连接。这种算法的主要优点是其预期传递步数，它表示根据模型生成的网络中的随机源和目标之间转发消息所需的预期

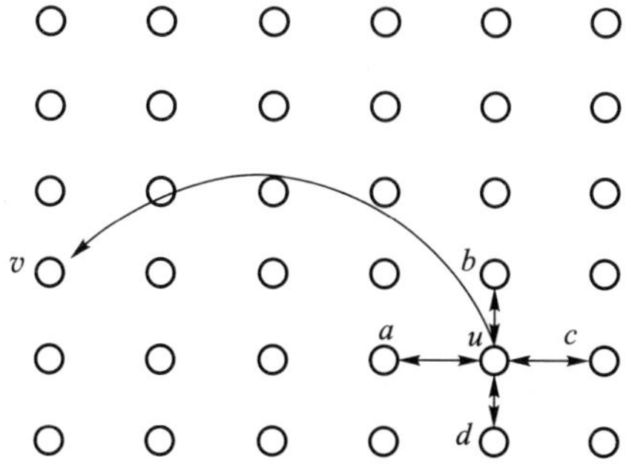

图 9-5 Kleinberg 二维网格示意图[6]

步骤数。将算法限制为仅使用本地信息至关重要，因为凭借对网络中所有连接的全局了解，可以非常简单地找到最短的链[9]。

上述分析表明，以规则网络为基础添加连边时，过分地随机（对应于很小的 α 值）或过分地规则（对应于很大的 α 值）都不利于网络上的搜索。因此，一个自然的问题是：是否存在规则性和随机性之间的折中（即理想的 α 值），使得生成的网络既是小世界又便于快速去中心化搜索？这个问题将在下节介绍。

9.3.2　最优网络结构

小世界网络的一个特征是它们的直径以指数级小于它们的节点整体大小，以 $\log N$ 中的多项式为界，其中 N 是节点数。换句话说，任何两个节点之间总是有一个非常短的路径。然而，这并不意味着分布式算法能够发现这种短路径。Kleinberg 模型的一大贡献是发现并证明了指数 α 存在一个独特的值，对应这个值任何两个节点之间存在一个非常短的路径是可能的。

从第 9.3.1 节中可以知道，网络模型是从 $n\times n$ 个网格导出的，每个节点 u 都有与其最近邻居（a、b、c 和 d）的短程连接，以及与随机选择的节点的长程连接，节点 v 的选择概率与 r 成正比，其中 r 是 u 和 v 之间的格距。更一般地说，对于 p，$q\geqslant 1$，每个节点 u 都与 p 网格步长内的所有节点有一个短程连接，并且 q 个长程连接独立于聚类指数 α。

研究发现，当 $\alpha=2$ 时，分布式算法所需的平均传递步数至多是 $\log N$ 的多项式函数；当 $\alpha\neq 2$ 时，分布式算法所需的传递步数 T 至少是 N 的多项式函数，满足 $T\geqslant cn^{\beta}$，其中 c 依赖于 α、p 和 q，而不是 n。预期传递步数 T 的下界中的指数 β 与聚类指数 α 的关系可以参见图 9-6，其中指数 β 的计算式为

$$\beta=\begin{cases}\dfrac{2-\alpha}{3}, & 0\leqslant\alpha<2\\[2ex] \dfrac{\alpha-2}{\alpha-1}, & \alpha>2\end{cases}\tag{9-14}$$

克莱因伯格按照图 9-5 的形式做了仿真实验，在 20 000×20 000 的环形网格上模拟贪婪算法，得到网络中两点之间所需平均传递步数的对数 $\ln T$ 和参数 α 之间的关系，如图 9-7 所示，图中每个点都是 1000 次实验的平均值。可以看到，明显存在一个参数 α 的最优值。

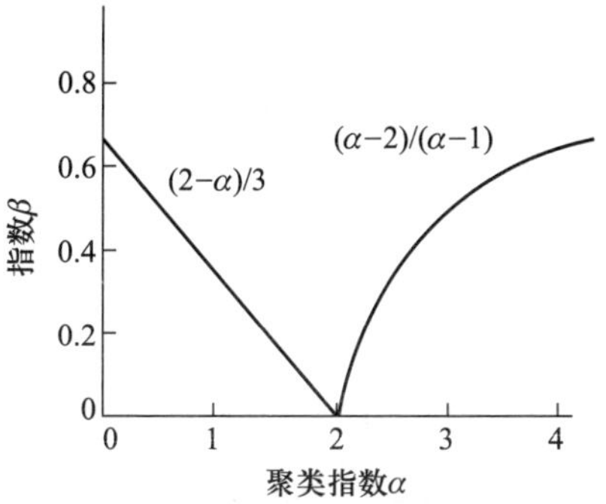

图 9-6 预期传递步数 T 的下界中的指数 β 与聚类指数 α 的关系[6]

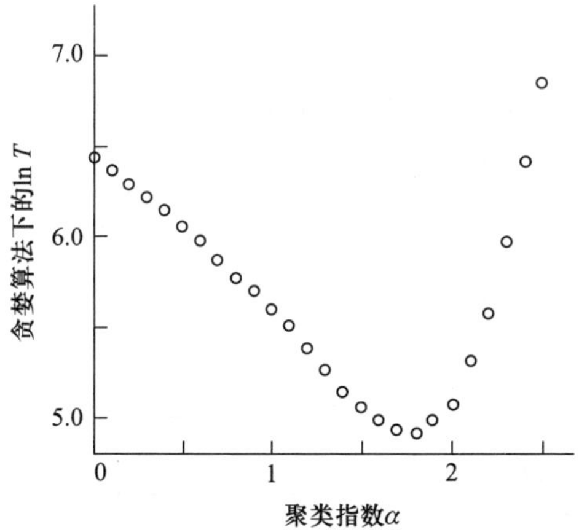

图 9-7 平均传递步数的对数 $\ln T$ 和聚类指数 α 之间的关系[6]

当 $\alpha=2$ 时，长程连接遵循平方反比分布，有一种分布式算法可以非常快地实现，T 的范围是一个与 $\log N$ 成比例的函数。实现此绑定的算法是一种贪婪启发式算法，每个消息持有人通过连接转发消息，使其尽可能接近格距的目标。此外，$\alpha=2$ 是任何分布式算法都可以实现以 $\log N$ 中的任何多项式为界的传递时间的唯一指数，对于其他指数，无论采用何种算法，都需要大得多的传递时间。这些结果表明，有效的可导航性只是一些小世界结构的基本属性。对于任何 $d\geqslant 1$ 的值，结果也可推广到 d 维网格，聚类指数的临界值变为 $\alpha=d$。贪婪算法的仿真表明，其结果与渐近分析的边界一致(参照图 9-7)。

克莱因伯格进一步从理论上严格证明了当 $N\to\infty$ 时，$\alpha=2$ 是唯一的最优值[10]。

定理 9-1　存在一个与 p、q、α 相关的常数 α_0，但与 n 无关，使得当 $\alpha=0$ 时，对任何分布式算法的平均传递步数至少为 $\alpha_0 N^{(2-\alpha)/3}$。

随着参数 α 的增大，分布式算法可以更好地利用远距离接触中隐含的"地理结构"；与此同时，长程连接在远距离传递信息方面就不那么有用了。当 $\alpha=2$ 时，算法可以最好地利用这种权衡，即 $\alpha=2$ 时所构成的平方反比分布。

定理 9-2　存在一个与 n 无关的分布式算法 $\mathcal{A}$ 及一个常数 α_2，使得当 $\alpha=2$，$p=q=1$ 时，$\mathcal{A}$ 的平均传递步数不大于 $\alpha_2(\log N)^2$。

这一对定理反映了模型的一个基本结论。当远程连接独立于网格的几何形状形成时，短链将存在，但在局部水平上运行的节点无法找到它们。然而，当与网格几何形状相关的过程以特定的方式形成长程连接时，短链仍然会形成，使用局部知识操作的节点将能够构建短链。

实现定理 9-2 的有边界的分布式算法 $\mathcal{A}$ 有如下简单的规则：在每一步中，当前消息持有人 u 选择一个在格距意义上尽可能接近目标 t 的联系人。值得注意的是，算法 $\mathcal{A}$ 使用的信息比通用模型所允许的还要少：当前消息持有人不需要知道之前消息持有人集合的任何信息。为了分析算法 $\mathcal{A}$ 的执行，假定如果当前消息持有人到目标的格距在 2^j 和 2^{j+1} 之间，则它处于第 j 阶段。可以证明：在第 j 阶段，当前消息持有人在格距 2^j 以内产生远程连接的预期时间与 $\log n$ 成正比；至此，阶段 j 将结束。因为最多有 $1+\log n$ 个阶段，所以有一个与 $(\log n)^2$ 成比例的边界。

更一般地，可以为这类模型给出一个强表征定理：$\alpha=2$ 是唯一的值，该值存在一个分布式算法，能够生成长度为 $\log n$ 的多项式链。

定理 9-3　(1) 令 $0\leqslant\alpha<2$，存在一个常数 α_r，依赖于 p、q 及 α，但与 n 无关，使得任何分布式算法的期望传递步数至少是 $\alpha_r n^{(2-r)/3}$；

(2) 令 $\alpha>2$，存在一个常数 α_r，依赖于 p、q 及 α，但与 n 无关，使得任何分布式算法的预期传递步数至少是 $\alpha_r N^{(\alpha-2)/(\alpha-1)}$。

9.3.3　Kleinberg 模型的理论分析

虽然此处关注的是二维网格，但分析可以应用得更广泛。可以将结果推广

到 k 维晶格网络，以及具有类似标度性质的较少结构的图。在 k 维情况下，当且仅当 $\alpha=k$ 时，分布式算法可以构造长度为 log n 的多项式链。

由于 $p=q=1$，则存在一个网络，其中每个节点 u 都连接到它在网格中的 4 个最近邻居(处于边界上的节点则有 2 个或 3 个邻居)，并且有一个远程连接 v。u 选择 v 作为远程接触的概率是 $d(u, v)^{-2}/\sum_{v\neq u} d(u, v)^{-2}$，有

$$
\begin{aligned}
\sum_{v\neq u} d(u, v)^{-2} &\leqslant \sum_{j=1}^{2n-2}(4j)(j^{-2}) \\
&= 4\sum_{j=1}^{2n-2} j^{-1} \\
&\leqslant 4 + 4\ln(2n-2) \leqslant 4\ln(6n)
\end{aligned}
\tag{9-15}
$$

因此，选择 v 的概率至少为 $[4\ln(6n)d(u, v)^2]^{-1}$。

前文提到的去中心化算法 $\mathcal{A}$ 定义如下：在每一步中，当前消息持有人 u 选择一个尽可能接近目标 t 的联系人。对于 $j>0$，当前节点能够到达的晶格距离大于 2^j 且最多为 2^{j+1} 时，则称算法 $\mathcal{A}$ 处于阶段 j；当到达 t 的晶格距离最多为 2 时，则称处于阶段 0。j 初始值最大为 log n。假设在第 j 阶段有 $\log(\log n)\leqslant j<\log n$，当前消息持有人是 u，那么阶段 j 在这一步结束的概率是多少？这需要消息进入晶格距离为 2^j 内的 t 节点集合 B_j，B_j 中的节点至少有 $1+\sum_{i=1}^{2^j} i=\frac{1}{2}2^{2j}+\frac{1}{2}2^j+1>2^{2j-1}$ 个。现在，由于消息到达目标的距离在每一步都严格减小，因此成为消息持有人的每个节点之前都没有接触过消息，所以此时可以假设：有节点生成了来自消息持有人的远程连接，每个都在距离 u 的 $2^{j+1}+2^j<2^{j+2}$ 内，因此每个节点都有至少是 u 的远程连接的可能性。如果这些节点中的任何一个是 u 的远程联系人，它将是 u 与 t 的最近邻居；则消息被传递到 B_j 的概率至少为

$$
\frac{2^{2j-1}}{4\ln(6n)2^{2j+4}}=\frac{1}{128\ln(6n)} \tag{9-16}
$$

假设 X_j 表示在 j 阶段花费的总步数，其中 $\log(\log n)\leqslant j<\log n$，有

$$
\begin{aligned}
EX_j &= \sum_{i=1}^{\infty}\Pr[X_j\geqslant i] \\
&\leqslant \sum_{i=1}^{\infty}\left(1-\frac{1}{128\ln(6n)}\right)^{(i-1)\log n}
\end{aligned}
$$

$$= 128\ln(6n) \quad (9-17)$$

对于$j=\log n$，也有一个类似的界集$EX_j \leqslant 128\ln(6n)$。最后，如果$0 \leqslant j \leqslant \log(\log n)$，则$EX_j \leqslant 128\ln(6n)$成立，原因很简单，即使所有节点都将消息传递给本地联系人(建立短程连接)，算法在阶段j最多花费$\log n$步。

现在，如果X表示算法花费的总步数，有$X=\sum_{j=0}^{\log n} X_j$，因此，通过期望的线性性质，可以选择合适的$\alpha_2$，来符合$EX \leqslant (1+\log n)(128\ln(6n)) \leqslant \alpha_2(\log n)^2$。

事实上，定理的证明揭示了一个一般的结构性质，它暗示了二维晶格的指数$\alpha=2$的最优性：它是一个唯一的指数，在这个指数上，节点的远程连接几乎均匀地分布在所有距离尺度上。具体来说，给定任意节点u，可以将晶格中剩余的节点划分为集合A_0，A_1，…，$A_{\log n}$，其中A_j由晶格距离在2^j到2^{j+1}之间的所有节点组成。当离开u时，这些集合自然对应着不同的"分辨率"水平：当指数$\alpha=2$时，u的每个远程连接几乎相等可能地属于任意A_j集合；当$\alpha<2$时，对集合A_j有较大的偏置；当$\alpha>2$时，有把A_j放在更近距离的倾向。

9.4　层次树结构网络模型与可搜索性

2002 年，瓦茨等人提出了一个模型，该模型根据可识别的个人身份(沿着多个社会维度测量的一组特征)解释了社交网络的可搜索性。模型定义了一类可搜索网络以及一种适用于多种网络搜索问题的搜索方法，包括对等网络中数据文件的位置、万维网上的页面以及分布式数据库中的信息等[11]。

9.4.1　层次树结构网络模型

能够快速找到目标的属性，称为可搜索性，已被证明存在于某些特定类别的网络中[12,13]，瓦茨等人提出了一个基于合理社会结构的社交网络模型，从一个角度解释了社交网络的可搜索性。他们认为个体根据兴趣爱好、所处地理位置、工作生活等聚集成小群体，这些群体又根据共同特征聚集成大群体。通过这种方式，各个层向上聚合，最高的一层代表整个网络，形成一种树状的层次结构。

原则上，这种通过划分来区分的过程可以一直延续到个人层面，在这一点上，每个人都与他或她自己的群体有独特的联系。为了便于识别划分，人们通常在相应的群体规模 g 变得超出认知可控的水平前终止这一过程。层次树结构网络模型如图 9-8 所示，个体 i 和 j 之间的相似度 x_{ij} 定义为它们在最终层次结构中最低共同祖先水平的数量，如果 i 和 j 属于同一群体，即设 $x_{ij}=1$。层次结构的充分特征是深度 l 和恒定的分支比 b。

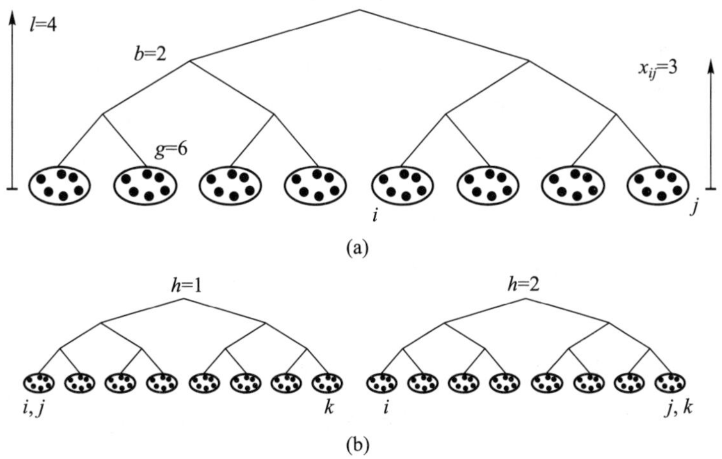

图 9-8 层次树结构网络模型示意图[11]

在图 9-8(a)中，个体(用点表示)属于群体(用椭圆表示)，而这个群体又属于更高一级的群体，以此类推，形成一个分层的分类方案。这里，群体由 $g=6$ 的个体组成，层次结构有 $l=4$ 个层次，分支比 $b=2$。同一群体中的个体被认为距离 $x=1$，两个个体的最大距离是 l。个体 i 和个体 j 分别属于比它们各自所在的群体高两个级别的群体，它们之间的距离是 $x_{ij}=3$。

由于个体可以有多种聚集成群体的方式，因而一个模型会有许多不同的分类标准，可以由 $h=1, 2, \cdots, H$ 来表示。取节点 i 和节点 j 之间的综合社会距离 y_{ij} 为所有层次上的最小超度量距离(简单理解为社会距离) $y_{ij}=\min_h x_{ij}^h$。图 9-8

(b)中给出 $h=2$ 的简单例子表明，模型中的社会距离可以不满足三角形不等式：这里 $y_{ij}=1$，因为在第一种分类中，节点 i 和节点 j 属于同一群体，有 $y_{ij}=1$；同样地，在第二种分类中，有 $y_{jk}=1$，但无论根据哪种分类标准，i 和 k 都不在同一群体中并保持一定距离，便有 $y_{ik}=4>y_{ij}+y_{jk}=2$。

层次结构只是测量社会距离的认知结构，而不是一个实际的网络。除了定义个人身份之外，群体成员关系也是社会互动并因此相识的主要基础。个体 i 和个体 j 相识概率随他们各自所属群体相似性的降低而减小。通过随机选择一个节点 i 和一个连接距离 x 来建模，其概率为 $p(x)=c\exp[-\alpha x]$，其中 α 是一个可调参数，c 是一个归一化常数。然后在距离节点 i 为 x 的节点中选择第二个节点 j，并重复这个过程，直到构建起一个网络中每个个体拥有平均数量的朋友 z 的模型。参数 α 是一种度量同质性的指标，表示喜欢与具有一定相似性的节点相联系的趋势。当 $e^{-\alpha}\ll 1$ 时，所有的连接都将尽可能短，每个人只会连接与自己最相似的人(即相同群体中的成员)，从而形成一个完全同质的孤立小集团世界。相反，当 $e^{-\alpha}=b$ 时，任何个体都有同样的概率与任意其他个体相互作用，从而产生一个一致的随机图，在这个图中，个体的相似或不同则变得无关紧要。

个体以不止一种方式(例如，按地理位置和职业)来划分这个社会世界形成群体。假设这些范畴是独立的，在某种意义上，一个范畴的接近并不意味着另一个范畴的接近。例如，两个人可能住在同一个城镇，但从事不同的职业。在层次树结构网络模型中，用一个独立划分的层级来表示每一个社会维度。节点的标识被定义为 H 维向量 $\boldsymbol{v}_i$，其中 v_i^h 表示节点 i 在第 h 层次结构或维度中的位置。每个节点 i 在 H 维的每一个维度中随机分配一个坐标，随机选择一个维度 h(例如职业)开始进行连接。当 $H=1$ 并且 $e^{-\alpha}\ll 1$ 时，网络连接的密集度必须服从 $z<g$ 的约束。在模型建立过程中，个体将消息转发给一个只给出了本地网络信息的邻居。在这里，假设每个节点 i 只知道自己的坐标向量 $\boldsymbol{v}_i$、网络中有直接联系的邻居的坐标向量 $\boldsymbol{v}_j$ 以及目标个体的坐标向量 $\boldsymbol{v}_t$，不知道其他节点的身份或网络关系。

个体根据所感知到的与其他节点的相似度，构建了一种衡量“社会距离”的

测量方式 y_{ij}，定义为两个节点 i 和 j 在所有维度上的最小超度量距离，即 $y_{ij}=\min_h x_{ij}^h$。这个最小的度量标准抓住了一个直观的概念，即仅在一个维度上的亲密度就足以意味着联系。

层次树结构网络模型表明，可搜索性是真实世界社交网络的一个通用属性。下面将用一些进一步的观察来支持这一说法，并证明该模型可以解释米尔格拉姆的实验结果。此处采用一个更现实的高效搜索概念。定义一个给定的消息失败概率 p，任意一个可搜索的网络，其中任意消息链到达其目标的概率 q 至少是一个固定值 r。就链长而言，要求 $q=\langle(1-p)^L\rangle\geqslant r$，由此可以使用近似不等式 $\langle L\rangle\leqslant\ln r/\ln(1-p)$ 获得所需最大 $\langle L\rangle$ 的估计值[14]。

首先，观察到几乎所有可搜索网络显示 $\alpha>0$ 和 $H>1$，与个体本质上是同质的(即个体优先与相似的个体交往)，可根据不止一个社会维度来判断相似性。无论是它们趋于同质性的程度，还是它们选择使用的维度的数量，都并不重要。在 α 的最大区间内，$H=2$ 或 $H=3$ 时模型结果最好，这是根据经验得到的一个有趣的结果[15]，在小世界实验中，不同社会层次的个体通常在二维或三维空间中传递信息。

其次，尽管从 $H=1$ 增加独立维度的数量会显著减少 α 值的交付时间，但随着 H 进一步增加，这种改进会逐渐消失。因此，可搜索网络中的 H 有一个上边界。由于与任何一个维度相关的连接相对于任何其他维度的连接是独立分配的，并且由于对于固定的平均度 z，H 越大必然意味着每个维度的连接越少，因此随着 H 的增加，网络连接变得越不相关。在 H 接近比较大的极限值时，网络会变成一个随机图的形式，搜索算法成为一个随机游动。因此，一个有效的去中心化搜索需要分类灵活性和约束之间的平衡。

最后，引入与米尔格拉姆实验一致的参数($N=10^8$，$p=0.25$)，以及随后的实证研究($z=300$，$H=2$)，可以将模型中的链长分布与米尔格拉姆实验中的链长分布进行比较，得到 α 和 b 的可信值。长度为 L 的消息传递链数如图 9-9 所示，其中柱状图为米尔格拉姆小世界实验的数据，点线图为瓦茨等人的实验数据。可以看出，瓦茨等人的模型中完成消息传递的链的长度分布与小世界的结果有着很好的拟合，此时网络搜索的参数设置为 $\alpha=1$，$b=10$，而计算得到的网络的平均路径⟨L⟩约为 6.7，与小世界实验相差无几(小世界实验中链的平均长度⟨L⟩约为 6.5)，表明这种参数设置下的模型抓住了小世界问题的本质。

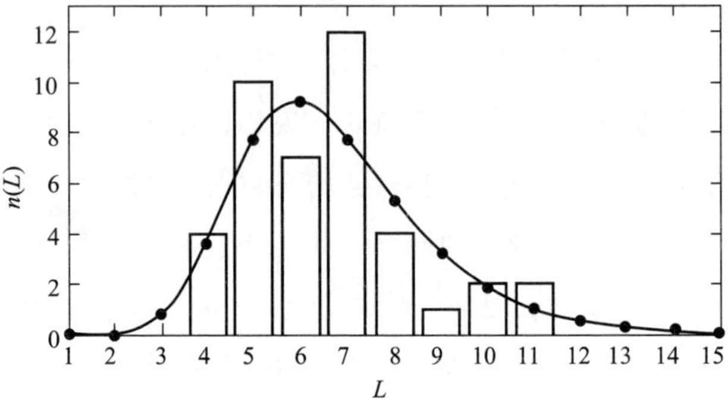

图 9-9　长度为 L 的消息传递链数对比[11]

9.4.2　电子邮件网络验证

2005 年，Adamic 等人基于一个电子邮件网络验证了小世界网络模型的一些结论[16]。在电子邮件网络上，他们发现使用联系人在物理空间或组织层次结构中相对于目标位置的小世界搜索策略可以有效地用于定位大多数人，但是，在数据不完整且层次结构定义不明确的在线学生网络中，本地搜索策略的效果较差。

首先使用从惠普实验室的电子邮件日志中派生的社交网络来测试理论模型中关于社交网络结构的假设，然后测试简单的贪婪策略在满足假设时是否可以有效地找到短路径。根据电子邮件日志，将社交联系人定义为在 3 个月内与个人双向交换了至少 6 封电子邮件的人，以下称为熟人。惠普电子邮件通信网络示意图如图 9-10 所示，图中的灰色连线表示有电子邮件联系，黑色连线表示实验室的组织层次；网络的平均度为 12.9，即网络中每个个体平均有 13 个熟人，度的中值为 10；网络的平均最短路径为 3.1，最短路径的中值为 3。网络的度分布如图 9-11 所示，其中的小图是度分布的半对数坐标图，以显示分布尾部的指数分布特征。

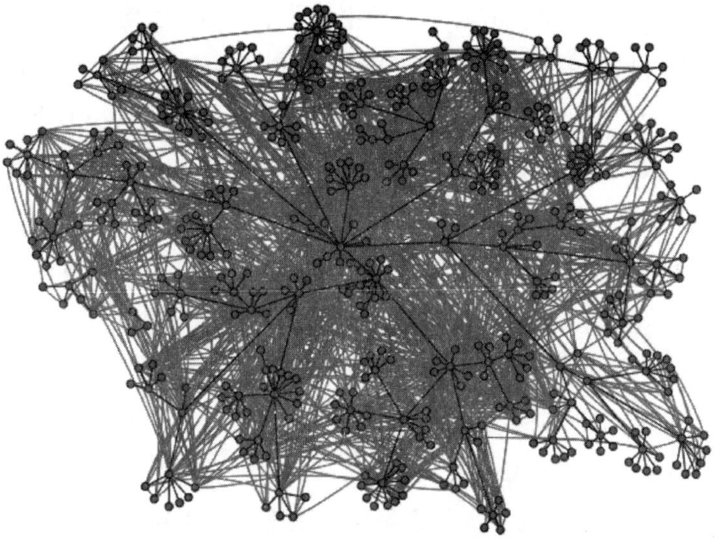

图 9-10 惠普电子邮件通信网络示意图[16]

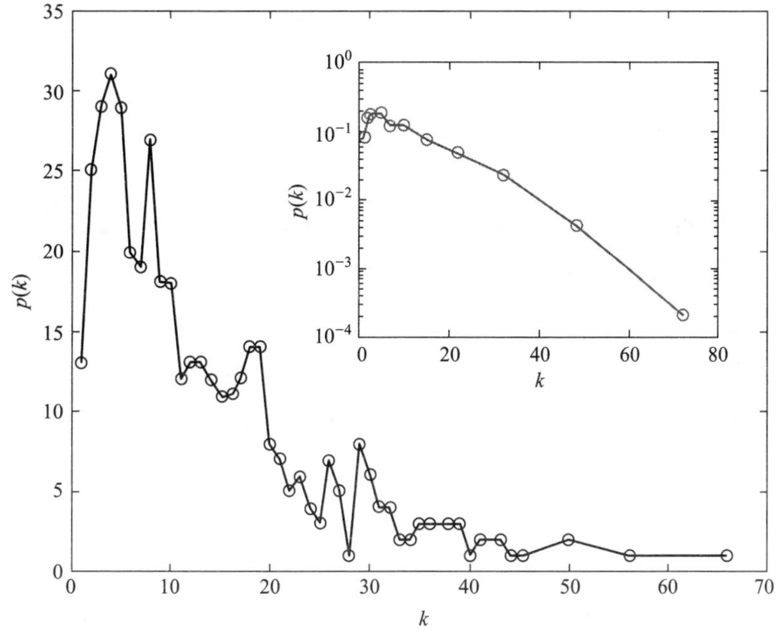

图 9-11 惠普电子邮件通信网络中的度分布[16]

在模拟搜索实验中，考虑了节点 3 种不同的属性：节点的度、在组织层次结构中的位置和物理位置。在这个实验中，每个人都可以使用自己的电子邮件信息在电子邮件网络中搜索联系人(但不是其联系人的联系人)以转发邮件。实验测试了 3 种相应的策略，在每一步中将消息传递给联系人：① 最佳连接(连接度最大的熟人)；② 最接近组织层次结构中的目标(组织层次中距离目标最近的熟人)；③ 距离目标最近的物理位置(地理位置上距离目标最近的熟人)。

第一种策略是寻求高连接度的策略，并选择更有可能了解目标的人。已经证明这种策略在幂律度分布的网络中是有效的，幂律指数 γ 接近 2。原始网络中的幂律分布之所以出现，是因为有许多外部节点仅向组织内的几个人发送电子邮件，并且组织内部也有一些个人向许多人发送公告，因此部分节点具有非常高的度。仿真证实，高度搜索策略不适合剔除临时性联系(一次性发给 10 个地址以上的邮件)的 HP 电子邮件网络。从随机起点找到随机选择的目标所需的中位数步数为 17，远大于实际最短路径的中值 3；而平均步数的值更大，高达 40 步。平均值和中位数之间的这种差异反映了分布的偏度：一些连接良好的个体及其联系人很容易找到，但是使用这种策略很难找到没有很多联系并且与高度连接的个体没有联系的人。

第二种策略是将消息传递给组织层次结构中最接近目标的联系人。在模拟中，个人可以充分了解组织层次结构(实际上，员工可以参考在线组织结构图)，但是，他们试图搜索的通信网络对他们来说是隐藏的，超出了他们的直接联系人。搜索策略依赖于目标，如图 9-12 和图 9-13 所示，即组织层次结构中距离更近的个体更有可能相互发送电子邮件。在图 9-12 中，通过节点与目标的分层距离来标记节点，方块中的数字给出了与目标的 h 距离。在每一步骤中，消息都会传递给组织层次结构中距离目标更近的人。个人与经理(上一级个体)的距离和个人与他人共享经理(多人共享同一个上级个体)的 h 距离相同。以递归方式分配距离，以便每个个体与其第一个邻居有 h 距离 2，与第二个邻居的邻居有 h 距离 3，依次类推。实验结果中，步数的中位数仅为 4，接近中位数最短路径 3，平均步数为 4.7。这一结果表明，不仅人们通常很容易找到目标，而且几乎每个人都可以在合理的步数中找到目标。

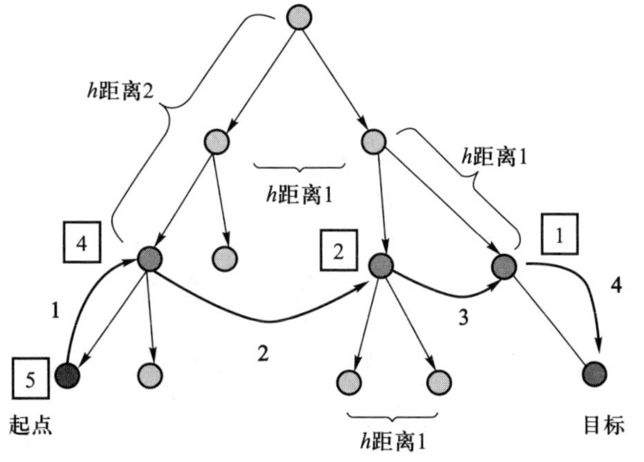

图 9-12 在组织层次结构中定向邮件搜索路径[16]

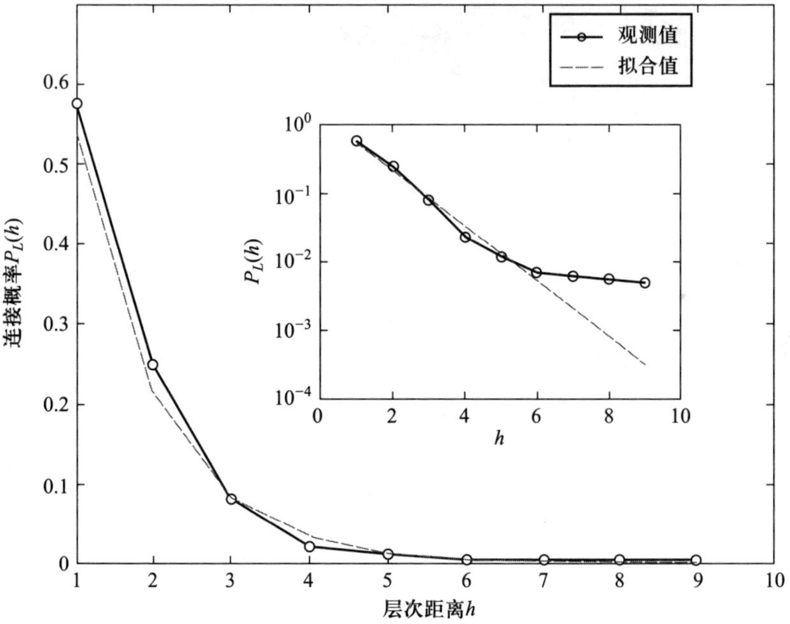

图 9-13 两个个体之间通过电子邮件连接的概率与他们层次距离的关系。插图显示了相同的分布，但为半对数比例，以说明指数分布的尾部[16]

第三种策略使用了目标的物理位置。图 9-14 显示了电子邮件通信网络映射到建筑物的物理布局，每个方框代表建筑物中的不同楼层，线条根据人员之间的物理距离进行编码。每个人的位置由其所在建筑物、建筑物的楼层以及最近的建筑物表示，x 方向和 y 方向反映了建筑物的内部拓扑。

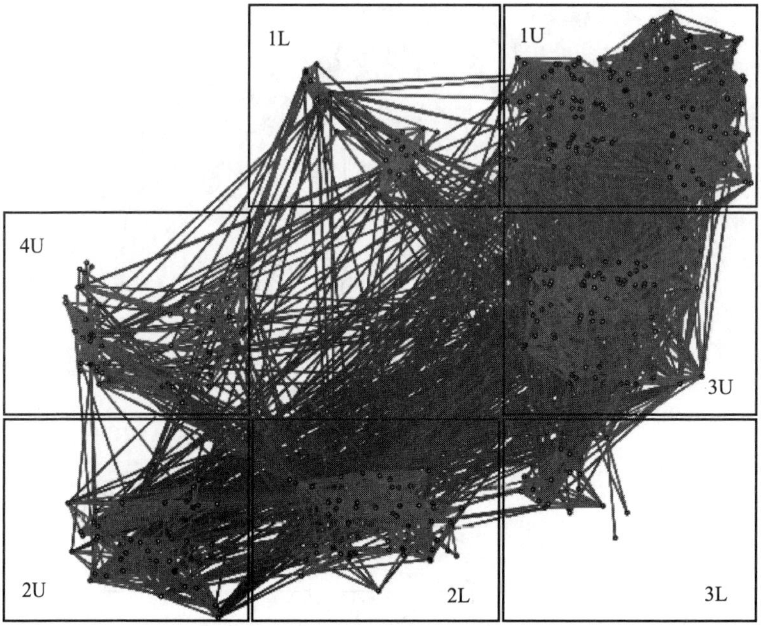

图 9-14　电子邮件通信网络映射到建筑物的物理布局[16]

图 9-15 显示的是节点之间有连接的概率与他们之间物理距离 r 的关系，图中统计的是特定距离内的人数。可以看出，两个节点之间有连接的概率与 $1/r$ 成正比，这与 Kleinberg 二维网格模型中的最优关系 $1/r^2$ 不同。这表明实际网络中短程连接的数量小于 Kleinberg 模型所预测的数量，因此某个节点虽然在物理距离上与目标节点比较近，但还是需要相当的步数才能寻找到目标节点。搜索步数的中值为 6，平均值为 12。实验结果表明，虽然通过地理位置可以寻找到大多数节点，但相比较第二种策略，第三种策略的搜索步数较多。

Adamic 等人在两个场景中模拟了小世界搜索。第一个是在一个组织内部，大部分的常规通信都是通过电子邮件进行的；第二个是在一所大学的在线社区，社区成员自愿提供关于他们自己和他们朋友的信息。Adamic 等人分别从两个社区构建了网络，并在网络上模拟了一个简单的贪婪搜索——每个节点都将消息传递给最像目标的邻居，称为目标信息策略。

在电子邮件网络的情况下，目标信息策略是成功的，信息在少量的步骤到

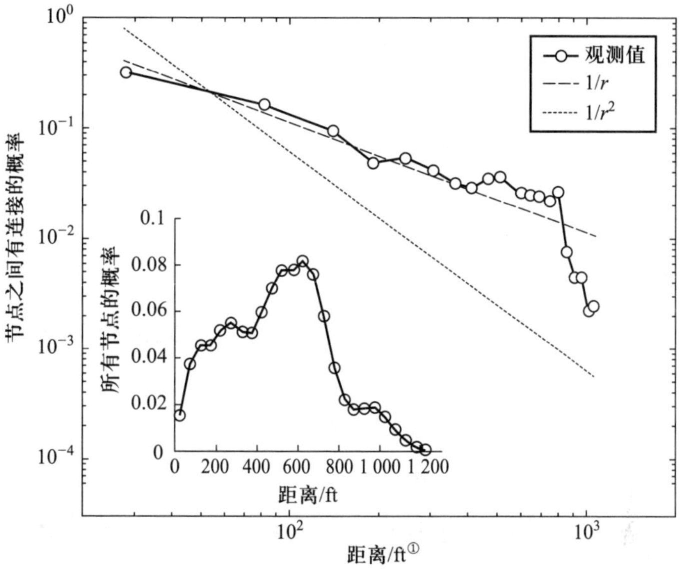

图 9-15 节点之间有连接的概率与他们之间物理距离的关系[16]

达大多数个体，并且使用目标的信息优于简单地选择连接最紧密的邻居，这在很大程度上是由于瓦茨和克莱因伯格关于相对于物理空间或组织层次分离的最佳连接概率的理论预测的一致。

在在线社团网络的情况下，目标信息策略不太成功，但仍然优于简单的高连接度搜索。贪婪搜索的有限成功并不令人惊讶，因为大多数可用的维度都是二进制的，而不是组织成一个层次结构，允许搜索深入到目标。地理位置也是一个二元变量，因为学生成为朋友的概率平均独立于他们宿舍的间隔(除非他们恰巧住在同一个宿舍)。

对于社交软件开发人员来说，重要的是要了解不同的数据收集技术(自动、手动、隐式以及显式)如何影响最终的社交网络，以及这些网络如何与现实世界联系在一起。在数据不完整或反映非层级结构的情况下，支持社会搜索的工具应该通过提供更广泛的本地社区视角或通过网络数据的分析来帮助用户。

① 1 ft = 0. 3048 m。

9.5　小世界网络模型的应用

9.5.1　社会学应用

小世界网络对不断产生变化的一些社会群体的研究优势在于，由于社团的节点高度互连因而网络对变化具有一定的鲁棒性(此处可以理解为稳定性)，在有效地实现了信息中继的同时，保持了连接网络所需的最少链路数[17]。

瓦茨不但是小世界网络理论的开创者之一，同时也开创了“计算社会学”这一社会学研究分支。他认为由于社会现象涉及大量的异质性实体的相互作用，且这种相互作用在不同尺度上展开，因此，社会学家面临的挑战堪比需要同时解决量子力学、广义相对论和多体问题的物理学家。社会网络分析方法的发展为社会学家带来了全新的思路和分析工具。瓦茨在其著作中用小世界网络模型理论解释了时尚变迁、政治动乱、金融泡沫、企业创新和组织变迁等人类社会现象，别开生面，对其后的研究影响深远[18]。

小世界网络分析中的重要思想，即个体或公司的经济关系总是存在于社会网络之中，而不是一个抽象的理想市场，深刻地影响了社会学家 Granovetter。社会网络理论研究的主题之一是行为者之间的联系是强还是弱，Granovetter 的工作主要论证了弱关系在经济社会生活中的重要性。使用社会网络分析对于经济学和社会学的交叉研究有着深远影响。

9.5.2　地球科学应用

许多研究地质学和地球物理学的网络，已被证明具有小世界网络的特征。在裂缝系统和多孔物质中被定义的网络，已经显示出小世界网络的特征[19]；美国南加州地区的地震网络或许也是一个小世界网络[20]。上述提及的例子所发生的空间尺度大相径庭，也证明了在地球科学中，这一现象不受空间尺度大小的影响，具备尺度不变性。气候网络或许也可被视为小世界网络，其中的连接具备长度不一的尺度[21]。

依托于纽曼和瓦茨提出的NW模型，重叠在 n 维网格(规则网络)上的是一些随机连接某些节点的远程连接，并且这些远程连接的 p 相对较小且 $p \ll 1$。现在假设一个影响或污染物粒子以恒定的速率 $u=1$ 向所有方向扩散，并且一个新的污染粒子在最短路径的另一端开始感染周围的粒子，但有时间延迟 Δ。按照纽曼和瓦茨创新的方法，空间中总污染体积 $V(t)$ 由两部分组成：一部分是与初始时间有关的影响体积 $\Gamma_d\int_0^t \zeta^{n-1}\mathrm{d}\zeta t$，另一部分是在 $\Gamma_d\int_0^t [2pV(t-\zeta-\Delta)]\zeta^{n-1}\mathrm{d}\zeta$ 时间开始的领域 ζ。通过对网络采用连续介质方法，$V(t)$ 满足以下等式

$$V(t) = \Gamma_d\int_0^t \zeta^{n-1}[1 + \xi^{-n}V(t - \zeta - \Delta)]\mathrm{d}\zeta \qquad (9-18)$$

其中 $n=1,\ 2,\ \cdots$ 和 Γ_d 是 n 维中超球体的形状因子。

NW模型中连接的长度尺度可以定义为 $\xi=1/(2pkn)^{1/n}$，其中 k 是一个常量。后来由Moukarzel在1999年给出了简化版方案，由此解决方案可以得到：当 $n=1$ 时有 $V(\tau)=\xi(\mathrm{e}^{\tau}-1)$；当 $n=2$ 时有 $V(\tau)=\xi^2(\cosh\tau-1)$。但是，当 $\delta\neq 0$ 时，就没有了如此简单的表达式。可以预期，延时参数 δ 将对演化行为产生强烈影响[22]。

9.5.3 计算应用

小世界网络已被用于估算存储于大型数据库中信息的可用性，这种估算方法称为小世界数据变换法[23]。数据库中的连接与小世界网络对齐度越高，用户越有可能在将来提取到信息。这种可用性通常以牺牲存储在同等空间中的信息量为代价而获得。

9.5.4 大脑中的小世界网络

大脑中的连接[24]与皮层神经元的同步网络[25]都体现了小世界网络的拓扑结构。小世界网络被认为是实现模块化和全局处理的有效解决方案，这是大脑计算理想的特性。

小世界神经元网络可以呈现出短期记忆。这种类型的记忆位于大脑前部称为前额叶皮层的区域，该区域涉及学习、计划和许多高级认知功能。耶鲁大学医学院研究人员提出，该区域的神经元可能能够在两种稳定状态之间切换，这种特性称为双稳态。在存储记忆时，神经元会参与自我维持的电活动爆发；当

不参与记忆存储时，神经元会变得安静。Solla 等人提出的计算机模型具有这两种稳定状态[26,27]，他们首先创建了一个简单神经元模型，该模型在被激活时会在短时间内激活它们的邻居，一个激活脉冲穿过网络，然后在边缘消失；然后，他们在网络中添加了一些连接边缘节点的捷径，由此建立了小世界神经元网络，有助于了解病情发作的原理[28]。

在更一般的层次上，大脑中的许多大规模神经网络，例如视觉系统和脑干，都体现了小世界特性[29]。

思考题

9.1　以 $N=2000$，$K=5$，p 在 0 到 1 之间取不同值($p=0$；$p=0.1$；$p=0.3$；$p=0.5$；$p=0.7$；$p=0.9$；$p=1$)，生成一系列 WS 小世界网络，做出其度分布图，观察其度分布随着 p 变化的规律。

9.2　以 $N=2000$，$K=5$，p 在 0 到 1 之间取不同值($p=0$；$p=0.1$；$p=0.3$；$p=0.5$；$p=0.7$；$p=0.9$；$p=1$)，生成一系列 NW 小世界网络，做出其度分布图，观察其度分布随着 p 变化的规律。

参考文献

[1]　Reynolds P, Wiener J, Mogul J, et al. The oracle of bacon[J]. Retrieved Jan, 1999, 10: 2000.

[2]　汪小帆，李翔，陈关荣. 复杂网络理论及其应用[M]. 北京：清华大学出版社，2006.

[3]　Watts D J, Strogatz S H. Collective dynamics of 'small-world' networks[J]. Nature, 1998, 393(6684): 440-442.

[4]　Newman M E J, Watts D J. Renormalization group analysis of the small-world network model

[J]. Physics Letters A, 1999, 263(4-6): 341-346.

[5] Al-Anzi B, Arpp P, Gerges S, et al. Experimental and computational analysis of a large protein network that controls fat storage reveals the design principles of a signaling network[J]. PLoS Computational Biology, 2015, 11(5): e1004264.

[6] Kleinberg J M. Navigation in a small world[J]. Nature, 2000, 406(6798): 845-845.

[7] de Sola P I, Kochen M. Contacts and influence[J]. Social Networks, 1978, 1(1): 5-51.

[8] Kochen M. The Small World[M]. New York: Ablex Pub., 1989.

[9] Leiserson C E, Rivest R L, Cormen T H, et al. Introduction to Algorithms[M]. Cambridge: MIT Press, 1994.

[10] Kleinberg J. The small-world phenomenon: An algorithmic perspective[C]. Proceedings of the 32nd Annual ACM Symposium on Theory of Computing, Portland, 2000: 163-170.

[11] Watts D J, Dodds P S, Newman M E J. Identity and search in social networks[J]. Science, 2002, 296(5571): 1302-1305.

[12] Adamic L A, Lukose R M, Puniyani A R, et al. Search in power-law networks[J]. Physical Review E, 2001, 64(4): 046135.

[13] Kim B J, Yoon C N, Han S K, et al. Path finding strategies in scale-free networks[J]. Physical Review E, 2002, 65(2): 027103.

[14] White H C. Search parameters for the small world problem[J]. Social Forces, 1970, 49(2): 259-264.

[15] Bernard H R, Killworth P D, Evans M J, et al. Studying social relations cross-culturally[J]. Ethnology, 1988, 27(2): 155-179.

[16] Adamic L, Adar E. How to search a social network[J]. Social Networks, 2005, 27(3): 187-203.

[17] Shirky C. Here Comes Everybody: The Power of Organizing Without Organizations[M]. London: Penguin, 2008.

[18] Watts D J. Six Degrees: The Science of a Connected Age[M]. New York: WW Norton & Company, 2004.

[19] Yang X S. Small-world networks in geophysics[J]. Geophysical Research Letters, 2001, 28(13): 2549-2552.

[20] Jiménez A, Tiampo K F, Posadas A M. Small world in a seismic network: The California case[J]. Nonlinear Processes in Geophysics, 2008, 15(3): 389-395.

[21] Gozolchiani A, Havlin S, Yamasaki K. Emergence of El Niño as an autonomous component in the climate network[J]. Physical Review Letters, 2011, 107(14): 148501.

[22] Yang X S. Small-world networks in geophysics[J]. Geophysical Research Letters, 2001, 28(13): 2549-2552.

[23] Hillard R. Information-driven Business: How to Manage Data and Information for Maximum Advantage[M]. Hoboken: John Wiley & Sons, 2010.

[24] Sporns O, Chialvo D R, Kaiser M, et al. Organization, development and function of complex brain networks[J]. Trends in Cognitive Sciences, 2004, 8(9): 418-425.

[25] Yu S, Huang D, Singer W, et al. A small world of neuronal synchrony[J]. Cerebral Cortex, 2008, 18(12): 2891-2901.

[26] Cohen P. Small world networks key to memory[J]. New Scientist, 2004, 182: 12.

[27] Roxin A, Riecke H, Solla S A. Self-sustained activity in a small-world network of excitable neurons[J]. Physical Review Letters, 2004, 92(19): 198101.

[28] Ponten S C, Bartolomei F, Stam C J. Small-world networks and epilepsy: Graph theoretical analysis of intracerebrally recorded mesial temporal lobe seizures[J]. Clinical Neurophysiology, 2007, 118(4): 918-927.

[29] Humphries M D, Gurney K, Prescott T J. The brainstem reticular formation is a small-world, not scale-free, network[J]. Proceedings of the Royal Society B: Biological Sciences, 2006, 273(1585): 503-511.

第 10 章　无标度网络模型

早在 1932 年，生物学家克莱伯做了一组实验，首先是测量得到实验哺乳动物的体重，既有大到几吨的大象，又有小到几百克的老鼠)，然后监测了它们的 CO_2 排出量，最后把二者分别作为横坐标和纵坐标并取对数，二者在双对数坐标下呈现出一条直线。在双对数情况下的正比关系意味着原始数据符合幂律分布的规律，于是克莱伯定律就这样问世了。

类似这样的分布不仅大量存在于自然世界里，也充斥在人类文明社会中。

同样是在 20 世纪，意大利经济学家帕累托通过研究人们的收入分布，发现了著名的“二八定律”。所谓二八定律也称作 80/20 法则，它描述的是在这项研究中占总人口 20%的人群占据了 80%的社会财富的一种社会现象，很直观地体现了幂律分布的一个特点。不止于此，在 1948 年，哈佛大学语言学家齐普夫在语言学方面也有类似的发现，通过对英文文献中单词出现的频率排序，齐普夫发现一个单词出现的频率与它的序号的常数次幂存在简单的反比关系，这就是齐普夫定律。齐普夫定律与帕累托定律形式都是简单的幂函数，我们称之为幂律分布。

幂律分布与常见的正态分布相去甚远。现实世界中许多网络的结构分布并不均匀，而更偏向于“长尾”形分布，针对这样分布的网络，我们称之为无标度网络。

10.1 BA无标度网络模型

10.1.1 BA网络模型描述

1999年巴拉巴西和阿尔伯特在*Science*杂志上发表论文[1]，提出随机网络模型和小世界模型忽略了实际网络中的两个重要特性：

(1) 增长性。虽然许多研究都是建立在静态的模型中，例如在ER、WS和NW模型中都会假设网络从固定的节点数N开始，并且在网络构建过程中并没有修改节点数。但是，在实际网络中，网络的规模往往是不断扩大的，不断有新的节点加入，因此节点数N实际上随着网络的演化而增长。因此，网络通过不断加入新的节点而扩大，而加入的新节点又与网络中已经存在的节点进行连接。

(2) 优先连接属性。新加入的节点会与已经存在的节点建立连接关系。随机网络模型假设两个节点被连接的概率是随机的或统一的。相比之下，大部分现实网络展现出择优连接的性质。例如，在Internet中，新建立的网站倾向于与已经有知名度的网站相连接；一篇新论文有更大可能引用那些知名度高、已被大量引用过的论文。这种现象也称为“富者更富”(rich get richer)或“马太效应”(Matthew effect)。

上面这些例子表明，一个新节点与已经存在的节点进行连接的概率并不是统一的，但是新节点有更大概率与那些已经有大量连接的节点进行连接。巴拉巴西等人证明了在增长性和优先连接属性这两个基本假定的基础上，网络必然最终发展成无标度网络，即 BA 无标度网络模型。

由“优先连接”生成的网络普遍将度较高的节点放在网络的中央，度较低的节点构成外围以及核心之间的区域。所以即便随机删除部分节点，对网络整体的连通性都不会产生太大影响，这表明由优先连接生成网络的拓扑结构有利于提升鲁棒性。如果错误随机发生，根据节点度分布的概率，大部分错误(攻击)会出现在度较小的节点上，那么此时度最高的节点几乎不会受到影响；即便度最高的节点出现了错误，由于其他度较高的节点的存在，网络通常不会失去原来的连通性。但是，如果选择一些主要的枢纽节点并把它们从网络中去除，这就会导致网络的连通性发生变化，网络会变为许多相对离散的图。因此，枢纽节点既是无标度网络的优势又是劣势。

10.1.2 BA 网络模型生成

1998 年，巴拉巴西与阿尔伯特合作开展了一个关于 WWW 网络研究项目，在这个项目中，他们通过一个实验收集整理了网页之间的相互跳转关系，从而建立了网页之间的连接体系。在实验开始之前，他们认为个人兴趣是多种多样的，所以展现出的连接偏好应该是随机的，所代表的网络也是随机的。然而，他们得到了一个意想不到的结果：网页连接关系展现出了二八分布的特性，也就是说，WWW 网络是由少数高连接性的页面串连起来的，而 80%以上页面的连接数甚至不到 4 个，那些只占节点总数不到万分之一的极少数页面，却有着 1000 个以上的连接。

后来，研究者从不同的领域发现，很多网络包括 Internet、WWW 网络以及新陈代谢网络等都不同程度地拥有这样共同的重要特性：大部分节点只有几个连接，而少数节点却拥有大量连接，表现在度分布上就是具有幂律形式。巴拉巴西等人注意到随机网络服从一种统一的随机添加规则，即为一对节点添加一条连边的概率是均匀随机的，但是对比很多现实网络特性，发现这种网络模型有时候并不符合实际。因此，巴拉巴西等人建议使用优先连接规则，即节点对的连接概率与节点的度成比例。随着新的节点和连边的加入，高度节点获得后续连边的概率越来越高，低度节点获得后续连边的概率就会越来越低。随着时间的推移，“受欢迎的节点”就会更加流行，“被孤立的节点”就会更加不受欢迎。

BA 网络是典型的无标度网络，接下来将通过了解 BA 网络的生成过程理解无标度网络的机理。

BA 网络的生成过程可以归纳为以下 3 个步骤：

（1）增长：从少数节点 m_0 开始，每个时间步添加 1 个带有 m 条边（$m \leqslant m_0$）的节点，连接到系统中已经存在的节点上。

（2）优先连接：将新的节点添加到节点 i 的概率依赖于节点 i 的连通性，有 $P(k_i)=\dfrac{k_i}{\sum\limits_j k_j}$。

（3）经过时间步 t 后，模型具有 $N=t+m_0$ 个节点和 mt 条边。

优先连接是无标度网络的主要特色，优先连接的产生来自网络科学在增长现象中的应用。优先连接在经济学中称为报酬增加律，在人工智能中称为适应性学习，在生物学中称为自然选择，也就是常说的“富者越富”现象，因为高度节点将获得更多的连接，这将进一步增加其度值。优先连接是一种正反馈，在广泛或大部分人采纳该策略的基础上加速对策略的认知。

10.2　无标度网络拓扑特征

从 ER 随机图、WS 小世界网络模型中可以发现它们的一个共同特征：网络的度分布是一种近似泊松分布的形式。具体地，网络分布在度平均值 $\langle k\rangle$ 的地方出现一个峰值，之后便会呈指数的趋势快速衰减，这意味着当 k 远大于 $\langle k\rangle$ 时，度为 k 的节点几乎不存在。因此，这类网络也称为均匀网络或指数网络。随着 20 世纪末的一系列重大发现，人们从 Internet、WWW 以及科研合作网络等网络中发现了这样的指数分布规律，将其划分为无标度网络，用于形容这类网络的度分布特征，这类网络的节点分布没有明显的特征，其度分布可以用适当的幂律形式来较好地描述。和随机网络、小世界网络一样，接下来将从网络特性和拓扑特征包括度的幂律分布、平均路径长度、聚类系数及其他方面介绍无标度网络。

10.2.1 幂律分布

无标度网络最为重要的一个统计特征是其度分布满足幂律分布。所谓幂律度分布是指网络中一个节点度为 k 的概率 $P(k)$ 是一个幂函数，它的形式和标准的指数函数类似，可以用 $P(k)=Ck^{-\gamma}$表示，其中 γ 称为幂指数。网络的无标度特征是指网络中大部分节点的度值都相对较小，只有少部分节点的度值相对很大，这就导致了在度分布的研究中，平均值不再具有典型的意义。如图 10-1 所示，这是幂律分布的示意图，可以看到它所展现出的“拖尾”特性。

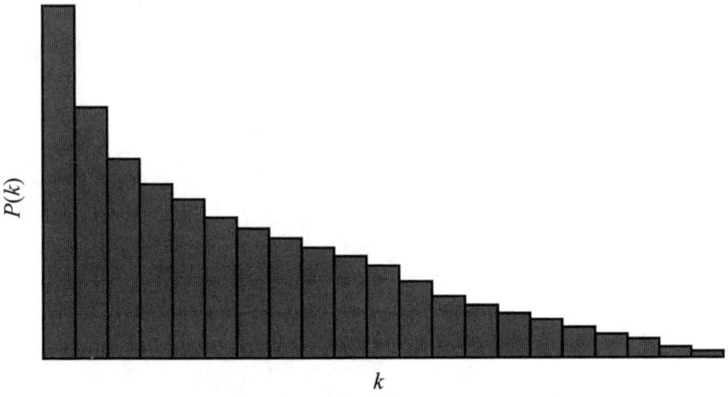

图 10-1 幂律分布示意图

目前对于 BA 无标度网络度分布的理论研究主要有 3 种方法：主方程方法、率方程方法和相对简洁的近似方法——平均场理论。在复杂网络分析中，这几种方法得到的渐近结果都是相同的，下面将采用平均场理论进行分析[2]。在开始理论分析之前，先给出以下连续化假设：① 时间 t 不再是离散的，而是连续的；② 节点的度值也不再是整数，而是可以为任意实数。

假设初始网络有 m_0个节点，网络中某一节点的度值随时间发生变化，记时刻 t 节点 i 的度为 $k_i(t)$，如果其度值连续，则有

$$\frac{\partial k_i(t)}{\partial t}=\Delta m\Pi_i=\Delta m\frac{k_i(t)}{\sum_j k_j(t)} \tag{10-1}$$

由于每一时间步加入 Δm 条边，即网络总度值增加 $2\Delta m$，于是第 t 步的总度值为

$$\sum_j k_j(t) = 2\Delta m t \tag{10-2}$$

将式(10-2)代入式(10-1)，可得

$$\frac{\partial k_i(t)}{\partial t} = \frac{k_i(t)}{2t} \tag{10-3}$$

假设节点 i 在时刻 t_i 加入网络，那么微分方程(10-3)的初始条件为 $k(t_i)=\Delta m$。于是求得

$$k_i(t) = \Delta m\left(\frac{t}{t_i}\right)^{\frac{1}{2}} \tag{10-4}$$

由式(10-4)可以得到，加入网络时间越长的节点，其连接度越大，可以理解为是以牺牲新节点的度为代价，这就很好地解释了规则网络无法解释的“马太效应”，即富者越富的现象。

假设当 $t\to\infty$ 时，度分布 $P(k(t))$ 收敛于稳态度分布 $P(k)$，由概率定义有

$$P(k) = \frac{\partial P(k_i(t) < k)}{\partial k} \tag{10-5}$$

基于式(10-4)，可得

$$P(k_i(t) < k) = P\left(t_i > \frac{\Delta m^2 t}{k^2}\right) \tag{10-6}$$

假设以相等的时间间隔添加节点，那么 t_i 的概率密度为

$$P(t_i) = \frac{1}{m_0 + t} \tag{10-7}$$

从而有

$$P\left(t_i > \frac{\Delta m^2 t}{k^2}\right) = 1 - P\left(t_i \leqslant \frac{\Delta m^2 t}{k^2}\right) = 1 - \frac{\Delta m^2 t}{k^2(m_0 + t)} \tag{10-8}$$

将式(10-8)代入式(10-5)，可得

$$P(k) = \frac{\partial P(k_i(t) < k)}{\partial k} = 2\Delta m^2 \frac{t}{m_0 + t}\frac{1}{k^3} = 2\Delta m^2 k^{-3} \tag{10-9}$$

即

$$\frac{P(k)}{2\Delta m^2} = \frac{t}{m_0 + t}\frac{1}{k^3} \approx k^{-3} \tag{10-10}$$

式(10-10)表明，$P(k)/(2\Delta m^2)$与参数Δm取值无关，总是近似为k^{-3}，说明度分布符合幂律分布。

幂律的一个重要属性是它的标度不变性。假设给定一个关系

$$f(x) = ax^{-k} \tag{10-11}$$

将参数x作常量c的标度变换，将导致幂函数作幂指数比例的标度缩放，表达式为

$$f(cx) = a(cx)^{-k} = c^{-k}f(x) \propto f(x) \tag{10-12}$$

其中，c表示参数标度常量，c^{-k}体现了幂律分布的趋势，于是，可以理解为具有特定标度指数的幂律都等效于常量因子(的标度)，因为每个幂律函数都只是其他情况的缩放而已。

10.2.2 平均路径长度

由于无标度网络中往往存在非常多长距离的链路，所以在研究平均路径长度时，是不是无标度网络的平均路径长度比相同密度的随机网络长？实际上这样的推论并不严谨，无标度网络的共性并不代表所有网络都是一样的，其维度及度分布的差异会导致平均路径有许多差异。

许多实验表明，随着密度的增长，无标度网络的路径会像随机网络一样逐渐减少。但是，当无标度网络中的平均路径长度下降时，可以发现稀疏无标度网络比稀疏随机网络更加显著。这主要是因为 hub 节点的重要地位，无标度网络 hub 节点在连接任意两个节点时作为大部分路径都通过的“中心车站”，稀疏无标度网络中 hub 节点的度比随机网络中 hub 节点的度要高得多。实际上，hub 节点通常是最大的中间节点，因为它们的度属性也是最高的。因此对于稀疏无标度网络，它的平均路径长度要比对等的随机网络的平均路径长度要小；但是随着密度的增加，差距很快消失。

对包含任意节点数N的 BA 网络，其平均距离往往比随机网络中的平均距离要小得多，这说明异质性无标度网络拓扑比同质性随机网络拓扑的连接效率要高，或者更形象地说是在“吸引节点”方面效率更高。从模拟结果上看，BA 模型网络中的平均距离很好地符合下式：

$$L_{BA} = A\ln(N + B) + C \tag{10 - 13}$$

其中，A，B 和 C 为常数。然而这是有争议的，因为大多数研究提出的 BA 网络平均距离随 N 变化的关系为[3]

$$L_{BA} \propto \frac{\ln N}{\ln(\ln N)} \tag{10 - 14}$$

可见 BA 网络的平均距离比较小，表明该网络也具有小世界特性。式(10-14)给出了近似的解析，这对于非常大的网络会更精确。例如，双对数表示对于互联网的特定测量很精确。但是由于无标度网络的 hub 特性关系并不明显，对于不同类型的无标度网络并不严谨，例如在维度较小的网络中，其幂律特性有可能并不显著。

实际上，无标度网络的 hub 节点度越高，平均路径长度越短。进一步来讲，搜索 hub 节点而不是低度节点，可以让通过无标度网络导航的路径长度达到最短。其他网络中 hub 节点的度也与平均路径长度相关，平均路径长度随着网络密度的增加而降低，因为会有更多可以替换的路径。相反，当网络非常稀疏时，节点之间的连接就会有更少的可以替换的路径。在稀疏无标度网络中缺少可以替换的路径，可以部分但不是完全地由高度 hub 节点弥补。低度节点更有可能连接到 hub 节点上。hub 节点的度越高，就越有机会使用远距离链路遍历网络。因此，hub 节点的度变成了稀疏网络中的一个更好的平均路径长度的预测参数，hub 节点是在无标度网络中建立小世界效应的基础。

10.2.3　聚类系数

在第 8 章中已经讨论过随机网络的聚类系数，我们知道其与网络平均度 $\langle k\rangle$ 和网络规模 N 有关系。相比随机网络，BA 无标度网络的聚类系数也是随着网络规模 N 增加而减小，近似遵循幂指数规律，即 $C_{BA} \sim N^{-0.75}$；更多的则是两者间的不同之处：① 无标度网络的聚类系数一般要比随机网络大很多，随着节点数的增加，这种现象更明显；② 随着网络规模的增加，BA 无标度模型的聚类系数比随机网络衰减得慢。这一点与小世界网络不同，因为小世界网络模型的聚类系数与网络规模 N 无关。

因此，BA 网络模型不仅平均路径长度很小，聚类系数也很小，但比同规模随机网络的聚类系数要大，并且当网络规模趋于无穷大时，这两种网络的聚

类系数都接近于零。目前，已有研究给出了 BA 无标度网络聚类系数满足[4]

$$C_{BA} = \frac{\Delta m^2(\Delta m+1)^2}{4(\Delta m-1)}\left[\ln\left(\frac{\Delta m+1}{\Delta m}\right)-\frac{1}{\Delta m+1}\right]\frac{(\ln t)^2}{t} \quad (10-15)$$

与 ER 随机网络类似，当网络规模充分大或 $t\to\infty$ 时，BA 无标度网络不具有明显的聚类特征。

10.2.4 特征谱

复杂网络的特征谱是代数图论的基本研究课题，经过多年的研究，已有成熟的理论体系和丰富的研究成果。网络的特征谱提供了包含网络功能和动力学行为在内的大量信息，被形容为网络的“指纹”，即网络与其特征谱是一一对应的。因此，通过分析和识别特征谱，就能够锁定目标网络。进一步，通过分析特征谱，还可以得到大量的网络结构信息。例如，通过拉普拉斯矩阵的最大特征根，可以估计网络的度序列；分析特征谱，可以挖掘网络社团结构；网络的中心性和二分性也可从特征谱得出。最近有研究表明，网络的特征谱还可以表现网络结构和动力学的层次性。

令 G 表示无向无权图，$\boldsymbol{W}$ 表示 G 的邻接矩阵，其中若节点对 v_i 与 v_j 之间有连边则 $w_{ij}=1$，否则为 0，定义 k_i 为节点的度。图 G 的拉普拉斯矩阵可用数学公式表示为 $\boldsymbol{L}=\mathrm{diag}(k_i)-\boldsymbol{W}$，显然，$\boldsymbol{L}$ 是对称半正定矩阵。所谓特征谱，就是矩阵 $\boldsymbol{W}$ 或 $\boldsymbol{L}$ 特征值的集合，是图的所有特征值及其重数构成的重集。网络的谱密度也称为状态密度，是特征值分布特性的表现形式[5]：

$$\rho(\lambda) = \frac{1}{N}\sum_{i=1}^{N}\delta(\lambda-\lambda_i) \quad (10-16)$$

其中，λ_i 为邻接矩阵的特征值；N 为网络的总节点数，当 $N\to\infty$ 时，$\rho(\lambda)$ 逼近一个连续函数。

BA 模型的谱密度 $\rho(\lambda)$ 是连续的，其主体部分基本上关于 0 对称，呈三角形分布，谱密度中部呈现指数衰减形式，尾部呈现幂律衰减形式。当 $\Delta m=m_0=1$ 时，BA 模型的谱密度是一棵树，关于 0 对称；当 $\Delta m>1$ 时，BA 模型谱密度的主体部分基本上是关于 0 对称的三角形，中部指数衰减，尾部为幂律分布，谱密度在 0 点附近有最大值，这说明存在大量的模较小的特征值[5]。另外需要注意的是，主特征值谱密度 $\rho(\lambda)$ 的矩有着重要的意义，它决定了网络的回路结构。

10.2.5　网络熵

网络 G 的熵，表示为 $I(G)$，是对网络能否构成完整的图结构的一种测量。熵是从信息论中借用的一个术语，它是对“信息量”或信息传递的“不确定性”的度量。信息的基本单位是比特，因此熵是网络中“随机性”的比特数。熵越高，网络随机性就越高。更具体地讲，网络 G 中的“随机性”是其度序列分布 g' 的熵，设 $I(G)$ 为 g' 期望的比特数，有

$$I(G)=-\sum_{i=1}^{\max\_d} h_i \log_2(h_i) \tag{10-17}$$

其中 $g'=(h_1, h_2, \cdots, h_{\max\_d})$，$h_i$ 为度为 i 的节点数。

随着图随机性的降低，熵 $I(G)$ 也降低。也可以理解为网络的形状越规则，随机性就越小，对应的网络熵就越小，规则性和熵之间存在一种按比例增减关系。

网络大小变化导致网络密度变化时，网络熵保持不变，因为熵由度序列分布确定，独立于网络大小或密度。无标度网络的度序列分布总是幂律分布，因此熵是优先连接参数 Δm 的函数。相应地，将幂律分布 $h(k)$ 替换到熵方程中，可得到一个熵的封闭方程：

$$I=-h(k)\log_2 \sum h(k) \tag{10-18}$$

积分近似求和可得

$$I=\int_{\Delta m}^{\infty} h(k)\log_2 h(k)\,\mathrm{d}x \tag{10-19}$$

利用 $\log_2 x=1.433\ln x$，进一步化简可得

$$I=-1.433\int_{\Delta m}^{\infty} h(k)\ln h(k)\,\mathrm{d}x \tag{10-20}$$

将 $h(x)=Ax^{-3}$，$A=2\Delta m(\Delta m+1)$ 代入积分中，并化简对数表示，得到

$$I=-1.443A\int_{\Delta m}^{\infty} \frac{\ln(A)-3\ln(x)}{x^3}\mathrm{d}x \tag{10-21}$$

通过化简上述积分可以得到

$$I=-1.433A\frac{\ln A-3\dfrac{\ln(\Delta m)+1}{2}}{2\Delta m^2} \tag{10-22}$$

用 $\log_2(\cdot)$ 代替 $1.433\ln(\cdot)$，化简上式，得到无标度网络熵近似为

$$I=\Delta m+1\frac{1.165-\log_2\frac{\Delta m+1}{\Delta m^2}}{\Delta m} \tag{10-23}$$

使用 $I_0=(\Delta m+1)/\Delta m$ 替换可得

$$I=I_0(1.165+\log_2(\Delta m I_0)) \tag{10-24}$$

可以看出无标度网络的熵仅是 Δm 的函数，而和其他值无关。由 BA 模型构建的无标度网络的熵仅依赖于将新节点连接到网络的链路数，而独立于网络的规模。

此外，熵还是密度的间接函数，因为 BA 无标度网络密度随着 Δm 的增加而增加。忽略前期阶段对优先连接的限制，链路数 $m\sim\Delta mN$，这里的 N 为网络规模。对于足够大的 N 和足够小的 Δm，就会产生一个近似密度

$$\rho=2\frac{m}{N(N-1)}=2\frac{\Delta m}{N} \tag{10-25}$$

假定 $N\gg1$ 且 $\Delta m\leqslant N$，因此有 $\Delta m\sim N$。无标度网络的熵随着 Δm 的对数函数的增加而增加，直接与密度成比例。与当密度超过 50%时变得更加结构化的随机网络不同，无标度网络的熵随着密度的增加而单调增加，因为它的度序列分布始终是幂律分布。当密度接近 100%时，无标度网络将失效，并且它的度序列分布不再是幂律分布，于是此时该方程就不再适用。

10.3 Price 模型

BA 模型的度分布是幂指数固定为 3 的幂律分布，而许多实际的无标度网络的度分布的幂指数在 2 与 3 之间。因此，我们希望有一个幂指数可以在一定范围内调整的无标度网络模型，实际上，这种模型早在 20 世纪六七十年代就已经被提出，那就是 Price 模型。

10.3.1　模型描述

普赖斯(Derek J de Solla Price)发现科学文献之间的引用关系网络的度分布服从幂律分布，针对该网络提出了增长和累积优势机制，并建立了 Price 模型[6,7]。

Price 模型的增长和累积优势机制可描述如下：

(1) 增长机制。不断有新的论文发表，新发表的论文会引用以前发表的一些论文作为参考文献。

(2) 累积优势机制。一篇论文被引用的概率与它已经被引用的次数成正比。可见，累积优势实际上就是优先连接。

要在上述机制的基础上生成网络模型，还需要解决如下问题：

(1) 确定参考文献数量。在实际中，论文的参考文献数量一般有多有少，为了简化模型，在此假设每一篇论文的参考文献数均为常数 c。

(2) 修正累积优势机制。每篇论文在刚发表时被引用的次数都是 0，根据累积优势机制，它被引用的概率为 0。为了解决这一问题，设定论文被引用的概率与 $k_i^{in}+a$ 成正比，其中 a 为一给定正常数，这样即使新论文的入度为 0，也能被引用。

(3) 确定初始网络状态。为了生成网络模型，需要设定初始时刻的节点数和边数，这里假定初始时有 m_0 篇引用次数为 0 的文章。

Price 有向网络模型的构造算法如下：

(1) 增长：从一个具有 m_0 个孤立节点的网络开始，每次引入一个新的节点，并通过 m 条有向边指向 m 个已经存在的节点上，这里 $m \leq m_0$。

(2) 累积优势：一个新节点有边指向一个已经存在的入度为 k_i^{in} 的节点 i 的概率 Π_i 满足如下关系：

$$\Pi_i = \frac{k_i^{in} + a}{\sum_j (k_j^{in} + a)} \tag{10-26}$$

10.3.2　幂指数可调的入度分布

前面提到过 Price 模型的入度分布服从幂律分布且幂指数可调，下面通过计算来验证该结论。

记 $p_{k^{in}}$ 为包含 N 个节点的网络的入度分布，即网络中入度为 k^{in} 的节点所占的比例。考虑一个新加入的节点，它通过一条有向边指向一个已经存在的入度为 k^{in} 的节点 i 的概率可以写为

$$\Pi_i = \frac{k_i^{in} + a}{\sum_j (k_j^{in} + a)} = \frac{k_i^{in} + a}{N(\langle k^{in} \rangle + a)} = \frac{k_i^{in} + a}{N(m + a)} \tag{10-27}$$

由于一个新节点要指向 m 个已经存在的节点，并且网络中入度为 k^{in} 的节点数为 $Np_{k^{in}}(N)$，因此一个新加入节点指向网络中所有入度为 k^{in} 的节点的有向边的数量的期望值为

$$m \times Np_{k^{in}}(N) \times \Pi_i = \frac{k^{in} + a}{m + a} mp_{k^{in}}(N) \tag{10-28}$$

在添加了一个节点和 m 条边之后，网络中有一些原来入度为 $k^{in}-1$(假设 $k^{in}>1$)的节点由于新增了指向自己的边而成为入度为 k^{in} 的节点，这些节点的数量的期望值为

$$\frac{k^{in} - 1 + a}{m + a} mp_{k^{in}-1}(N) \tag{10-29}$$

同样，网络中也有一些原来入度为 k^{in} 的节点由于新增了指向自己的边而成为入度为 $k^{in}+1$ 的节点，这些节点的数量的期望值为

$$\frac{k^{in} + a}{m + a} mp_{k^{in}}(N) \tag{10-30}$$

加入一个新的节点后，网络中的节点总数为 $N+1$，其中入度为 k^{in} 的节点数为

$$(N + 1)p_{k^{in}}(N + 1) \tag{10-31}$$

综合式(10-29)~式(10-31)，当 $k^{in}>0$ 时，入度分布演化满足如下方程：

$$(N + 1)p_{k^{in}}(N + 1) = Np_{k^{in}}(N) + \frac{k^{in} - 1 + a}{m + a} mp_{k^{in}-1}(N) - \frac{k^{in} + a}{m + a} mp_{k^{in}}(N) \tag{10-32}$$

当 $k^{in}=0$ 时，要注意两点：首先，不可能有入度更低的节点增加为入度为 0 的节点；其次，每次新加入一个节点都会增加一个入度为 0 的节点。因此有

$$(N + 1)p_0(N + 1) = Np_0(N) + \frac{k^{in} + a}{m + a} mp_0(N) \tag{10-33}$$

假设当节点数 $N\to\infty$ 时，存在稳态入度分布 $p_{k^{in}}$：

$$\lim_{N\to\infty} p_{k^{in}}(N) \triangleq p_{k^{in}} \tag{10-34}$$

对于式(10-32)和式(10-33)，令 $N\to\infty$，可以得到

$$p_{k^{in}} = \frac{m}{m+a}\left[(k^{in}-1+a)p_{k^{in}-1} - (k^{in}+a)p_{k^{in}}\right], \quad k^{in} > 0 \tag{10-35}$$

$$p_0 = 1 - \frac{k^{in}+a}{m+a} m p_0 \tag{10-36}$$

从而有

$$\begin{aligned} p_0 &= \frac{1+\frac{a}{m}}{1+a+\frac{a}{m}} \\ p_{k^{in}} &= \frac{k^{in}+a-1}{k^{in}+a+1+\frac{a}{m}} p_{k^{in}-1} \end{aligned} \tag{10-37}$$

于是可以求得

$$p_{k^{in}} = \frac{1+\frac{a}{m}}{1+a+\frac{a}{m}} \frac{[(k+a-1)(k^{in}+a-2)]\cdots a}{\left(k^{in}+a+1+\frac{a}{m}\right)\left(a+2+\frac{a}{m}\right)}, \quad k^{in} > 0 \tag{10-38}$$

基于特殊函数 Γ 函数和 B 函数的如下性质：

$$\begin{aligned} \frac{\Gamma(x+n)}{\Gamma(x)} &= (x+n-1)(x+n-2)\cdots x \\ B(x, y) &= \frac{\Gamma(x)\Gamma(y)}{\Gamma(x+y)} \approx x^{-y}\Gamma(y) \end{aligned} \tag{10-39}$$

式(10-38)可表示为

$$p_{k^{in}} = \left(1+\frac{a}{m}\right) \frac{\Gamma(k^{in}+a)\Gamma\left(a+1+\frac{a}{m}\right)}{\Gamma(a)\Gamma\left(k^{in}+a+2+\frac{a}{m}\right)}$$

$$= \frac{B\left(k^{in} + a,\ 2 + \frac{a}{m}\right)}{B\left(a,\ 1 + \frac{a}{m}\right)} \tag{10-40}$$

$$\sim (k^{in} + a)^{-\gamma}$$

其中，幂指数

$$\gamma = 2 + \frac{a}{m} \tag{10-41}$$

当 $k^{in} \gg a$ 时有

$$p_{k^{in}} \sim (k^{in})^{-\gamma} \tag{10-42}$$

这表明 Price 网络模型的入度分布近似服从幂指数为 $2+a/m$ 的幂律分布。如果 $a/m \leqslant 1$，那么幂指数 $\gamma \in (2,\ 3]$，这意味着 Price 网络模型是一个非均匀的异质网络；随着 a/m 值的增加，Price 网络模型入度分布的均匀性也不断增加。因此，Price 网络模型实际上是一个幂指数可调的幂律入度分布的网络模型。

10.3.3 幂指数可调的无向无标度网络

如果把 Price 模型中的每一条有向边都视为无向边，那么节点 i 的度 $k_i = k_i^{in} + m$。该无向网络的度分布可以写成

$$p_k \sim (k - m + a)^{-\gamma}, \quad \gamma = 2 + \frac{a}{m} \tag{10-43}$$

这样就得到一个幂指数可调的无向无标度网络，该幂指数的调整范围为$(2,\ \infty)$。在近年的许多研究网络异质性程度对于网络行为的影响时经常会应用这一模型。当 $\gamma \to 2$ 时，该模型类似于一个多中心网络，所有新加入节点都只与初始的 m_0 个节点连接；随着 γ 的增加，网络的累积度分布逐渐变得均匀。

BA 模型可以视为 Price 模型在取 $m=a$ 时的特例。在 Price 模型的入度分布式(10-40)中，令 $m=a$，$k_i^{in}=k_i-m$，即可得到 BA 模型的度分布为

$$p_k = \frac{B(k,\ 3)}{B(m,\ 2)} \tag{10-44}$$

其中，

$$B(k,\ 3)=\frac{\Gamma(k)\Gamma(3)}{\Gamma(k+3)}=\frac{\Gamma(3)}{k(k+1)(k+2)} \tag{10-45}$$

$$B(m,\ 2)=\frac{\Gamma(2)}{m(m+1)} \tag{10-46}$$

于是可得 BA 模型度分布的精确表达式为

$$p_k=\frac{2m(m+1)}{k(k+1)(k+2)} \tag{10-47}$$

从而有

$$p_k \sim 2m(m+1)k^{-3} \sim 2m^2k^{-3} \tag{10-48}$$

该式等价于基于近似平均场理论得到的 BA 模型的度分布表达式(10-9)。

10.3.4　优先连接机制的计算机实现

本节将介绍如何在计算机上实现优先连接机制。为了让计算机更容易实现，仿照 PageRank 算法的公式，将 Price 模型的优先连接概率公式重写为如下形式：

$$\begin{aligned}\Pi_i&=\frac{k_i^{in}+a}{N(m+a)}\\&=\frac{m}{m+a}\frac{k_i^{in}}{mN}+\left(1-\frac{m}{m+a}\right)\frac{1}{N}\\&=\frac{m}{m+a}\frac{k_i^{in}}{\sum_j k_j^{in}}+\left(1-\frac{m}{m+a}\right)\frac{1}{N}\end{aligned} \tag{10-49}$$

记

$$p=\frac{m}{m+a} \tag{10-50}$$

则

$$\Pi_i=p\frac{k_i^{in}}{\sum_j k_j^{in}}+(1-p)\frac{1}{N} \tag{10-51}$$

基于此，Price 模型的优先连接机制可等价描述为：

(1) 以概率 $1-p$ 按照完全随机方式选取一个已有节点。此时，每个节点被选中的概率均为 $1/N$。

(2) 以概率 p 按照优先连接方式选取一个已有节点。此时，选择节点 i 的概率$\overline{\Pi}_i$与该节点的入度 k_i^{in}成正比：

$$\overline{\Pi}_i = \frac{k_i^{in}}{\sum k_j^{in}} \tag{10-52}$$

现在的问题是如何根据优先连接概率公式(10-52)选择节点。一种直接的做法是首先计算如下值：

$$I_0 = 0$$

$$I_i = I_{i-1} + \frac{k_i^{in}}{\sum_j k_j^{in}}, \quad i = 1, 2, \cdots, N-1 \tag{10-53}$$

$$I_N = 1$$

其中 N 为已有节点总数。然后生成一个完全随机数$\bar{r} \in (0, 1)$，如果$\bar{r} \in (I_{i-1}, I_i)$，那么就选取节点 i。但这样会出现一个问题：每次添加节点都需要重新计算 I_i，随着网络规模的扩大，计算效率越来越低。

可以通过建立一个数组 Array 来有效实现按照优先连接概率公式(10-52)选取节点。数组 Array 中依次存放每个新加入节点所指向的所有邻居节点的编号，也就是网络中已有的每一条边所指向的节点的编号。这样，按照概率 i 选取一个节点就等价于在数组 Array 中随机选取一个元素。

假设要生成一个包含 N 个节点的 Price 网络模型。考虑到当 N 充分大时，网络的统计性质可以视为与初始网络的结构无关。假设 Price 模型构造中的初始网络不是 m_0个孤立节点，而是一个强连通网络。Price 模型的计算机实现算法如下：

(1) 给定一个具有 m_0个节点的初始强连通网络，把每一条边所指向的节点的编号添加到数组 Array 中。

(2) 给定参数 $p \in [0, 1]$，对于 $t=1, 2, \cdots, N-m_0$，执行如下操作：

① 生成一个完全随机数 $r \in [0, 1)$；

② 如果 $r<p$，那么完全随机地在数组 Array 中选择一个元素；

③ 如果 $r \geqslant p$，那么完全随机地选择一个节点；

④ 执行步骤①—③ m 次后(避免重复选取节点)，添加从新加入节点指向

m 个节点的 m 条有向边，并把这 m 个节点的编号添加到数组 Array 中。

10.3.5　节点复制模型

在 Price 模型的计算机实现算法中，由于数组 Array 是由网络中每个节点所指向的邻居节点的编号组成的，因此完全随机地在数组 Array 中选取一个元素等价于如下操作：完全随机地选择一个已有节点，然后再完全随机地选择该节点所指向的一个邻居节点。

也就是说，新加入的节点以概率 p 复制网络中已有节点的行为，即从已经连接的节点的邻居节点中选择一个节点连接，这种行为就叫作节点复制。参数 p 为复制概率，p 值越大，意味着新加入的节点越倾向于复制已有节点的行为，从而导致更为显著的富者更富现象。可以进一步从 Price 模型的入度分布来验证。

注意到

$$p=\frac{m}{m+a}=\frac{1}{1+\dfrac{a}{m}},\quad \frac{a}{m}=\frac{1}{p}-1 \tag{10-54}$$

Price 模型的入度分布式(10-40)可改写为

$$p_{k^{in}}\sim (k^{in})^{-\left(2+\frac{a}{m}\right)}=(k^{in})^{-\left(1+\frac{1}{p}\right)} \tag{10-55}$$

由此可得，p 值越大，γ 值就越小，网络的异质性就越强。

在现实中，节点复制现象经常出现。例如，在论文引用网络中，节点复制意味着论文作者写文章时不仅引用了某些参考文献，而且还将这些参考文献中的某些参考文献也引用到自己的论文中。

节点复制模型构造算法如下：

(1) 增长：从一个具有 m_0 个孤立节点的网络开始，每次引入一个新的节点并且通过 m 条有向边指向 m 个已经存在的节点，这里 $m\leqslant m_0$。

(2) 节点复制：给定一个参数 $p\in[0, 1]$，按照如下方式选择已有节点，并添加从新节点指向该已有节点的有向边：

① 生成一个随机数 $r\in[0, 1)$；

② 如果 $r<p$，那么就完全随机地选择一个节点，然后再完全随机地选择该节点所指向的一个邻居节点；

③ 如果 $r\geqslant p$，那么就完全随机地选择一个节点；

④ 执行步骤①—③ m 次，同时避免重复选择节点。

10.4 无标度网络推广模型

尽管 BA 模型很好地反映了实际复杂网络的无标度性，但是其生成的网络和实际网络仍有一定差距。例如，BA 模型只能生成度分布的幂律指数固定为 3 的无标度网络，而各种实际复杂网络的幂律指数则不甚相同，且大多在 2~3 这一范围内。此外，实际网络常常具有一些非幂律特征，如指数截断、小变量饱和等。在 BA 模型提出之后，许多学者做了各种各样的扩展，如考虑非线性优先连接概率、节点的老化和死亡及边的随机重连和去除等。例如，阿尔伯特和巴拉巴西提出了一种增广的(extended)BA 模型，简称 EBA 模型[8]。在 EBA 模型的构建中，每一步以概率 p 添加一个新节点和 m 条新边，以概率 q 随机重连网络中已有的 m 条边，这样得到的 EBA 模型具有幂律度分布，并且幂指数可以通过对参数 p、q 和 m 的调整而取值为区间(2，3)上的实数。

接下来将介绍 BA 模型两种典型的推广：一是适应度模型，该模型体现了不同节点的竞争能力；二是局域世界演化网络模型，它的优先连接机制是在局部区域进行细化的。

10.4.1 适应度模型

在 BA 无标度网络的增长过程中，节点的度也在发生变化并且满足如下幂律关系：

$$k_i(t) = m\left(\frac{t}{t_i}\right)^{\frac{1}{2}} \tag{10-56}$$

其中，$k_i(t)$为第 i 个节点在时刻 t 的度，t_i是第 i 个节点加入网络的时刻。

网络中两个节点的度的比值为

$$\frac{k_i(t)}{k_j(t)} = \left(\frac{t_j}{t_i}\right)^{\frac{1}{2}} \tag{10-57}$$

这意味着

$$k_i(t) > k_j(t), \quad t_i < t_j \tag{10-58}$$

上式表明，在 BA 模型中，越老的节点具有越高的度。然而，在许多实际网络中，节点的度及其增长速度并非只与该节点的存在时间有关，还与节点的内在属性相关。例如，社会网络中的某些人具有较强的交际能力，他们可以较为容易地把一次随机相遇变为一个持续的社会连接；WWW 上的某些站点通过好的内容和市场推广，可以在较短时间内获得大量的超文本链接，甚至超过一些老的站点；一些高质量的科研论文在较短时间内就可以获得大量的引用。显然，这些例子都是与节点的内在性质相关的，这一性质称为节点的适应度(fitness)[9]，并据此提出了适应度模型，其构造算法如下：

(1) 增长：从一个具有 m_0个节点的连通网络开始，每次引入一个新的节点并且连到 m 个已经存在的节点上，这里 $m \leqslant m_0$。

(2) 优先连接：一个新节点与一个已经存在的节点 i 相连接的概率 Π_i与节点 i 的度 k_i和适应度 η_i之间满足如下关系：

$$\Pi_i = \frac{\eta_i k_i}{\sum_j \eta_j k_j} \tag{10-59}$$

其中，每个节点 i 的适应度 η_i按某种分布 $\rho(\eta)$选取，例如选取 $\eta_i = e^{-\frac{\delta_i}{T}}$，其中 δ_i为节点 i 的能量，T 为温度或距离等参数。

可以看出，适应度模型与 BA 无标度模型的区别在于：适应度模型中的优先连接概率与节点的度和适应度之积成正比，而不是仅与节点的度成正比。根据适应度分布的不同，适应度模型呈现不同的特征，下面分别介绍。

(1) 每个节点取相同的适应度且 $\eta \neq 0$

此时，适应度模型退化为具有无标度特征的 BA 模型。该模型呈现“先到者赢”(first-mover-wins)的特征，也就是说，只有在初始几步加入网络的一些节点才有可能具有相对较高的度。但是，注意到任一时刻网络中连边的总数为 mt，而任一节点的度为 $k_i(t) = m(t/t_i)^{1/2}$，有

$$\frac{k_i(t)}{mt} = \left(\frac{1}{t_i t}\right)^{\frac{1}{2}} \rightarrow 0, \quad t \rightarrow \infty \tag{10-60}$$

这意味着网络中任一节点(包括度最大的节点)的连边数占整个网络的连边数的比例总是趋于0，不会出现一个或几个节点始终占据绝对统治地位的情形。

(2) 节点的适应度并不完全相同

假设网络中节点的适应度并不完全相同。如果一个新加入的节点具有较高的适应度，那么相比于加入时间长但适应度较低的节点，该节点有可能在随后的网络演化过程中获取更多的边。根据适应度分布$\rho(\eta)$的形式，适应度模型表现出如下两类不同的行为[9]：

① 适者更富：此时，随着时间的演化，网络中适应度较高的节点具有更高的连接度。但是与BA模型的无标度特征类似，每一个节点(包括适应度最高的节点)的连边数占整个网络的连边数的比例仍然趋于0。节点的度分布仍然呈现层次化特征，适应度最高的节点也并不能占据完全的统治地位。

② 赢者通吃：此时，随着时间的演化，随着新节点的不断加入，适应度最高的一个或几个节点就会获得占整个网络连接数的一定比例的连接数，而其他每个节点的连接数占整个网络的连接数的比例仍然趋于0，从而呈现一种所谓的“赢者通吃”的现象，类似于市场中的寡头垄断。

10.4.2 局域世界演化网络模型

李翔等人在对世界贸易网的研究中发现，全局的优先连接机制并不适用于那些只与少数(小于20个)国家有贸易往来关系的国家。于是，他们建立了局域世界演化网络模型[10,11]。在这个模型中，每个节点代表一个国家，各个国家之间的贸易关系作为连边。研究显示，许多国家都致力于加强与各自区域经济合作组织内的国家之间的经济合作和贸易关系，例如欧盟、东盟和北美自由贸易区等。在世界贸易网中，优先连接机制存在于某些区域经济体中。

局域世界演化网络模型的构造算法如下：

(1) 网络初始时有m_0个节点和e_0条边。

(2) 第t步加入一个新节点，随机地从已经存在的网络中选取M个节点，作为新加入节点的局域世界LW。新加入的节点根据优先连接概率$\Pi_{LW}(k_i)$选择与局域世界中的$m(m\leq M)$个节点相连：

$$\Pi_{LW}(k_i)=\Pi'(v_i\in LW)\frac{k_i}{\sum\limits_{v_j\in LW}k_j}\equiv\frac{M}{m_0+t}\frac{k_i}{\sum\limits_{v_j\in LW}k_j} \tag{10-61}$$

其中，k_i是局域世界 LW 中节点 i 的度，它会随着时间发生变化。

在每一时刻，新加入的节点从局域世界中按照优先连接原则选取 m 个节点连接，而不是像 BA 无标度模型从整个网络中选择。构造一个节点的局域世界的法则根据实际的局域连接而不同，上述模型中只考虑了随机选择的简单情形。

显而易见，在 t 时刻，$m\leqslant M\leqslant m_0+t$。因此，上述局域世界演化网络模型有两种特殊情形：$M=m$ 和 $M=m_0+t$。

（1）特殊情形一：$M=m$

这时，新加入的节点与其局域世界中所有的节点相连接，这意味着在网络增长过程中，优先连接原则实际上已经不发挥作用了。这等价于 BA 无标度网络模型中只保留增长机制而没有优先连接时的特例。此时，第 i 个节点的度的变化率为

$$\frac{\partial k_i}{\partial t}=\frac{m}{m_0+t} \tag{10-62}$$

网络度分布服从指数分布

$$P(k)\propto \mathrm{e}^{-\frac{k}{m}} \tag{10-63}$$

（2）特殊情形二：$M=m_0+t$

在这种特殊情形，每个节点的局域世界其实就是整个网络。因此，局域世界模型此时完全等价于 BA 无标度网络模型。

下面将局域世界演化网络模型在不同情形的度分布进行对比。图 10-2 给出了局域世界演化网络模型与其特殊情形一在对数坐标系下的度分布对比。插入图是在对数-线性坐标系下的度分布对比图示。图 10-3 是局域世界演化网络模型与其特殊情形二在对数坐标系下的度分布对比。网络的节点数均为 $N=10\ 000$。可以看出，当 $M\approx m$ 时的网络度分布曲线与情形一的度分布曲线相似，呈指数分布；而 $M\approx m_0+t$ 时的网络度分布曲线则与情形二相似，服从幂律分布。当 $m<M<m_0+t$ 时，随着 M 的增大，局域世界模型的度分布呈现在

指数分布到幂律分布之间演化。例如，保持 $m=3$ 不变，将局域世界的规模 M 从 4 增加至 30，可以发现网络的度分布从一条指数型曲线逐渐变成一条幂律型的直线(见图 10-4)。这意味着局域世界规模 M 越大，相应的演化网络越不均匀。

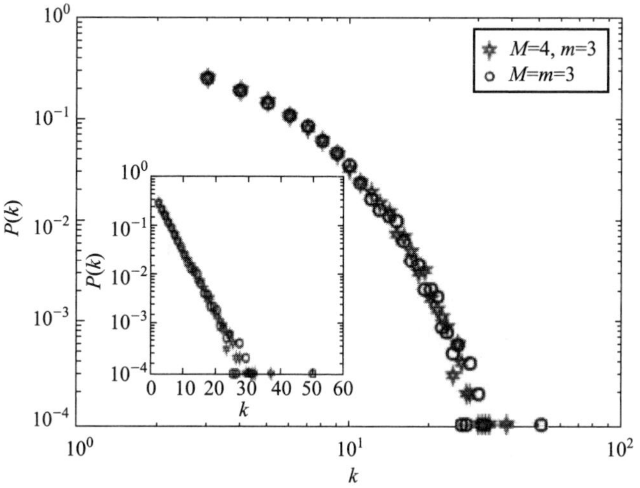

图 10-2　局域世界演化网络模型与其特殊情形一的度分布对比[11]

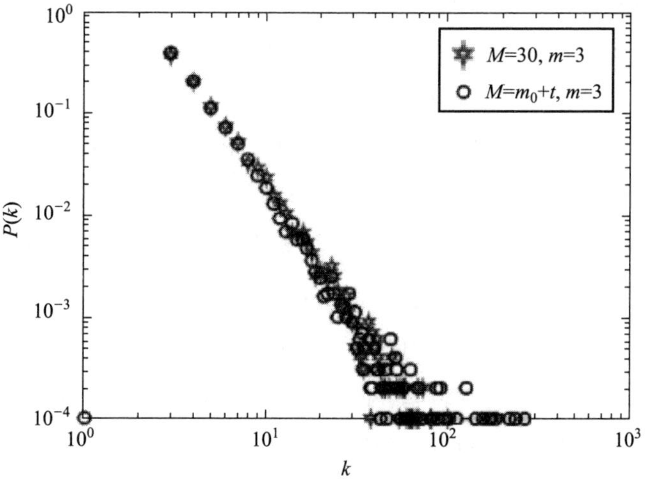

图 10-3　局域世界演化网络模型与其特殊情形二的度分布对比[11]

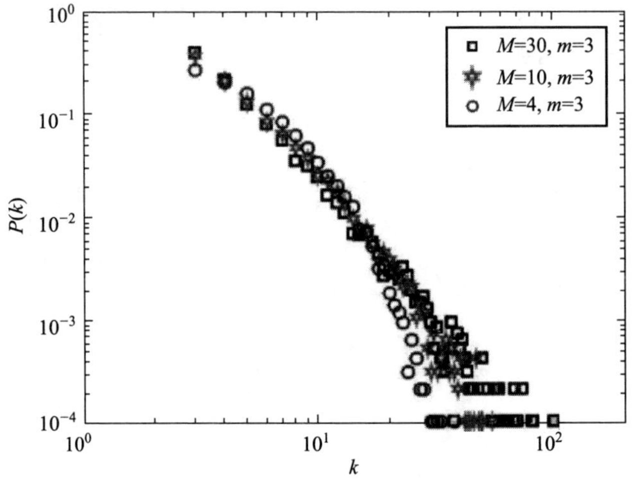

图 10-4 局域世界演化网络模型的度分布对比[11]

10.5 鲁棒性与脆弱性

对于给定的一个网络，每次从该网络中移走一个节点，也就同时移走了与该节点相连的所有的边，从而有可能使得网络中其他节点之间的一些路径中断（见图 10-5）。网络遭遇攻击或故障相当于从网络中删除若干节点或边，这通常会导致本来连通的网络变得不连通。如果移走某些节点后网络中绝大部分节点仍然连通，则称该网络的连通性对这些节点的移除具有鲁棒性。

对于鲁棒性主要有两方面的研究，一方面我们希望网络能拥有较强的鲁棒性，例如 Internet，面对故障和黑客的攻击，能够保持它的功能；另一方面我们希望通过移除一些节点使得网络的连通性尽可能变差，一个典型的例子就是如何通过给部分人群接种疫苗而最大程度地预防传染病的扩散。

巴拉巴西小组比较了随机网络和无标度网络的连通性对节点移除的鲁棒性[13]。考虑两类节点移除策略：一是随机故障策略，即完全随机地移除网络中

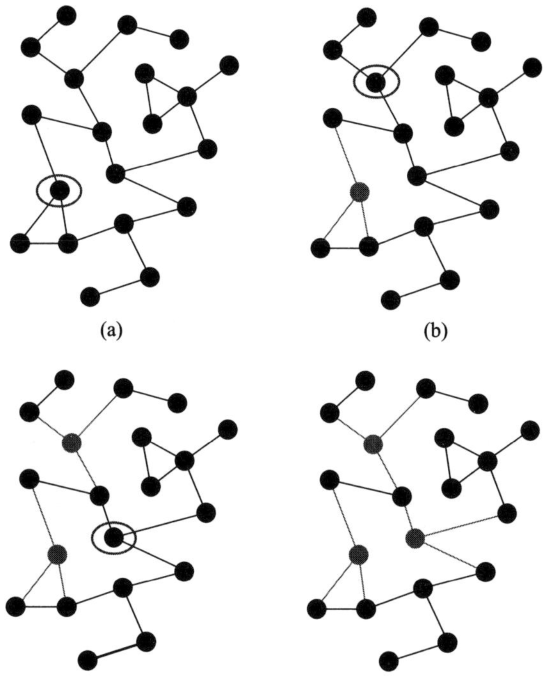

图 10-5 去除节点对网络连通性的影响示意图[12]

的一部分节点；二是蓄意攻击策略，即从网络中度最高的节点开始，有意识地移除网络中一部分度最高的节点。假设移除的节点数占原始网络总节点数的比例为f，则可以用$P_\infty(f)/P_\infty(0)$（P_∞为随机选择节点属于最大群的概率，在此表示最大连通子图的相对大小）与f的关系来度量网络的鲁棒性。图 10-6 反映了随机网络面对随机故障和蓄意攻击时的鲁棒性。

对于随机网络而言，无论是蓄意攻击还是随机故障，只要移除的节点比例超过一个阈值，网络的极大连通分支中的节点比例将近似为 0。

而对于无标度网络，面对蓄意攻击和随机故障，其鲁棒性有很大的不同（见图 10-7）。

当无标度网络遭遇随机故障时，阈值现象几乎消失，随着随机移除节点比例的增加，极大连通分支中的节点比例只是缓慢地减少，只有当绝大多数节点被移除后，网络才会最终解体。当无标度网络遭遇蓄意攻击时，与随机网络类

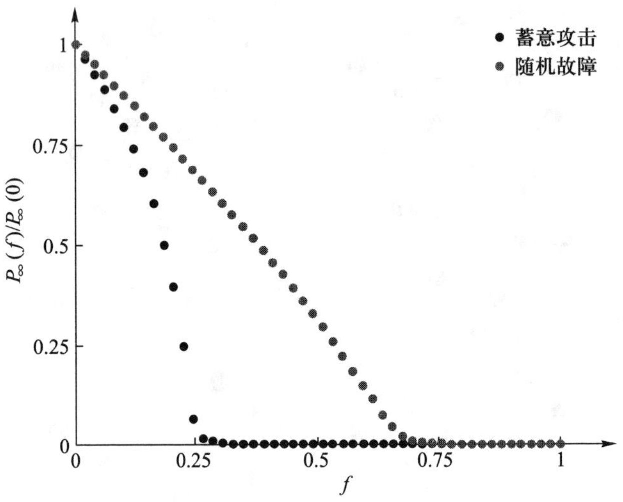

图 10-6　随机网络面对随机故障和蓄意攻击时的鲁棒性[12]

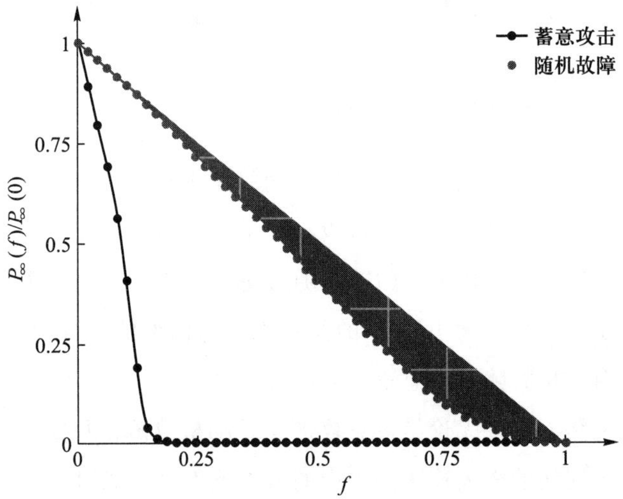

图 10-7　无标度网络面对随机故障和蓄意攻击时的鲁棒性[12]

似也表现出阈值现象，只是此时阈值很小。也就是说，移除一小部分高度值节点就足以将无标度网络分解成小的集群。

无标度网络的这种对随机故障的高鲁棒性来自网络度分布的极端非均匀

性：绝大多数节点的度都相对很小而只有少数节点的度相对很大。当f较小时，随机选取的节点都是度很小的节点，移除这些节点对整个网络的连通性不会产生大的影响。然而，正是这种非均匀性使得无标度网络对蓄意攻击具有高度的脆弱性，只要有意识地移除网络中极少数度值大的节点，就会对整个网络的连通性产生大的影响。

从图 10-8 可以看出，对于同一个无标度网络，蓄意攻击的阈值总是小于随机故障的阈值。对于较大的幂指数 γ，无标度网络的行为类似于随机网络。而由于随机网络中的高度值节点较少，随机故障和蓄意攻击对其造成的影响是类似的。因此，对于较大的 γ，随机故障和蓄意攻击的阈值均收敛。

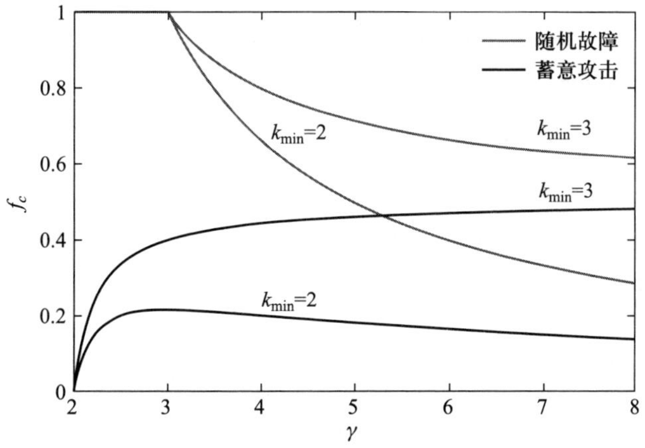

图 10-8　无标度网络阈值与幂指数的关系[12]

思考题

10.1　无标度网络具有什么特点？请举例说明现实生活中的无标度网络。

10.2　已知 $N=500$，$\Delta m=2$，计算无标度网络的近似聚类系数。

10.3　已知 $I_0=(\Delta m+1)/\Delta m$，请利用相关公式分别计算 $\Delta m=2$ 和 $\Delta m=5$ 时的无标度网络

的熵。

10.4　假设把 Price 模型作为已经有 10 年历史的某个领域的论文引用网络的模型，请计算该领域第 1 篇文章和第 10 篇文章在本领域内被引用次数的期望值。

10.5　假设在 Price 模型中，$c=40$，$a=10$，请比较发表时间最早的 10%文章中每篇文章被引用的平均数与发表时间最新的 10%文章中每篇文章被引用的平均数。

参考文献

[1]　Barabási A L, Albert R. Emergence of scaling in random networks[J]. Science, 1999, 286(5439): 509-512.

[2]　Barabási A L, Albert R, Jeong H. Mean-field theory for scale-free random networks[J]. Physica A: Statistical Mechanics and its Applications, 1999, 272(1-2): 173-187.

[3]　Cohen R, Havlin S. Scale-free networks are ultrasmall[J]. Physical Review Letters, 2003, 90(5): 058701.

[4]　Fronczak A, Fronczak P, Hołyst J A. Mean-field theory for clustering coefficients in Barabási-Albert networks[J]. Physical Review E, 2003, 68(4): 046126.

[5]　熊文海，高齐圣，张嗣瀛．复杂网络的邻接矩阵及其特征谱[J]．武汉理工大学学报(交通科学与工程版)，2009，33(01)：83-86.

[6]　Price D J S. Networks of scientific papers: The pattern of bibliographic references indicates the nature of the scientific research front[J]. Science, 1965, 149(3683): 510-515.

[7]　Price D J S. A general theory of bibliometric and other cumulative advantage processes[J]. Journal of the American Society for Information Science, 1976, 27(5): 292-306.

[8]　Albert R, Barabási A L. Topology of evolving networks: local events and universality[J]. Physical Review Letters, 2000, 85(24): 5234.

[9]　Bianconi G, Barabási A L. Bose-Einstein condensation in complex networks[J]. Physical Review Letters, 2001, 86(24): 5632.

[10]　Li X, Jin Y Y, Chen G. Complexity and synchronization of the world trade web[J]. Physica A: Statistical Mechanics and its Applications, 2003, 328(1-2): 287-296.

[11] Li X, Chen G. A local-world evolving network model[J]. Physica A: Statistical Mechanics and its Applications, 2003, 328(1-2): 274-286.

[12] Barabási A L.Network science[J]. Philosophical Transactions of the Royal Society A: Mathematical, Physical and Engineering Sciences, 2013, 371(1987): 20120375.

[13] Albert R, Jeong H, Barabási A L. Error and attack tolerance of complex networks[J]. Nature, 2000, 406(6794): 378-382.

第 11 章　网络动力学

网络动力学是指动力学模型在不同网络上的性质与相应网络的静态统计性质的联系，关于网络系统的由网络流量作为状态量的动力学。本章内容主要包括：网络动力学系统的基本概念、常见的动力学过程，网络动力学在流行病学、信息传播领域的模型构建及其分析，以及复杂网络在动力学领域的应用。

11.1　网络动力学系统

动力系统这一概念来源于数学，随后被应用于多个领域。可以把动力系统看作是这样一种系统，它的状态(由一些变量表示)按照某些特定的规则或方程随时间而改变。动力系统包括连续时间变量和离散时间变量，它既可以是确定的，又可以是随机的。当我们把动力系统里的一些思想引入网络领域，把节点的状态作为系统的状态变量，就形成了网络动力学系统。现实中的很多实际过程的简化模型都能表示成网络动力系统，例如朋友之间的消息传递、交通运输形成的交通流、计算机网络中的数据交换、医学中的流行病传播及社交网络中的信息传播等，都可以看作是发生在某种网络中的动力学过程。

11.1.1　动力系统

动力系统理论是数学和物理学中发展得非常成熟的分支，本节将首先介绍一些基本思想，然后把这些思想拓展到网络领域。由于实际情况下的时间大多数是连续的，本节所讨论的动力系统主要为具有随连续时间 t 变化的连续实值的确定性系统。

连续动力系统的一个简单例子是由单个实值变量 x 描述的系统，实值变量 x 由以下一阶微分方程确定[1]：

$$\frac{\mathrm{d}x}{\mathrm{d}t}=f(x) \tag{11-1}$$

其中，$f(x)$是关于 x 的给定函数。通常会给出一个初始条件：

$$\begin{cases} t=t_0 \\ x=x_0 \end{cases} \tag{11-2}$$

另外，动力系统的变量并不唯一，还可以得到双变量动力系统：

$$\frac{\mathrm{d}x}{\mathrm{d}t}=f(x,\ y),\quad \frac{\mathrm{d}y}{\mathrm{d}t}=g(x,\ y) \tag{11-3}$$

动力系统还能拓展到更多变量的情形。考虑网络的动力系统时，可将网络的每个节点赋予单独的变量。

方程(11-1)右边的函数也与时间 t 相关，于是可写为

$$\frac{\mathrm{d}x}{\mathrm{d}t}=f(x,\ t) \tag{11-4}$$

这种情况实际上可以看作是方程(11-3)的一个特例，即

$$\frac{\mathrm{d}x}{\mathrm{d}t}=f(x,\ y),\quad \frac{\mathrm{d}y}{\mathrm{d}t}=1 \tag{11-5}$$

且赋予初值条件 $y(0)=0$，则 y 与 t 的关系为 $y=t$，那么就得到 $\mathrm{d}x/\mathrm{d}t=f(x,\ t)$。通过这一方法把依赖时间 t 转换为依赖另一个变量 y。

更复杂的情形是系统方程具有高阶导数，此时可以采用同样的方法将其转换为更简单的情形，例如：

$$\frac{\mathrm{d}^2x}{\mathrm{d}t^2}+\left(\frac{\mathrm{d}x}{\mathrm{d}t}\right)^2-\frac{\mathrm{d}x}{\mathrm{d}t}=f(x) \tag{11-6}$$

可以通过引入新变量 $y=\mathrm{d}x/\mathrm{d}t$ 进行转换，得到

$$\frac{\mathrm{d}x}{\mathrm{d}t}=y,\quad \frac{\mathrm{d}y}{\mathrm{d}t}=f(x)-y^2+y \tag{11-7}$$

这又是方程(11-3)的一个特例。我们研究的系统方程主要形式为方程(11-1)和方程(11-3)。

可以将上面的一些思想应用到网络动力系统中。通常，令网络中的每个节点 i 都有独立的动力变量 x_i，y_i，且它们只通过网络中的边相互作用。也就是说，网络动力系统的方程中只能包含节点以及它的邻居节点的变量。网络上常见的动力系统有自旋、振子或混沌的同步、可激发系统等。

下面是这种类型的动力系统的一个例子，它是 *SI* 传染病模型中一个节点受感染的概率：

$$\frac{\mathrm{d}x_i}{\mathrm{d}t}=\beta(1-x_i)\sum_j A_{ij}x_j \tag{11-8}$$

由方程可以看出，方程里包含的变量对应的 A_{ij} 不等于 0，也就是只包含直接相连的成对节点变量的项。

网络动力系统根据节点所含的变量的个数可以分为单变量网络动力系统和多变量网络动力系统。

11.1.2　单变量网络动力系统

对于每个节点只有单个变量的系统，可以给出一般的一阶方程[1]：

$$\frac{\mathrm{d}x_i}{\mathrm{d}t}=f_i(x_i)+\sum_j A_{ij}g_{ij}(x_i, x_j) \tag{11-9}$$

方程右边第一项只包含节点自身的动力变量，即在节点与其他点没有任何连接的情况下变量 x_i随时间的演化过程；第二项包含邻居节点的变量，g_{ij}描述了来自连接的贡献，代表不同节点变量之间的耦合。

方程(11-9)为每个节点或每对节点都指定了函数f_i和 g_{ij}，这是考虑到每个节点的动力学可能会不同。然而，如果每个节点都具有相似的特征，那么它们的动力学可能是相似甚至是相同的。所以，在这种情况下，方程(11-9)可改写为

$$\frac{\mathrm{d}x_i}{\mathrm{d}t}=f(x_i)+\sum_j A_{ij}g(x_i, x_j) \tag{11-10}$$

在本章的例子中都会做这一假设。同时，假设网络是无向的，因此 A_{ij}是对称的。

11.1.3　多变量网络动力系统

在多数系统中，每个节点的变量不止一个。假设每个节点 i 都有任意个变量 $x_1^{\,i}$，$x_2^{\,i}$，…，每个节点的变量数相同且遵循相同形式的方程。为了方便，把单个节点的变量集记为向量 $\boldsymbol{x}^i=(x_1^i, x_2^i, \cdots)$，则方程可表示为[1]

$$\frac{\mathrm{d}x^i}{\mathrm{d}t}=\boldsymbol{f}(\boldsymbol{x}^i)+\sum_j A_{ij}\boldsymbol{g}(\boldsymbol{x}^i, \boldsymbol{x}^j) \tag{11-11}$$

注意，此时的函数f和 g 已变为自变量为向量的向量函数$\boldsymbol{f}$和$\boldsymbol{g}$，且它们与$\boldsymbol{x}$有相同的秩。

11.2 常见的动力学过程

本节主要讨论网络的四种动力学过程：随机游走、惰性随机游走、自避行走和游客漫步[2]。还有其他一些动力学过程，例如流行病传播，将在第 11.3 节进一步详细介绍。

11.2.1 随机游走

随机游走是一系列由连续随机步组成的轨迹的数学表示[3]，随机游走无法根据过去的状态预测将来的状态。随机游走被应用于多个领域[4]，例如协同过滤[5,6]、推荐系统[7,8]、链路预测[9]、计算机视觉[10]、半监督学习[11]、网络嵌入[12]、文本分析[13]、知识发现[14]以及社交网络分析[15]。

给定一个网络 $G=(V, E)$，以 $v_i \in V$ 作为起点，随机选择它的一个邻居节点，将其移动到该邻居节点；然后，再次随机选择新节点的邻居节点，继续移动，以此类推，以这种方式选择的节点的序列就是网络上的随机游走。

从定义可以发现新节点的选择取决于当前节点，且所有节点为可列集，因此可以用一个有限离散时间马尔可夫链来刻画随机游走模型。离散时间马尔可夫链是一个随机过程，其未来状态在条件上独立于过去的状态，只与当前状态有关。

定义 11-1(离散时间马尔可夫链) 离散时间马尔可夫链是一个随机过程 $\{X_t: t \in \mathbb{N}\}$，随机变量 X 在任何给定的时间 t 都取可数集合 $\mathcal{N}$ 中的值，转移到状态 $q \in \mathcal{N}$ 的概率为

$$P[X_t = q \mid X_{t-1}, X_{t-2}, \cdots, X_0] = P[X_t = q \mid X_{t-1}] \tag{11 - 12}$$

即，下一个输出的概率只取决于该过程的最后一个值，与过去的轨迹无关。

定义 11-2(转移概率) 从状态(节点)q 到 u 的转移概率用 $P_{qu}(t)$ 表示，$P_{qu}(t)$ 是 $P[X_t=u \mid X_{t-1}=q]$ 的缩写，其中 q，$u \in V$。转移概率根据网络拓扑结构来定义，有

$$P_{qu}=\frac{A_{qu}}{\sum_{i\in V}A_{qi}} \tag{11-13}$$

定义 11-3(转移矩阵)　在马尔可夫过程中，可以使用转移矩阵 $\boldsymbol{P}(t)$ 来映射所有可行的转移：

$$\boldsymbol{P}(t)=\begin{bmatrix} P_{11}(t) & \cdots & P_{1V}(t) \\ \vdots & & \vdots \\ P_{V1}(t) & \cdots & P_{VV}(t) \end{bmatrix} \tag{11-14}$$

$\boldsymbol{P}(t)$ 是马尔可夫过程的重要概念，因为节点的未来状态仅由当前状态决定，只要有转移矩阵就能完全表征马尔可夫过程。因为图的拓扑结构在游走中不会改变，所以可以去掉它的时间索引。

定义 11-4(m 步转移矩阵)　对于一个时间齐次的马尔可夫过程，可以将 $m(m>0)$ 步转移矩阵定义为 $\boldsymbol{P}^m$，P^m_{qu} 表示从状态 q 经过 m 步转移后到达状态 u 的概率。

在随机游走过程中，采用传代时间函数来计算给定节点被访问的次数。下面将介绍这部分概念[2]。

定义 11-5(传代时间)　传代时间是一个函数 pt：$V\to\mathbb{N}$，$pt(q)$ 表示马尔可夫过程访问状态 q 的次数，可表示为

$$pt(q)=|\{t\in\mathbb{N}\mid X_t=q\}|=\sum_{t=0}^{\infty}\mathbb{I}[X_t(\omega)=q] \tag{11-15}$$

其中，$\mathbb{I}[A]$ 为指示函数，当逻辑表达式 A 为真时结果为 1，其他情况时为 0。这意味着每当有随机过程 X 访问 q 时，$pt(q)$ 的值会增加。

定义 11-6(势能矩阵)　势能矩阵 $\boldsymbol{R}$ 表示当从任何其他给定的节点开始，每个节点被访问的预期次数，可表示为

$$R_{ij}=\mathbb{E}[pt(j)\mid X(0)=i] \tag{11-16}$$

可以理解为从节点 i 开始游走到 j 的平均传代时间。

把式(11-15)代入式(11-16)，通过单调收敛定理，可得

$$\begin{aligned} R_{ij} &= \mathbb{E}\left[\sum_{t=0}^{\infty}\mathbb{I}[x_n=j]\mid X(0)=i\right] \\ &= \sum_{n=0}^{\infty}\mathbb{E}[\mathbb{I}[x_n=j]\mid X(0)=i] \end{aligned}$$

$$= \sum_{n=0}^{\infty} P(X_n = j \mid X(0) = i)$$
$$= \sum_{n=0}^{\infty} P_{ij}^{m} \tag{11-17}$$

从实际角度看，文献[16]认为节点 j 有两个重要的状态，分别为循环状态和过渡状态。

定义 11-7(循环状态) 设 T 是状态 j 首次被马尔可夫过程访问的时刻。满足以下条件时，状态 j 具有周期性：

$$P(T < \infty \mid X(0) = j) = 1 \tag{11-18}$$

因此，循环状态的出现次数是无限的，所以有

$$R_{jj} = \mathbb{E}[pt(j) \mid X(0) = j] = \infty \tag{11-19}$$

定义 11-8(过渡状态) 满足以下条件时，状态 j 具有短暂性：

$$P(T = +\infty \mid X(0) = j) > 0 \tag{11-20}$$

因此，过渡状态的出现次数是有限的，所以有

$$R_{jj} = \mathbb{E}[pt(j) \mid X(0) = j] < \infty \tag{11-21}$$

循环状态和过渡状态是互斥的，如果 j 不是周期性的，那么它一定是短暂性的。

设 j 为循环状态，如果满足以下条件，则为空循环：

$$\mathbb{E}[T \mid X(0) = j] = \infty \tag{11-22}$$

否则，为非空循环。

设 j 为循环状态，对于以下条件，如果 $\delta \geqslant 2$ 且为整数，则可将其看作是周期性的：

$$P(T = n\delta,\ n \geqslant 1) = 1 \tag{11-23}$$

否则，为非周期性的。

定义 11-9(封闭状态集) 如果没有任何外部状态可以从其内部的任何状态得到，则这组状态被认为是封闭的。

定义 11-10(吸收状态) 自身形成封闭状态集的状态被称为吸收状态。如果从 q 到它自身的转换概率为 1，则状态 q 是吸收的。换句话说，在随机游走过程中一旦达到吸收状态，则游走者将永远处于这种状态。

定义 11-11(不可约封闭状态集) 如果没有真子集是封闭的，则该集合是

不可约的。

定义 11-12（不可约马尔可夫链） 如果一个马尔可夫链的唯一闭集包含所有的状态，则这条马尔可夫链叫作不可约马尔可夫链。因此，当且仅当所有的状态都可以互相到达时，马尔可夫链不可约。

马尔可夫链过程的状态集可以分为吸收状态集 V_A 及其补集，即过渡状态集 $V_T = V - V_A$。过渡状态的平均传代时间 $\boldsymbol{R}^{\mathrm{T}}$ 为

$$\boldsymbol{R}^{\mathrm{T}} = (\boldsymbol{I} - \boldsymbol{P}_T)^{-1} \tag{11-24}$$

其中，$\boldsymbol{I}$ 为 $|V_T| \times |V_T|$ 的单位矩阵，$\boldsymbol{P}_T$ 是受限于过渡状态的转移概率矩阵。

$\boldsymbol{R}^{\mathrm{T}}_{q'q}$ 表示从状态 q' 到状态 $q \in V_T$ 的随机游走过程中的传代时间，有

$$\mathbb{E}[pt(q)] = [\boldsymbol{p}'^{\mathrm{T}} \boldsymbol{R}^{\mathrm{T}}]_q \tag{11-25}$$

其中，$\boldsymbol{p}'^{\mathrm{T}}$ 为仅考虑过渡状态时初始概率向量的转置。

给定一个概率分布 $\boldsymbol{p}(t)$，$\dim(\boldsymbol{p}(t)) = 1 \times V$，其中第 v 项表示系统处于节点 $v \in V$ 的概率，$p_v(t)$ 的演变为

$$p_v(t+1) = \sum_{(u,\ v) \in V} \boldsymbol{P}(t)_{uv} p_v(t) \tag{11-26}$$

$\boldsymbol{p}(t+1)$ 的演变为

$$\boldsymbol{p}(t+1) = \boldsymbol{p}(t) \boldsymbol{P}(t) \tag{11-27}$$

通过 $\boldsymbol{p}(t)$ 函数，可以描述底层图的扩散过程，在初始分布 $\boldsymbol{p}(0)$ 和过渡矩阵 $\boldsymbol{P}(t)$ 已知时，该扩散过程将被准确地表示。

定义 11-13（平稳分布） 如果网络 G 是一个有限、不可约、齐次和非周期的马尔可夫链，那么它具有唯一的可以从任意初始分布 $\boldsymbol{p}(0)$ 导出的平稳分布 $\boldsymbol{\pi} = (\pi_1,\ \pi_2,\ \cdots,\ \pi_v)$。当以下条件成立时动态方程达到平稳：

$$\boldsymbol{\pi} = \boldsymbol{\pi} \boldsymbol{P} \tag{11-28}$$

平稳分布中的每一项都呈现以下形式：

$$\pi_i = \frac{1}{\mathbb{E}[T \mid X(0) = i]} \tag{11-29}$$

其中，$\mathbb{E}[T \mid X(0) = i]$ 为从节点 i 开始再次回到节点 i 的预期时间。

对于无向网络，有

$$\mathbb{E}[T \mid X(0) = i] = \frac{\sum_{j \in V} k_j}{k_i} = \frac{2E}{k_i} \tag{11-30}$$

其中，E 为网络中边的数目，k_i 为节点 i 的度。

把式(11-30)代入式(11-29)，可以得到

$$\pi_i = \frac{k_i}{2E} \tag{11-31}$$

11.2.2 惰性随机游走

定义 11-13 中的平稳分布只适用于非周期网络。为了解决周期性问题，引入惰性随机游走[2]。在 t 时刻，游走者面临两种选择：根据转移矩阵过渡到相邻节点，或者停留在当前节点，两种选择概率均等。

惰性随机游走算法与随机游走相比，网络中的每个节点都增加了一个自身环边。惰性随机游走的概率分布 $\boldsymbol{p}(t)$ 的演化公式为

$$\boldsymbol{p}(t+1) = \left(\frac{1}{2}\boldsymbol{p}(t) + \frac{1}{2}\boldsymbol{p}(t)\right)\boldsymbol{P}(t) = \frac{1}{2}\boldsymbol{p}(t)[\boldsymbol{I} + \boldsymbol{P}(t)] = \boldsymbol{p}(t)\boldsymbol{P}'(t) \tag{11-32}$$

其中，$\boldsymbol{P}'(t)$ 为惰性随机游走算法的转移矩阵，其表达式为

$$\boldsymbol{P}'(t) = \frac{1}{2}[\boldsymbol{I} + \boldsymbol{P}(t)] \tag{11-33}$$

根据定义 11-13，即可求解出惰性随机游走的平稳分布。

11.2.3 自避行走

自避行走是指网络里的节点仅会被访问一次。自避行走最早是在聚合物化学理论中引入的[16]，该过程模拟一个材料链每单位时间增长一个单位，直到没有增长的空间。常见的网格有方格 $\mathbb{Z}^2$ 和如图 11-1 所示的平面六边形蜂巢网格。

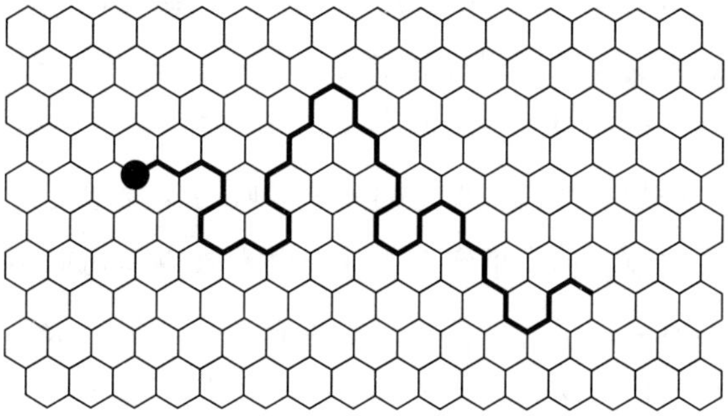

图 11-1　平面六边形蜂巢网格

自避行走的路径从中心点开始，结束有两种情况：一是在边界上的某点结束，二是在死点处结束(即该点被其他已经访问过的点包围)，如图 11-2 所示。

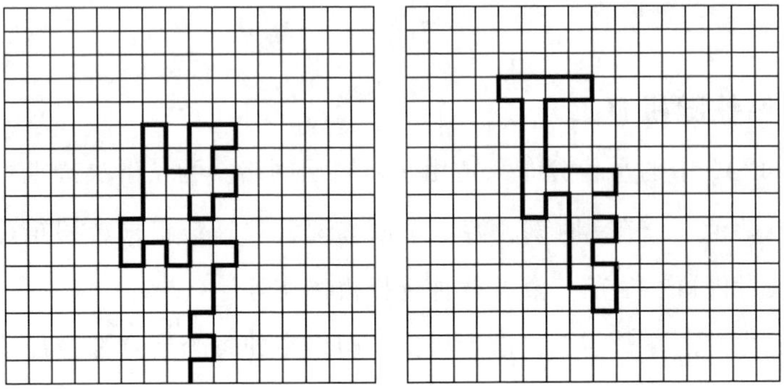

(a) 在边界点结束　　(b) 在死点结束

图 11-2　自避行走结束的两种情况

虽然可以通过计算机程序模拟自避行走过程，但设计一个数学模型解释该问题依旧是一个公开的难题。虽然被广泛研究，但依旧找不到一个简洁的数学公式用于计算逃避概率、平均路径长度以及其他重要参数。

11.2.4　游客漫步

游客漫步是在随机图上的确定性行走，通常被概念化为一个游客在 d 维空间中游览景点的问题[19]。在这个空间中随机分布着 N 个景点。游客在浏览过程中，需要遵循一个确定性规则：前往最近的景点，且该景点在之前的 μ 个时间步长内没有被游览过。

每个游览路径可以分为两个阶段[2]：(1) 长度为 t 的初始瞬态；(2) 长度为 c 的循环(吸引子)。图 11-3 给出了一个 $\mu=1$ 的游客漫步示意图，其中，深色圆点和浅色圆点分别代表访问过和没有访问过的景点，虚线表示瞬态部分，实线表示循环部分。可以看出，瞬态长度 $t=3$，循环长度 $c=6$。

如何检测吸引子是一个值得探讨的问题。吸引子通常处于作为漫步路径在同一景点的开始和结束，但是事实上，一个景点被重新访问不一定就是有吸引子；例如，游客的有限记忆允许重复一些步骤，虽然重新游览了某个景点，但并不会进入循环，所以也不需要配置吸引子。

在相关文献中，游客可以访问记忆窗口以外的其他景点。随着 μ 增加，游

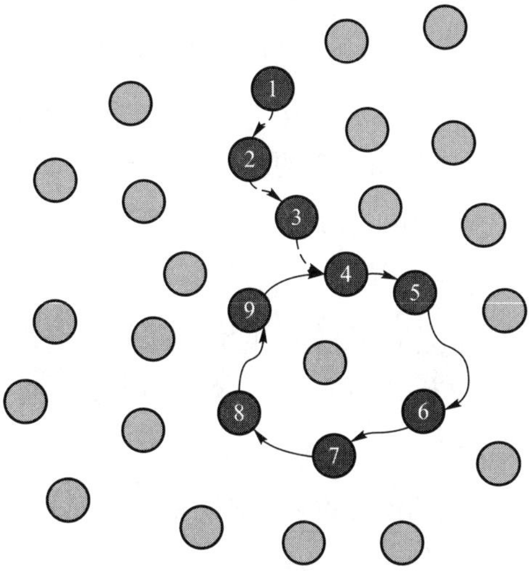

图 11-3 游客漫步示意图[2]

客可能在数据集上进行长距离跳跃，因为在记忆范围内相邻的景点有可能已经被完全访问。可以采用网络表示的方法来避免这个问题，此时游客仅被允许访问与其相连的景点。基于这种改进方法，当 μ 值很大时，游客很有可能会被困在某个节点上，不能再访问其他邻居节点。此时，漫步仅有一个瞬态部分，而循环部分为空（$c=0$）。

11.3 流行病传播

流行病传播属于网络的动力学过程，流行病传播动力学问题是复杂网络研究的一个重要方向，近些年取得了大量研究成果。

11.3.1 流行病传播的基本模型

流行病传播模型的研究有着悠久的历史。最早的相关研究是 1760 年 Bernoulli 对天花传播问题的分析[20]，1906 年 Hamer 针对麻疹反复流行的问题，构建了一个离散时间模型[21]，1911 年公共卫生医生 Ross 博士利用数学模型对蚊子在人群中传播疟疾的过程进行了研究[22]。许多学者在建立传染病数学模型的研究中做了大量工作，最为经典的 SIR 模型是 1927 年由 Kermack 和 McKendrick 在研究流行于伦敦的黑死病时提出的[23]，1932 年他们进一步提出了 SIS 模型[24]。近 20 年来，传染病动力学的相关研究发展极为迅速，不同的疾病可能需要建立不同的模型来描述，因此在 SIR 模型和 SIS 模型的基础上，衍生出了大量的数学模型。

在建立流行病模型时，将所有的人口分为不同的类型，如易感者(S)、感染者(I)、移除者(R)及潜伏者(E)等，各类型的人员之间可能存在相互转换的关系。通常根据这种转换关系来对模型进行命名。下面将对一些基本传播模型进行简单介绍(本节的模型均不考虑人群的自然出生率和自然死亡率)。

1. SI 模型

SI 模型是流行病模型中最简单的版本，与最早由 Bernoulli 建立的模型[20]类似。在 SI 模型中，只存在易感者和感染者两类个体，且只能由易感者转变为感染者，这种转变是不可逆的。显然，该模型适用于染病后无法治愈的疾病。假设感染个体通过一定的概率 λ 把流行病传染给易感个体，SI 模型的感染机制如图 11-4 所示。

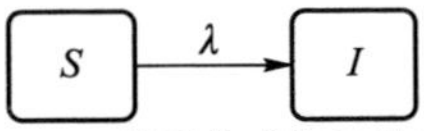

图 11-4　SI 模型的感染机制示意图

假设 t 时刻易感者和感染者的密度分别为 $s(t)$ 和 $i(t)$，则 SI 模型的动力学模型可以用如下的微分方程组描述[25,26]：

$$\begin{cases} \dfrac{\mathrm{d}s(t)}{\mathrm{d}t} = -\lambda i(t)s(t) \\ \dfrac{\mathrm{d}i(t)}{\mathrm{d}t} = \lambda i(t)s(t) \end{cases} \tag{11-34}$$

2. SIS 模型

SIS 模型与 SI 模型相比，多了一个从感染者转变为易感者的过程，即被感染的个体治愈之后转变为易感者，有再次被感染的可能。这种模型可以描述一些治愈后会再次感染的疾病，例如感冒。假设感染者通过一定的概率 α 将流行病传染给易感者，而感染者以一定的概率 β 得以治愈，恢复为易感者。SIS 模型的感染机制如图 11-5 所示。

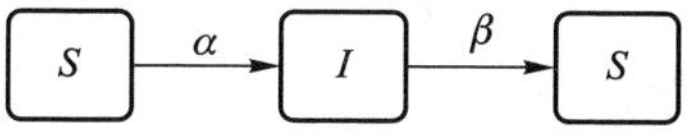

图 11-5　SIS 模型的感染机制示意图

假设 t 时刻易感者和感染者的密度分别为 $s(t)$ 和 $i(t)$，当易感者和感染者充分混合时，SIS 模型的动力学行为可以描述为如下的微分方程组[25,26]：

$$\begin{cases} \dfrac{\mathrm{d}s(t)}{\mathrm{d}t} = -\alpha i(t)s(t) + \beta i(t) \\ \dfrac{\mathrm{d}i(t)}{\mathrm{d}t} = \alpha i(t)s(t) - \beta i(t) \end{cases} \tag{11-35}$$

令有效传染率 $\lambda=\alpha/\beta$，该方程组存在阈值 λ_c，当 $\lambda<\lambda_c$ 时，稳态解 $i(T)=0$，流行病最终会消失，只有易感者；而当 $\lambda>\lambda_c$ 时，稳态解 $i(T)>0$，感染者始终存在。这里 T 代表达到稳态所经历的时间。

3. SIR 模型

SIR 模型中的 R 状态代表两种可能情况[25,26]：第一种情况是感染者在治愈后可以获得终生免疫力，例如水痘、天花；第二种情况是感染者患病后无法被治愈，在一段时间后死亡。在 SIR 传播模型中，有 3 种个体：易感者(S)、感染者(I)和移除者(R)。在 SIR 模型中，感染者以概率 β 变为移除者。SIR 模型的感染机制如图 11-6 所示。

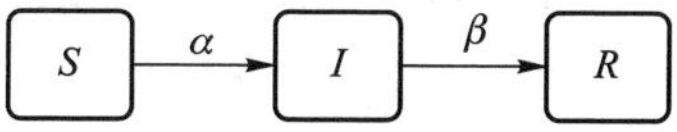

图 11-6　SIR 模型的感染机制示意图

用 $s(t)$、$i(t)$ 和 $r(t)$ 分别表示 t 时刻易感者、感染者和移除者的密度，当易感者和感染者充分混合时，SIR 模型的动力学行为可以描述为如下的微分方程组[25,26]：

$$
\begin{cases}
\dfrac{\mathrm{d}s(t)}{\mathrm{d}t} = -\alpha i(t)s(t) \\
\dfrac{\mathrm{d}i(t)}{\mathrm{d}t} = \alpha i(t)s(t) - \beta i(t) \\
\dfrac{\mathrm{d}r(t)}{\mathrm{d}t} = \beta i(t)
\end{cases}
\tag{11 - 36}
$$

根据方程组可以发现，随着时间推移，感染者逐渐增加。但是，经过一段时间后，感染者因为易感者数量的减少而开始减少，最终感染人数变为 0，传染过程结束。SIR 模型也存在一个阈值 λ_c，当 $\lambda<\lambda_c$时，传染的速度小于恢复的速度，传染无法扩散出去；而当 $\lambda>\lambda_c$时，传染会暴发，最终系统中所有个体都处于移除状态。因此，无论 λ 值为多少，SIR 模型的终态中都不存在感染态。

4. SIRS 模型

有一些疾病，感染者治愈后虽然拥有免疫能力，但是免疫能力有限，会在一段时间后重新成为易感者，我们用 SIRS 模型[25-27]来描述这类疾病。假设移除者会在一定的时间里以概率 γ 失去免疫力，重新变为易感者。SIRS 模型的感染机制如图 11-7 所示。

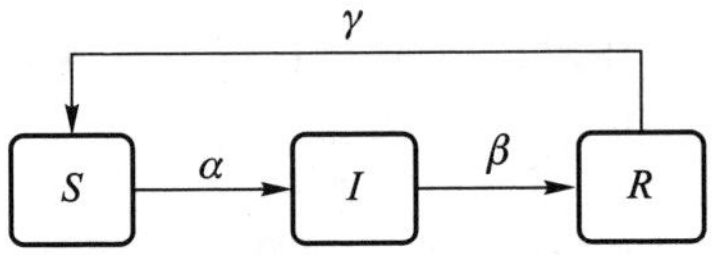

图 11-7　SIRS 模型的感染机制示意图

假设 t 时刻易感者、感染者和移除者的密度分别为 $s(t)$、$i(t)$ 和 $r(t)$，当易感者和感染者充分混合时，SIRS 模型的动力学行为可以描述为如下的微分方程组[25,26]：

$$
\begin{cases}
\dfrac{\mathrm{d}s(t)}{\mathrm{d}t} = \gamma r(t) - \alpha i(t)s(t) \\
\dfrac{\mathrm{d}i(t)}{\mathrm{d}t} = \alpha i(t)s(t) - \beta i(t) \\
\dfrac{\mathrm{d}r(t)}{\mathrm{d}t} = \beta i(t) - \gamma r(t)
\end{cases}
\tag{11 - 37}
$$

SIRS 模型是可激系统，在平均场框架下可显示为张弛振荡[26]。

5. SEIR 模型

SEIR 模型[25,26,28]适于描述具有潜伏态的疾病。在 SEIR 模型中，易感者不能直接转化为感染者，而是以一定的概率 α 变为潜伏者(E)，然后再以一定的概率 β 变为感染者，最终以一定的概率 γ 变为移除者。SEIR 模型的感染机制如图 11-8 所示。

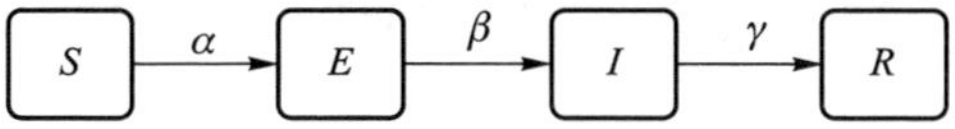

图 11-8　SEIR 模型的感染机制示意图

假设 t 时刻易感者、潜伏者、感染者和移除者的密度分别为 $s(t)$、$e(t)$、$i(t)$ 和 $r(t)$，SEIR 模型的动力学行为可描述为如下的微分方程组[25,26]：

$$\begin{cases}\dfrac{\mathrm{d}s(t)}{\mathrm{d}t}=-\alpha e(t)s(t)\\ \dfrac{de(t)}{\mathrm{d}t}=\alpha e(t)s(t)-\beta e(t)\\ \dfrac{\mathrm{d}i(t)}{\mathrm{d}t}=\beta e(t)-\gamma i(t)\\ \dfrac{\mathrm{d}r(t)}{\mathrm{d}t}=\gamma i(t)\end{cases} \tag{11-38}$$

11.3.2　均匀网络中的流行病传播分析

根据度分布的不同，复杂网络可以分为均匀网络和非均匀网络。均匀网络的度分布近似于泊松分布，非均匀网络的度分布通常满足幂律分布。复杂网络上的流行病传播和网络的度分布密切相关，因此均匀网络和非均匀网络中的流行病传播有所不同。文献[25，26]以 SIS 和 SIR 两种模型为例，分析了均匀网络中的流行病传播规律，下面介绍这部分工作。

1. 基于 SIS 模型的情形

均匀网络中每个节点的度近似等于网络的平均度，即 $k\approx\langle k\rangle$。根据前文的介绍，SIS 模型存在一个传播阈值 λ_c，只有有效传播率大于 λ_c时，流行病才能扩散。在均匀网络中，也存在着这样一个阈值[29]。接下来将介绍如何求解均匀网络中 SIS 模型的传播阈值。

令 $\beta=1$，则 $\lambda=\alpha$，$i(t)=\rho(t)$，$s(t)=1-\rho(t)$，根据方程组(11-35)，得到感染者密度随时间的演化方程为

$$\frac{\mathrm{d}\rho(t)}{\mathrm{d}t}=-\rho(t)+\lambda\langle k\rangle\rho(t)[1-\rho(t)] \tag{11-39}$$

式中右端第一项表示感染者密度减少的部分，即被治愈者的平均密度；第二项表示由单个感染者传染的新感染者的平均密度。利用稳态条件$\frac{\mathrm{d}\rho(t)}{\mathrm{d}t}=0$，可得

$$\rho[-1+\lambda\langle k\rangle(1-\rho)]=0 \tag{11-40}$$

式中，ρ 为感染者的稳定态密度。可以求解得到均匀网络流行病传播的阈值为

$$\lambda_c=\frac{1}{\langle k\rangle} \tag{11-41}$$

并且满足

$$\begin{cases}\rho=0, & \lambda<\lambda_c\\ \rho=\dfrac{\lambda-\lambda_c}{\lambda}, & \lambda\geqslant\lambda_c\end{cases} \tag{11-42}$$

由式(11-41)可见，传播阈值与平均度成反比。说明接触的感染者越多，被感染的概率就越大，这与普遍认知相符。因此，降低平均度是控制流行病传播的一个有效手段。

2. 基于 SIR 模型的情形

对于 SIR 模型来说，系统里的个体密度满足如下约束条件：

$$s(t)+i(t)+r(t)=1 \tag{11-43}$$

同样令 $\beta=1$，则 $\lambda=\alpha$，代入方程组(11-36)，可得

$$\begin{cases}\dfrac{\mathrm{d}s(t)}{\mathrm{d}t}=-\lambda\langle k\rangle i(t)s(t)\\ \dfrac{\mathrm{d}i(t)}{\mathrm{d}t}=\lambda\langle k\rangle i(t)s(t)-i(t)\\ \dfrac{\mathrm{d}r(t)}{\mathrm{d}t}=i(t)\end{cases} \tag{11-44}$$

SIR 模型的初始条件为：$r(0)=0$，$s(0)\approx1$，可得

$$s(t)=\mathrm{e}^{-\lambda\langle k\rangle r(t)} \tag{11-45}$$

将式(11-45)和式(11-43)相结合，可得最终移除者的密度为

$$r_{\infty}=1-\mathrm{e}^{-\lambda\langle k\rangle r_{\infty}} \tag{11-46}$$

为了得到非零解，必须满足

$$\frac{\mathrm{d}}{\mathrm{d}r_{\infty}}\left(1-\mathrm{e}^{-\lambda\langle k\rangle r_{\infty}}\right)\Big|_{r_{\infty}=0}>1 \tag{11-47}$$

这个条件等价于 $\lambda>\lambda_c$，$\lambda_c=\langle k\rangle^{-1}$。在 $\lambda=\lambda_c$ 处进行泰勒展开，可得传染效率

$$r_{\infty}\propto(\lambda-\lambda_c) \tag{11-48}$$

由上面的两种模型讨论可见，对于均匀网络，有效传染率存在一个大于零的传播阈值(这个临界值远小于规则网络阈值)[26]。当有效传染率大于等于传播阈值时，流行病在网络中传播；当有效传染率小于传播阈值时，流行病在网络中将消亡。

11.3.3 非均匀网络中的流行病传播分析

本节将讨论在非均匀网络中是否也存在一个传播阈值。我们将节点按照度分组，度相同的节点分为一组。文献[25，26]分别基于 SIS 模型和 SIR 模型两种情形，介绍了非均匀网络中的流行病传播规律，具体工作如下。

1. 基于 SIS 模型的情形

设 $\rho_k(t)$ 表示 t 时刻度为 k 的节点组中感染节点的密度，它满足如下微分方程[25,26]：

$$\frac{\mathrm{d}\rho_k(t)}{\mathrm{d}t}=-\rho_k(t)+\lambda k[1-\rho_k(t)]\sum_{k'}P(k'\mid k)\rho_{k'}(t) \tag{11-49}$$

式中，等式右端第一项为由于单位恢复率导致的感染群体的湮灭项；第二项为产生项，它正比于有效传播率、节点度 k、易感人群密度 $[1-\rho_k(t)]$ 以及任意邻居被感染的概率。将任意邻居被感染的概率记作 $\Theta(\rho(t))$，表示从一个度为 k 的节点连接到任意度为 k' 的节点的联合概率 $P(k'\mid k)\rho_{k'}(t)$ 的期望，式(11-49)可重新描述为

$$\frac{\mathrm{d}\rho_k(t)}{\mathrm{d}t}=-\rho_k(t)+\lambda k[1-\rho_k(t)]\Theta(\rho(t)) \tag{11-50}$$

设 ρ_k 是度为 k 的节点组中感染个体的稳态密度，显然，ρ_k 只是 λ 的函数，

因此达到稳态时相应的概率 Θ 也变为 λ 的隐函数。利用稳态条件 $\frac{\partial \rho_k(t)}{\partial t}=0$，可得

$$\rho_k=\frac{\lambda k\Theta(\lambda)}{1+\lambda k\Theta(\lambda)} \tag{11-51}$$

对于非关联网络，概率 $P(k' \mid k)$ 满足

$$P(k' \mid k)=\frac{k'P(k')}{\langle k\rangle} \tag{11-52}$$

则 $\Theta(\lambda)$ 可以写成如下自治方程：

$$\Theta(\lambda)=\sum_{k'}P(k' \mid k)\rho_{k'}=\frac{1}{\langle k\rangle}\sum_{k'}\frac{\lambda k'^2P(k')\Theta(\lambda)}{1+\lambda k'\Theta(\lambda)} \tag{11-53}$$

通过式(11-53)可以求得 $\Theta(\lambda)$，代入式(11-51)可以解得 ρ_k。最终的感染个体稳态密度为

$$\rho=\sum_k P(k)\rho_k \tag{11-54}$$

另外，令式(11-53)的值为 0，即任意邻居都不会被感染，可得方程

$$\Theta(\lambda)\left[1-\frac{1}{\langle k\rangle}\sum_{k'}\frac{\lambda k'^2P(k')}{1+\lambda k'\Theta(\lambda)}\right]=0 \tag{11-55}$$

显然，该方程存在一个平凡解 $\Theta(\lambda)=0$。如果要使该方程存在一个非平凡解，必须满足

$$\frac{\mathrm{d}}{\mathrm{d}\Theta}\left[\frac{1}{\langle k\rangle}\sum_{k'}\frac{\lambda k'^2P(k')\Theta}{1+\lambda k'\Theta}\right]\Bigg|_{\Theta=0}\geqslant 1 \tag{11-56}$$

即

$$\sum_{k'}\frac{\lambda k'^2P(k')}{\langle k\rangle}\geqslant 1 \tag{11-57}$$

于是，可求得非均匀网络上 SIS 传播模型的阈值为

$$\lambda_c=\frac{\langle k\rangle}{\langle k^2\rangle} \tag{11-58}$$

当 $\lambda<\lambda_c$ 时，若式(11-55)中 $\Theta(\lambda)>0$，可得

$$\frac{1}{\langle k\rangle}\sum_{k'}\frac{\lambda k'^2P(k')}{1+\lambda k'\Theta(\lambda)}=\frac{1}{\langle k\rangle}\sum_{k'}\frac{k'^2P(k')}{1/\lambda+k'\Theta(\lambda)}<\frac{1}{\langle k\rangle}\sum_{k'}\frac{k'^2P(k')}{1/\lambda_c}=1 \tag{11-59}$$

故对于式(11-55)，当$\lambda<\lambda_c$时，该方程只有$\Theta(\lambda)=0$一个解；只有当$\lambda\geqslant\lambda_c$时，才能得到非零解。

对于度分布$P(k)\propto k^{-\gamma}(\gamma\leqslant 3)$的网络，$\langle k^2\rangle=\infty$，故对应的$\lambda_c=0$。这说明无标度网络的拓扑结构会影响流行病的传播，在无标度网络中，无论传染概率多么小，流行病都能持久地存在。

2. 基于SIR模型的情形

均匀网络中SIR模型各状态个体密度满足如下约束条件：

$$s_k(t)+i_k(t)+r_k(t)=1 \tag{11-60}$$

其中，$s_k(t)$、$i_k(t)$及$r_k(t)$分别表示度为k的节点组中易感者、感染者及移除者的密度。

与SIS模型的分析类似，令$\Theta(t)=\sum_{k'}P(k'\mid k)i_{k'}(t)$，可得到以下动力学演化方程组[25,26]：

$$\begin{cases}\dfrac{\mathrm{d}s_k(t)}{\mathrm{d}t}=-\lambda ks_k(t)\Theta(t)\\ \dfrac{\mathrm{d}i_k(t)}{\mathrm{d}t}=\lambda ks_k(t)\Theta(t)-i_k(t)\\ \dfrac{\mathrm{d}r_k(t)}{\mathrm{d}t}=i_k(t)\end{cases} \tag{11-61}$$

上述方程组的初始条件为$r_k(0)=0$、$i_k(0)=i^0$和$s_k(0)=1-i^0$。通常来说，感染者初期都很少，相较于全部个体数可以近似看作0，因而取$i_k(0)\approx 0$，$s_k(0)\approx 1$。在该近似条件下，由方程组(11-61)中的第一个方程可得

$$s_k(t)=\mathrm{e}^{-\lambda k\varphi(t)} \tag{11-62}$$

其中，$\varphi(t)$为如下的辅助函数(结合方程组(11-61)的第3个方程)：

$$\varphi(t)=\int_0^t\Theta(t')\mathrm{d}t'=\frac{1}{\langle k\rangle}\sum_k kP(k)r_k(t) \tag{11-63}$$

结合式(11-62)，其导数可简化为

$$\begin{aligned}\frac{\mathrm{d}\varphi(t)}{\mathrm{d}t}&=\frac{1}{\langle k\rangle}\sum_k kP(k)i_k(t)=\frac{1}{\langle k\rangle}\sum_k kP(k)(1-r_k(t)-s_k(t))\\&=1-\varphi(t)-\frac{1}{\langle k\rangle}\sum_k kP(k)\mathrm{e}^{-\lambda kp(t)}\end{aligned} \tag{11-64}$$

由此得到关于 $\varphi(t)$ 的自洽方程，可以在给定 $P(k)$ 的条件下求解。得到 $\varphi(t)$ 后，可得 $\varphi_\infty=\lim_{t\to\infty}\varphi(t)$，而 $r_k(\infty)=1-s_k(\infty)$，可得

$$r_\infty = \sum_k P(k)\left(1-\mathrm{e}^{-\lambda k\varphi_\infty}\right) \tag{11-65}$$

根据自洽方程(11-64)，由 $i_k(\infty)=0$ 可知 $\frac{\mathrm{d}\varphi(t)}{\mathrm{d}t}=0$，从而可以进一步简化方程：

$$\varphi_\infty = 1-\frac{1}{\langle k\rangle}\sum_k P(k)\mathrm{e}^{-\lambda k\varphi_\infty} \tag{11-66}$$

为了得到非零解，必须满足如下条件：

$$\frac{\mathrm{d}}{\mathrm{d}\varphi_\infty}\left(1-\frac{1}{\langle k\rangle}\sum_k P(k)\mathrm{e}^{-\lambda k\varphi_\infty}\right)\Bigg|_{\varphi_\infty=0} \geqslant 1 \tag{11-67}$$

于是

$$\frac{1}{\langle k\rangle}\sum_k P(k)\lambda k = \lambda\frac{\langle k\rangle}{\langle k^2\rangle} \geqslant 1 \tag{11-68}$$

从而得到阈值为

$$\lambda_c = \frac{\langle k\rangle}{\langle k^2\rangle} \tag{11-69}$$

可以看到这个结果与 SIS 模型相同。

11.4　信息传播

本节将介绍信息在复杂网络上的传播，这里所说的信息主要是指知识和舆论。在社会网络上，人们传播和学习知识，分享和传递观点，互相影响，这就是知识和舆论的传播。本节将关注知识和舆论在复杂网络上的传播模型及相关分析。

11.4.1　知识传播模型

知识传播过程是人群中常发生的一种动力学过程，由知识传播者、知识学

习者和知识免疫者完成，可以用类似于 SIR 的模型来描述。下面介绍几种典型的知识传播模型[25]。

1. Cowan 模型

Cowan 和 Jonard 将知识传播过程建模为一种易货过程，提出了一种知识扩散模型[30]和一种知识增长模型[31]。他们认为知识的传播是通过人与人之间的易货交换来实现的，所谓易货交换指的是，只有两个人同时拥有对方想要的知识时，双方才能进行知识传播。该模型将每个人拥有的知识定义为向量 $\boldsymbol{v}_i=(v_{i,c})$，$c=1, 2, \cdots, l$，其中 i 表示第 i 个人，c 表示知识所属的类别。当且仅当个体之间存在直接联系且交易对双方有利时，他们才会交易。研究结果表明：当网络结构是小世界模型时，平均知识的稳态水平是最大的，但知识水平的差异也是最大的。

在 t 时刻，若个体 j 的 c_1类知识 $v_{j,c_1}(t)$ 大于个体 i 的同类知识 $v_{i,c_1}(t)$，个体 i 的 c_2类知识 $v_{i,c_2}(t)$ 大于个体 j 的同类知识 $v_{j,c_2}(t)$，即个体 j 有个体 i 欠缺的 c_1 类知识，个体 i 有个体 j 欠缺的 c_2类知识，故两者之间满足交换的条件。知识扩散过程可以表示为

$$\begin{cases} v_{i,c_1}(t+1)=v_{i,c_1}(t)+\alpha[v_{j,c_1}(t)-v_{i,c_1}(t)] \\ v_{j,c_1}(t+1)=v_{j,c_1}(t) \\ v_{j,c_2}(t+1)=v_{j,c_2}(t)+\alpha[v_{i,c_2}(t)-v_{j,c_2}(t)] \\ v_{i,c_2}(t+1)=v_{i,c_2}(t) \end{cases} \tag{11-70}$$

对于知识增长过程，根据如下 4 个假设进行建模：

(1) 接收者由此产生的知识水平在初始水平上是连续的；

(2) 如果接收者的知识水平比传播者高，接收者的知识水平不改变；

(3) 当接收者的知识水平比传播者的知识水平低时，接收者的知识水平越低，其知识增量越小；

(4) 在交互后，接收者有可能超越传播者，达到比传播者更高的知识水平。

研究结果表明，网络结构的存在可以显著提高长期知识增长率，但这一结果取决于该行业的创新潜力。Cowan 等人认为在知识高度默契、有大量技术机

会可供探索的行业中，空间聚集度更好。

然而，Cowan 模型的前提是有缺陷的。一是，这种简单的易货交换具有局限性，不一定必须满足互换条件才能传播知识。例如，在某些情况下，即使对方没有办法帮助自己增长知识，高知识水平的人依然有可能会将知识传播出去。二是，Cowan 模型的知识传播是无条件主动的。一旦满足条件，每个人都会毫无保留地将自己的知识与他人分享，然而现实中人们可能并不会无条件地主动传播自己的知识。

2. 基于柯布-道格拉斯生产函数的知识传播模型

为了考察不同网络结构下知识扩散速度的快慢、平均知识水平的高低和知识分布的均匀程度，根据知识在社会合作网络中的扩散特征，文献[39]提出了一种不同于 Cowan 模型的知识传播模型，该模型将由知识扩散所引起的知识增长当作一种知识产品的合作生产，引入柯布-道格拉斯生产函数，从个体不进行知识自我增长和进行知识自我增长两种情况分别研究知识在网络中的传播。

在该模型中有两个因素会影响知识的增长。第一个是个体现有的知识水平，它能代表个体的自我努力程度和学习能力；第二个是两个个体知识水平之差，这是因为知识具有溢出效应。所谓溢出效应是指在知识传播过程中，网络上的个体 i 和个体 j 发生交互时会产生一个学习效应，即低知识水平的接收者会从高知识水平的溢出者学习到一定的知识，而高知识水平溢出者的知识水平不变。

假设在 t 时刻，个体 i 是知识溢出者(即传播者)，j 是知识接收者，当 i 与 j 进行交互时，知识水平的增长以柯布-道格拉斯生产函数来表示：

$$\begin{cases} \Delta v_{j,t+1} = \begin{cases} 0, & v_{i,t} \leqslant v_{j,t} \\ A v_{j,t}^{\alpha} (v_{i,t} - v_{j,t})^{\beta}, & v_{i,t} > v_{j,t} \end{cases} \\ v_{j,t+1} = v_{j,t} + \Delta v_{j,t+1} \end{cases} \tag{11-71}$$

式中，A，α，β 的取值范围为(0，1)，$\alpha<\beta$(确保外在的知识溢出效应对知识增长的贡献高于内在知识水平的贡献，这与知识扩散引起知识增长的前提是一致的)，$\alpha+\beta\leqslant 1$；A 表示技术因素给生产带来的影响，用于调节知识的增加值；α 表示个体现有知识水平对知识增长的贡献程度；β 表示知识溢出效应对知识

增长的贡献程度；$v_{i,t}$，$v_{j,t}$分别表示个体 i 和个体 j 在 t 时刻的知识水平。

式(11-71)隐含如下3个假设：(1) 具有合作关系的个体之间必然存在知识的溢出效应；(2) 知识水平低的个体的知识增长值取决于该个体现有的知识水平和两个个体知识水平之差；(3) 只适用于单一类型的知识扩散，多类型知识需要另外扩展。

在不考虑个体知识可以自我增长的情况时，群体存在知识水平的上限，当 $0.99<v_{j,t}/v_{i,t}<1.01$ 时，近似认为两个个体的知识水平相等，以保证群体最终的知识水平收敛于某一个极限值。

在考虑个体知识可以自我增长的情况时，个体知识的自我增长可表示为

$$v_{i,\ t+1} = (1 + \lambda) v_{i,\ t} \tag{11-72}$$

在 t 时刻，网络的平均知识水平为

$$\mu_t = \sum_{v_i \in V} v_{i,\ t} \tag{11-73}$$

反映知识分布均匀程度的知识水平标准差为

$$\sigma_t = \sqrt{\frac{1}{N} \sum_{v_i \in V} v_{i,\ t}^2 - \mu_t^2} \tag{11-74}$$

研究结果表明，在其他条件相同的情况下，网络的随机化程度越大，网络中知识的扩散速度越快，知识的分布越均匀。

3. 基于信任机制的知识传播模型

对于 Cowan 模型提出的两个假设，文献[33]进行了修正，构建了基于信任机制的复杂网络上的知识传播模型。该信任机制包含两种类型的信任：其一是认知型信任，它是基于人们在初始交流时对对方的人格特质、文化背景、相关能力强弱及是否言行一致等方面的认知而形成的，是知识在网络上传播的基础条件，无论是在信任发展初期或是信任发展进入稳定期，认知型信任都会反复产生作用，以检验彼此的信任关系是否能够维持；其二是情感型信任，这一类信任关系产生于知识传播的中后期，由于互动次数的增加，认知型信任值上升，双方对彼此有了依赖感，从而产生了情感型信任。情感型信任值越大，知识在网络中的传播效率越高。节点信任值的计算公式为

$$T = \alpha c + \beta f \tag{11-75}$$

其中，T 表示该节点的信任值，c 和 f 分别表示节点的认知型信任值和情感型信任值，α 和 β 分别为二者的权重，$\alpha<\beta$ 确保网络中的知识传播首先基于认知型信任，然后通过互动产生情感型信任，并且情感型信任对知识传播的贡献高于认知型信任对知识传播的贡献。c 和 f 的计算公式为

$$\begin{cases} c = ly \cdot nl \\ f = tc_{t-1} \end{cases} \tag{11-76}$$

其中，ly 表示节点间的利益冲突，取值为±1（+1 表示无利益冲突，-1 表示有利益冲突）；nl 表示节点的社会相似性，用网络参数最短距离来表示；c_{t-1} 表示节点前 $t-1$ 次认知型信任的累加值；t 表示时间影响因子，交流时间越长，情感型信任值越大。

我们用 $T_i(t)$ 表示节点 i 在 t 时刻的信任值，用 $v_i(t)$ 和 $v_j(t)$ 分别表示节点 i 和 j 在 t 时刻的知识水平，在此基础上建立从时刻 t 到 $t+1$ 的知识水平函数，传播后的知识水平为

$$\begin{cases} v_i(t+1) = \begin{cases} v_i(t) + T_i(t)\left[v_j(t+1) - v_i(t)\right], & v_j(t+1) > v_i(t) \\ v_i(t), & v_j(t+1) \leqslant v_i(t) \end{cases} \\ v_j(t+1) = \begin{cases} v_j(t) + T_j(t)\left[v_i(t+1) - v_j(t)\right], & v_i(t+1) > v_j(t) \\ v_j(t), & v_i(t+1) \leqslant v_j(t) \end{cases} \end{cases} \tag{11-77}$$

信任值为

$$\begin{cases} T_i(t+1) = \alpha ly_i(t) nl_i(t) + \beta ly_i(t-1) nl_i(t-1) t \\ T_j(t+1) = \alpha ly_j(t) nl_j(t) + \beta ly_j(t-1) nl_j(t-1) t \end{cases} \tag{11-78}$$

网络平均知识水平为

$$\bar{v}(t) = \frac{1}{N} \sum_i v_i(t) \tag{11-79}$$

网络平均信任值为

$$\bar{T}(t) = \frac{1}{N} \sum_i T_i(t) \tag{11-80}$$

设定网络平均知识水平和网络平均信任值作为衡量网络知识传播程度的指

标。如果网络平均知识水平的值很大，说明知识在该网络内各节点之间的传播效率很高。信任值代表知识传播网络中各节点之间的联系，平均信任值很高，表明节点之间信赖程度高，知识传播更加容易。

11.4.2 舆论传播模型

在舆论动力学研究中，个体态度之间的转化过程以及演化规律是此类研究的重点。下面介绍 5 种具有代表性的模型[25]。

1. 投票模型

投票是日常生活中常见的一种社会活动，选民通过投票来决定选举或决策的结果。投票模型是在 1975 年提出的一种相互作用的粒子系统[34]。可以想象连通图上的每个点都是一个“投票者”，其中的连接表明一对投票者(节点)之间存在某种形式的交互。在任何给定时间，投票者的态度可以取+1 或-1，+1 代表支持，-1 代表反对。投票者最初的态度设置为随机分布，每个投票者随机给出一个态度。在邻居态度的影响下，投票者的态度会发生变化。投票模型的变化规则为：在每个时间步，随机选择一个人和他的一个邻居，令其态度与邻居态度相同。

2. 多数决定模型

多数决定(majority rule，MR)是少数服从多数的决策规则，这是在有影响力的决策中最常使用的二元决策规则，最早是应用在一个展现连续相变的简单统计几何模型上[35]，之后许多模型采用了这一思想，这些模型被称为多数决定模型，即 MR 模型。MR 模型的规则如下：在一个系统中，个体的态度只有两种，令这两种态度分别为+1 和-1，各自所占的比例为 p_+和 $1-p_+$。每次随机选取 r 个个体作为一组，根据多数原则选择一个态度作为该组的态度。如果 r 是奇数，则会有一个占人数优势的态度；如果 r 是偶数，当两种态度的人数不相同时，小组的态度为人数占优偏好态度，否则人为加入一个偏好。在 MR 模型中，系统存在一个阈值 p_c，当 $p_+^0>p_c$时，所有的个体最终都变为态度+1，反之亦然。

3. Sznajd 模型

2000 年，Sznajd 提出了一个关于意见形成的社会物理学模型[36]，被称为

Sznajd 模型。简单来说，该模型的规则为：（1）如果相邻的两个人态度相同，他们的邻居就认同他们，持相同态度；（2）如果相邻的两个人态度不同，他们的邻居就持反对态度。

如果 s_i 表示节点 v_i 的态度，则 $s_i=+1$ 表示持赞同态度，$s_i=-1$ 表示持反对态度。根据上述两条规则，意见变化如下：

$$\begin{cases} s_{i-1}=s_i=s_{i+1}=s_{i+2}, & s_i\cdot s_{i+1}=+1 \\ s_{i-1}=s_{i+1},\ s_{i+2}=s_i, & s_i\cdot s_{i+1}=-1 \end{cases} \tag{11-81}$$

在模型中，稳定状态总是达到完全一致(铁磁状态)或相持(反铁磁状态)。若初始状态为赞成个体和反对个体各占一半[37]，经过一定的时间后，系统演化可以达到 3 个稳定态：（1）以 0.25 的概率出现全体赞同的状态；（2）以 0.25 的概率出现全体反对的状态；（3）以 0.5 的概率出现一半赞成一半反对的状态。

4. Deffuant 有界信任模型

前面所描述的都是二元变量模型，现实生活中大多数个体可能是处于赞成和反对之间的态度，因此态度是一个区间内连续的数值。基于此，学者们提出了连续态度模型。

在 Deffuant 有界信任模型[38](以下简称 Deffuant 模型)中，当个体的态度差异低于一个给定的阈值时，个体会在两者随机相遇的情况下调整态度。阈值条件的基本原理是：只有当两个人的意见足够接近时，他们才会互动；否则，他们不会互动。规定每个人的态度为 0 到 1 之间的实数，即 $s_i\in[0,\ 1]$。在每个时间步，随机选择一对相邻节点 i 和 j，若 $|s_i-s_j|<\varepsilon$，则进行交互，交互的结果为

$$\begin{cases} s_i(t+1)=s_i(t)+\mu[s_j(t)-s_i(t)] \\ s_j(t+1)=s_j(t)+\mu[s_i(t)-s_j(t)] \end{cases} \tag{11-82}$$

其中，μ 称为收敛参数，其取值区间为[0，0.5]。

由式(11-82)可以看出，个体经过交互后会更加接近彼此的态度。Deffuant 模型的演化依赖于态度空间边界处的不稳定性，不稳定性将促使系统中部分个体的态度值之差变大，差值大于 ε 后停止交互，从而形成具有不同态度值的集群。一般来说，集群的数量和大小依赖于阈值 ε，而参数 μ 影响的是收敛时间。在完全连通图、规则网格、随机图和无标度网络上，对于 $\varepsilon>\varepsilon_c=0.5$，所有的

个体的态度值都将收敛到 0.5，这个性质是 Deffuant 模型的一般性质[25]。因为态度接近 0 的个体可以和态度范围在[0，ε]的个体进行交互，由于动力学的对称性，态度值会收敛到 $\varepsilon/2$。同样地，态度值在 1 附近的个体交互后态度值会收敛到 $1-\varepsilon/2$。两个集群的态度值之差为 $1-\varepsilon$，若 $\varepsilon>0.5$，则两个集群态度值之差小于 0.5，此时两个集群内的个体会发生交互。最终，这两个集群将在某个阶段融合为态度值为 0.5 的集群，这个集群可以吸收其余所有的集群。若 $\varepsilon\leqslant 0.5$，ε 越小，集群之间可以维持的距离越近，存在的集群就越多。蒙特卡罗模拟显示最终集群的数量近似满足表达式 $\varepsilon/2$[25]。

5. HK 有界信任模型

另一种有界信任模型，即 HK 有界信任模型[39]，它类似于 Deffuant 模型，也采用置信区间 ε，但不是每次只在两个节点间交互，而是和态度值在区间内的所有邻居节点交互。其规则如下：每个节点的态度值在区间[0，1]内，态度为 s_i 的节点 i 和态度在[$s_i-\varepsilon$，$s_i+\varepsilon$]范围内的邻居个体相互作用，有

$$s_i(t+1)=\frac{\sum\limits_{j:|s_i(t)-s_j(t)|<\varepsilon} a_{ij}s_j(t)}{\sum\limits_{j:|s_i(t)-s_j(t)|<\varepsilon} a_{ij}} \tag{11-83}$$

其中，a_{ij}是邻接矩阵 $\boldsymbol{A}$ 的元素。

式(11-83)表明，节点 i 的态度等于在其置信区间范围内所有邻居的平均态度。置信区间 ε 会影响最终集群的数量，随着 ε 增加，集群数量减少，当 ε 大于某个阈值 ε_c时，最终只会形成一个集群。系统达到完全一致态的阈值 ε_c和系统大小 N 及平均度$\langle k\rangle$有关。如果$\langle k\rangle$在 N 趋向无穷大极限下为常数，则 $\varepsilon_c=\varepsilon_1=0.5$；反之，当$\langle k\rangle$在 N 趋向无穷大极限下为无穷大时，$\varepsilon_c=\varepsilon_2=0.2$[25]。

11.5 复杂网络在动力学领域的应用

11.5.1 诺如病毒传播

诺如病毒感染性腹泻在全球范围内均有流行，95%以上的病毒性胃肠炎暴

发和 50%的急性胃肠炎暴发是由诺如病毒引起的[40]。诺如病毒主要通过粪-口途径传播，感染剂量低[41]，传播方式多样，极易造成疫情暴发。文献[42]以一起发生在幼儿园的暴发疫情为例，建立了无干预措施的 SEIAR 模型和有干预措施的 SEIAQR 模型。

SEIAR 模型示意图如图 11-9 所示。其中，S 为易感者，E 为潜伏期者，I 为显性感染者，A 为隐性感染者，R 为恢复者(移出者)。模型的微分方程组如下：

$$\begin{cases} \mathrm{d}S/\mathrm{d}t = -\beta S(I + kA) \\ \mathrm{d}E/\mathrm{d}t = \beta S(I + kA) - (1 - p)\omega E - p\omega' E \\ \mathrm{d}I/\mathrm{d}t = (1 - p)\omega E - \gamma I \\ \mathrm{d}A/\mathrm{d}t = p\omega' E - \gamma' A \\ \mathrm{d}R/\mathrm{d}t = \gamma I + \gamma' A \end{cases} \tag{11-84}$$

式中，β 为传染系数，k 为 A 相对 I 的传播能力系数，ω 为 I 的潜伏期系数，ω' 是 A 的潜伏期系数，p 为隐性感染比例，γ 为 I 的移出系数，γ' 为 A 的移出系数。

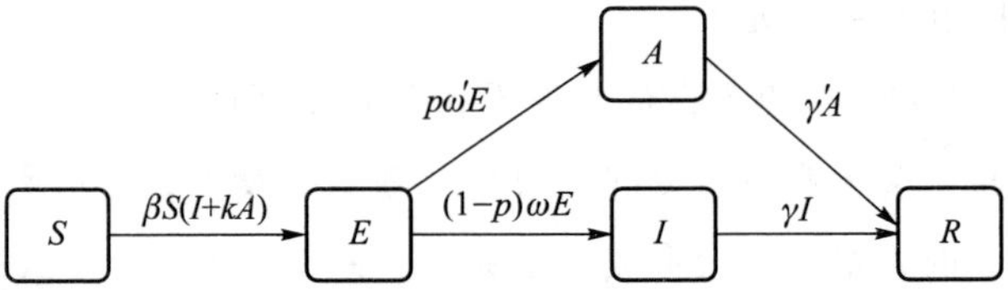

图 11-9　SEIAR 模型示意图[42]

SEIAQR 模型示意图如图 11-10 所示。

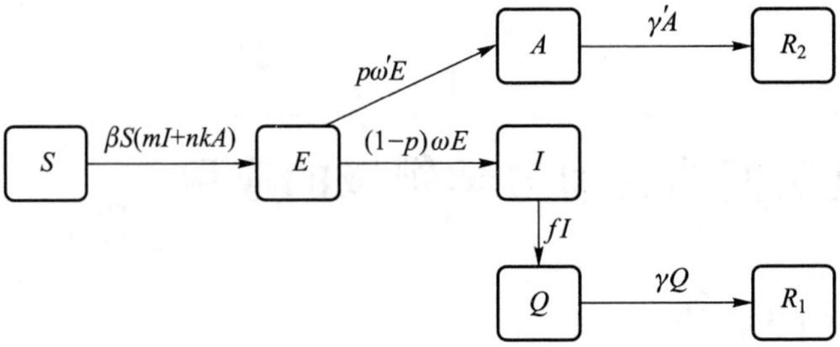

图 11-10　SEIAQR 模型示意图[42]

由于 A 在疫情中难以被发现，故隔离措施只针对 I，设隔离后的人群为 Q。在隔离期间，假设病例的病情发展过程与未隔离者相同，移出系数仍为 γ，则 t 时刻从 Q 中移出速度为 γQ。其余人群的变化情况与无干预时相同。A 未能被隔离，仍可以在园内传播。模型的微分方程组如下：

$$\begin{cases} dS/dt = -\beta S(mI + nkA) \\ dE/dt = \beta S(mI + nkA) - (1-\rho)\omega E - \rho\,\omega' E \\ dI/dt = (1-\rho)\omega E - fI \\ dA/dt = \rho\,\omega' E - \gamma' A \\ dR_2/dt = \gamma' A \\ dQ/dt = fI - \gamma Q \\ dR_1/dt = \gamma Q \end{cases} \tag{11-85}$$

由于该疫情在 10 月 15 日 16 时起采取了干预措施，因此模拟曲线被分为两段，第一段为 10 月 14 日 20 时至 15 日 16 时，第二段为 10 月 15 日 20 时及以后。根据 SEIAR 模型和 SEIAQR 模型分别进行拟合，计算关键系数 β。实际病例与模型模拟结果如图 11-11 所示。

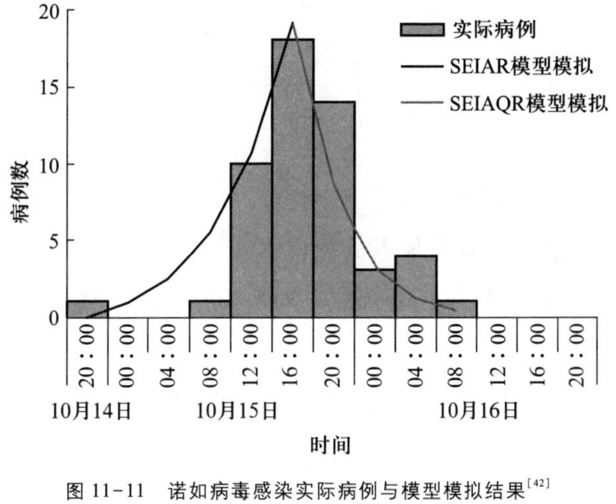

图 11-11 诺如病毒感染实际病例与模型模拟结果[42]

结果表明，采取隔离措施对于疫情控制有重要作用。

11.5.2　谣言传播

谣言是人类社会交往过程中的一种典型的社会现象，研究人员建立了一系列的谣言传播模型，例如 DK 模型[43]、MK 模型[44]等。基于这些早期模型，许多学者结合传染病模型对谣言传播进行了研究，如文献[45]在 SI 模型中引入遗忘和记忆机制，用数值模拟的方法分析了信息传播对 BA 无标度网络的影响，表明遗忘记忆机制可能导致传播终止；文献[46]在具有遗忘机制的谣言传播模型中人群分类的基础上增加了一类新的人群，即知道谣言真相并传播真相的人，且基于此提出了一种新的谣言传播模型，即 SIQR 模型，下面将简要介绍 SIQR 模型。

SIQR 模型的结构如图 11-12 所示，网络中的人群分为 4 类：谣言传播者 S、无知者 I、移出者 R 和真相传播者 Q。

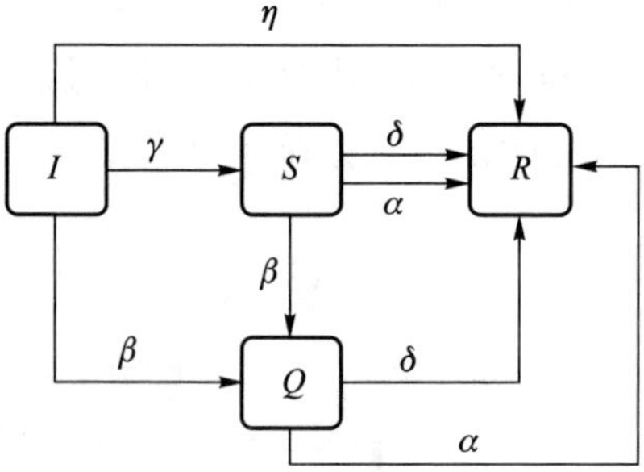

图 11-12　SIQR 模型结构

SIQR 模型的传播规则如下：

(1) 当无知者遇到谣言传播者或真相传播者时，无知者以概率 β 转变为真相传播者，以概率 η 转变为移出者(因为信息过时或不感兴趣)，β 为真相传播率。

(2) 当无知者遇到谣言传播者时，无知者以概率 γ 转变为谣言传播者，γ 为谣言传播率。

(3) 当谣言传播者遇到真相传播者时，谣言传播者以概率 β 转变为真相传播者。

(4) 当谣言传播者或真相传播者遇到移出者、真相传播者或谣言传播者时，该谣言传播者或真相传播者以概率 α 转变为移出者，α 为移出率。

（5）谣言传播者和真相传播者有可能会遗忘或对该谣言失去兴趣放弃传播，以概率 δ 转变为移出者，δ 为遗忘率。

社会网络中的真相传播率在谣言传播过程中起到重要作用，真相传播率越大，谣言的影响力越小。因此，提高网络中知道真相并传播真相的人的比例，可降低网络中谣言的影响力。

思考题

11.1 在有向网络中，连接节点的边的相互作用符号依赖于边的方向，入边具有正的符号，出边具有负的符号。写出这个系统的动力学方程。

11.2 常见的动力学过程有哪些？请分别简述其原理。

11.3 流行病传播的基本模型有哪些，相应的动力学微分方程是什么？

11.4 对于流行病传播模型，均匀网络和非均匀网络的传播阈值与度分布各有怎样的关系？

11.5 假设广义无标度网络度分布为

$$P(k) = (\gamma - 1)m^{\gamma-1}k^{-\gamma} \tag{11-86}$$

证明当 $\gamma>3$ 时，传播阈值为 $\lambda_c=\dfrac{\gamma-3}{m(\gamma-2)}$。

11.6 简述舆论传播的基本模型及其基本思想。

参考文献

[1] Newman M E J.Networks：An Introduction[M]. New York：Oxford University Press，2010：702-728.

[2] Silva T C, Zhao L. Machine Learning in Complex Networks[M]. New York: Springer, 2016: 55-65.

[3] Pearson K. The problem of the random walk[J]. Nature, 1905, 72(1865): 294.

[4] Xia F, Liu J, Nie H, et al. Random walks: A review of algorithms and applications[J]. IEEE Transactions on Emerging Topics in Computational Intelligence, 2019, 4(2): 95-107.

[5] Fouss F, Pirotte A, Saerens M. A novel way of computing similarities between nodes of a graph, with application to collaborative recommendation[C]. The 2005 IEEE/WIC/ACM International Conference on Web Intelligence(WI'05), Picardy, 2005: 550-556.

[6] Fouss F, Pirotte A, Renders J M, et al. Random-walk computation of similarities between nodes of a graph with application to collaborative recommendation[J]. IEEE Transactions on Knowledge and Data Engineering, 2007, 19(3): 355-369.

[7] Xia F, Chen Z, Wang W, et al. Mvcwalker: Random walk-based most valuable collaborators recommendation exploiting academic factors[J]. IEEE Transactions on Emerging Topics in Computing, 2014, 2(3): 364-375.

[8] Xia F, Liu H, Lee I, et al. Scientific article recommendation: Exploiting common author relations and historical preferences[J]. IEEE Transactions on Big Data, 2016, 2(2): 101-112.

[9] Backstrom L, Leskovec J. Supervised random walks: Predicting and recommending links in social networks[C]. Proceedings of the Fourth ACM International Conference on Web Search and Data Mining, Hong Kong, 2011: 635-644.

[10] Dong X, Shen J, Shao L, et al. Sub-Markov random walk for image segmentation[J]. IEEE Transactions on Image Processing, 2015, 25(2): 516-527.

[11] Zhu X J. Semi-supervised Learning Literature Survey[R]. University of Wisconsin-Madison, 2005.

[12] Perozzi B, Al-Rfou R, Skiena S. Deepwalk: Online learning of social representations[C]. Proceedings of the 20th ACM SIGKDD International Conference on Knowledge Discovery and Data Mining, New York, 2014: 701-710.

[13] Amancio D R, Silva F N, Costa L F. Concentric network symmetry grasps authors' styles in word adjacency networks[J]. EPL(Europhysics Letters), 2015, 110(6): 68001.

[14] de Arruda H F, Silva F N, Costa L F, et al. Knowledge acquisition: A complex networks

approach[J]. Information Sciences, 2017, 421: 154-166.

[15] Sarkar P, Moore A W. Random Walks in Social Networks and Their Applications: A Survey [M]. New York: Springer, 2011: 43-77.

[16] Cinlar E.Introduction to Stochastic Processes[M]. North Chelmsford: Courier Corporation, 2013.

[17] Flory P J. Principles of Polymer Chemistry [M]. New York: Cornell University Press, 1953.

[18] Madras N, Slade G. The Self-Avoiding Walk[M]. Boston: Birkhäuser, 2013.

[19] Lima G F, Martinez A S, Kinouchi O. Deterministic walks in random media[J]. Physical Review Letters, 2001, 87(1): 010603.

[20] Bernoulli D. Essai d'une nouvelle analyse de la mortalité causée par la petite vérole, et des avantages de l'inoculation pour la prévenir[J]. Histoire de l'Acad., Roy. Sci. (Paris) avec Mem, 1760: 1-45.

[21] Hamer W H.The milroy lectures on epidemic disease in England—the evidence of variability and of persistency of type[J]. Lancet, 1906, 167(4306): 655-662.

[22] Ross R.Some quantitative studies in epidemiology[J]. Nature, 1911, 87(2188): 466-467.

[23] Kermack W O, McKendrick A G. A contribution to the mathematical theory of epidemics [J]. Proceedings of the Royal Society of London, Series A, 1927, 115(772): 700-721.

[24] Kermack W O, McKendrick A G. Contributions to the mathematical theory of epidemics Ⅱ: The problem of endemicity[J]. Proceedings of the Royal Society of London, Series A, 1932, 138(834): 55-83.

[25] 郭世泽，陆哲明．复杂网络基础理论[M]. 北京：科学出版社，2012：139-143.

[26] 何大韧，刘宗华，汪秉宏．复杂系统与复杂网络[M]. 北京：高等教育出版社，2009：188-198.

[27] Anderson R M, May R M. Population biology of infectious diseases: Part I[J]. Nature, 1979, 280(5721): 361-367.

[28] Aron J L, Schwartz I B. Seasonality and period-doubling bifurcations in an epidemic model [J]. Journal of Theoretical Biology, 1984, 110(4): 665-679.

[29] Newman M E J. Mixing patterns in networks[J]. Physical Review E, 2003, 67(2):

026126.

[30] Cowan R, Jonard N. Network structure and the diffusion of knowledge[J]. Journal of Economic Dynamics and Control, 2004, 28(8): 1557-1575.

[31] Cowan R, Jonard N, Özman M. Knowledge dynamics in a network industry[J]. Technological Forecasting and Social Change, 2004, 71(5): 469-484.

[32] 李金华，孙东川．复杂网络上的知识传播模型[J]. 华南理工大学学报(自然科学版)，2006，34(6)：4.

[33] 宗刚，孙玮，任蓉．基于信任机制的复杂网络知识传播模型的研究[J]. 价值工程，2009，28(12)：4.

[34] Holley R A, Liggett T M. Ergodic theorems for weakly interacting infinite systems and the voter model[J]. The Annals of Probability, 1975: 643-663.

[35] Galam S. Majority rule, hierarchical structures, and democratic totalitarianism: A statistical approach[J]. Journal of Mathematical Psychology, 1986, 30(4): 426-434.

[36] Sznajd-Weron K. Sznajd model and its applications[J]. arXiv preprint physics/0503239, 2005.

[37] Sznajd-Weron K, Sznajd J. Opinion evolution in closed community[J]. International Journal of Modern Physics C, 2000, 11(06): 1157-1165.

[38] Deffuant G, Neau D, Amblard F, et al. Mixing beliefs among interacting agents [J]. Advances in Complex Systems, 2000, 3: 87-98.

[39] Hegselmann R, Krause U. Opinion dynamics and bounded confidence models, analysis, and simulation[J]. Journal of Artificial Societies and Social Simulation, 2002, 5(3): 2.

[40] Atmar R L, Estes M K. The epidemiologic and clinical importance of norovirus infection[J]. Gastroenterology Clinics, 2006, 35(2): 275-290.

[41] Teunis P F M, Moe C L, Liu P, et al. Norwalk virus: how infectious is it? [J]. Journal of Medical Virology, 2008, 80(8): 1468-1476.

[42] 俞国龙，陈田木，祝媛钊，等．基于动力学模型的诺如病毒感染性腹泻暴发疫情防控措施效果分析[J]. 疾病监测，2021，36(12)：1312-1318.

[43] Daley D J, Kendall D G. Epidemics and rumours[J]. Nature, 1964, 204(4963): 1118.

[44] Maki D P. Mathematical Models and Applications: With Emphasis on the Social, Life, and Management Sciences[M]. Hoboken: Prentice Hall, 1973.

[45] Wei L, Jiao G, Xu C. Message spreading and forget-remember mechanism on a scale-free network[J]. Chinese Physics Letters, 2008, 25(6): 2303-2306.

[46] 王筱莉，赵来军．社会网络中具有怀疑机制的谣言传播模型[J]. 上海理工大学学报，2012，34(05)：424-428.

第 12 章　网络博弈

广义上讲，复杂网络中的博弈问题包括：网络的抗毁性分析和优化、网络中的流行病(病毒、谣言)传播和抑制、网络的同步和牵制控制以及网络中个体的合作和竞争等。复杂网络中群体合作现象的涌现和稳定维持是自然界中非常令人感兴趣、也是非常令人疑惑的问题，理解和解释合作行为的广泛存在和稳定维持是人们面临的问题之一。

12.1　博弈论概述

博弈论是研究理性决策者之间战略互动的数学模型，它在社会科学的多个领域都有应用，在逻辑学、系统科学和计算机科学中也有应用。最初，它处理的是零和游戏，在这种游戏中，每个参与者的得失与其他参与者的得失之和完全平衡。现在博弈论适用于广泛的行为关系，是一个涵盖社会科学和自然科学的逻辑决策科学的术语。本节将对博弈论的由来与分类进行介绍。

12.1.1　博弈论基本概念及其发展历史

博弈论研究的是相互依存的选择和行动。它包括战略决策的研究，一个理性主体的选择和决策如何依赖（或应该受到）其他主体的选择，群体动力学的研究，策略在群体中的分布如何在不同的环境中演变，以及这些分布如何影响个体互动的结果。博弈论不同于决策理论和社会选择理论，决策理论研究的是个体在独立于其他主体的情况下做出选择，而社会选择理论研究的是集体决策[1]。

关于两人博弈的讨论早在现代数学游戏理论兴起之前就开始了。1713 年，Waldegrave 在一封信中分析了一个名为 leher 的游戏，为这个两人纸牌游戏提供了一个极大极小混合策略解。1838 年，Cournot 在《关于原理的研究》一文中考虑了双头垄断，并提出了一个解决方案，即之后的纳什均衡应用的最早版本[2]。

1928 年，冯·诺依曼（John von Neumann）发表了《论战略博弈理论》一文，博弈论才真正作为一个独特的领域存在。冯·诺依曼的原始证明使用了关于连续映射到紧凸集的布劳威尔不动点定理（Brouwer fixed-point theorem），这也成为博弈论和数学经济学的标准方法。1944 年，冯·诺依曼出版了《博弈论与经济行为》一书，探讨了多个参与者的合作博弈，书中的期望效用理论允许数理统计学家和经济学家在不确定性下处理决策。冯·诺依曼在博弈论方面的工作在这本书中达到了顶峰，这一基础性工作为两人零和游戏找到了相互一致的解决方案。随后的研究主要集中在合作博弈论上，该理论分析了个体群体的最优策略，假设个体能够强制执行关于适当策略的协议[3]。

1950 年，数学家 Flood 和 Dresher 对博弈论进行了一项调查实验，关于囚徒困境的数学讨论也由此第一次出现。约翰·纳什(John Nash)提出了一种衡量玩家策略相互一致性的标准，称为纳什均衡，比冯·诺依曼等人提出的标准适用于更广泛的游戏。纳什证明了每一个有限 n 人的非零和非合作博弈都具有混合策略的纳什均衡。

20 世纪 50 年代，博弈论经历了一场风暴，在此期间发展了核心博弈、范式博弈、虚拟博弈、重复博弈和沙普利值等概念。1979 年，Axelrod 尝试为玩家设置计算机程序，发现在他们之间的比赛中，获胜者通常是简单的“以牙还牙”程序。玩家在第一步中进行合作，然后在随后的步骤中，执行对手在前一步中所做的动作。通过自然选择常常获得同样的赢家。“以牙还牙”被广泛用于解释进化生物学和社会科学中的合作现象。

常用以下几个特征来描述一个博弈：

(1) 玩家：每个在博弈中做出选择或从这些选择中获得回报的人都是玩家。

(2) 纯策略：在博弈中，每个玩家都从一组可能的行动中选择，称为纯策略。

(3) 纯策略纳什均衡数：纳什均衡是一组策略，它代表了对其他策略的相互最佳反应。换句话说，如果每个玩家都在纳什均衡中扮演他们的角色，那么没有玩家有动力单方面改变自己的策略。只考虑玩家使用单一策略而不随机化(纯策略)的情况，一个博弈可以有任意数量的纳什均衡。

(4) 顺序博弈：如果一个玩家在另一个玩家之后执行自己的动作，博弈是顺序的；否则，博弈是一个同时移动游戏。

(5) 完全信息博弈：如果一个博弈是顺序博弈，并且每个玩家都知道之前玩家选择的策略，那么这个博弈就是完全信息博弈。

(6) 自然移动：自然移动本质上是由一个对结果没有战略利益的玩家在广

泛形式的游戏中做出的决定或行动，其效果是增加了一个自然玩家。例如，一场扑克游戏需要庄家给玩家发牌，庄家就扮演自然玩家的角色执行自然移动。

风险评估博弈的步骤如下：

(1) 确定博弈参与者：确定行动相互影响的决策者，包括获得收益或必须承担损失的参与者和与利益相冲突的参与者。

(2) 对于每个玩家，尽量收集以下信息：

① 确定已经获得的信息。假设参与者都是理性的，获得的可信信息越多对博弈参与者做出决策越有利。

② 确定可能的策略。确定与玩家行动相关的策略，如克服威胁、造成威胁或获得机会的策略。为了全面了解玩家的情况，需要考虑他们的动机、能力(如实施或防御攻击的资源)和经验。

③ 确定玩家偏好。玩家可能看重结果的多个正交方面，例如，金钱、声誉、隐私及信任等，或机密性、完整性及可用性等，这些也被称为效用因素。

④ 确定可能的回报或收益。定义用于比较结果的量值、测量方法和权重，然后计算收益，根据得到的秩对其进行排序。通常，参与者有动机最大化他们的收益。

(3) 找到最优策略或均衡：确定每个玩家的最优策略。博弈论的主要观点是提出策略激励对方，以达到最优均衡。博弈者选择的最优策略或最优策略的组合是纯策略纳什均衡。均衡向玩家规定了游戏的结果。然而，纯策略纳什均衡可能不存在，求解均衡解的另一种方法是寻找混合策略纳什均衡，而混合策略纳什均衡总是存在的。利用混合策略纳什均衡，可以得到每个策略的概率、期望结果以及整个博弈的期望结果。

12.1.2　博弈的分类

几种常见的分类方法介绍如下[4]。

1. 合作博弈和非合作博弈

合作博弈有助于将谈判的结果制定为一个联合行动。例如，一个组织中雇主和员工之间的工作合同即为合作博弈，有助于避免冲突以及调整激励措施。在非合作博弈中，玩家的行为被视为个人行为；而在合作博弈中，玩家将会合作或交流，形成由裁判或合同强制执行的联盟。

合作博弈有以下一些特征：

① 参与者可以分享一些利益。

② 这种分享利益的机会来自所有参与者或参与者分组的合作。

③ 参与者有权自由合作、协商、签订合同以及组成团体或子团体。

④ 参与者有相互冲突的目标，每个人都想为自己争取最大利益。

2. 完美信息博弈与完全信息博弈

根据决策时所掌握的信息，博弈可以分为完美信息博弈和不完美信息博弈以及完全信息博弈和不完全信息博弈。在完美信息博弈中，每个玩家都知道所有其他玩家之前的动作(不完美信息博弈反之亦然)。在完全信息博弈中，每个玩家都知道所有其他玩家的策略和收益，但可能知道也可能不知道其他玩家之前的动作(不完全信息博弈反之亦然)。现实世界中经常见到的游戏如扑克和桥牌都不是完全信息博弈。

3. 有限重复博弈和无限重复博弈

当人们在一段时间内博弈时，关于未来行为的威胁和承诺可能会影响当前的行为。重复博弈在金融、法律、市场营销、政治学和社会学中得到了广泛的应用。重复博弈可以大致分为两类：有限重复博弈和无限重复博弈，这取决于博弈持续的时间。有限重复博弈是指博弈双方都知道博弈正在进行特定且有限的回合，之后一定会结束。一般情况下，有限重复博弈可以通过逆向归纳法求解。

无限重复博弈是指博弈回合数为无限次的博弈。一个有无限回合数的博弈等价于一个博弈中玩家不知道博弈持续多少回合的游戏(就当前策略而言)。无限重复博弈(或重复次数未知的博弈)不能通过逆向归纳法解决，因为没有“最后一轮”可以开始逆向归纳。

即使在每一轮中进行的博弈是相同的，有限次或无限次重复该博弈，通常会导致非常不同的结果(均衡)，以及非常不同的最优策略。而且在某些情况下，博弈中的背叛者可能会受到惩罚，在这种情况下，潜在的背叛者必须权衡继续合作的价值与背叛带来的短期收益和惩罚带来的长期损失。

12.2　演化博弈理论

演化博弈理论将人口生态学与博弈论相结合。博弈论最初是针对利益分歧的决策者所面临的问题(例如，企业争夺市场)，玩家必须在策略中做出选择，这些策略的收益取决于对手的策略，演化博弈中通常不存在无条件最优的解决方案。

演化博弈理论研究的是有限理性的个体在一定时间内通过不断重复博弈而进行学习。本节将重点介绍演化博弈理论的发展和几个重要的演化博弈模型。

12.2.1　演化博弈简介

演化博弈理论最早是由费希尔(Richard A. Fisher)在 1930 年[5]提出的，他试图解释哺乳动物性别比例的近似平衡。费希尔面临的难题是：为什么在大多数雄性从未交配的物种中，性别比例几乎是相等的？在这些物种中，未交配的雄性似乎是种群的多余部分，没有真正的用处。费希尔意识到如果用期望子孙的数量来衡量个体的适合度，那么个体的适合度取决于群体中雄性和雌性的分布。当群体中雌性数量较多时，雄性个体适合度较高；当群体中雄性数量较多时，雌性个体适合度较高。费希尔指出，在这种情况下，进化动力学导致性别比例维持在雄性和雌性数量相等。个体的适应性取决于种群中雄性和雌性的相对比率，这一事实为进化引入了一个战略性因素。

费希尔的论证可以从博弈论的角度理解，但他并没有这样表述。1961 年，生态学家 Lewontin 在《进化与博弈论》一文中首次明确地将博弈论应用于进化生物学[6]。1973 年，生态学家 Smith 在《动物冲突的逻辑》一文中首次引入了进化稳定策略(以下简称 ESS)的概念，之后该概念得到了广泛的传播[7]。1978 年，生态学家 Taylor 和 Jonker 在考察生态演化现象时首次提出了演化博弈理论的基本动态概念——模仿者动态(replicator dynamics)[8]。1982 年，Smith 的开创性工作《进化与博弈论》问世[9]，随后不久，Axelrod 在 1984 年发表了著名的文章

《合作的进化》[10]。从那时起，经济学家和社会学家对演化博弈理论产生了真正的兴趣。至此，演化博弈理论有了明确的研究目标。

最初，人们认为演化博弈理论可能为解决传统博弈论中的均衡选择问题提供一种途径。尽管传统博弈论的基本概念，即纳什均衡，具有对任何具有有限参与人和策略的博弈总是存在的这一可取性质，但在允许使用混合策略的情况下，它也存在一些缺陷。纳什均衡并不一定是唯一的(有时甚至有无数个纳什均衡存在)；并不总是与合理的结果相对应，并且偶尔与人们的直觉相冲突。相反，我们可以证明一个完全混合的进化稳定策略是唯一的，进化稳定策略最多只有有限个，进化稳定策略的几个直观定义与 Smith 和 Price 的原始定义是等价的。

12.2.2 网络演化博弈概述

近年来演化博弈的研究热点之一为网络演化博弈，网络演化博弈也被称为空间演化博弈。复杂网络为描述现实世界中群体的结构提供了一种现实而方便的框架。在复杂网络上研究博弈动力学，能够理解相互作用网络的拓扑结构如何影响合作行为的涌现和演化。

如果将相当数量的个体(局中人)以及他们之间的关系看作一个复杂网络，随着时间的演化，每个局中人都在和他的邻居进行博弈，这就称为网络演化博弈，它的定义可以表述为：

(1) 总数为 N 的局中人位于一个复杂网络上。

(2) 在每个时间演化步，参与者按照一定法则以一定频率相互匹配后进行博弈。

(3) 局中人采取的对策可以按一定法则更新，所有局中人的策略更新法则相同，这种法则称为“策略的策略”。

(4) 局中人可以感知环境、获取信息，然后根据自己的经验和信念，在策略更新法则下更新策略。

(5) 策略更新法则可能受到局中人所在网络拓扑结构的影响。

目前，复杂网络上的演化博弈研究主要包括如下 3 个方面的内容：

第一，研究网络拓扑结构对博弈演化动力学的影响。相互作用的网络结构和博弈规则具有同等重要性。学者们主要以囚徒困境博弈和雪堆博弈为博弈模型，研究了规则网络、小世界网络、无标度网络、层次网络及关联网络上的演化博弈特性，同时深入研究了度分布、平均度、聚集系数、度相关性及社团结构等拓扑特性对演化博弈特性的影响。

第二，探索一些可能的支持合作行为涌现的动力学机制。现实世界系统中的个体是具有能动性的，他们拥有记忆和自我反省的能力；他们是自适应的，在博弈过程中可以采用各种方式选择向其他博弈个体学习；他们又是现实的，有自己的期望，可能根据自己的期望水平选择适合自己的策略。博弈个体之间相互影响，这种相互影响可能是非对称的并且是动态调整的。这个方面的研究主要是根据现实复杂系统的动力学特征，对博弈模型进行补充和改进。

第三，研究博弈动力学和网络拓扑结构的共演化，即个体策略和网络拓扑结构协同演化的情形。策略与拓扑结构的共演化对合作行为的促进作用是显而易见的。复杂系统最本质的特点就是反馈，利用反馈信息实现自适应和自组织：一方面，网络的拓扑结构对其上的动力学过程会产生影响；另一方面，网络上的动力学过程也会反过来塑造网络的结构。共演化机制能够促进合作就是因为引入了反馈机制，从而更好地抓住了现实复杂系统最本质的特征。

在研究中，人们需要考虑现实复杂系统的基本特征，改进网络模型和博弈模型，使之更加接近复杂系统的结构特征和微观动力学机制，从更普遍层面上研究网络的拓扑结构对演化博弈动力学的影响。同时需要进一步研究动力学演化如何改变网络的拓扑结构，也就是探索网络结构与其上动力学过程的相互作用、协同演化行为。这对于在更加接近客观实际、更加普遍的层面上研究复杂网络的演化博弈动力学，揭示相关的物理现象和规律，理解复杂系统局部规则对宏观性质和功能的影响具有重要的理论意义。

12.2.3　博弈模型

1. 囚徒困境博弈(prisoners's dilemma game，PDG)

囚徒困境博弈是博弈论分析的一个典型例子，它说明了为什么两个完全理性的人可能不会合作，而合作似乎符合他们的最大利益。它最初是由 Flood 和 Dresher 于 1950 年在兰德公司(RAND)工作时提出的。基本模型介绍如下。

一个犯罪团伙的两名成员被捕入狱(甲和乙)，每个囚犯都被单独监禁，彼此之间没有联系。审讯者向每个囚犯提供了一个交易：每个囚犯都有机会要么背叛对方，证明对方犯了罪；要么保持沉默，与对方合作。如果双方都坦白罪行，那么两人都将被判刑 3 年；而如果双方都拒绝坦白，那么两人都将被判刑 2 年。但是，如果一方坦白，而另一方拒不认罪，则前者将被判刑 1 年，后者将被判刑 5 年。囚徒困境博弈的收益如图 12-1 所示，其中 C 表示与同伴合作，即拒绝坦白；D 表示背叛同伴，即坦白罪行。

图 12-1　囚徒困境博弈的收益

假设两个囚犯都了解游戏的本质，对彼此没有忠诚，在游戏之外也没有报复或奖励的机会，不管对方的决定是什么，每个囚犯都会因为背叛对方而获得更高的奖励。这种推理涉及一种论证：甲要么合作，要么背叛。如果甲合作，乙应该背叛，因为服刑 1 年比服刑 2 年好；如果甲背叛，乙也应该背叛，因为服刑 3 年比 5 年要好。所以不管怎样，乙都会选择背叛。并行推理可以证明甲也选择背叛。因为不管其他玩家的选择如何，背叛总会比合作带来更好的回报，所以它是一种优势策略。相互背叛是博弈中唯一的强纳什均衡(即，每个参与者只可能通过单方面改变策略而变得更差的唯一结果)。因此，困境在于，相互合作比相互背叛产生更好的结果，但这不是理性的结果，因为从自利的角度来看，合作的选择是非理性的。

在现实中，尽管理性自利行为的简单模型预测到了这一点，但人类在这种游戏和类似的游戏中仍表现出了对合作行为的系统性偏好，这种合作倾向自兰德公司首次进行测试以来就已为人所知——参加会议的秘书们相互信任，为取得最佳的成果而共同努力。

2. 雪堆博弈(snowdrift game，SG)

雪堆博弈是博弈论的另一个典型例子，可以使用下面的场景来描述雪堆博弈：在一个风雪交加的晚上，两个相向行驶的司机的回家道路被同一个雪堆阻拦，需要将雪堆铲去两个司机才能够通行。每个司机有两种可能的行动——铲雪(合作行动 C)或不做任何事情(背叛行动 D)。铲雪的总成本为 c，如果两个司机合作铲雪，之后他们就可以回家，每个人的收益为 b，因此，每个司机的净收益为 $R=b-c/2$。如果两个司机都不铲雪，他们都会陷入困境，每个人得到收益 $P=0$。如果只有一个司机采取行动 C——铲雪，那么两个司机都可以通行，采取行动 C 的司机得到的收益是 $S=b-c$，而采取行动 D 的司机没有付出成本，得到的收益是 $T=b$。因此，雪堆博弈可以由以下收益矩阵表示：

$$\begin{array}{c} \\ \mathrm{C} \\ \mathrm{D} \end{array}\!\!\begin{array}{c} \begin{array}{cc} \mathrm{C} & \mathrm{D} \end{array} \\ \begin{pmatrix} R & S \\ T & P \end{pmatrix} \end{array} = \begin{array}{c} \\ \mathrm{C} \\ \mathrm{D} \end{array}\!\!\begin{array}{c} \begin{array}{cc} \mathrm{C} & \mathrm{D} \end{array} \\ \begin{pmatrix} b-c/2 & b-c \\ b & 0 \end{pmatrix} \end{array} \tag{12-1}$$

在更一般的雪堆博弈情况下，可以赋值 $R=1$，这样就可以用一个单一参数 $r=c/2=c/(2b-c)$ 来表示双方合作时的损益比(cost-to-benefit)。对于 $0<r<1$，有 $T=1+r$，$R=1$，$S=1-r$，$P=0$。对于一个玩家来说，最好的行动是：如果对手采取行动 C，则采取行动 D，否则采取行动 C。较大的 r 值倾向于鼓励玩家采取行动 D。

3. 其他两人两策略博弈

(1) 鹰鸽博弈(hawk-dove game)

最早的经典鹰鸽博弈由 Smith 提出，用来分析与可共享资源相关的竞争。参赛者可以是鹰派，也可以是鸽派，分别代表具有不同策略的两个派别。鹰派代表好战派(H)，倾向于战斗升级，直到它要么赢要么受伤(输)。鸽派代表温和派(D)，如果面临战斗升级，鸽派会选择后退逃避；如果不面临战斗升级，鸽派会试图分享资源。假设战斗胜利赢得的资源为 b，战斗失败造成伤害的代价为 c，则鹰鸽博弈可以由以下收益矩阵表示：

$$\begin{array}{c} \\ \mathrm{D} \\ \mathrm{H} \end{array}\begin{array}{c} \begin{array}{cc} \mathrm{D} & \mathrm{H} \end{array} \\ \begin{pmatrix} b/2 & 0 \\ b & b/2-c/2 \end{pmatrix} \end{array} \tag{12-2}$$

- 如果一个好战派遇到一个温和派，好战派会得到全部资源 b；
- 如果一个好战派遇到另一个好战派，他们获胜的概率各为1/2，所以平均得到 $b/2-c/2$ 的资源；
- 如果一个温和派遇到一个好战派，温和派会后退，获得资源为0；
- 如果一个温和派遇到另一个温和派，两个温和派共享资源，分别得到 $b/2$ 的资源。

现实中的资源收益取决于遇到鹰派或鸽派的概率，这也是在特定博弈发生时鹰派和鸽派在人群中的百分比。如果失败的代价 c 大于赢得资源 b 的价值，人群中鸽派的比例较大时反而会促进鹰派的产生；反之亦然。如果任何新的鹰派或鸽派在人群中造成暂时的比例失调，随着时间推移会回到原始的博弈比例平衡点。

（2）胆小鬼博弈（chicken game）

胆小鬼博弈是博弈论中与两个参与者的冲突相关的博弈。胆小鬼博弈起源于两个司机相向开车的游戏，在这个游戏中，一个司机必须转向把路让给另一个司机，否则两个司机都可能死于碰撞，转向的司机被称为“胆小鬼”。对于每个玩家来说，最大的收益 b 是在对方转向时保持直行，但如果双方都不转向，则会产生最坏的结果，每个玩家的代价都为 $-c$。这就产生了这样一种情况：每个玩家在试图获得最大的收益时，都冒着最大的风险。胆小鬼博弈收益矩阵表示如下：

$$\begin{array}{c} \\ \text{转向} \\ \text{不转} \end{array}\begin{array}{c} \begin{array}{cc} \text{转向} & \text{不转} \end{array} \\ \begin{pmatrix} b/2 & 0 \\ b & -c \end{pmatrix} \end{array} \tag{12-3}$$

玩家出于不想看起来像“胆小鬼”而试图避免转向，因此，每个玩家都嘲讽对方，以增加转向的羞耻风险。然而，当一个玩家让步时，冲突就避免了，游戏也就结束了。

胆小鬼博弈、鹰鸽博弈和雪堆博弈都是反协调博弈，在这种博弈中，玩家采取对手的反策略是对自己有利的。在反协调博弈中，资源具有竞争性但无排他性，共享是有代价的(或负外部性)。在协调博弈中，共享资源为所有人创造了利益，资源是非竞争性的，共享使用创造了正的外部性。

(3) 猎鹿博弈(stag-hunting game，SH)

猎鹿博弈源自哲学家卢梭在他关于不平等的论述中讲述的一个故事。卢梭描述了两个人外出打猎的情景：每个人都可以单独选择猎杀鹿或兔子，但都不知道对方选择的猎物；如果两个人选择合作猎杀一只鹿，则每个人可平分鹿获得收益 b；他们如果都选择去猎杀兔子，这样每个人都可以得到一只兔子的收益 c；但如果一个人选择猎鹿而另一个人选择猎兔，那么猎鹿者会一无所获，而猎兔者获得一只兔子的收益 c。猎鹿博弈收益矩阵表示如下：

$$
\begin{array}{c c}
 & \text{猎鹿}\quad\text{猎兔} \\
\begin{array}{c}\text{猎鹿}\\ \text{猎兔}\end{array} & \begin{pmatrix} b & 0 \\ c & c \end{pmatrix}
\end{array} \tag{12-4}
$$

猎鹿博弈与囚徒困境博弈的不同之处在于：当双方都合作和双方都背叛时，猎鹿博弈存在两个纯策略纳什均衡。相反，在囚徒困境博弈中，尽管合作的双方都是帕累托有效的，但唯一的纯纳什均衡是当双方都选择背叛时才存在。

12.3　复杂网络上的多人演化博弈

合作广泛存在于人们的日常生活中，无论是自然界还是人类社会，合作对于提高种群的整体适应度和维持种群的稳定和发展起着重要的作用。自从 Nowak 在规则方格上研究了演化博弈以后，参与者种群的空间结构因素也被考虑了进来。通过在复杂网络上研究公共物品博弈，可以发现很多影响种群合作的因素，这也为人们现实中解决类似集体行为中合作者增加这样的问题提供了参考。本节将介绍一个多人演化博弈模型并研究 3 种典型网络中的公共物品博弈问题。

12.3.1 多人演化博弈模型

公共物品博弈(public goods game, PGG)为现实生活中多人博弈提供了参考模型[11]。在经典的公共物品博弈论文中[12]，所有的参与者参加到一个公共基金项目中，每个人手中都有特定数量的资金可以进行投资，当然每个人只有两种选择策略：投资(合作)和不投资(背叛)，所有被投入的资金会被乘以一个增益系数 r，使得投入资金扩大 r 倍，然后再在所有参与者之间平分，则合作者的收益为 $f^c=rn_Cc/n-c$，背叛者的收益为 $f^d=rn_Cc/n$。所以进行投资是一种利他行为，从个人理性的角度讲，个体的最佳选择是背叛，也就是不投资而坐享其他人的投资贡献，这就出现了所谓的“搭便车”现象。如果这个博弈持续下去，最终会导致所有人都不进行投资的结局。但是从集体理性角度来看，如果所有人都进行投资，则所有人都会获得最高的回报。这就出现了类似于囚徒困境的两难问题。因此，公共物品博弈是当今社会制度中存在的一种现象。例如，目前全球变暖问题可能是最大的公益困境。对于气候来说，最好每个人都不消耗任何能源。如果只有少数人浪费能源，它不会使气候变得更糟，但生活将变得更好。然而，如果许多人消耗大量的能源，气候肯定会变得更糟，降低甚至完全破坏每个人的生活质量。因此，人类正面临着一个集体风险的社会困境。公共物品博弈被经济学家和社会学家广泛用于研究合作。研究人员通过公共物品博弈对哈扎人的“狩猎-采集”社会网络进行了研究[13]，发现狩猎-采集者社会网络具有许多重要的结构属性，如偏度分布、合作者之间的同配性、高聚类和同质性等。这表明结构特性可能在人类进化的早期阶段就已经存在，并可能有助于社会合作的出现。因此，研究网络群体互动关系，揭示群体互动中合作的演化过程具有重要的现实意义。

12.3.2 规则网络上的多人演化博弈

在一个规则方格网络中，假设网络中每个节点可以选择的策略 s_i 有两种：合作(C)与背叛(D)，其中选择 C 策略的节点数占总节点数的百分比记为 ρ_C。每一个节点都会和与自己直接相连的 4 个节点发生接触，每一个节点的收益依赖于自己以及邻居所组成的小团体中合作者的数目 n_C。将该规则网络的拓扑结构用连接矩阵表示，其中矩阵元素 $\eta_{ij}=\eta_{ji}=1$ 表示节点 i 和节点 j 间有一条无向边连接；如果 $\eta_{ij}=\eta_{ji}=0$，则表示节点 i 和节点 j 之间没有边连接。网络中节点的度用 k_i表示，节点在博弈过程中的收益 p_i定义为[14]

- 当 i 的策略为合作时，收益为 $p_i=\dfrac{rn_C}{k_i+1}-1$；
- 当 i 的策略为背叛时，收益为 $p_i=\dfrac{rn_C}{k_i+1}-0$。

为了保证选择合作的收益大于背叛的收益，规定增益系数 $r>1$。在博弈的过程中，每个节点 i 会随机选择一个与它相连的节点 j，并按照一定的概率 W_{ij} 将自己的策略改为节点 j 的策略，即演化规则更新为

$$W_{ij}=\omega_{ij}\frac{1}{1+\exp\left(\dfrac{p_i-p_j}{\kappa}\right)} \tag{12-5}$$

为了研究网络节点的异质性对博弈的影响而引入了参量 ω。假设网络中节点 i 的类型 n_i有两类，A 和 B，其中 A 类节点占总节点数的百分比为 ν，B 类节点的百分比为 $1-\nu$，两类节点在式(12-5)中的 ω_{ij}取值分别为

- $\omega_{ij}=1$，当节点 i 的类型为 A 时；
- $\omega_{ij}=\omega$，当节点 i 的类型为 B 时。

其中 $0<\omega<1$。因此，同等条件下 B 类节点改变自己策略的概率小于 A 类节点。在式(12-5)中，κ 体现了非理性因素(即噪声)对博弈的影响，κ 越大，则影响越大，当 $\kappa=0$ 时，非理性因素的影响也等于零，也就是说，只要 $p_i<p_j$，节点 i 就一定选择节点 j 的策略；而当 $\kappa\to\infty$ 时，即便 $p_i<p_j$，节点 i 也不一定选择节点 j 的策略。

利用数值模拟方法可以得到各因素对演化博弈结果的影响。在图 12-2 中，$\omega=1$，$\nu=1$，$\kappa=0.1$，可以看出，当网络中只有一类节点时，在噪声固定的情况下，无论网络节点是以同步更新还是以异步更新，博弈最终的合作者密度都会随着增益系数的增大而变大，当增益系数小于某一个临界值时，网络中背叛者较多；而当增益系数大于该临界值时，网络中的合作者会越来越多。其实这

点比较切合实际，就如同人们进行一项投资，如果回报高，投入的人就会多；而如果回报太低，人们往往不会选择投资。并且从图 12-2 中可以看出，同步更新与异步更新相比，同步更新使网络节点达到完全合作所需要的临界增益系数更小。从这里可以得到增益系数的大小直接关系最终网络中合作者水平的高低。

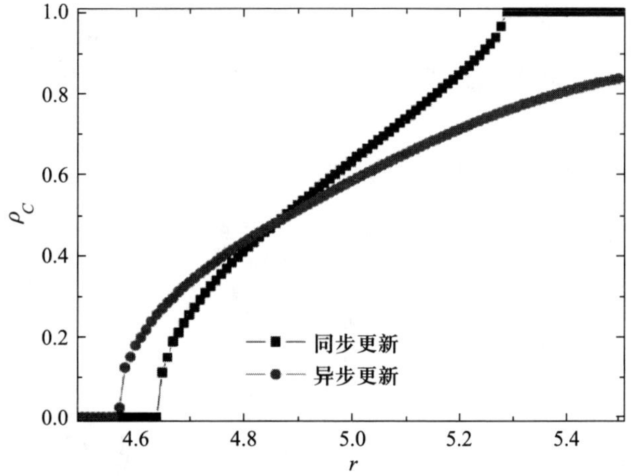

图 12-2 合作者密度 ρ_C 和增益系数 r 的关系图[14]

在图 12-3 中，$r=4.8$，$\kappa=0.1$，ω 的值从上到下分别是 0.01、0.1、0.2 和 1，实心线表示同步更新，空心线表示异步更新。可以看到合作者密度随着 A 类节点密度 ν 的变化情况，当 $\nu=1$ 或 $\nu=0$ 时，合作者密度基本维持在 0.4 左右；当 ν 在 0.35 到 0.4 之间时，网络的合作者密度达到了 1。也就是说当网络中只有一类节点时，在其他因素固定的情况下，合作水平并不能达到完美；而当网络中存在两类节点并且两类节点比例维持在一个值时，网络中会涌现出合作现象。

在图 12-4 中，图 12-4(a)和图 12-4(b)中只有一类 A 节点，是同质网络；图 12-4(c)和图 12-4(d)中有两类节点，是异质网络。图 12-4(a)和图 12-4(c)采用同步更新，图 12-4(b)和图 12-4(d)采用异步更新，可以看出，噪声因素对于合作水平的影响非常复杂，呈现一种无规律的曲线，很难说噪声因素起到了正面或者负面的效果。结合图 12-5 合作者密度 ρ_C 和各因素的综合图可以进一步做深入的了解。

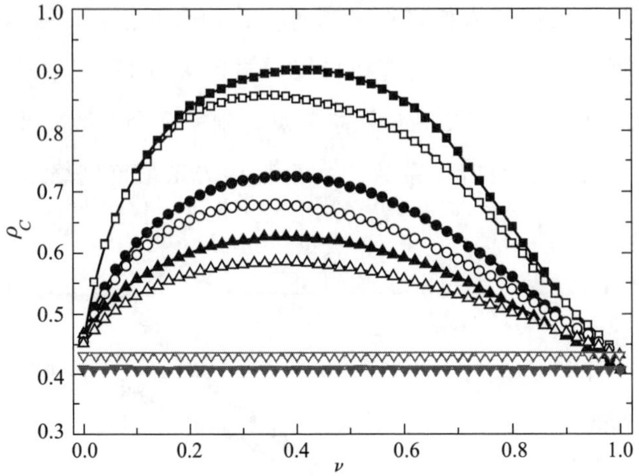

图 12-3　合作者密度 ρ_C 和 A 类节点密度 ν 的关系图[14]

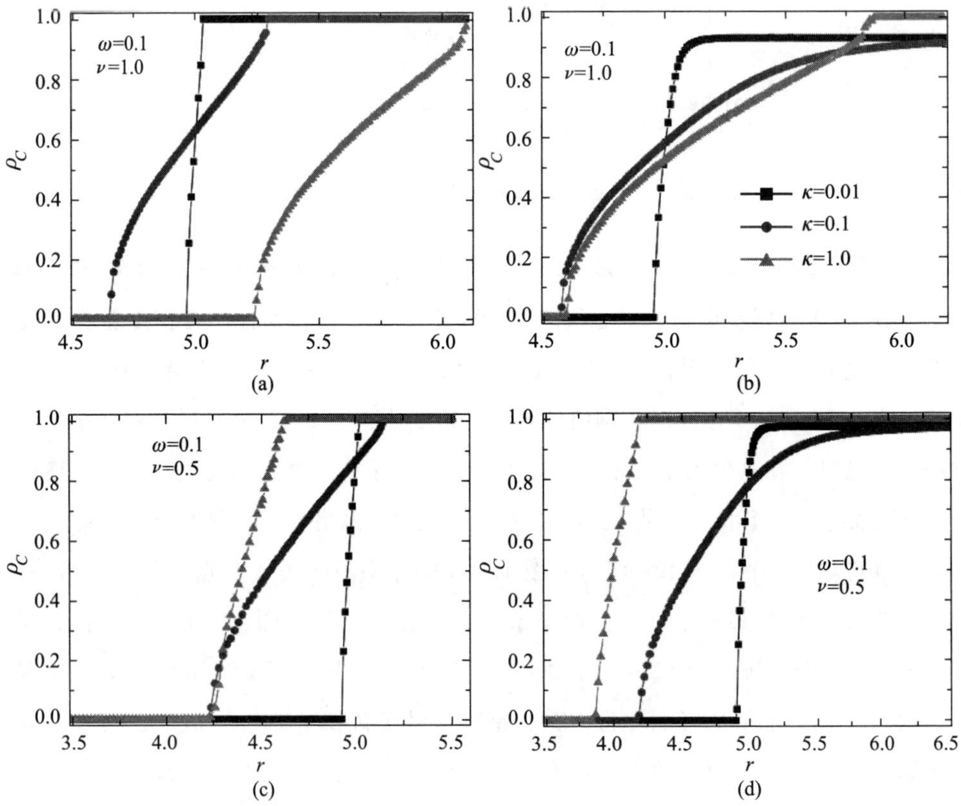

图 12-4　合作者密度 ρ_C 和噪声 κ 的关系图[14]

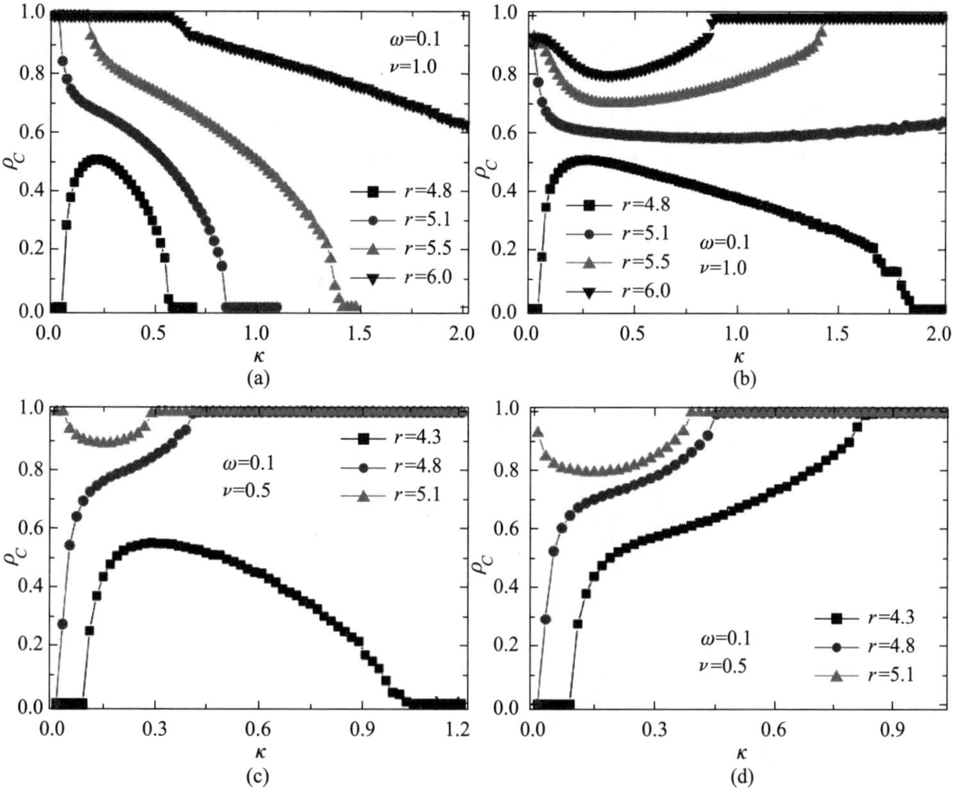

图 12-5　合作者密度 ρ_C 和各因素的综合图[14]

从图 12-5 可以看出，无论横向比较还是纵向比较，同一个噪声因素，由于其他因素的不同就会呈现不同的曲线图，从而对博弈结果产生影响，所以噪声因素和其他的因素有着关联性，对于合作出现有着重要的作用，尽管无法单独进行分析，但是的确是不可或缺的因素。

综上可知，在规则方格网络中对公共物品博弈进行研究，会发现增益系数会促进网络中合作的出现，A 类节点所占比例 ν 维持在一定的水平会促进合作涌现，而噪声的影响是关联性的，不能独立进行分析。

12.3.3　小世界网络上的多人演化博弈

在小世界网络上研究公共物品博弈又会出现什么样的效果呢？同样利用上面讲到的模型，在 NW 小世界网络上进行分析[15]。对于同质无噪声小世界网络中的公共物品博弈行为，合作者密度 ρ_C 与 r 的关系如图 12-6 所示。可以看出，对于同质($\nu=0$)无噪声($\kappa=0$)网络而言，随着网络中的加边概率 p 增大，所有节点都采取合作策略所需要的增益系数 r 也增大。对于相同的增益系数 r，小世界网络中加边越少，网络越趋近于最近邻耦合规则网络，合作者在规则网络中更易存在；加边越多，合作者反而越少。所以网络的小世界特性抑制了网络中合作的涌现。

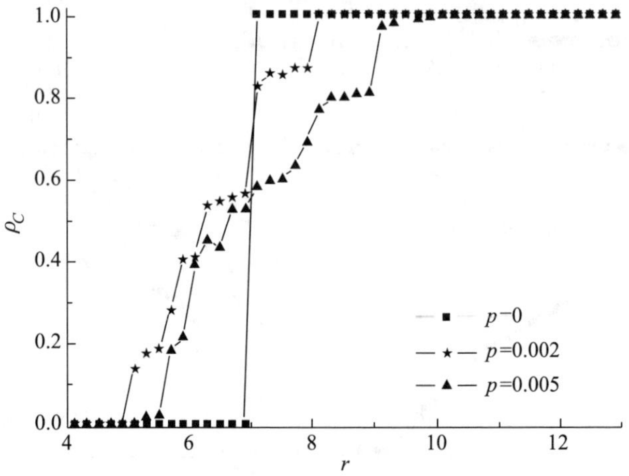

图 12-6　同质无噪声小世界网络中合作者密度 ρ_C 与增益系数 r 随着不同的加边概率 p 的关系[15]

由于节点存在异质性，所以节点的异质性对小世界网络中的公共物品博弈的影响就显得很重要。网络的异质性主要体现在网络中有两类节点 A 和 B，当网络中全部是 A 类节点($\nu=1$)或者全部是 B 类节点($\nu=0$)时，网络是同质的，没有异质性；当网络中既有 A 类节点又有 B 类节点($0<\nu<1$)时，网络具有异质性。从图 12-7 可以看出，在小世界网络中随着网络异质性的增加，网络中的合作者密度也在增加。而随着网络中 A 类节点的数量越来越多，网络的异质性又开始降低，最后又成为同质网络。在 $\nu=0.2$ 附近网络中合作者密度 ρ_C 达到最大值。同时可以发现，对于同样的异质性(ν 相同)，p 越大，也就是说网络中的加边越多，网络中合作者的数量反而越少，这与图 12-6 所得到的结论是一致的。

如果考虑网络中的非理性因素如噪声扰动，当噪声强度 κ 变化时，ρ_C 随增益系数 r 的变化如图 12-8 所示。可以看到，对于不同的噪声强度，在同质小世界网络中，ρ_C 随着 r 的增大而增大。随着噪声强度的增加，网络中开始出现

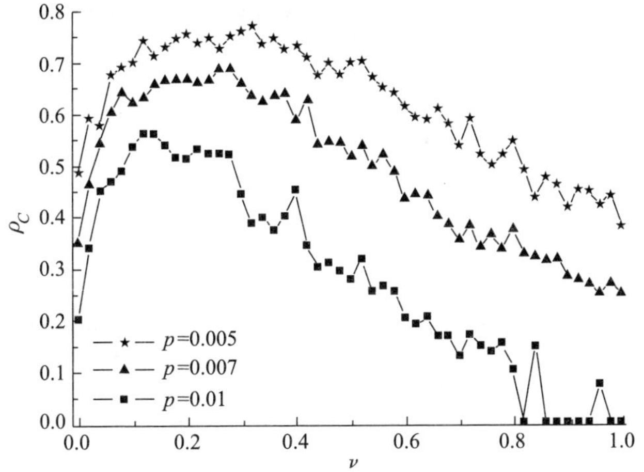

图 12-7　网络中合作者密度 ρ_C 与 A 类节点所占百分比 ν 之间的关系（$\omega=0.1$，$r=8.0$，$\kappa=0.1$）[15]

合作策略以及完全达到合作所对应的临界增益系数的值也越来越大。这说明噪声对小世界网络中合作的涌现是起抑制作用的。

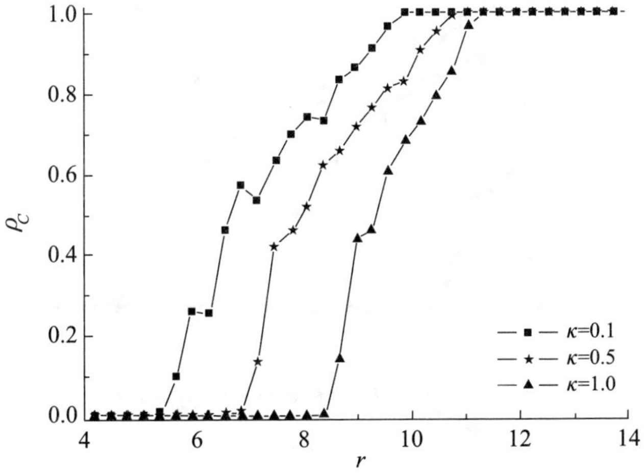

图 12-8　同质小世界网络中不同噪声强度下合作者密度 ρ_C 与增益系数 r 之间的关系

（$\nu=1$，$p=0.005$）[15]

如果将噪声以及网络的异质性一起考虑到模型中来，它们对小世界网络中博弈的影响就显得很有意思。如图 12-9 所示，对于异质网络，ρ_C 依然随着 r 的增大而增大，噪声强度越大，网络中开始出现合作，并且达到完全合作所需要的临界增益系数值也越大。

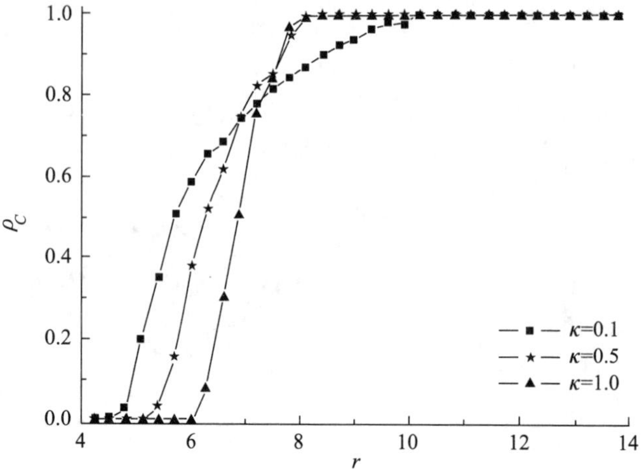

图 12-9　异质小世界网络中不同噪声强度下合作者密度 ρ_C 与增益系数 r 之间的关系[15]

($\nu=0.5$，$\omega=0.1$，$p=0.0$)

由图 12-10 可以分析出同质网络($\nu=1$)和异质网络($\nu=0.5$)中 ρ_C 与 κ 的关

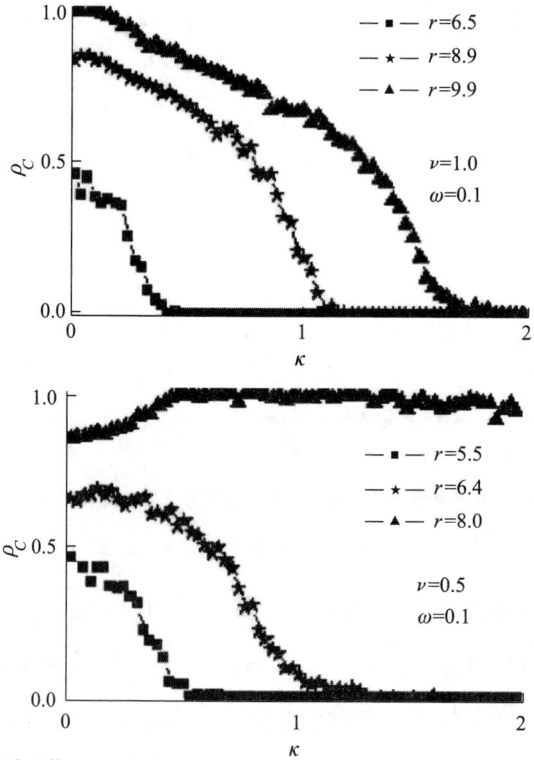

图 12-10　不同的增益系数 r 下，噪声强度 κ 分别对同质网络和异质网络中合作者密度 ρ_C 的影响[15]

系：可以看到在同质网络($\nu=1$)中，不论增益系数多大，当噪声强度足够大时，网络中都不可能出现合作的节点；而在异质网络($\nu=0.5$)中，当增益系数比较大如 $r=8$ 时，即使噪声强度很大，网络中仍然会出现合作的涌现，这再一次体现了网络的异质性有利于合作的涌现。

综上所述，在小世界网络中，网络的小世界性抑制了合作的产生，而网络的异质性则会增加合作，噪声依赖其他因素才能发挥作用。

12.3.4　无标度网络上的多人演化博弈

无标度网络中只有极少数节点具有较大的度，大部分节点具有很小的度，也称为“富人俱乐部”效应，那么对于无标度网络上的公共物品博弈进行研究又会有哪些新的发现?

选择一个扩张系数为 m_0 的 BA 无标度网络模型，研究表明，相比于规则网络，无标度网络上的公共物品博弈更容易出现较高的合作水平[16]，如图 12-11 所示。这是因为在演化博弈过程中，合作者总是会慢慢占领网络中度比较大的节点，变成所谓的“富节点”，而一旦合作者占领了这些关键性的节点，如图 12-12 所示，那么就会获得比较大的收益，而周围较小度节点从自身收益最大化角度出发，也会模仿大度节点的策略，从而产生很高的合作水平。也就是说无标度网络结构的异质性导致了合作涌现的出现。

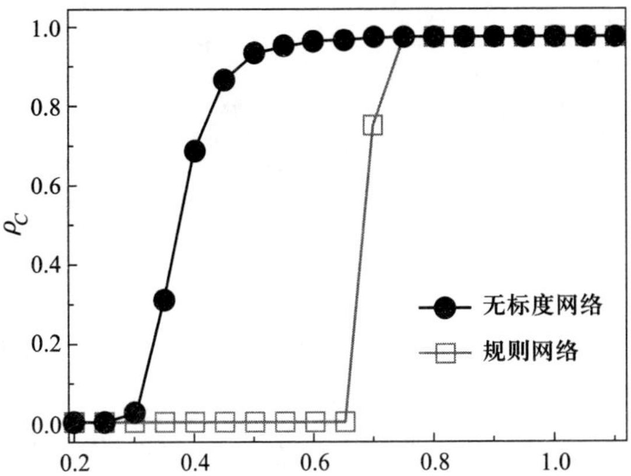

图 12-11　不同网络中合作者密度 ρ_C 与增益系数 r 之间的关系图[16]

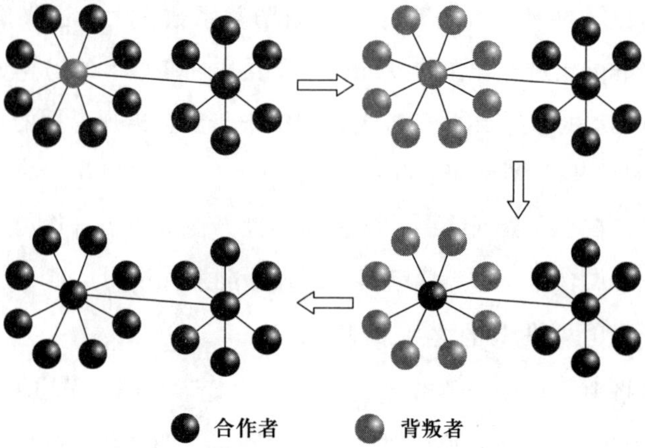

图 12-12　双星形网络结构上的合作机制图[16]

研究发现，在无标度网络上的公共物品博弈演化过程中，同质无噪声时，合作水平会随着增益系数增加而变大，网络的异质性也会促进合作的产生，噪声的影响还是不确定，但是因为无标度网络本身生成算法中就有增加新的节点，而这一特殊的性质也对合作产生新的影响，那就是网络形成速度的快慢会直接影响合作水平[17]。如图 12-13 所示，对于同质($\nu=0$)无噪声($\kappa=0$)网络而言，网络中合作节点的数目总是随着增益系数的增大而增加。也就是说，增

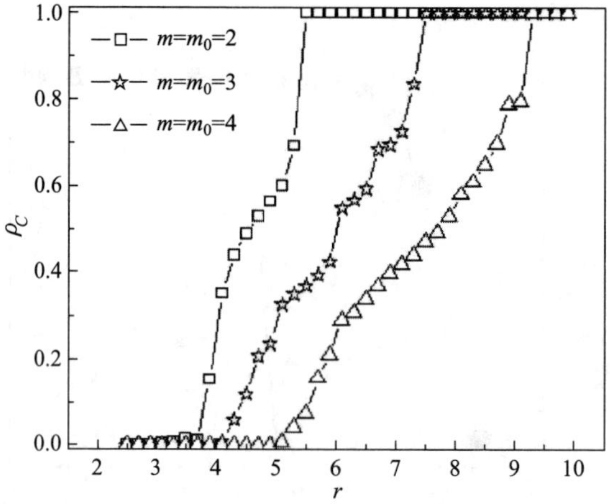

图 12-13　同质无噪声的无标度网络中合作者密度 ρ_C 与增益系数 r 及扩张系数 m_0 的关系($\nu=0$，$\kappa=0$)[17]

益系数的增大有助于促进同质无噪声的无标度网络中合作的涌现，但是比较不同的扩张系数会发现，扩张系数越小达到完全合作所需要的增益系数也越小。这表明，影响网络拓扑结构以及网络动力学行为的不仅仅是网络的模型和网络的大小，网络的增长速度也是重要的因素之一。

从图 12-14 可以看出，由于噪声的引入，网络中出现合作的节点所需要的增益系数与出现合作的涌现所需要的增益系数之间的差值会变小，因此可以认为噪声会加强增益系数对博弈行为的影响。因此，在有噪声的环境中，网络的博弈行为会对增益系数变得更敏感。

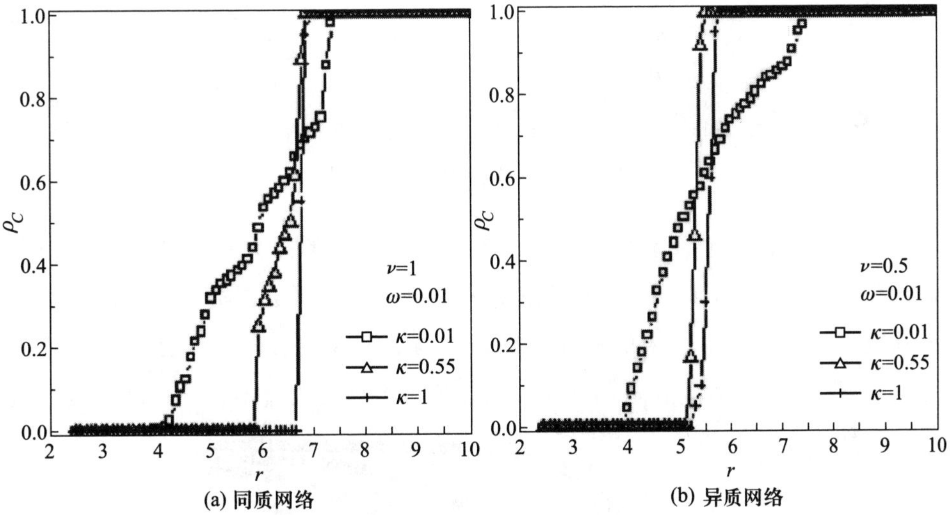

图 12-14　对于不同的噪声强度 κ，增益系数 r 分别对同质网络和异质网络中合作者密度 ρ_C 的影响[17]

如果将噪声以及网络的异质性一起考虑到模型中来，它们对小世界中博弈的影响就显得很有意思[18]。从图 12-15 可以看出，在同质网络和异质网络中，噪声对网络节点的博弈会表现出不同的影响。一般来说，当增益系数较小时，网络中的合作节点的数目会随噪声强度的增强而减少；而当增益系数较大时，网络中的合作节点的数目会随噪声强度的增强而增多；当增益系数在某个范围内时，噪声强度对合作节点的数目的影响则会表现出非单调性的结果。

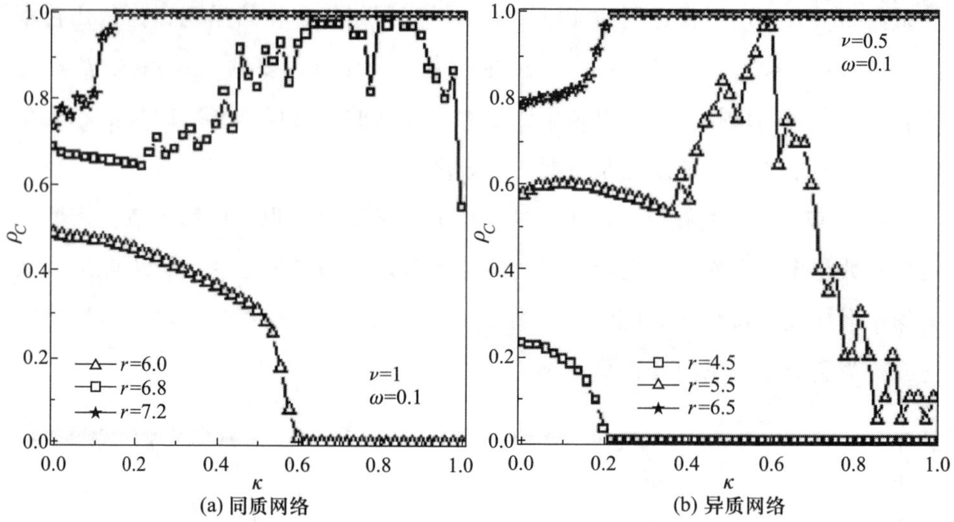

图 12-15　对于不同的增益系数 r，噪声强度 κ 分别对同质网络和异质网络中合作者密度 ρ_C 的影响[17]

除此之外，对于聚集系数可调的无标度网络上的公共物品博弈[19]，如图 12-16 所示，随着聚集系数 c 的增大，网络的合作水平会提高，究其原因在于公共物品博弈是一个多人的博弈，每个参与者不仅要参与以自己为中心的博弈，还要参与以邻居为中心的博弈，所以每个个体的收益不仅与自己直接相连

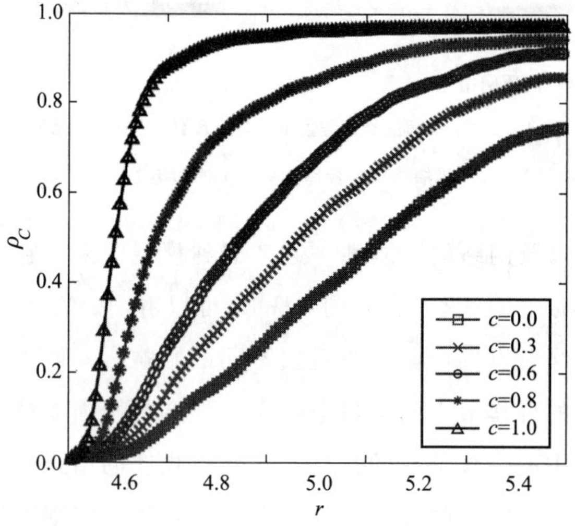

图 12-16　合作水平在不同聚集系数下与增益系数的关系图[19]

的邻居有关，还与邻居的邻居所采用的策略有关，而当聚集系数比较高的时候，很容易从网络中找出三角形的构造，这种构造会促进网络中合作簇的产生，从而使得处于这种结构中的个体有比较高的收益，进而促进合作行为在整个网络中的传播和扩散。

本节探讨了复杂网络上的多人博弈演化，介绍了公共物品博弈的演化规则，重点讨论了网络的异质性、网络的小世界性、网络的聚集系数、公共物品博弈增益系数、网络的增长速度以及非理性噪声等因素对复杂网络上公共物品博弈演化结果的影响，这些研究结果对于分析如何促进合作的产生具有参考价值。

12.4 复杂网络上的博弈应用

通过前面几节的介绍，可以知道复杂网络上的双人演化博弈和多人演化博弈模型，这些模型与人们的生活密切相关。由于合作是组织、秩序及社会的开始和基础，在一些实际网络中，研究网络的演化博弈具有重要的理论价值和现实意义，下面将以城市公交网络中的博弈为例简要介绍复杂网络上的博弈应用。

交通系统是一个复杂巨系统，对于这个复杂巨系统，其中的决策问题是非常多样的，无论是管理者的设施建设、政策引导，运营者的票价制定、方案调整还是出行者的方式与路径选择，他们在进行决策的时候都不是孤立的，都必须考虑到相互之间的制约和影响。城市公共交通问题因为有众多人的参与而变得异常复杂，博弈论的诞生与发展带来了研究决策问题的新方法。

城市公共交通网络中一般将公交车站定义为节点，由某个组织建造和管理。在这里可以将交通系统分为 3 类参与者——出行者(乘客)、运营者(如公交公司)和管理者(公共交通管理部门)，三方合作，但只要有一方退出博弈，系统就会瘫痪。

2007 年扬州大学课题组提出了网络参与者博弈这种设想，建立了一个“三方轮流坐庄”的公交网络参与者博弈演化模型，并且把公交网络参与者博弈模型的数值解与国内一些城市的实证数据做了对比[20]。在开始时，有 n_0 个车站，每个车站有表征此处平均旅客数的点权 a。如果两个车站在至少一条公交线路上，那么它们被一条边连接。边权 b 表征这些线路的“繁忙程度”或者线路通过道路的“堵塞程度”。每个时间步有 m 个新车站加入网络，然后按照下列法则演化：

（1）随机选择一个车站作为起点。

（2）按照下面将解释的某一类网络参与者的建线法则依次选择后面的车站，建成一条新线路。

（3）在 $t=0$ 时，首先按照交管部门的建线法则建设 g 条通过 n_0 个车站的线路，此后，为了体现三方都认可的“三方必须合作”原则，每一步演化结束即建了一条新线后，考虑三方各自的效益，将各方效益占总效益比例的倒数作为下一次建新线时采取它的建线法则的概率。也就是说，在上一条线路建好后谁的效益最低，下一次就优先照顾它的利益，以便维持合作。

（4）每一条新线路建成后，点权 a 和边权 b 按照以下公式演化：

$$a(i, t+1) = a(i, t) \times \left[1 - \frac{k(i, t)}{\sum_{i=1}^{N} k(i, t)} \right] \tag{12-6}$$

$$b(i, j, t+1) = b(i, j, t) \times \left[1 + \frac{l(i, j, t)}{\sum_{i, j=1}^{N} l(i, j, t)} \right] \tag{12-7}$$

其中，k 表示车站的度，表示不重复计算的从本站可以直达（不转车）的公交站数；l 表示重复计算的从本站可以直达（不转车）的公交站数。表明建设新线会吸引更多的旅客，但增加道路的拥挤。

三方的建线法则定义为：

（1）公交公司：选择每个下一站使 a/lh 最大，这里 a 表示车站平均旅客数，h 表示本站停靠的所有公交线路数。表明公司希望线路连接乘客最多、停靠车次和可直达车站最少的车站，以便获得最多的车票收入。

（2）乘客：选择每个下一站使 a/lh 最小。表明乘客希望线路连接乘客最少、停靠车次和可直达车站最多的车站，以便最舒服地乘车，而且花费最少的票价。

（3）交管部门：选择每个下一站使 a/lh 最小。表明交管部门希望线路连接乘客、停靠车次和可直达车站都最小的车站，以便整个公交系统和相关道路系统都最少拥挤，最安全地运行。

三方的收益定义为：

（1）公交公司：$\overline{as}/\overline{T}$，其中$\overline{a}$表示网络平均点权（平均乘客数），$\overline{s}$表示网络平均转车次数，$\overline{T}$表示网络平均每线路包含车站数，即平均乘客和换乘次数越多，停靠车站越少，公司效益越好。

（2）乘客：$\overline{h}/\overline{s}$，其中$\overline{h}$表示网络平均每站停靠公交线路数，$\overline{s}$表示网络平均转车次数，即每站可乘的线路越多，平均转车次数越少，乘客效益越好。

（3）交管部门：$1/\overline{ash}$，表明交管部门希望每站平均等候旅客、换乘次数和每站停靠公交线路数都越少越好，以便运行最安全、最少堵塞。

图 12-17 显示了由公交网络参与者博弈演化模型数值模拟得到的交通网络参与者的三方效益演化图。正如在前文中提到的，三类交通网络参与者进行博弈，最终达到一个平衡，从而导致网络对他们同等有利。

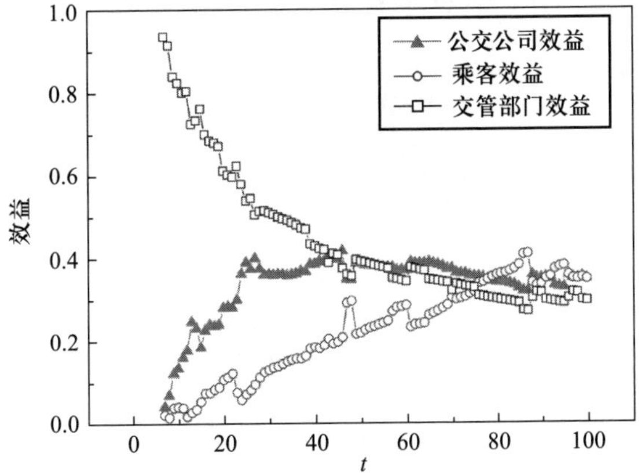

图 12-17　由公交网络参与者博弈演化模型数值模拟得到的三方效益演化图[20]

思考题

12.1　在 X 与 Y 的囚徒博弈中，X 有前科，故无论坦白或拒不认罪，X 都至少要比 Y 多判 5 年。构造一个博弈矩阵，并找出该博弈的纳什均衡。

12.2　有如下博弈矩阵：

	Y_1	Y_2	Y_3
X_1	8	4	12
X_2	12	6	2
X_3	4	16	8

求混合纳什均衡。

12.3　如果学生在考试之前全面复习，考好的概率为 90%；如果学生只复习一部分重点，则有 50% 的概率考好。全面复习花费的时间 $t_1 = 100$ h，重点复习之需要花费 $t_2 = 20$ h。学生的效用函数为 $U = W - 2e$，其中 W 是考试成绩，有高低两种分数 W_h 和 W_l，e 为努力学习的时间。问如何才能促使学生全面复习？

12.4　举一个你在现实生活中遇到的囚徒困境的例子。

参考文献

[1]　杨阳，荣智海，李翔．复杂网络演化博弈理论研究综述[J]. 复杂系统与复杂性科学，2008，5(4)：47-55.

[2]　Tadelis S.Game Theory：An Introduction[M]. New Jersey：Princeton University Press，2013.

[3]　何大韧，刘宗华，汪秉宏．复杂系统与复杂网络[M]. 北京：高等教育出版社，2009.

[4]　于维生，朴正爱．博弈论及其在经济管理中的应用[M]. 北京：清华大学出版社，2005.

[5] Fisher R A. The Genetical Theory of Natural Selection[M]. Oxford: Clarendon Press, 1930.

[6] Lewontin R C. Evolution and the theory of games[J]. Journal of Theoretical Biology, 1961, 1(3): 382-403.

[7] Smith J M, Price G R. The logic of animal conflict[J]. Nature, 1973, 246(5427): 15-18.

[8] Taylor P D, Jonker L B. Evolutionary stable strategies and game dynamics[J]. Mathematical Biosciences, 1978, 40(1-2): 145-156.

[9] Smith J M. Game theory and the evolution of behaviour[J]. Behavioral and Brain Sciences, 1984, 7(1): 95-101.

[10] Axelrod R, Hamilton W D. The evolution of cooperation[J]. Science, 1981, 211(4489): 1390-1396.

[11] Rong Z, Yang H X, Wang W X. Feedback reciprocity mechanism promotes the cooperation of highly clustered scale-free networks[J]. Physical Review E, 2010, 82(4): 047101.

[12] Tavoni A, Dannenberg A, Kallis G, et al. Inequality, communication, and the avoidance of disastrous climate change in a public goods game[J]. Proceedings of the National Academy of Sciences, 2011, 108(29): 11825-11829.

[13] Apicella C L, Marlowe F W, Fowler J H, et al. Social networks and cooperation in hunter-gatherers[J]. Nature, 2012, 481(7382): 497-501.

[14] Guan J Y, Wu Z X, Wang Y H. Effects of inhomogeneous activity of players and noise on cooperation in spatial public goods games[J]. Physical Review E, 2007, 76(5): 056101.

[15] 陈亮，朱士群．小世界网络中的公共物品博弈[J]．苏州大学学报(自然科学版)，2008，24(3)：55-59.

[16] Santos F C, Santos M D, Pacheco J M. Social diversity promotes the emergence of cooperation in public goods games[J]. Nature, 2008, 454(7201): 213-216.

[17] 陈亮．无标度网络中的公共物品博弈[J]．苏州大学学报(自然科学版)，2009，25(4)：43-47.

[18] Rong Z, Wu Z X. Effect of the degree correlation in public goods game on scale-free networks[J]. EPL(Europhysics Letters), 2009, 87(3): 30001.

[19] Rong Z, Yang H X, Wang W X. Feedback reciprocity mechanism promotes the cooperation of highly clustered scale-free networks[J]. Physical Review E, 2010, 82(4): 047101.

[20] Su B B, Chang H, Chen Y Z, et al. A game theory model of urban public traffic networks[J]. Physica A: Statistical Mechanics and its Applications, 2006, 379(1): 291-297.

第 13 章　网络同步

同步是自然界和人类社会中的一种常见现象。1656 年，荷兰物理学家、天文学家、数学家惠更斯（Christiaan Huygens）躺在病床上，发现挂在同一个横梁上的两个钟摆在一段时间以后会出现同步摆动的现象[1]。这种现象发生的原因是悬挂在横梁上的钟摆存在相互作用力而逐渐共振。现实生活中还有很多这样的同步现象，例如蟋蟀齐声歌唱、萤火虫以共同的节奏闪烁以及观众以相同的频率鼓掌。同步在技术系统中也广泛存在，如许多电子设备以时钟信号运行，用于同步它们的所有活动。同步也在许多弱相互作用系统中存在，如激光、心肺节律、神经元、人类行为以及生态系统等。

网络的拓扑结构在决定网络动态特性方面起着重要的作用[2,3]。本章将讨论复杂网络的混沌同步问题，首先简要介绍基本理论，然后概述混沌同步的概念和方法，接着引出一般意义上的复杂网络完全同步问题和分群同步问题，探讨复杂网络同步的稳定性分析方法，最后讨论复杂网络同步的典型应用。

13.1　混沌与同步态

13.1.1　混沌及混沌模型

混沌无处不在，科学家们一直试图从逻辑上理解混沌系统的不可预测性是如何发生的以及如何在数学模型中表达。混沌是一种不可预测的现象。在混沌轨道的演化过程中，当时间趋于无穷大时，会出现不稳定到不动点的轨道、周期轨道或准周期轨道。混沌理论是数学的一个分支。混沌，其表面上的随机无序和不规则状态实际上是由对初始条件高度敏感的基本模式和确定性定律支配的[4]。混沌理论是一种跨学科理论，它表明，在混沌复杂系统的明显随机性中，存在潜在的相互联系、反馈、重复、自相似、分形和自组织等。

哪怕是极小的初始条件上的误差，例如由四舍五入引起的数值误差或测量引起的系统误差，都可能会使混沌系统产生极大的行为差异。看似简单的现象，例如在静止的空气中烟囱升起的烟柱，其振荡模式非常复杂。类似地，天气预报和世界股票市场价格都是以随机、不规则的方式随时间波动的系统，长期预测往往与现实不符。即使是那些没有随机因素或噪声干扰的确定性系统，由于系统的非线性、维数或不可微性的存在，也可能会出现不规则的行为。因此，混沌系统的未来行为在超过一定时间后就会变得不可预测。混沌的数学定义引入了两个概念，即拓扑传递性质和度量距离的度量性质。Lorenz 将该理论总结为：混沌系统是一个能用现在决定未来，但并不能用近似的现在近似地决定未来的系统[5]。

混沌理论涉及确定性系统，其行为原则上可以被预测。混沌系统在一段时间内是可预测的，该时间段取决于混沌系统的三个度量：预测中可以容忍多少不确定性、可以测量的当前状态的准确度以及系统动态的时间尺度。该时间段也被称为李雅普诺夫时间，李雅普诺夫时间的一些例子有：混沌电路，大约

1 ms；天气系统，几天(未经证实)；内太阳系，四五百万年[6]。在混沌系统中，预测的不确定性随着时间的推移呈指数增长[7]。这意味着，在实践中，有意义的预测的时间尺度不能超过李雅普诺夫时间的两到三倍。

尽管不存在普遍接受的混沌数学定义，但最初由 Devaney 提出的常用定义表明，要将动力系统分类为混沌，它必须具有以下属性[8]：① 对初始条件敏感；② 是拓扑传递的；③ 有密集的周期轨道。在某些情况下，后两个属性已经暗示了混沌系统对初始条件的敏感性。在离散时间的情况下，这对于度量空间上的所有连续映射都是正确的。

下面通过介绍 3 个比较著名的混沌现象以及它们的模型，说明混沌运动的一些基本规律，也为后面详细介绍混沌同步打下基础。

1. Logistic 映射

在客观实际问题中，存在一些动力学系统，其状态变量随时间的变化是离散的，这种系统称为离散动力学系统。离散动力学系统可以用映射来描述，Logistic 映射就是一种简单的离散动力学系统[9]，其定义为

$$x_{n+1} = \alpha x_n(1 - x_n) \tag{13-1}$$

其中，α 是系统参数，$0<\alpha<4$。Logistic 映射也称虫口模型，原因是这个模型起初是用来描绘昆虫的数量随时间的变化。由于资源的有限性，昆虫的数量不可能无限地增加，当达到一定数量后，它们就会因为食物的不足而竞争。这个模型描述的就是繁殖和竞争同时存在时昆虫的数量随时间的变化情况。

图 13-1 给出了 Logistic 模型状态变量 x 随参数 α 变化的分岔图。参数 α 的取值范围是 0~4，取样步长为 0.001；纵轴为序列 $X=\{x_n\}$ 的取值(每个 α 迭代 100 次，取后 30 次)，范围是 0~1。

2. Lorenz 模型

另一个典型的混沌系统是 Lorenz 系统。Lorenz 系统是 Lorenz 在研究大气运动时简化对流模型得到。在一定的参数值和初始条件下，Lorenz 系统有混沌解。特别地，Lorenz 吸引子是 Lorenz 系统在一定的参数值和初始条件下的一组混沌解。“蝴蝶效应”就是源于 Lorenz 吸引子在现实世界中的表现，即如果对初始条件的测量有少许误差(如蝴蝶扇动翅膀对空气造成的微小扰动)，那么对天气的预测也会出现巨大的偏差。Lorenz 系统的三维方程组为

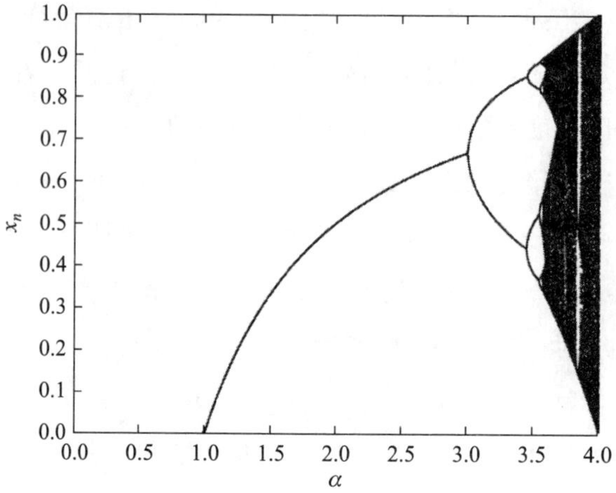

图 13-1　Logistic 模型的分岔图

$$\begin{cases}\dot{x} = \sigma(y - x)\\ \dot{y} = \rho x - y - xz\\ \dot{z} = xy - \beta z\end{cases} \tag{13 - 2}$$

其中，σ 为普朗特数，ρ 为瑞利数，β 为方向比。

系统中 3 个参数的选择对系统会不会进入混沌状态起着重要的作用。图 13-2 给出了 Lorenz 模型在 $\sigma=10$，$\rho=28$，$\beta=8/3$ 时系统的三维演化轨迹。可见经过长时间运行后，系统只在三维空间的一个有限区域内运动，即在三维相空间里的测度为零。

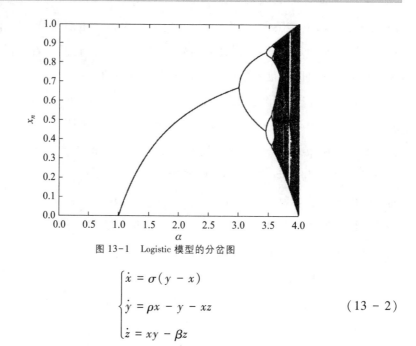

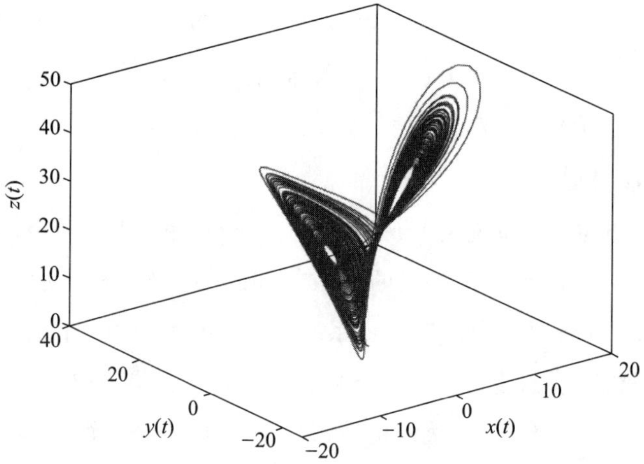

图 13-2　典型的 Lorenz 混沌模型

图 13-3 给出了系统从两个很接近的初值(相差仅 0.000 01)出发，$x(t)$的偏差演化曲线。随着时间的增大，两条曲线的差迅速增大，最后两条曲线变得毫无关联，这正是动力学系统对初值敏感性的直观表现，由此可判断此系统的这种状态为混沌态。

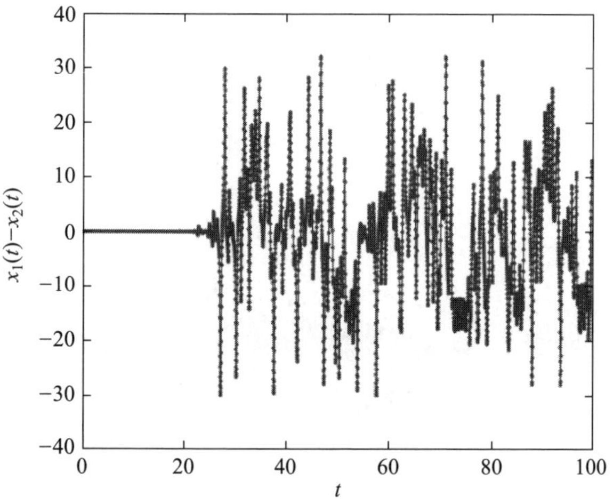

图 13-3　仅差 0.000 01 的两个初值的 $x(t)$ 偏差演化曲线

3. Rossler 系统

Rossler 模型是一个由 3 个非线性常微分方程组成的系统，用来简化混沌系统的同步研究。该系统只有一个混沌吸引子，吸引子内的轨道沿着一个不稳定不动点靠近 xy 平面向外螺旋运动。一旦曲线图的螺旋度足够大，第二个不动点就会影响曲线图，导致 z 维的上升和扭曲。Rossler 吸引子与 Lorenz 吸引子有一些相似之处，但 Rossler 吸引子更简单，只有一个流形，其具体形式为

$$\begin{cases} \dot{x} = -\omega y - z \\ \dot{y} = \omega x + \alpha y \\ \dot{z} = \beta + z(x - \gamma) \end{cases} \tag{13-3}$$

其中，ω，α，β，γ 为系统参数。称 ω 为自然频率，它是表征系统在没有外界干扰时转动快慢的量。

与 Lorenz 系统一样，合适的参数才能使系统产生混沌运动。取 $\omega=1.0$，$\alpha=0.165$，$\beta=0.2$，$\gamma=10$，图 13-4 给出了此条件下系统混沌吸引子三维形状。

可以看到，系统有很好的旋转单心结构并且结构简单，这样简化了混沌系统的同步情况讨论。Rossler 前两个方程中的线性项使得变量 x 和 y 产生振荡。如果 $\omega>0$，这些振荡会被放大，从而导致螺旋向外运动。第三个方程中的 z 变量与 x 和 y 的运动耦合，并诱导系统回到螺旋向外运动的起点。

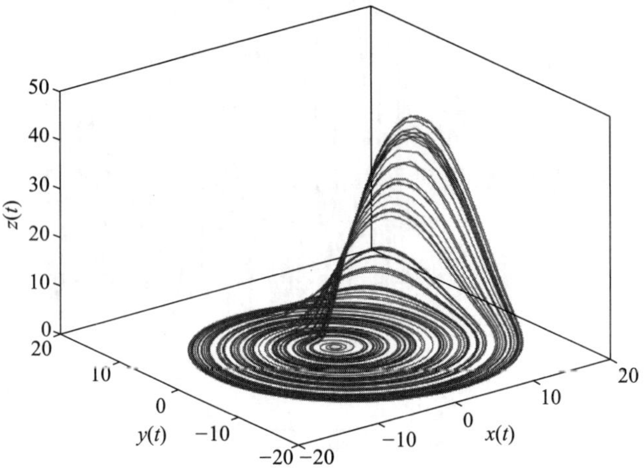

图 13-4　典型的 Rossler 吸引子

13.1.2　同步的定义

同步是指在以某种方式相互作用的两个(或多个)系统中同时发生一个事件。例如，考虑两个非线性振荡器(如电压信号)，如果这些电子电路是相互独立的，那么通常这两个信号具有不相关的行为，其波形中的峰值发生在不同的时间和速率。现在假设这些系统通过一个简单的电路耦合，通常这种形式的相互作用能够在电子电路中引起同步，要么是两个信号显示完全相同的波形，要么是波形不同但峰值同时出现。

混沌同步可以呈现多种形式[10]。以下是几种不同混沌同步方式的定义。

定义 13-1(同步)　在两个扩散耦合的最简单情况下，动力学被描述为

$$\begin{cases}\dot{\boldsymbol{X}} = F(\boldsymbol{X},\ \boldsymbol{Y},\ t)\\ \dot{\boldsymbol{Y}} = G(\boldsymbol{X},\ \boldsymbol{Y},\ t)\end{cases} \tag{13-4}$$

其中，

$$\boldsymbol{X}=(x_1,\ x_2,\ \cdots,\ x_n)^{\mathrm{T}}\in R^n,\quad \boldsymbol{Y}=(y_1,\ y_2,\ \cdots,\ y_m)^{\mathrm{T}}\in R^m$$

令 $\boldsymbol{Z}=(\boldsymbol{X},\ \boldsymbol{Y})^{\mathrm{T}}$，如存在与时间无关的映射 $\boldsymbol{H}$：$R^n\times R^m\to R^k$，使得

$$\lim_{t\to+\infty}\|\boldsymbol{H}(g_X,\ g_Y)\|=0 \tag{13-5}$$

则两个耦合系统 $\boldsymbol{X}$ 和 $\boldsymbol{Y}$ 同步。

根据 $\boldsymbol{X}$ 和 $\boldsymbol{Y}$ 的不同情况，可以给出 4 种不同同步的定义：完全同步、相位同步、滞后同步和广义同步。下面按照这 4 种类型分别介绍混沌同步的定义。

1. 完全同步

Fujisaka 和 Yamada 于 1983 年首次证明了两个相同的混沌系统可以随着耦合强度的增加而改变它们各自的行为，从不相关的振荡到完全相同的振荡，同步的概念自此被推广到混沌动力学中。Afraimovich 等人于 1986 年在吸引子维数确定的情况下定义了混沌系统的同步：当组合吸引子的维数等于其在耦合子系统子空间中的投影维数时，两个耦合混沌系统是同步的。混沌系统中最强的同步类型是完全同步，它的特征是：从不同的初始条件出发，同一混沌系统的状态变量随着时间趋于无穷大而重合。换句话说，完全同步意味着两个混沌系统最终在时间上演化相同，尽管它们的特征依赖于初始条件。完全同步已广泛应用于多种应用，如保密通信、混沌抑制和混沌动力学监测等。完全同步的定义如下[11]。

定义 13-2(完全同步)　对于系统式(13-4)，$\boldsymbol{X}(t)$ 和 $\boldsymbol{Y}(t)$ 是两个子系统的解，称两个子系统达到完全同步，需要满足 $m=n$，且有

$$\lim_{t\to+\infty}\|\boldsymbol{X}(t)-\boldsymbol{Y}(t)\|=0 \tag{13-6}$$

当两个子系统完全同步时，沿同步流形上所有条件 Lyapunov 指数都小于 0。这里需要解释两个概念。第一个概念是流形(manifold)，它是指局部具有欧氏空间性质的空间。这里的同步流形是指状态变量 $(\boldsymbol{X}^{\mathrm{T}},\ \boldsymbol{Y}^{\mathrm{T}})^{\mathrm{T}}\in R^{2m}$ 构成的状态空间中的一个低维流形 $S=\{(\boldsymbol{X},\ \boldsymbol{Y}):\ \boldsymbol{Y}=\boldsymbol{X}\}$。另一个概念是条件 Lyapunov 指数，在这里是指在沿着同步流形的条件下得到的 Lyapunov 指数。

2. 相位同步

相位同步在生物医学研究中具有重要作用，因为它提供了不同脑区协调电磁活动的度量，并描述了与认知机制、记忆、情绪和运动有关的分离脑区的长

程同步模式。当混沌振荡之间的相位差渐近有界在 2π 以内时，就会发生相位同步，相位同步的定义[13]如下。

定义 13-3(相位同步) 若式(13-4)的解 $\boldsymbol{X}(t)$ 和 $\boldsymbol{Y}(t)$ 为振荡型的，它们分别具有相位 φ_X 和 φ_Y，如果存在两个正整数 p，q，使得

$$|p\varphi_X - q\varphi_Y| < \varepsilon \tag{13-7}$$

则称两个子系统达到相位同步。式(13-7)中的 ε 是一个很小的正数[12,13]。

研究混沌系统的相位同步现象，首要问题就是对混沌系统的相位和振幅的定义，而相位本身的定义问题长期以来由于混沌轨道的复杂性一直没有讨论得非常清楚，尤其是在高维的混沌系统中。下面讨论目前混沌系统相位两种不同的定义方法[14]。

第一种定义方法是轨道投影法。混沌系统存在一个给定的旋转中心，使得轨道绕着它旋转，这种混沌系统称为相位相关系统。相反，相位非相关系统是指不能定义旋转中心的系统，即存在一组点，混沌轨迹围绕每一个点执行至少一次旋转；或者对于相空间中的任何一点，轨迹执行至少一次不围绕它为中心的旋转。对于相位相关的混沌系统，如果系统运动轨迹的二维投影图形有一个旋转中心，那么相位同步的定义可表示如下：

$$\begin{cases} \varphi(t) = \arctan\left[\dfrac{x_2(t)}{x_1(t)}\right] \\ A(t) = \sqrt{x_1^2(t) + x_2^2(t)} \end{cases} \tag{13-8}$$

其中，$\varphi(t)$ 为相位，$A(t)$ 为振幅。

第二种定义方法是振荡极限法。跟踪系统某一变量的时间序列 $x_i(t)$，记录 $x_i(t)$ 每次达到极大值的不同的时间点，设为 t_1，t_2，…，t_n，定义混沌轨道的相位为

$$\varphi(t) = \frac{2\pi(t - t_n)}{t_{n+1} - t_n} + 2\pi n \tag{13-9}$$

这里 $t_n<t<t_{n+1}$，即使用线性内插法定义相位，$2\pi n$ 为相位在 $t<t_n$ 时转过的总圈数。这种定义的相位是分段线性的，它不考虑相邻极大值之间的涨落。对相位的定义还有 Hilbert 变换法和主模分解法等。

3. 滞后同步

滞后同步是一种特殊的同步形式，因为引起滞后同步的耦合强度值通常高于引起相位同步的耦合强度值。滞后同步是从相位同步到完全同步的中间阶段，即混沌系统的振幅和相位开始呈现某种形式的泛函相关的初始阶段。滞后同步的定义如下。

定义 13-4(滞后同步) 对式(13-4)，$\boldsymbol{X}(t)$和$\boldsymbol{Y}(t)$是两个子系统的解，要使两个子系统达到滞后同步(延时同步)，需要满足 $m=n$，且存在与时间无关的常数 τ，使得

$$\lim_{t\to+\infty}\|\boldsymbol{X}(t)-\boldsymbol{Y}(t-\tau)\|=0 \tag{13-10}$$

则称其两个子系统达到了滞后同步。

4. 广义同步

在混沌同步中，通常将两个耦合系统中的一个称为驱动系统，另一个称为响应系统。完全同步的结果是驱动系统和响应系统的所有变量都相等，那么对于不完全同步的系统，在一定的条件下驱动系统和响应系统间是否存在一定的关系呢？这就是广义同步问题，定义如下。

定义 13-5(广义同步) 对于式(13-4)，$\boldsymbol{X}(t)$和$\boldsymbol{Y}(t)$是两个子系统的解，如果存在连续映射 h：$R^n\to R^m$，使得

$$\lim_{t\to+\infty}\|h(\boldsymbol{X}(t))-\boldsymbol{Y}(t)\|=0 \tag{13-11}$$

则称其两个子系统达到关于映射 h 的广义同步。

13.1.3 同步的判定

由混沌同步定义可见，判断两个非线性系统的混沌同步问题，常用的方法之一是将其转化为两个系统间的误差系统的零点的稳定性问题，也就是微分方程组零解的稳定性问题。下面介绍判断混沌同步的几个重要定理。

1. 基于条件 Lyapunov 指数

Lyapunov 对稳定性研究的贡献突出地表现在他提出了判断稳定性的两种方法。对于两个同维混沌系统变量 $\boldsymbol{X}$ 和 $\boldsymbol{Y}$ 的同步，可以根据其误差变量 $\boldsymbol{Z}=\boldsymbol{X}-\boldsymbol{Y}$ 构成的误差系统(通常是非线性方程)的零点稳定性来判断。由此考虑非线性系统

$$\dot{\boldsymbol{Z}} = F(\boldsymbol{Z}) \tag{13-12}$$

其中，

$$\boldsymbol{Z} = (z_1, z_2, \cdots, z_m)^{\mathrm{T}} \in R^m, \quad F(\boldsymbol{Z}) = (f_1(\boldsymbol{Z}), f_2(\boldsymbol{Z}), \cdots, f_m(\boldsymbol{Z}))^{\mathrm{T}}$$

定义假设 $F(\boldsymbol{0})=0$(即 0 是此系统平衡点)，且 $F(\boldsymbol{Z})$在区域 $G=\{\boldsymbol{Z} \mid \|\boldsymbol{Z}\| \leqslant a\}$，$a>0$ 内有连续的偏导数。

Lyapunov 第一方法又称 Lyapunov 间接法，首先把非线性方程在奇点(定点)的邻域线性化，然后用线性化方程来判断定点的稳定性。Lyapunov 第二方法又称 Lyapunov 直接法，参照力学中用能量判断平衡点的稳定性的方法，不求解方程，而用类似能量的函数进行判断。下面介绍第一方法。

式(13-12)的线性化扰动方程为

$$\frac{\mathrm{d}}{\mathrm{d}t}\delta\boldsymbol{Z}(t) = \boldsymbol{L}\delta\boldsymbol{Z}(t) \tag{13-13}$$

式中，$\delta\boldsymbol{Z}(t)$为$\boldsymbol{Z}(t)$的微小扰动量；$\boldsymbol{L}$ 为线性化矩阵，是 $F(\boldsymbol{Z})$在 $\boldsymbol{Z}=\boldsymbol{0}$ 处的 Jacobi 矩阵，定义为

$$\boldsymbol{L} = \left.\begin{bmatrix} \dfrac{\partial f_1}{\partial z_1} & \cdots & \dfrac{\partial f_1}{\partial z_m} \\ \vdots & & \vdots \\ \dfrac{\partial f_m}{\partial z_1} & \cdots & \dfrac{\partial f_m}{\partial z_m} \end{bmatrix}\right|_{\boldsymbol{Z}=\boldsymbol{0}} \tag{13-14}$$

定义 Lyapunov 指数

$$\gamma_i = \lim_{t\to\infty}\frac{1}{t}\ln\left|\frac{\delta z_i(t)}{\delta z_i(0)}\right|, \quad i=1, 2, \cdots, m \tag{13-15}$$

动力系统(13-12)的 Lyapunov 指数的个数等于其变量的个数，也就是 m 个。Lyapunov 指数的数列能够充分体现系统的稳定性。m 个 Lyapunov 指数的值按递减顺序排序，如果第一个 Lyapunov 指数(最大 Lyapunov 指数)是正数，则意味着系统轨迹发散，导致混沌运动；相反，如果第一个 Lyapunov 指数是负数，则系统不是混沌的。如果一个系统有一个以上的正的 Lyapunov 指数，则称该系统为超混沌。

将通常检验稳定性的 Jacobi 矩阵特征值方法推广到任意系统都能用的 Lyapunov 指数方法，可以得到如下定理。

定理 13-1 设有非线性系统

$$\dot{\boldsymbol{Z}} = \boldsymbol{A}(t)\boldsymbol{Z} + \boldsymbol{O}(\boldsymbol{Z},\ t) \tag{13-16}$$

对所有的 t，有 $\boldsymbol{O}(\boldsymbol{0},\ t)=\boldsymbol{0}$，如果满足

① $\lim\limits_{\|\boldsymbol{Z}\|\to 0}\dfrac{\|\boldsymbol{O}(\boldsymbol{Z},\ t)\|}{\|\boldsymbol{Z}\|}=0$ 对所有的 t 都一致成立；

② 对所有的 t，$\boldsymbol{A}(t)$ 都是有界的；

③ 线性系统 $\dot{\boldsymbol{Z}}=\boldsymbol{A}(t)\boldsymbol{Z}$ 的零解是一致渐近稳定的。

则式(13-16)的零解是一致渐近稳定的。

2. 基于 Lyapunov 函数

Lyapunov 第二方法的核心思想是[15]：构造一个特殊的正定标量函数 $V(\boldsymbol{Z})$ 作为系统的虚拟广义能量函数，并利用导数 $\mathrm{d}V(\boldsymbol{Z})/\mathrm{d}t$ 的符号来确定系统状态的稳定性。考虑非线性系统式(13-12)，基于能量函数的概念，Lyapunov 函数的定义如下。

定义 13-6 $V(\boldsymbol{Z})$ 为区域 $\|\boldsymbol{Z}\|\leqslant a$ 内定义的一个实连续标量函数，$V(\boldsymbol{0})=0$ 且对区域内一切 $\boldsymbol{Z}\neq 0$ 有 $V(\boldsymbol{Z})>0$(即 $V(\boldsymbol{Z})$ 为正定的)[16]。假设函数 $V(\boldsymbol{Z})$ 关于所有变元的偏导数存在且连续，将式(13-12)的解代入，然后对时间变量 t 求导

$$\left.\frac{\mathrm{d}V(\boldsymbol{Z})}{\mathrm{d}t}\right|_{\dot{\boldsymbol{Z}}=\boldsymbol{F}(\boldsymbol{Z})} = \sum_{i=1}^{m}\left[\frac{\partial V(\boldsymbol{Z})}{\partial z_i}\cdot\frac{\mathrm{d}z_i}{\mathrm{d}t}\right] = \sum_{i=1}^{m}\left[\frac{\partial V(\boldsymbol{Z})}{\partial z_i}\cdot f_i(\boldsymbol{Z})\right] \tag{13-17}$$

这样求得的导数称为 $V(\boldsymbol{Z})$ 关于式(13-12)的全导数。基于 Lyapunov 函数的定义，有如下几个稳定性判定定理。

定理 13-2 若存在正定函数 $V(\boldsymbol{Z})$，其关于式(13-12)的全导数为半负定的(即恒小于等于零)或恒等于零，则式(13-12)的零解是稳定的。

定理 13-3 若存在正定函数 $V(\boldsymbol{Z})$，其关于式(13-12)的全导数是负定的(即恒小于零)，则式(13-12)的零解是渐近稳定的。

定理 13-4 若存在正定函数 $V(\boldsymbol{Z})$，其关于式(13-12)的全导数为半负定的(即恒小于等于零)，但使全导数为 0 的点 $\boldsymbol{Z}$ 的集合中，除零解 $\boldsymbol{Z}=\boldsymbol{0}$ 外，并

不包含式(13-12)的其他解，则式(13-12)的零解是渐近稳定的。

Lyapunov 第二方法将稳定性问题转化为 Lyapunov 函数的构造问题，寻找和建立满足上述诸定理的函数 $V(\boldsymbol{Z})$，实质上需要很高的技巧。Lyapunov 和后来的研究人员已经提供了一些建立 Lyapunov 函数的方法，如类比法、能量函数法、变量分离法、变梯度法、广义能量法、首次积分线性组合法与加权法等。

13.2　全局同步与分群同步

13.2.1　全局同步与分群同步定义

考虑一个由 N 个相同的动力学系统 $\dot{\boldsymbol{x}}_i=f(\boldsymbol{x}_i)$ 作为节点构成的连续时间耗散耦合动态网络，其状态方程可以描述为[17]

$$\dot{\boldsymbol{x}}_i(t)=\boldsymbol{f}(\boldsymbol{x}_i(t))+\lambda\sum_{j=1}^{N}a_{ij}\boldsymbol{H}(\boldsymbol{x}_j(t)-\boldsymbol{x}_i(t)),\quad i=1,2,\cdots,N \tag{13-18}$$

其中，$\boldsymbol{x}_i(t)$ 是节点 i 的状态变量，$\boldsymbol{f}=(f_1,f_2,\cdots,f_n)^{\mathrm{T}}$ 是节点的动力学方程，λ 是网络的耦合强度，a_{ij} 是邻接矩阵的元素，$\boldsymbol{H}$ 是网络的内联耦合矩阵。

若用 $\boldsymbol{A}$ 表示邻接矩阵，那么 $\boldsymbol{A}$ 是一个 $N\times N$ 矩阵且反映了网络的拓扑结构。对于无向网络而言，$\boldsymbol{A}$ 是一个对称矩阵，$a_{ij}=a_{ji}$，并且对角元都为 0。

构建一个对角阵 $\boldsymbol{D}$，$\boldsymbol{D}$ 的元素 d_{ii} 等于节点 i 的度，那么可以定义拉普拉斯矩阵 $\boldsymbol{L}=\boldsymbol{D}-\boldsymbol{A}$。在拉普拉斯矩阵中，若两个节点没有连边，则 $l_{ij}=0$，否则 $l_{ij}=-1$。拉普拉斯矩阵的对角元就是相应节点的度。由这个定义可知，拉普拉斯矩阵行和为 0。将邻接矩阵改成拉普拉斯矩阵，可以写出式(13-18)的等价形式[18,19]：

$$\dot{\boldsymbol{x}}_i(t)=\boldsymbol{f}(\boldsymbol{x}_i(t))-\lambda\sum_{j=1}^{N}L_{ij}\boldsymbol{H}(\boldsymbol{x}_j(t)),\quad i=1,2,\cdots,N \tag{13-19}$$

内联矩阵是在节点 i、j 有连边的前提下，决定 i、j 连接方式的量，用 $\boldsymbol{H}$ 表示，内联矩阵的第 k 行第 l 列元素 h_{kl} 表示节点 i 的第 k 个分量是否受到节点 j 第 l 个分量的影响，若有影响则 $h_{kl}=1$，否则 $h_{kl}=0$。

在研究线性耦合网络的全局同步和分群同步的定义之前，先引入如下同步子空间的定义[20]。

定义 13-7(同步子空间) 同步子空间由集合 $S=\{(\boldsymbol{x}^{1^{\mathrm{T}}}, \cdots, \boldsymbol{x}^{m^{\mathrm{T}}})^{\mathrm{T}}: \boldsymbol{x}^i=\boldsymbol{x}^j, i, j=1, 2, \cdots, m\}$ 组成，其中 $\boldsymbol{x}^i=[x_1^i, x_2^i, \cdots, x_n^i]^{\mathrm{T}}\in R^n$，$i=1, 2, \cdots, m$。

1. 全局同步

定义 13-8(全局同步) 对于任意初始值 $x^i(0)\in R^n$，若均有

$$\lim_{t\to\infty}\|\boldsymbol{x}^i(t)-\boldsymbol{x}^j(t)\|=0, \quad i, j=1, 2, \cdots, m \tag{13-20}$$

则称同步子空间关于耦合系统(13-18)是全局稳定的，或全局同步的。更进一步，若存在 $\epsilon>0$ 和 $T>t_0$，$M>0$，使得

$$\|\boldsymbol{x}^i(t)-\boldsymbol{x}^j(t)\|\leqslant M\mathrm{e}^{-\epsilon t} \quad i, j=1, 2, \cdots, m \tag{13-21}$$

对任何 $t>T$ 成立，则称同步子空间 S 对耦合系统(13-18)是全局指数稳定的，或全局指数同步的。

2. 分群同步

一个双向(无向)的无权图用一个二元集 $\{V, E\}$ 来表示，其中 V 为节点集，E 为边集，且 $e(i, j)\in E$ 当且仅当存在一条连接节点 j 和 i 的边。$N(i)=\{j\in V: e(i, j)\in E\}$ 表示节点 i 的邻居组成的集合。在本章中只考虑简单的无向图，即图中不存在自连接和多重边。一个分群 C 是指节点集 V 的一个划分：$C=\{C_1, C_2, \cdots, C_K\}$，它满足

(1) $\bigcup_{k=1}^{K} C_k=V$；

(2) $C_k\cap C_l=\varnothing$ 对所有 $k\neq l$ 都成立。

当网络不存在耦合时，每一个节点 $i\in C_k$ 上的系统是同一个由 n 维的常微分方程 $\dot{\boldsymbol{x}}^i=f_k(\boldsymbol{x}^i)$ 表示的动力系统，其中 $\boldsymbol{x}^i=[x_1^i, \cdots, x_n^i]^{\mathrm{T}}$ 为节点 i 上的状态向量，$f_k(\cdot): R^n\to R^n$ 是一个连续的向量值函数。需要强调的是，不同的群的 $f_k(\cdot)$ 是不同的，这保证了当分群同步实现以后，不同群之间的动力学行为是不同的。

本书中的分群同步定义如下：

定义 13-9(群内同步性)　同一群内各个节点的轨道之间的距离随着时间趋于无穷而趋于 0，即

$$\lim_{t\to\infty}\|\boldsymbol{x}^i(t)-\boldsymbol{x}^j(t)\|=0,\quad \forall i,\ j\in C_k,\ k=1,\ 2,\ \cdots,\ K \tag{13-22}$$

定义 13-10(群间分离性)　不同群中节点的轨道之间的差距不会趋于零，即对于每一个 $i'\in C_k$，$j'\in C_l$且 $k\neq l$，有$\lim\limits_{t\to\infty}\|x^{i'}(t)-x^{j'}(t)\|>0$。

如上所述，群间分离性可以由不同群的不同本征函数 $f_k(\cdot)$来保证。在此假定下，分群同步等价于相应的分群同步子空间

$$S_C(n)=\{[\boldsymbol{x}^{1^{\mathrm{T}}},\ \cdots,\ \boldsymbol{x}^{m^{\mathrm{T}}}]^{\mathrm{T}}:\ \boldsymbol{x}^i,\ \boldsymbol{x}^j\in R^n,\quad \forall i,\ j\in C_k,\ k=1,\ 2,\ \cdots,\ K\} \tag{13-23}$$

的渐近稳定性。为了保证分群同步的稳定性，分群同步子空间 $S_C(n)$必须是耦合系统(13-18)的不变子空间。

13.2.2　复杂动态网络同步的稳定性分析

1. 主稳定性函数方法

下面对式(13-18)连续时间动态网络关于同步流形 $\boldsymbol{S}(t)$进行线性稳定性分析。令 $\boldsymbol{\delta}_i$为第 i 个节点状态的变分，可以得到下面的变分方程[20]：

$$\dot{\boldsymbol{\delta}}_i=\boldsymbol{J}_f\boldsymbol{\delta}\boldsymbol{\delta}_i+c\sum_{j=1}^{N}L_{ij}\boldsymbol{J}_H\boldsymbol{\delta}_j,\quad i=1,\ 2,\ \cdots,\ N \tag{13-24}$$

这里 $\boldsymbol{J}_f$和 $\boldsymbol{J}_H$分别是$f(\boldsymbol{X})$和 $H(\boldsymbol{X})$关于同步流形 $\boldsymbol{S}$ 的 Jacobi 矩阵，通常要求为有界。令 $\boldsymbol{\Delta}=[\boldsymbol{\delta}_1,\ \boldsymbol{\delta}_2,\ \cdots,\ \boldsymbol{\delta}_N]^{\mathrm{T}}$，则上式写为矩阵形式为

$$\dot{\boldsymbol{\Delta}}=\boldsymbol{J}_f\boldsymbol{\Delta}+c\boldsymbol{J}_H\boldsymbol{\Delta}\boldsymbol{L}^{\mathrm{T}} \tag{13-25}$$

记 $\boldsymbol{L}^{\mathrm{T}}=\boldsymbol{P}\boldsymbol{\Lambda}\boldsymbol{P}^{-1}$为矩阵 $\boldsymbol{L}$ 的 Jordan 分解，其中 $\boldsymbol{\Lambda}=\mathrm{diag}(\lambda_1,\ \lambda_2,\ \cdots,\ \lambda_N)$。$\lambda_k(k=1,\ 2,\ \cdots,\ N)$为矩阵 $\boldsymbol{L}$ 的特征根且 $\lambda_1=0$。令 $\boldsymbol{\Delta P}=[\boldsymbol{\eta}_1,\ \boldsymbol{\eta}_2,\ \cdots,\ \boldsymbol{\eta}_N]$，可得

$$\dot{\boldsymbol{\eta}}_k=[\boldsymbol{J}_f+c\lambda_k\boldsymbol{J}_H]\boldsymbol{\eta}_k,\quad k=2,\ 3,\ \cdots,\ N \tag{13-26}$$

下面根据 Lyapunov 指数法来判断同步流形的稳定性。考虑到方程式(13-26)中只有 λ_k和 $\boldsymbol{\eta}_k$与 k 有关系，当外耦合矩阵 $\boldsymbol{L}$ 为非对称矩阵时，其特征值可能为复数，故定义主稳定性方程为[21]

$$\dot{\boldsymbol{Y}}=[\boldsymbol{J}_f+c(\alpha+\mathrm{j}\beta)\boldsymbol{J}_H]\boldsymbol{Y} \tag{13-27}$$

其最大 Lyapunov 指数 $\gamma_{\max}$是实变量 α 和 β 的函数，称为动力学网络的主稳定性

函数。已知一个给定的耦合强度 c，在(α，β)所在的复平面上对应一个点 $c\boldsymbol{\lambda}_k$，如果该点对应的最大 Lyapunov 指数 $\gamma_{\max}$ 为正数，该特征态为不稳定态；反之，该特征态为稳定态。如果对于所有的特征态 $\lambda_k(k=2, 3, \cdots, N)$，其所有点对应的最大 Lyapunov 指数 $\gamma_{\max}$ 均为负数，那么认为在该耦合强度 c 下，整个网络的同步流形是渐近稳定的。如果网络是无权无向连通的简单图网络，那么外耦合矩阵 $\boldsymbol{L}$ 的特征根均为实数，记为

$$0=\lambda_1>\lambda_2\geqslant\lambda_3\geqslant\cdots\geqslant\lambda_N \tag{13-28}$$

此时，主稳定方程变为

$$\dot{\boldsymbol{Y}}=[\boldsymbol{J}_f+c\alpha\boldsymbol{J}_H]\boldsymbol{Y} \tag{13-29}$$

由此可见，孤立节点上的动力学函数 $f(\cdot)$、耦合强度 c、外耦合矩阵 $\boldsymbol{L}$ 和内耦合函数 $H(\cdot)$ 共同确定了主稳定函数 $\gamma_{\max}$ 为负的 α 的取值范围 U，U 的范围称为动态网络的同步化区域。若耦合强度 c 与外耦合矩阵 $\boldsymbol{L}$ 的每个特征值的积都在同步化区域中，即

$$c\boldsymbol{\lambda}_k\in U \tag{13-30}$$

则网络的同步流形是渐近稳定的。

根据同步化区域，可以把连续时间复杂动态网络分为三种类型。类型Ⅰ网络对应的同步化区域为无界区域 $U=(-\infty, \alpha_1)$，其中 $-\infty<\alpha_1<0$。对于实对称矩阵 $\boldsymbol{L}$，若网络耦合强度和 $\boldsymbol{L}$ 的特征值满足 $c\lambda_2<\alpha_1$，即满足同步判据一：

$$0<\frac{\alpha_1}{\lambda_2}<c \tag{13-31}$$

那么类型Ⅰ网络的同步流形是渐近稳定的。因此，第一种类型中，耦合强度 c 的增加会促进整个网络的同步，可以以 λ_2(拉普拉斯矩阵 $\boldsymbol{L}$ 的最大非零本征值)来刻画整个系统的同步能力。λ_2 越大(绝对值越小)，整个系统越难同步。相反，λ_2 越小(绝对值越大)，整个系统就越容易同步。

类型Ⅱ网络的同步化区域为有界区域 $U=(\alpha_2, \alpha_1)$，其中 $-\infty<\alpha_2<\alpha_1<0$。对于实对称矩阵 $\boldsymbol{L}$，若耦合强度和 $\boldsymbol{L}$ 的特征值满足 $c\lambda_N>\alpha_2$ 和 $c\lambda_2<\alpha_1$，即满足同步判据二：

$$\frac{\alpha_1}{\lambda_2}<c<\frac{\alpha_2}{\lambda_N} \quad 或者 \quad \frac{\lambda_N}{\lambda_2}<\frac{\alpha_2}{\alpha_1} \tag{13-32}$$

那么类型Ⅱ网络的同步流形是渐近稳定的。对于此类型，网络同步会随着耦合

强度 c 的增加而丧失，可以以 λ_N/λ_2 来刻画整个系统的同步能力。λ_N/λ_2 越大，整个系统越难同步。所以，可以将 λ_N/λ_2 和 λ_2 定义为整个网络系统的动力学参数。

对于类型Ⅲ网络，对应的同步化区域为空集，此时对于任何给定的耦合强度 c 和外耦合矩阵 $\boldsymbol{L}$ 都无法实现网络同步。

尽管同步判据一和同步判据二之间的精确关系目前还不十分清楚，但是它们并不矛盾。此外，假设网络是连通的，那么只要网络的耦合强度充分大，类型Ⅰ网络是一定可以实现同步的；而只有当耦合强度属于一定范围内时类型Ⅱ网络才能实现同步，也就是说，太弱或太强的耦合强度都会使类型Ⅱ网络无法实现同步。这里，同步判据一和同步判据二的值一般可通过数值计算来估计。

需要指出，网络属于哪种类型，是由网络上各节点的动力学行为 $f(\cdot)$ 和节点间的耦合方式 $H(\cdot)$ 决定的。在分析网络同步能力时，可以将网络结构对同步的影响（即外耦合矩阵 $\boldsymbol{L}$ 对同步的影响）和动力学行为 $f(\cdot)$ 及节点间具体耦合方式 $H(\cdot)$ 对同步的影响分离出来。换句话说，在描述网络结构同步能力好坏时所用到的 λ_2 或者 λ_N/λ_2 只和 $\boldsymbol{L}$ 有关，而不用考虑 $f(\cdot)$ 和 $H(\cdot)$ 的具体形式。

离散时间动态网络的稳定性分析方法与连续时间动态网络的分析方法类似。令 $\boldsymbol{\xi}_i^{(n)}$ 为第 i 个节点在 n 时刻的微扰，可得到如下线性方程[22]：

$$\boldsymbol{\xi}_i^{(n+1)} = \boldsymbol{J}_f\boldsymbol{\xi}_i^{(n)} + c\sum_{j=1}^{N}\boldsymbol{L}_{ij}\boldsymbol{J}_H\boldsymbol{\xi}_j^{(n)}, \quad i=1, 2, \cdots, N \tag{13-33}$$

这里 $\boldsymbol{J}_f$ 和 $\boldsymbol{J}_H$ 分别是 $f(\boldsymbol{X})$ 和 $H(\boldsymbol{X})$ 关于同步流形 $\boldsymbol{X}=\boldsymbol{S}$ 处的 Jacobi 矩阵，通常要求为有界。令各时刻 $\boldsymbol{\Delta}=[\boldsymbol{\xi}_1, \boldsymbol{\xi}_2, \cdots, \boldsymbol{\xi}_n]^{\mathrm{T}}$，则式(13-33)写为矩阵形式为

$$\boldsymbol{\Delta}^{(n+1)} = \boldsymbol{J}_f\boldsymbol{\Delta}^{(n)} + c\boldsymbol{J}_H\boldsymbol{\Delta}^{(n)}\boldsymbol{L}^{\mathrm{T}} \tag{13-34}$$

记 $\boldsymbol{L}^{\mathrm{T}}=\boldsymbol{P\Lambda P}^{-1}$ 为矩阵 $\boldsymbol{L}$ 的 Jordan 分解，其中 $\boldsymbol{\Lambda}=\mathrm{diag}(\lambda_1, \lambda_2, \cdots\lambda_N)$。$\lambda_k(k=1, 2, \cdots, N)$ 为矩阵 $\boldsymbol{L}$ 的特征根且 $\lambda_1=0$。令 $\boldsymbol{\Delta P}=[\boldsymbol{\eta}_1, \boldsymbol{\eta}_2, \cdots, \boldsymbol{\eta}_N]$，得

$$\boldsymbol{\eta}_k^{(n+1)} = [\boldsymbol{J}_f + c\lambda_k\boldsymbol{J}_H]\boldsymbol{\eta}_k^{(n)}, \quad k=2, 3, \cdots, N \tag{13-35}$$

考虑到只有 λ_k 和 $\boldsymbol{\eta}_k$ 与 k 有关系，由此可以得到主稳定性方程为

$$\boldsymbol{Y}^{(n+1)} = [\boldsymbol{J}_f + c\lambda\boldsymbol{J}_H]\boldsymbol{Y}^{(n)} \tag{13-36}$$

2. 结合 Gershgörin 圆盘理论

前面提出的分析网络同步稳定性的方法需要计算外耦合矩阵 $\boldsymbol{L}$ 的特征值。然而，复杂网络节点数目巨大，计算其外耦合矩阵 $\boldsymbol{L}$ 的特征值只能采用近似方法。基于此，学者们提出将主稳定性函数方法与 Gershgörin 圆盘理论相结合，为探讨网络结构对混沌耦合振子系统稳定性的影响给出了更精确的分析方法。下面首先介绍 Gershgörin 圆盘定理，然后利用该定理给出同步的判据[23]。

定理 13-5(Gershgörin 圆盘定理)　一个 $N\times N$ 阶矩阵 $\boldsymbol{A}=[a_{ij}]$ 的所有特征值处于 N 个圆盘的并集中(称为 Gershgörin 圆盘)，这些圆盘的定义为

$$\left\{z\in\mathbf{C};\ |z-a_{ii}|\leqslant\sum_{j\neq i}a_{ji}\right\},\quad i=1,2,\cdots,N \tag{13-37}$$

式中，$\mathbf{C}$ 为复数集。

要将该定理应用于横截特征值(transverse eigenvalue)，需要将对应于同步流形的特征值 0 去掉。下面采用矩阵理论的简化技巧，建立一个 $(N-1)\times(N-1)$ 阶矩阵 $\boldsymbol{D}$，使它的特征值与外耦合矩阵 $\boldsymbol{L}$ 的特征值除了 0 以外完全相等。

由于矩阵 $\boldsymbol{L}$ 满足耗散耦合条件，所以它一定有一个为 0 的特征值，其所对应的特征向量为 $\boldsymbol{e}_N=(1,1,\cdots,1)^{\mathrm{T}}$。考虑去掉 $\boldsymbol{e}_N$ 第一个元素 1 的情形。设 $\boldsymbol{e}_N=(1,\boldsymbol{e}_{N-1}^{\mathrm{T}})^{\mathrm{T}}$，将 $\boldsymbol{L}$ 写成下面的分块矩阵形式：

$$\boldsymbol{L}=\begin{bmatrix}L_{11} & \boldsymbol{r}^{\mathrm{T}}\\ \boldsymbol{s} & \boldsymbol{L}_{N-1}\end{bmatrix} \tag{13-38}$$

其中，$\boldsymbol{r}=(L_{12},L_{13},\cdots,L_{1N})^{\mathrm{T}}$，$\boldsymbol{s}=(L_{21},L_{31},\cdots,L_{N1})^{\mathrm{T}}$，矩阵 $\boldsymbol{L}_{N-1}$ 为

$$\boldsymbol{L}_{N-1}=\begin{bmatrix}L_{22} & \cdots & L_{2N}\\ \vdots & & \vdots\\ L_{N2} & \cdots & L_{NN}\end{bmatrix} \tag{13-39}$$

选取矩阵 $\boldsymbol{P}$，其形式为

$$\boldsymbol{P}=\begin{bmatrix}1 & \boldsymbol{0}^{\mathrm{T}}\\ \boldsymbol{e}_{N-1} & \boldsymbol{I}_{N-1}\end{bmatrix} \tag{13-40}$$

其中，$\boldsymbol{0}$ 表示 $N-1$ 维向量 $(0,0,\cdots,0)^{\mathrm{T}}$，$\boldsymbol{I}_{N-1}$ 是 $(N-1)\times(N-1)$ 阶单位阵。利用 $\boldsymbol{P}$ 对 $\boldsymbol{L}$ 做相似变换，由于 $\boldsymbol{L}_{11}-\boldsymbol{e}_{N-1}\boldsymbol{r}^{\mathrm{T}}=\boldsymbol{0}$，可得

$$P^{-1}LP=\begin{bmatrix}0 & \boldsymbol{r}^{\mathrm{T}}\\ \mathbf{0} & \boldsymbol{L}_{N-1}-\boldsymbol{e}_{N-1}\boldsymbol{r}^{\mathrm{T}}\end{bmatrix} \tag{13-41}$$

由于 $\boldsymbol{P}^{-1}\boldsymbol{L}\boldsymbol{P}$ 和 $\boldsymbol{L}$ 具有相同的特征谱，那么显然$(N-1)\times(N-1)$阶矩阵

$$\boldsymbol{D}^{1}=\boldsymbol{L}_{N-1}-\boldsymbol{e}_{N-1}\boldsymbol{r}^{\mathrm{T}} \tag{13-42}$$

具有和 $\boldsymbol{L}$ 除 0 以外相同的特征值，称 $\boldsymbol{D}^1$ 为 $\boldsymbol{L}$ 的约化矩阵。同理，通过去掉 $\boldsymbol{L}$ 第二行第二列元素得到的矩阵，利用上述方法基于类似于式(13-42)得到第二个约化矩阵 $\boldsymbol{D}^2$。这样下去，可以得到 N 个约化矩阵 $\boldsymbol{D}^k=[d_{ij}^k]$，$k=1, 2, \cdots, N$。实际上，对于 $\boldsymbol{D}^k$ 来说，式(13-42)中 $\boldsymbol{L}_{N-1}$ 表示 $\boldsymbol{L}$ 去掉第 k 行第 k 列元素得到的矩阵，$\boldsymbol{e}_{N-1}$ 表示去掉第 k 个 1 得到的矩阵，$\boldsymbol{r}^{\mathrm{T}}$ 表示 $\boldsymbol{L}$ 中的第 k 行去掉 L_{kk} 后的行向量。根据式(13-42)，容易得到

$$d_{ij}^{k}=L_{ij}-L_{kj} \tag{13-43}$$

于是，利用圆盘定理来判断网络完全同步的稳定判据如下：

定理 13-6　对于连续时间耗散耦合动态网络(13-18)，设能使同步流形稳定的 λ 的取值范围为 Ω，则其同步流形渐近稳定的条件是：

(1) $\boldsymbol{D}^k$ 的每个 Gershgörin 圆盘中心位于稳定区域 Ω 内，即

$$(L_{ii}-L_{ki},\ 0)\in\Omega \tag{13-44}$$

(2) $\boldsymbol{D}^k$ 的每个 Gershgörin 圆盘半径满足不等式

$$\sum_{j=1,\ j\neq i}^{N}\left|L_{ii}-L_{ki}\right|<\delta(L_{ii}-L_{ki}) \tag{13-45}$$

这里 $\delta(x)$ 是实轴上 x 到稳定区域 Ω 的边界的距离。

上述分析方法适用于多种系统以及耦合形式，并且还适用于非对称耦合。

13.3　多层网络的同步

目前，网络系统建模不再局限于单一的静态图形，可以是更复杂的结构，其拓扑可以随时间变化或由多层网络组成。将主稳定函数方法推广到多层复杂

系统领域[24]，人们能够评估在具有多层交互作用的网络中演化的非线性动态系统的全局同步状态的稳定性。

13.3.1 多层网络的全局同步

从结构的角度来看，考虑一个由 N 个节点组成的网络，这些节点通过 M 个不同的连接层相互作用，每一层通常具有不同的链路，代表不同的类型节点间的相互作用。假设每个层中相同位置的节点具有相同的值。第 1 层中的节点 i 与第 2 层、第 3 层或第 m 层中的节点 i 完全相同。每一层节点间的权重由矩阵 $\boldsymbol{W}^{(\alpha)}$ 表示，因此，$\boldsymbol{W}^{(\alpha)}$ 是一个加权图的邻接矩阵。节点 i 在 α 层的权重和表示为

$$q_i^{\alpha} = \sum_{j=1}^{N} \boldsymbol{W}_{ij}^{(\alpha)}, \quad i = 1, 2, \cdots, N \tag{13-46}$$

在动力学方面，每个节点代表一个 d 维动力学系统。因此，节点 i 的状态可以用一个带有 d 个分量的向量 $\boldsymbol{x}_i$ 来描述。节点的局部动力学由一组这种形式的微分方程表示：

$$\dot{\boldsymbol{x}}_i = \boldsymbol{F}(\boldsymbol{x}_i) \tag{13-47}$$

考虑一个 N 个节点的多层复杂网络动态模型：

$$\dot{\boldsymbol{x}}_i = \boldsymbol{F}(\boldsymbol{x}_i) - \sum_{\alpha=1}^{M} \sigma_{\alpha} \sum_{j=1}^{N} \boldsymbol{L}_{ij}^{(\alpha)} \boldsymbol{H}_{\alpha}(\boldsymbol{x}_j) \tag{13-48}$$

其中，$\boldsymbol{x}_i(t)$ 是节点 i 的状态变量，$\boldsymbol{F}(\boldsymbol{x}_i)$ 是节点的混沌模型方程，$\boldsymbol{H}_{\alpha}$ 是网络的内联耦合矩阵，σ_{α} 是不同网络层之间的耦合强度，$\boldsymbol{L}^{(\alpha)}$ 是层 α 的拉普拉斯矩阵，它的元素是

$$L_{ij}^{(\alpha)} = \begin{cases} q_i^{\alpha}, & i = j \\ -W_{ij}^{(\alpha)}, & i \neq j \end{cases} \tag{13-49}$$

下面对连续时间动态多层网络(13-48)关于同步流形 $\boldsymbol{S}$ 进行线性稳定性分析。令 $\delta\dot{\boldsymbol{x}}_i$ 为第 i 个节点局部和全局同步的误差的变分，$\delta\boldsymbol{X} = [\delta\boldsymbol{x}_1, \delta\boldsymbol{x}_2, \cdots, \delta\boldsymbol{x}_N]^{\mathrm{T}}$，可以得到下面的变分方程：

$$\delta\dot{\boldsymbol{x}}_i = \dot{\boldsymbol{x}}_i - \dot{\boldsymbol{s}} \approx \boldsymbol{JF}(\boldsymbol{s}) \cdot \delta\boldsymbol{x}_i - \sum_{\alpha=1}^{M} \sigma_{\alpha} \boldsymbol{JH}_{\alpha}(\boldsymbol{s}) \cdot \sum_{j=1}^{N} \boldsymbol{L}_{ij}^{(\alpha)} \delta\boldsymbol{x}_j \tag{13-50}$$

现在，使用克罗内克矩阵乘积将上述方程分解为自混合项和相互作用项，并引入向量 $\delta\boldsymbol{X}$，得到

$$\delta\dot{\boldsymbol{X}}=\left[(\mathbf{1}\otimes \boldsymbol{JF}(\boldsymbol{s}))-\sum_{\alpha=1}^{M}\sigma_{\alpha}(\boldsymbol{L}^{(\alpha)}\otimes \boldsymbol{JH}_{\alpha}(\boldsymbol{s}))\right]\delta\boldsymbol{X} \tag{13-51}$$

式(13-51)可以通过将 $\delta\boldsymbol{X}$ 投影到一个层的拉普拉斯特征向量上来重写。选择哪个层来执行这个投影完全是任意的，因为拉普拉斯特征向量总是一组 n 维正交的基，不失一般性，在公式推导中选择了第 1 层并确保特征向量是标准正交的。定义 $\mathbf{1}_d$为 d 维单位矩阵，将式(13-51)左边乘以$(\boldsymbol{V}^{(1)^{\mathrm{T}}}\otimes\mathbf{1}_d)$，得

$$(\boldsymbol{V}^{(1)^{\mathrm{T}}}\otimes \mathbf{1}_d)\delta\dot{\boldsymbol{X}}=\Big[(\boldsymbol{V}^{(1)^{\mathrm{T}}}\otimes \mathbf{1}_d)(\mathbf{1}\otimes \boldsymbol{JF}(\boldsymbol{s}))-\sum_{\alpha=1}^{M}\sigma_{\alpha}(\boldsymbol{V}^{(1)^{\mathrm{T}}}\otimes \mathbf{1}_d)(\boldsymbol{L}^{(\alpha)}\otimes \boldsymbol{JH}_{\alpha}(\boldsymbol{s}))\Big]\delta\boldsymbol{X} \tag{13-52}$$

由关系式

$$(\boldsymbol{M}_1\otimes \boldsymbol{M}_2)(\boldsymbol{M}_3\otimes \boldsymbol{M}_4)=(\boldsymbol{M}_1\boldsymbol{M}_3)\otimes(\boldsymbol{M}_2\boldsymbol{M}_4) \tag{13-53}$$

可得

$$(\boldsymbol{V}^{(1)^{\mathrm{T}}}\otimes \mathbf{1}_d)\delta\dot{\boldsymbol{X}}=[\boldsymbol{V}^{(1)^{\mathrm{T}}}\otimes \boldsymbol{JF}(\boldsymbol{s})-(\sigma_1\boldsymbol{D}^{(1)}\boldsymbol{V}^{(1)})\otimes \boldsymbol{JH}_1(\boldsymbol{s})]\delta\boldsymbol{X}-\sum_{\alpha=2}^{M}\sigma_{\alpha}(\boldsymbol{V}^{(1)^{\mathrm{T}}}\boldsymbol{L}^{(\alpha)})\otimes \boldsymbol{JH}_{\alpha}(\boldsymbol{s})\delta\boldsymbol{X} \tag{13-54}$$

其中 $\boldsymbol{D}^{(\alpha)}$是 α 层特征值的对角矩阵。在等式右边，将第一个出现的 $\boldsymbol{V}^{(1)^{\mathrm{T}}}$左边乘 $\mathbf{1}$，在 $\boldsymbol{F}$ 和 $\boldsymbol{H}_1$右边乘 $\mathbf{1}_d$，然后，再次使用式(13-53)，有

$$(\boldsymbol{V}^{(1)^{\mathrm{T}}}\otimes \mathbf{1}_d)\delta\dot{\boldsymbol{X}}=[(\mathbf{1}\otimes \boldsymbol{JF}(\boldsymbol{s}))(\boldsymbol{V}^{(1)^{\mathrm{T}}}\otimes \mathbf{1}_d)-(\sigma_1\boldsymbol{D}^{(1)}\otimes \boldsymbol{JH}_1(\boldsymbol{s}))(\boldsymbol{V}^{(1)^{\mathrm{T}}}\otimes \mathbf{1}_d)]\delta\boldsymbol{X}-\sum_{\alpha=2}^{M}\sigma_{\alpha}(\boldsymbol{V}^{(1)^{\mathrm{T}}}\boldsymbol{L}^{(\alpha)})\otimes \boldsymbol{JH}_{\alpha}(\boldsymbol{s})\delta\boldsymbol{X} \tag{13-55}$$

提取公因式$(\boldsymbol{V}^{(1)^{\mathrm{T}}}\otimes\mathbf{1}_d)$，可得

$$(\boldsymbol{V}^{(1)^{\mathrm{T}}}\otimes \mathbf{1}_d)\delta\dot{\boldsymbol{X}}=(\mathbf{1}\otimes \boldsymbol{JF}(\boldsymbol{s})-\sigma_1\boldsymbol{D}^{(1)}\otimes \boldsymbol{JH}_1(\boldsymbol{s}))\times(\boldsymbol{V}^{(1)^{\mathrm{T}}}\otimes \mathbf{1}_d)\delta\boldsymbol{X}-\sum_{\alpha=2}^{M}\sigma_{\alpha}\boldsymbol{V}^{(1)^{\mathrm{T}}}\boldsymbol{L}^{(\alpha)}\otimes \boldsymbol{JH}_{\alpha}(\boldsymbol{s})\delta\boldsymbol{X} \tag{13-56}$$

关系式$(\boldsymbol{M}_1\otimes\boldsymbol{M}_2)^{-1}=\boldsymbol{M}_1^{-1}\otimes\boldsymbol{M}_2^{-1}$表明$(\boldsymbol{V}^{(1)}\otimes\mathbf{1}_d)(\boldsymbol{V}^{(1)^{\mathrm{T}}}\otimes\mathbf{1}_d)$是 $m\times N$ 维单位矩

阵。将表达式(13-56)左乘 δX，可得

$$(\boldsymbol{V}^{(1)^{\mathrm{T}}} \otimes \mathbf{1}_d)\delta\dot{\boldsymbol{X}} = (\mathbf{1} \otimes \boldsymbol{JF}(\boldsymbol{s}) - \sigma_1 \boldsymbol{D}^{(1)} \otimes \boldsymbol{JH}_1(\boldsymbol{s})) \times (\boldsymbol{V}^{(1)^{\mathrm{T}}} \otimes \mathbf{1}_d)\delta\boldsymbol{X} - \sum_{\alpha=2}^{M} \sigma_\alpha \boldsymbol{V}^{(1)^{\mathrm{T}}} \boldsymbol{L}^{(\alpha)} \otimes \boldsymbol{JH}_\alpha(\boldsymbol{s}) \times (\boldsymbol{V}^{(1)} \otimes \mathbf{1}_d)(\boldsymbol{V}^{(1)^{\mathrm{T}}} \otimes \mathbf{1}_d)\delta\boldsymbol{X} \tag{13-57}$$

定义向量

$$\boldsymbol{\eta} = (\boldsymbol{V}^{(1)^{\mathrm{T}}} \otimes \mathbf{1}_d)\delta\boldsymbol{X} \tag{13-58}$$

$\boldsymbol{\eta}$ 的每个分量是全局同步误差向量 $\delta\boldsymbol{X}$ 在相应的第 1 层拉普拉斯特征向量张成的空间上的投影。第一个特征向量定义了同步流形，它对所有层都是公共的，而所有其他特征向量都与它正交。因此，$\boldsymbol{\eta}$ 在最后 $N-1$ 个特征向量张成的空间上的投影范数是同步误差在同步流形方向上横向的度量。由于 $\boldsymbol{V}^{(\alpha)}$ 矩阵是正交的，因此 n 维单位矩阵可以写成 $\boldsymbol{V}^{(\alpha)}\boldsymbol{V}^{(\alpha)^{\mathrm{T}}}$。在 $\boldsymbol{L}^{(\alpha)}$ 之前将该表达式插入式(13-57)，可得

$$\begin{aligned}
\dot{\boldsymbol{\eta}} &= (\mathbf{1} \otimes \boldsymbol{JF}(\boldsymbol{s}) - \sigma_1 \boldsymbol{D}^{(1)} \otimes \boldsymbol{JH}_1(\boldsymbol{s}))\boldsymbol{\eta} \\
&\quad - \sum_{\alpha=2}^{M} \sigma_\alpha (\boldsymbol{V}^{(1)^{\mathrm{T}}} \boldsymbol{V}^{(\alpha)} \boldsymbol{V}^{(\alpha)^{\mathrm{T}}} \boldsymbol{L}^{(\alpha)}) \otimes \boldsymbol{JH}_\alpha(\boldsymbol{s})(\boldsymbol{V}^{(1)} \otimes \mathbf{1}_d)\boldsymbol{\eta} \\
&= (\mathbf{1}_N \otimes \boldsymbol{J}\boldsymbol{f}(\boldsymbol{x}_S) - \sigma_1 \boldsymbol{D}^{(1)} \otimes \boldsymbol{J}\boldsymbol{g}_1(\boldsymbol{x}_S))\boldsymbol{\eta} \\
&\quad - \sum_{\alpha=2}^{M} \sigma_\alpha (\boldsymbol{V}^{(1)^{\mathrm{T}}} \boldsymbol{V}^{(\alpha)} \boldsymbol{D}^{(\alpha)} \boldsymbol{V}^{(\alpha)^{\mathrm{T}}}) \otimes \boldsymbol{JH}_\alpha(\boldsymbol{s})(\boldsymbol{V}^{(1)} \otimes \mathbf{1}_d)\boldsymbol{\eta} \\
&= (\mathbf{1} \otimes \boldsymbol{JF}(\boldsymbol{s}) - \sigma_1 \boldsymbol{D}^{(1)} \otimes \boldsymbol{JH}_1(\boldsymbol{s}))\boldsymbol{\eta} \\
&\quad - \sum_{\alpha=2}^{M} \sigma_\alpha (\boldsymbol{V}^{(1)^{\mathrm{T}}} \boldsymbol{V}^{(\alpha)} \boldsymbol{D}^{(\alpha)} \boldsymbol{V}^{(\alpha)^{\mathrm{T}}} \boldsymbol{V}^{(1)}) \otimes \boldsymbol{JH}_\alpha(\boldsymbol{s})\boldsymbol{\eta}
\end{aligned} \tag{13-59}$$

为了书写方便，定义 $\boldsymbol{\Gamma}^{(\alpha)} = \boldsymbol{V}^{(\alpha)^{\mathrm{T}}}\boldsymbol{V}^{(1)}$，则式(13-59)变为

$$\dot{\boldsymbol{\eta}} = (\mathbf{1} \otimes \boldsymbol{JF}(\boldsymbol{s}) - \sigma_1 \boldsymbol{D}^{(1)} \otimes \boldsymbol{JH}_1(\boldsymbol{s}))\boldsymbol{\eta} - \sum_{\alpha=2}^{M} \sigma_\alpha (\boldsymbol{\Gamma}^{(\alpha)^{\mathrm{T}}} \boldsymbol{D}^{(\alpha)} \boldsymbol{\Gamma}^{(\alpha)}) \otimes \boldsymbol{JH}_\alpha(\boldsymbol{s})\boldsymbol{\eta} \tag{13-60}$$

在式(13-60)中，第一部分是纯变分部分，它由不混合 $\boldsymbol{\eta}$ 分量的块对角矩阵组成；第二部分混合了 $\boldsymbol{\eta}$ 的不同分量，这可以很容易地将向量方程表示为一

个方程组，$\boldsymbol{\eta}$ 的每个分量 j 对应一个方程组。混合部分中对 $\boldsymbol{\eta}$ 的第 j 个分量的贡献是由分块矩阵的第 j 行第 k 块与 $\boldsymbol{\eta}$ 的乘积给出的。根据克罗内克积的定义，分块矩阵的第 j 行第 k 块元素由 $\boldsymbol{JH}_\alpha(\boldsymbol{s})$ 乘 $\boldsymbol{\Gamma}^{(\alpha)^{\mathrm{T}}}\boldsymbol{D}^{(\alpha)}\boldsymbol{\Gamma}^{(\alpha)}$ 组成，即

$$(\boldsymbol{\Gamma}^{(\alpha)^{\mathrm{T}}}\boldsymbol{D}^{(\alpha)}\boldsymbol{\Gamma}^{(\alpha)})_{jk} = \sum_{r=1}^{N}\boldsymbol{\Gamma}_{jr}^{(\alpha)^{\mathrm{T}}}\lambda_r^{(\alpha)}\boldsymbol{\Gamma}_{rk}^{(\alpha)} \tag{13-61}$$

利用式(13-61)，把 $\boldsymbol{\eta}_k$ 所有的分量相加，可以把式(13-60)改写为

$$\begin{aligned}\dot{\boldsymbol{\eta}}_j &= (\boldsymbol{JF}(\boldsymbol{s}) - \sigma_1\lambda_j^{(1)}\boldsymbol{JH}_1(\boldsymbol{s}))\boldsymbol{\eta}_j \\ &\quad - \sum_{\alpha=2}^{M}\sigma_\alpha\sum_{k=2}^{N}\sum_{r=2}^{N}\lambda_r^{(\alpha)}\boldsymbol{\Gamma}_{rk}^{(\alpha)}\boldsymbol{\Gamma}_{rj}^{(\alpha)}\boldsymbol{JH}_\alpha(\boldsymbol{s})\boldsymbol{\eta}_k\end{aligned} \tag{13-62}$$

其中 $\boldsymbol{\eta}_j$ 为 $\delta\boldsymbol{X}$ 的特征向量分解系数，$j=2, 3, \cdots, N$，并且 $\lambda_r^{(\alpha)}$ 为 α 层拉普拉斯矩阵的第 r 特征值，按非递减顺序排序；在定义 $\boldsymbol{\Gamma}^{(\alpha)}=\boldsymbol{V}^{(\alpha)^{\mathrm{T}}}\boldsymbol{V}^{(1)}$ 中，$\boldsymbol{V}^{(\alpha)}$ 表示 α 层的拉普拉斯矩阵的特征向量的矩阵。要得到这个结果，必须确保每一层的拉普拉斯特征向量是标准正交的，这个条件总是可以满足的，因为所有的拉普拉斯特征向量都是实对称矩阵。r 和 k 都是从 2 开始，因为第 1 个特征值总是 0，特征向量的正交性保证了 $\boldsymbol{\Gamma}^{(\alpha)}$ 的第 1 列的所有元素，除了第 1 个元素其他元素都是 0。矩阵 $\boldsymbol{\Gamma}^{(\alpha)}$ 度量了第 α 层与第 1 层的拉普拉斯特征向量的对齐度，如果第 α 层的特征向量与第 1 层的特征向量相同，当这两个拉普拉斯矩阵交换时，$\boldsymbol{\Gamma}^{(\alpha)}=1$。

在这种情况下，如果所有层的拉普拉斯矩阵都交换，那么就可以恢复到一个纯粹的变分形式。事实上，如果拉普拉斯矩阵能够交换，它们也可以同时被特征向量的公共基对角线化，那么，所有的 $\boldsymbol{\Gamma}^{(\alpha)}$ 都是单位矩阵，式(13-62)可写为

$$\begin{aligned}\dot{\boldsymbol{\eta}}_j &= (\boldsymbol{JF}(\boldsymbol{s}) - \sigma_1\lambda_j^{(1)}\boldsymbol{JH}_1(\boldsymbol{s}))\boldsymbol{\eta}_j \\ &\quad - \sum_{\alpha=2}^{M}\sigma_\alpha\sum_{k=2}^{N}\sum_{r=2}^{N}\lambda_r^{(\alpha)}\boldsymbol{\Gamma}_{rk}^{(\alpha)}\boldsymbol{\Gamma}_{rj}^{(\alpha)}\boldsymbol{JH}_\alpha(\boldsymbol{s})\boldsymbol{\eta}_k \\ &= \left(\boldsymbol{JF}(\boldsymbol{s}) - \sum_{\alpha=1}^{M}\sigma_\alpha\lambda_j^{(\alpha)}\boldsymbol{JH}_\alpha(\boldsymbol{s})\right)\boldsymbol{\eta}_j\end{aligned} \tag{13-63}$$

同步状态的稳定性完全由最大条件李雅普诺夫指数 $\boldsymbol{\Lambda}$ 决定，对应于 $\boldsymbol{\Omega}=(\boldsymbol{\eta}_1, \boldsymbol{\eta}_2, \cdots, \boldsymbol{\eta}_N)$ 范数的变化。由于 $\boldsymbol{\Omega}$ 的平均演化方程为 $|\boldsymbol{\Omega}|(t)\sim\exp(\boldsymbol{\Lambda}t)$，所以完全同步状态只有在 $\boldsymbol{\Lambda}<0$ 时才会在小扰动下保持稳定。

13.3.2 多层网络同步的稳定性分析

上一小节所提出的方法是通用的，它可以应用于系统由任意数量的层以及任意维数的振荡器组成。为了分析上述框架的稳定性，这里将其应用于一个由Rossler 振荡器组成的网络，该网络有两层且每层都由 Rossler 振荡器提供扰动。Rossler 振荡器方程式(13-3)中的参数固定为 $\omega=1$，$\alpha=0.2$，$\beta=0.2$，$\gamma=9$，保证每个节点的局部动态是混沌的。

考虑到每一层连接，可以知道对于一个 Rossler 网络振荡器的集合，函数 $\boldsymbol{H}$ 允许选择三类稳定系统中的一种，它们是

(i) $\boldsymbol{H}(x)=(0, 0, z)$，同步始终不稳定；

(ii) $\boldsymbol{H}(x)=(0, y, 0)$，仅当 $\sigma_\alpha\lambda_2^\alpha<0.1445$ 时同步是稳定的；

(iii) $\boldsymbol{H}(x)=(x, 0, 0)$，仅当 $0.181/\lambda_2^\alpha<\sigma_\alpha<4.615/\lambda_N^\alpha$ 时同步是稳定的。

由于是双层结构，可以将两层中的不同稳定等级组合在一起，研究其中一层如何影响另一层，并识别不同选择所产生的新的稳定条件。下面考虑三种层结构组合，即

组合 1：$\boldsymbol{H}_1(\boldsymbol{x})=(0, 0, z)$，$\boldsymbol{H}_2(\boldsymbol{x})=(0, y, 0)$；

组合 2：$\boldsymbol{H}_1(\boldsymbol{x})=(0, 0, z)$，$\boldsymbol{H}_2(\boldsymbol{x})=(x, 0, 0)$；

组合 3：$\boldsymbol{H}_1(\boldsymbol{x})=(0, y, 0)$，$\boldsymbol{H}_2(\boldsymbol{x})=(x, 0, 0)$。

对于拉普拉斯矩阵 $\boldsymbol{L}^{(1,2)}$ 的选择，可以考虑三种可能的组合：① 两层均为等平均度的 ER 网络(ER-ER)；② 两层均为幂指数为 3 的无标度网络(SF-SF)；③ 第一层为 ER 网络，第二层为无标度网络(ER-SF)。在所有情况下，图形都是使用 Gómez-Gardeñes 和 Moreno[25] 算法生成的，它允许在无标度和 ER 结构之间进行连续插值。下面将三种层结构分别与不同的拉普拉斯矩阵组合，并讨论它们的稳定性。

1. 组合 1

对于 $\boldsymbol{\eta}_j$ 的每个分量，将式(13-62)重写，可以得到

$$\dot{\boldsymbol{\eta}}_{j_1}=-\boldsymbol{\eta}_{j_2}-\boldsymbol{\eta}_{j_3} \tag{13-64}$$

$$\dot{\boldsymbol{\eta}}_{j_2}=\dot{\boldsymbol{\eta}}_{j_1}+0.2\boldsymbol{\eta}_{j_2}-\sigma_2\sum_{k=2}^{N}\sum_{r=2}^{N}\lambda_r^{(2)}\Gamma_{rk}\Gamma_{rj}\boldsymbol{\eta}_{k_2} \tag{13-65}$$

$$\dot{\boldsymbol{\eta}}_{j_3} = s_3 \boldsymbol{\eta}_{j_1} + (s_1 - 9) \boldsymbol{\eta}_{j_3} - \sigma_1 \lambda_j^{(1)} \boldsymbol{\eta}_{j_3} \tag{13-66}$$

由此可以数值计算出最大李雅普诺夫指数，如图 13-5 所示。

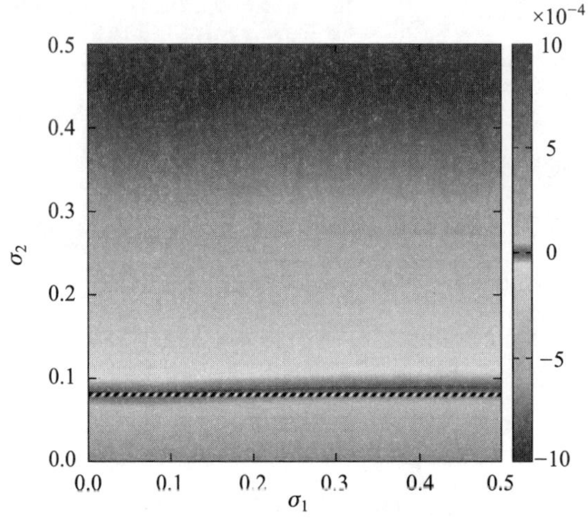

图 13-5　组合 1 中 ER-ER 拓扑结构的最大李雅普诺夫指数[24]

图 13-5 中黑色虚线表示 $\boldsymbol{\Lambda}$ 消失时(σ_1，σ_2)空间中的点，如果将第 2 层单独考虑(或者，如果 $\sigma_1=0$)，则条纹线表示 σ_2 的临界值。可以观察到在 ER-ER 拓扑结构中，第一层由第二层主导，因为整个系统的稳定区域几乎与 σ_1 无关，而不是随着 σ_1 的增加 σ_2 的临界值轻微增加，这证明了(i)类系统和(ii)类系统组合后，(ii)类系统的同步稳定能力能够中和(i)类系统的不稳定能力。由于 SF-SF、ER-SF 和 SF-ER 拓扑都获得了相似的结果(图 13-6)，因此这个结果对于底层结构的选择似乎是鲁棒的。

2. 组合 2

对于组合 2，式(13-62)可改写为

$$\dot{\boldsymbol{\eta}}_{j_1} = - \boldsymbol{\eta}_{j_2} - \boldsymbol{\eta}_{j_3} - \sigma_2 \sum_{k=2}^{N} \sum_{r=2}^{N} \lambda_{rk}^{(2)} \Gamma_{rj} \boldsymbol{\eta}_{k_1} \tag{13-67}$$

$$\dot{\boldsymbol{\eta}}_{j_2} = \boldsymbol{\eta}_{j_1} + 0.2 \boldsymbol{\eta}_{j_2} \tag{13-68}$$

$$\dot{\boldsymbol{\eta}}_{j_3} = s_3 \boldsymbol{\eta}_{j_1} + (s_1 - 9) \boldsymbol{\eta}_{j_3} - \sigma_1 \lambda_j^{(1)} \boldsymbol{\eta}_{j_3} \tag{13-69}$$

由此可以画出组合 2 中 ER-ER 拓扑结构的最大李雅普诺夫指数图，如图 13-7 所示。

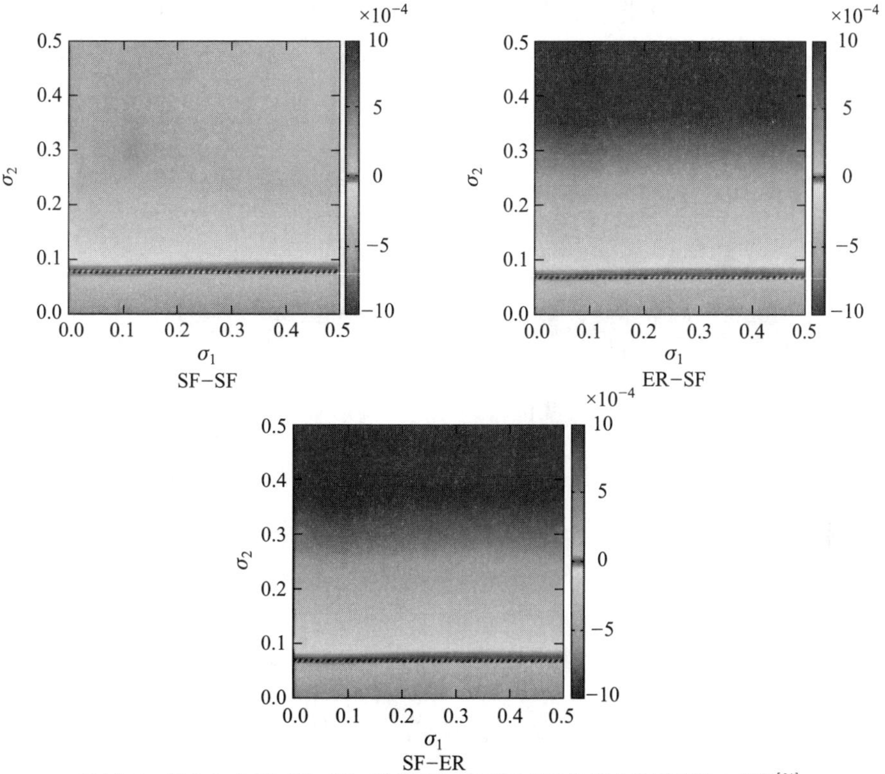

图 13-6 组合 1 中 SF-SF、ER-SF 和 SF-ER 拓扑结构的最大李雅普诺夫指数[24]

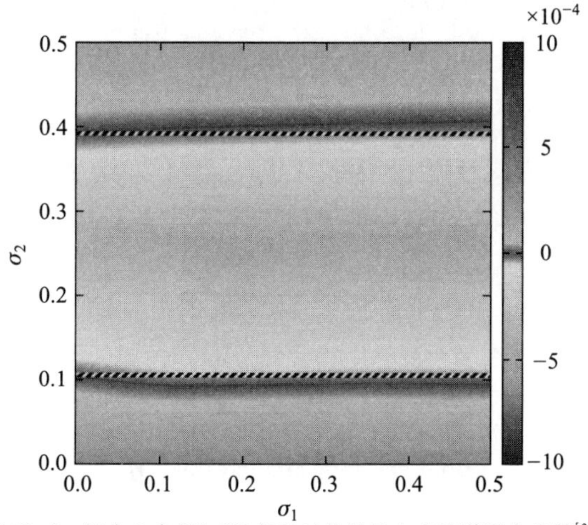

图 13-7 组合 2 中 ER-ER 拓扑结构的最大李雅谱诺夫指数[24]

同样在这种情况下，第二层在整个系统中占主导地位，因为整体稳定窗口几乎与 σ_1的值无关。这个结果和组合 1 的结果表明，(i)类系统本质上能够防止网络同步，但与(ii)类系统或(iii)类系统组合后，很容易被(ii)类和(iii)类系统控制。尽管，类似于组合 1，在图 13-8 中可以观察到随着 σ_1 值的增加，稳定窗口有轻微的扩大。但同样，结果几乎与底层拓扑结构的选择无关。

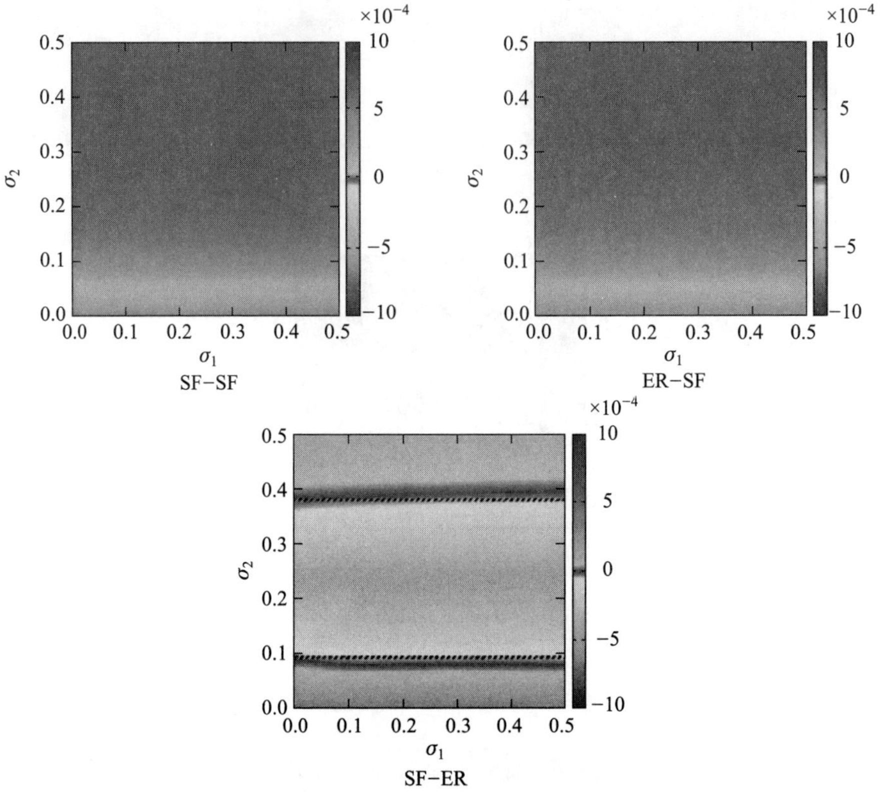

图 13-8　组合 2 中 SF-SF、ER-SF 和 SF-ER 拓扑结构的最大李雅普诺夫指数[24]

3. 组合 3

对于组合 3，式(13-62)可改写为

$$\dot{\boldsymbol{\eta}}_{j_1} = -\boldsymbol{\eta}_{j_2} - \boldsymbol{\eta}_{j_3} - \sigma_2 \sum_{k=2}^{N} \sum_{r=2}^{N} \lambda_r^{(2)} \Gamma_{rk} \Gamma_{rj} \boldsymbol{\eta}_{k_1} \tag{13-70}$$

$$\dot{\boldsymbol{\eta}}_{j_2} = \boldsymbol{\eta}_{j_1} + 0.2\boldsymbol{\eta}_{j_2} - \sigma_1 \lambda_j^{(1)} \boldsymbol{\eta}_{j_2} \tag{13-71}$$

$$\dot{\boldsymbol{\eta}}_{j_3} = \boldsymbol{s}_3 \boldsymbol{\eta}_{j_1} + (\boldsymbol{s}_1 - 9) \boldsymbol{\eta}_{j_3} \tag{13-72}$$

该系统揭示了其最显著的特征。特别是，对于 ER-ER 拓扑结构(见图 13-9)，可以看到 6 个不同的区域，用罗马数字标识。

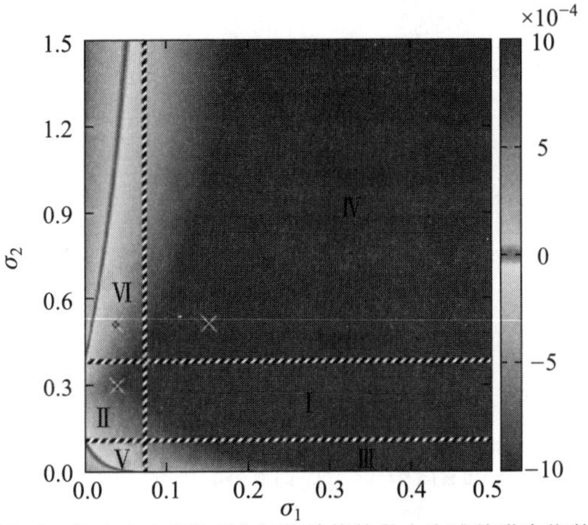

图 13-9　组合 3 中 ER-ER 拓扑结构的最大李雅普诺夫指数[24]

在区域Ⅰ中，同步在两个层中都是稳定的（或者，等价地，$\sigma_1=0$ 或 $\sigma_2=0$），整个双层网络也是稳定的。区域Ⅱ、Ⅲ和Ⅳ在性质上与前面看到的情景相似，即一层的稳定性优于另一层的稳定性。区域Ⅴ和区域Ⅵ是最重要的，因为在这两个区域内，出现了真正来自交互作用的多层本质效应。在这两个区域中，两个层都是不稳定的，$\sigma_1=0$ 或 $\sigma_2=0$ 都不会观察到同步。然而，通过适当地调整参数，可以显著地得到集体同步运动。因此，在这两个区域里，正是这两层的同时作用导致了稳定。

上述结果说明了实际网络系统的多层结构所产生的丰富的动力学现象。以上分析得到的结果表明，在不稳定的网络层中，通过耦合稳定层可以诱导同步稳定性。多层相互作用拓扑可以增强同步状态的稳定性，甚至允许稳定孤立时不稳定的系统的可能性。此外，在孤立考虑的情况下，即使一个复杂系统的所有层都不稳定，也可以通过主稳定函数方法最终实现稳定。

这里发展的理论允许人们在完全一般的情况下评估具有多层相互作用的耦合非线性动力系统的同步状态的稳定性。多层网络的同步可以用于最优多层同步系统的设计，例如在多层网络的背景下链接的重新布线或寻找链接权重的最佳分配。反过来，这些技术可能有助于解决由于层间相互作用而抑制同步的问题，揭示稳定层的可能组合，当相互作用时，抑制它们孤立显示的动力学一致性。此外，多层网络的同步将为高电流的多路网络可控性研究提供帮助，设计控制层以驱动系统动态向理想状态发展。

13.4　复杂网络同步的应用

13.4.1　电力网络

电力网络的拓扑结构是电网所具有的内在的、本质的特性，为了提高电网的鲁棒性，可从电网自身的拓扑结构分析故障传播的机理，进而寻找电网固有的脆弱性，提出具有针对性的增强措施，对建设稳定的电网具有指导意义。

1. 电网模型

假设网络有 N 个节点，第 i 个节点在 t 时刻的 m 维状态变量为 x_i，单个节点在不考虑耦合作用时所满足的动力学方程为 $\dot{x}_i=f(x_i)$。对于一个由 N 个完全相同的振子组成的耦合系统，第 i 个节点所满足的状态方程为[26]

$$\dot{x}_i = f(x_i) + Ka_{ij}H(x_j),\quad i = 1,\ 2,\ \cdots,\ N \tag{13-73}$$

式中，K 为振子间的耦合强度系数；$H(x_j)$ 为相关振子间的耦合函数；a_{ij} 为振子 i 和振子 j 的耦合连接关系；$x_i=(x_i^1,\ x_i^2,\ \cdots,\ x_i^N)$ 为第 i 个振子的状态变量。

Kuramoto 指出，任何一个耦合网络，包含有限数目的恒等振子，不管它们之间的耦合作用是强还是弱，整个系统都可以用如式(13-74)所示的方程来表示其动力学特性，即 Kuramoto 振子模型(KM 振子模型)：

$$\dot{\theta}_i = \omega_i + \frac{K}{N}\sum_{j=1}^{N}\sin(\theta_j - \theta_i),\quad i = 1,\ 2,\ \cdots,\ N \tag{13-74}$$

式中，θ_i 为第 i 个振子的相位；ω_i 为第 i 个振子的自然频率，即固有频率；N 为耦合网络的总振子数；K 为不同振子间的耦合强度系数。振子的自然频率 ω_i 按一定概率 $g(\omega)$ 分布。

采用电力网络的二阶类 Kuramoto 模型对电网间电能输送对整体电网性能的影响进行研究。模型的数学表达式为

$$\ddot{\phi}_i = P_i - \alpha\dot{\phi}_i + K\sum_{j=1}^{N} a_{ij}\sin(\phi_j - \phi_i),\quad i = 1,\ 2,\ \cdots,\ N \tag{13-75}$$

式中，N 为网络节点数；ϕ_i为节点 i 的相位偏差；$\dot{\phi}_i$和$\ddot{\phi}_i$分别为 ϕ_i的一阶微分和二阶微分，$\dot{\phi}_i$为节点 i 的频率偏差，$\ddot{\phi}$用于反映$\dot{\phi}_i$是否恒定不变；P_i为节点 i 的功率，当节点 i 为发电机时，$P_i>0$，表示发电机节点提供功率，当节点 i 为负载时，$P_i<0$，表示负载节点消耗功率；α 为损耗参数；K 为节点间的耦合强度系数；$\{a_{ij}\}$为网络的邻接矩阵，描述网络的拓扑结构，将电力网络简单化为无权无向网络，若节点 i 与节点 j 之间有连边，则 $a_{ij}=a_{ji}=1$，否则 $a_{ij}=a_{ji}=0$。

在对网络展开动力学与行为解析前，需要先基于现实电网的数据建立易于仿真解析的电网拓扑模型。国家电网的 IEEE 规范测试数据是国际认可的国际标准电网数据，IEEE 14、IEEE 30、IEEE 39 及 IEEE 57 等网络是科学研究中常使用的电网规范网络，其中 IEEE 14 网络系统拓扑结构如图 13-10 所示。

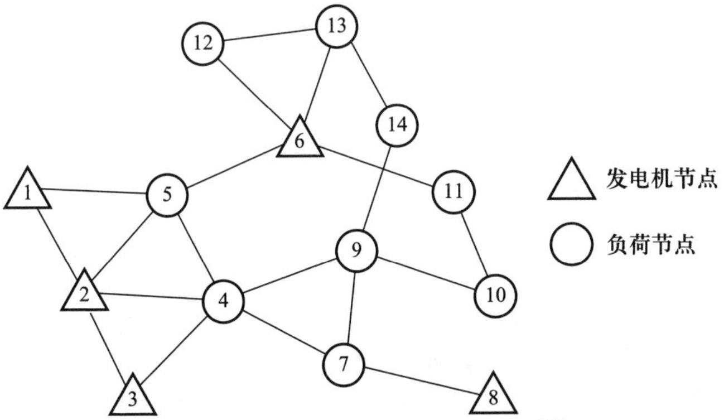

图 13-10　IEEE 14 网络系统拓扑结构[26]

通过计算可以得到 IEEE 14 网络测试系统的聚类系数为 0.3948，平均最短路径长度为 1.1247，平均度值 $m=2.9$。与 IEEE 14 网络测试系统具有相同节点数和边数的随机网络的聚类系数 C_{random}和平均最短路径长度 L_{random}分别为[27]

$$C_{\text{random}} \approx \frac{m}{n} = \frac{2.9}{14} = 0.2071 \tag{13-76}$$

$$L_{\text{random}} \approx \frac{\ln n}{\ln 2.9} = \frac{\ln 14}{\ln 2.9} = 2.4786 \tag{13-77}$$

式中 n 为节点数。

结合 IEEE 14 网络测试系统拓扑模型的度分布特点，可以认为 IEEE 14 网络测试系统属于无标度网络。

2. 电网同步性能

(1) 拓扑耦合对电网同步稳定性的影响

在 IEEE 14 网络测试系统中，发电机节点为序号 1、2、3、6、8 的节点，其余节点都是负荷节点，可以采用 Matlab 进行仿真。在仿真中，在[-0.1, 0.1]区间上均匀取值，并依次给各个节点的初始功率赋值为 40，30，30，-35，-30，20，-40，40，-15，-5，-5，-5，-15 及-10，单位为 kW。设定每个节点的初始频偏为 $\omega_i(0)$，并观察在不同耦合强度 K 下系统中的电网节点频率随时间的变化情况，结果如图 13-11 所示。

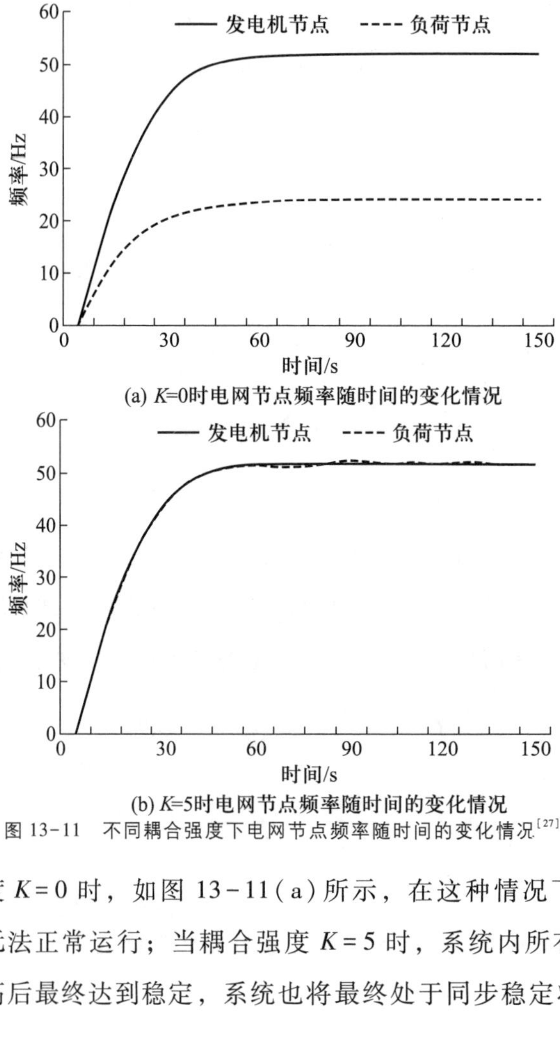

图 13-11　不同耦合强度下电网节点频率随时间的变化情况[27]

当耦合强度 $K=0$ 时，如图 13-11(a)所示，在这种情况下系统是不同步的，整个网络无法正常运行；当耦合强度 $K=5$ 时，系统内所有节点的频率会在一段时间升高后最终达到稳定，系统也将最终处于同步稳定状态。由此可以看出，电网系统最终是否能够达到同步稳定与网络的耦合强度有关[27]。

(2) 扰动强度对电网稳定性的影响

取耦合强度 $K=5$ 并对 IEEE 14 网络测试系统的负荷节点或发电机节点增加功率扰动 ΔP，通过仿真观察扰动强度对电网稳定性的影响。仿真结果如图 13-12 所示。

当扰动 $\Delta P=0$ 时，由图 13-12(a)可知，系统是同步稳定的，所有的节点均处于额定频率 50 Hz 左右。当增加小扰动 $\Delta P=0.1$ 时，系统的频率变化如图 13-12(b)所示，由于扰动量偏小，所以整个系统仍然处于同步状态。当扰动增大到 $\Delta P=5$ 时，如图 13-12(c)所示，此时发电机节点的频率小于负荷节点的同步频率，系统将失去同步状态。而当扰动增大到 $\Delta P=100$ 时，如图 13-12(d)所示，随着扰动的大幅度增加，发电机节点的同步频率逐渐远小于各负荷节点的同步频率，系统处于严重去同步状态[27]。

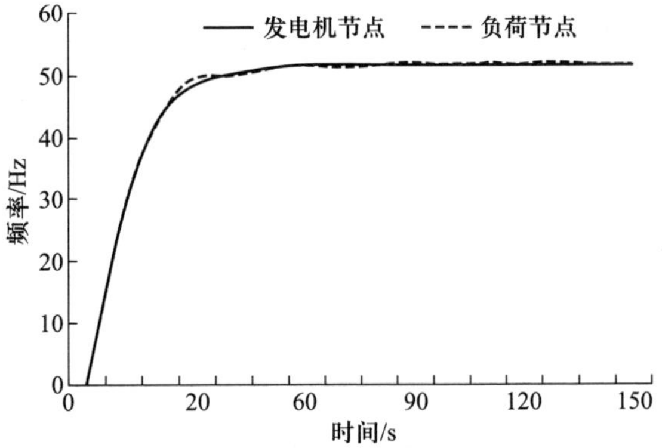

(a) $\Delta P=0$

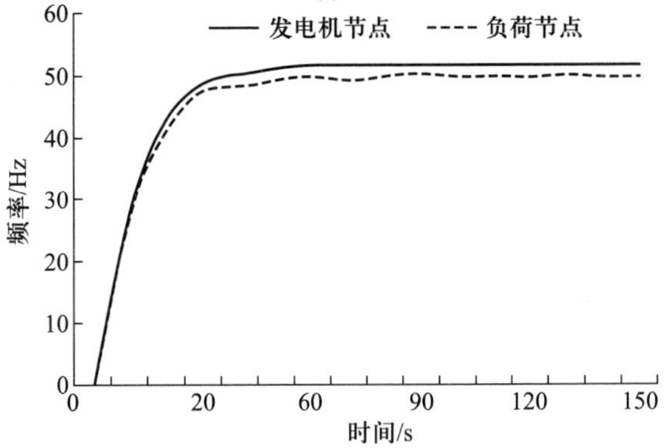

(b) $\Delta P=0.1$

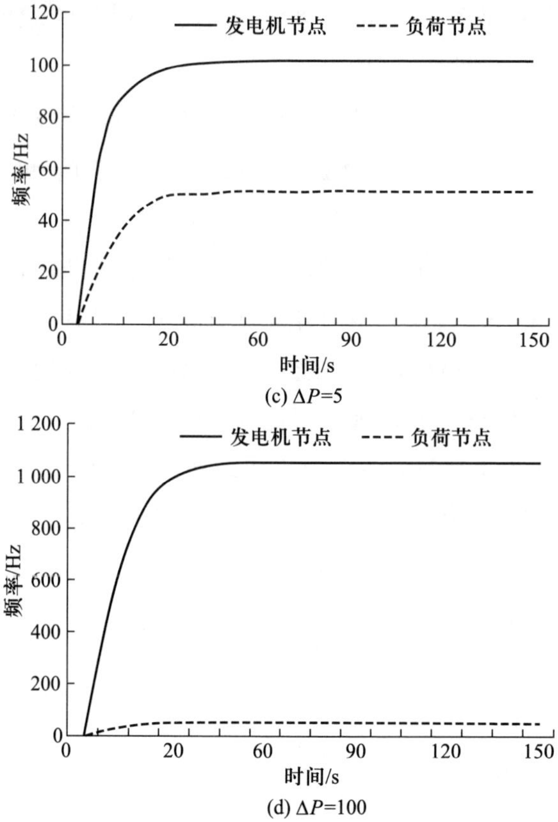

图 13-12　在功率扰动下频率随时间的变化情况[27]

在系统中对负荷节点施加功率扰动时，负荷节点的功率会逐渐变大。在这种情况下发电机节点发出的功率会逐渐不足以满足负荷节点的功率，最终导致发电机偏离额定的运行转速，此时如果能及时减去部分负荷，那么电网系统仍然有可能恢复同步状态。当负荷过重导致发电机频率严重下降，那么即使断开负荷，系统也无法恢复到同步运行时的频率，电网将处于去同步状态[27]。

13.4.2　神经网络

混沌信号最本质的特性是对初始条件极为敏感，并由此导致了它的类随机特性，用它作为载波调制出来的信号因此也具有类随机特性。因而，调制混沌信号即使被敌方截获，也很难破译，这就为混沌信号应用于保密通信提供了有利条件。自从 Aihara 根据生物神经元的混沌特性首次提出混沌神经网络模型以来[28]，后来的研究者逐渐发现混沌神经网络在保密通信等方面具有很高的应用价值。

1. 混沌神经网络模型

网络中每个神经元的动力学行为可由以下方程描述[29]：

$$y(t+1) = ky(t) - \alpha g[f(y(t))] + \theta(t) \tag{13-78}$$

其中，$y(t+1)$为神经元在 $t+1$ 时刻的状态，k 为衰减因子，α 为正的参数，f 为输出函数，其表达式为具有陡度参数 ε 的 Logistic 函数 $f(y)=1/(1+e^{-y/\varepsilon})$，$\theta(t)$为与外部输入有关的阈值。神经元的输出 $x(t+1)$可通过 $y(t+1)$计算得到：$x(t+1)=f(y(t+1))$。方程(13-78)当 $k=0.5$，$\alpha=1.0$，$\varepsilon=0.015$ 时呈现混沌状态，其 Lyapunov 指数为 0.13。

选用 Elman[30]提出的一种循环神经网络 Elman 神经网络对 Hénon 离散混沌系统进行建模。Elman 神经网络对噪声有较强的抑制能力，结果简单且性能良好。Elman 神经网络结构如图 13-13 所示，它包含一个隐藏层，其中隐藏层的输出经过延迟再反馈到输入，构成循环网络。

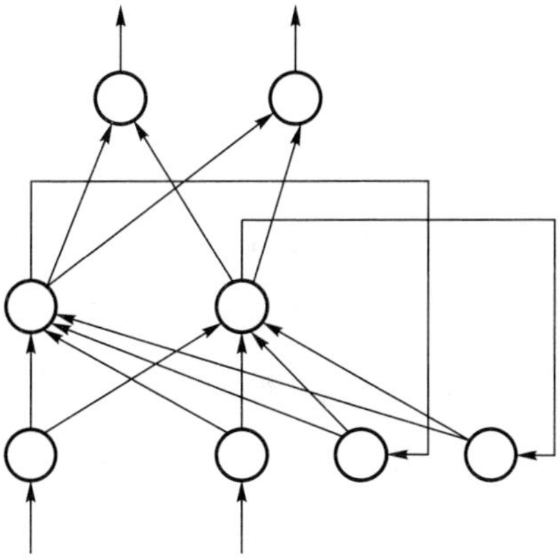

图 13-13 Elman 神经网络结构[29]

图 13-14 所示为 Hénon 映射及神经网络逼近 Hénon 映射得到的 Hénon 混沌神经网络吸引子(Hénon 混沌神经网络)。

2. 混沌神经网络的同步

本节基于自适应逆控制原理[31,32]采用离散系统混沌同步的方法来实现混沌神经网络的同步。考虑 m 维离散混沌系统 A(发射系统)：

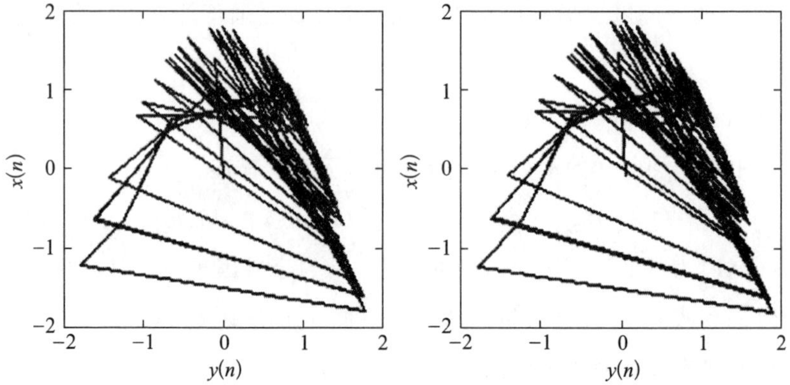

(a) Hénon映射　　(b) Hénon混沌神经网络

图 13-14　Hénon 映射及其混沌神经网络[29]

$$X_{n+1}^{(1)}=F(X_n^{(1)}) \tag{13-79}$$

则接收系统 B 可描述为

$$X_{n+1}^{(2)}=F(F^{-1}(r_n')) \tag{13-80}$$

$$X_n^{(2)}=F^{-1}(r_n') \tag{13-81}$$

式中，$X_n^{(1)}$，$X_n^{(2)}$，$r_n'\in R^m$；$F^{-1}(r_n')$为逆控制项，$F(\cdot)$为时变的混沌神经网络结构模型；r_n'为带有噪声的接收信号。逆控制项 $F^{-1}(r_n')$是变量 $X_n^{(1)}$，$X_n^{(2)}$ 的非线性函数，取包含噪声的 Hénon 逆映射的混沌建模 $F^{-1}(r_n')$为逆控制项。逆控制混沌系统同步方法不改变原系统的混沌特性，不需要分解系统，而且它的适用面很广，不仅适用于简单的混沌系统，同样也适用于复杂结构的混沌系统，如图 13-15 所示为布鲁塞尔振子的混沌神经网络。

下面把非线性逆控制混沌同步问题应用于 Hénon 混沌神经网络的同步问题。设 Hénon 混沌神经网络的动力学方程为

$$\begin{bmatrix} X_{n+1} \\ Y_{n+1} \end{bmatrix}=F\begin{bmatrix} X_n \\ Y_n \end{bmatrix} \tag{13-82}$$

则混沌神经网络的同步可描述为两个具有不同初始值的相同的卷积神经网络(convolution neural network，CNN)

$$\begin{bmatrix} X_{n+1}^{(1)} \\ Y_{n+1}^{(1)} \end{bmatrix}=F\begin{bmatrix} X_n^{(1)} \\ Y_n^{(1)} \end{bmatrix},\quad \begin{bmatrix} X_{n+1}^{(2)} \\ Y_{n+1}^{(2)} \end{bmatrix}=F\begin{bmatrix} X_n^{(2)} \\ Y_n^{(2)} \end{bmatrix} \tag{13-83}$$

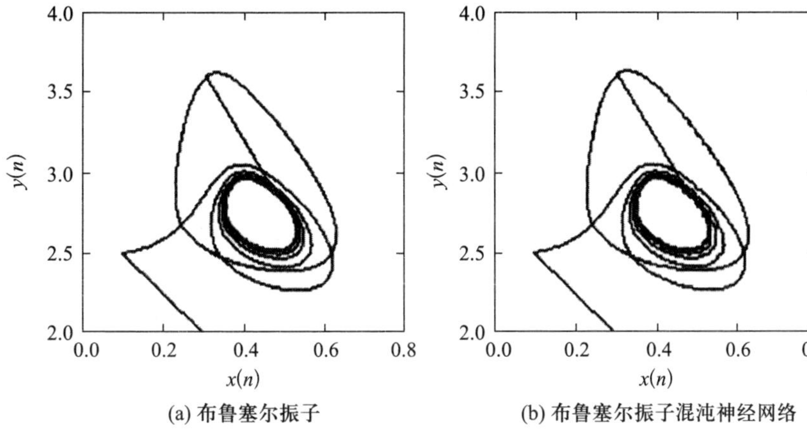

图 13-15 布鲁塞尔振子及其混沌神经网络[29]

的同步。

$[X_n^{(1)}, Y_n^{(1)}]^T$经过网络控制器 CNNC 的迭代得到$[X_{n+1}^{(1)}, Y_{n+1}^{(1)}]^T$，在受到噪声污染后经过 CNNB 得到的$[X_n^{(2)}, Y_n^{(2)}]^T$正好与$[X_n^{(1)}, Y_n^{(1)}]^T$达到同步，所以在$[X_n^{(2)}, Y_n^{(2)}]^T$驱动网络 CNNC 后得到的$[X_{n+1}^{(2)}, Y_{n+1}^{(2)}]^T$也与$[X_{n+1}^{(1)}, Y_{n+1}^{(1)}]^T$同步，有效地去除了噪声的污染。混沌神经网络同步系统结构如图 13-16 所示。

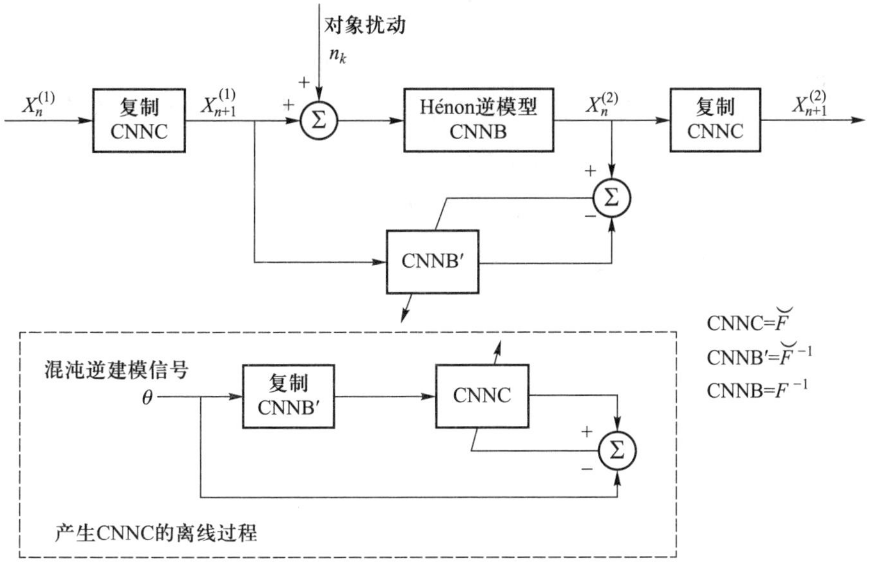

图 13-16 混沌神经网络同步系统结构[29]

图 13-17 给出了两个 Hénon 混沌神经网络初值分别为$[0.1,\ 1.0]^{T}$和$[0,\ 0.1]^{T}$，噪声 $n_k=-\dfrac{1}{3\sin 0.8n}+\dfrac{0.1}{3(y_{n+1}^{(1)})^2}$时的同步结果。

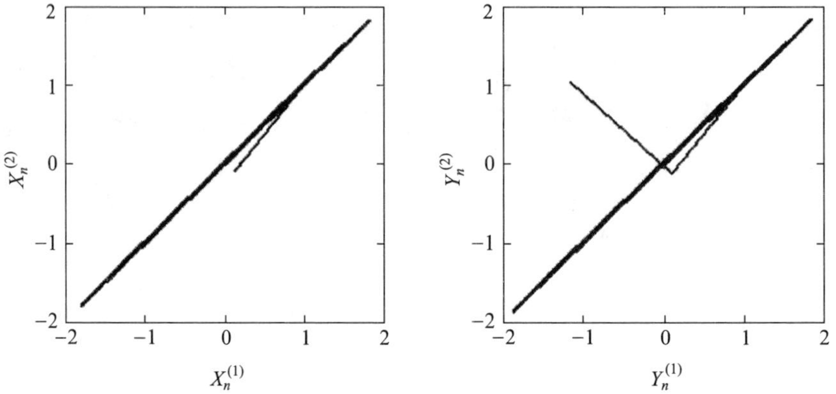

(a) 变量$X_n^{(1)}$ 与$X_n^{(2)}$ 的同步结果　(b) 变量$Y_n^{(1)}$ 与$Y_n^{(2)}$ 的同步结果

图 13-17　两个 Hénon 混沌神经网络的同步结果[29]

3. 混沌神经网络在保密通信中的应用

将混沌同步应用于保密通信的基本思想是：在通信系统的发送端把被传输的信息源加在某一由混沌系统产生的混沌信号上，生成混合类噪声信号，完成对信息源的加密过程。该混合信号发送到通信系统接收器上后，再由对应的混沌系统分离出其中的混沌信号，即解密过程，接收到传送的原始有用信号。由于混沌同步效应的存在，因而这一解密过程能够实现。下面基于混沌遮掩方式，将前面提出的混沌神经网络同步应用于数字保密通信，其核心思想是用有用信息既驱动接收端也反馈到发射端，即发射端的方程变为

$$\begin{bmatrix} X_{n+1}^{(1)} \\ Y_{n+1}^{(1)} \end{bmatrix} = F\begin{bmatrix} X_n^{(1)} \\ Y_n^{(1)} \end{bmatrix} + \begin{bmatrix} s_n \\ 0 \end{bmatrix} \tag{13-84}$$

使用发射信号

$$\begin{aligned} \boldsymbol{r}_n &= \boldsymbol{L}[X_{n+1}^{(1)},\ Y_{n+1}^{(1)},\ s_n] \\ &= \begin{bmatrix} k & 0 \\ 0 & 1 \end{bmatrix} \boldsymbol{F}\begin{bmatrix} X_n^{(1)} \\ Y_n^{(1)} \end{bmatrix} + \begin{bmatrix} s_n \\ 0 \end{bmatrix} \end{aligned} \tag{13-85}$$

接收端的方程为

$$\begin{aligned}\begin{bmatrix}X_{n+1}^{(2)}\\Y_{n+1}^{(2)}\end{bmatrix}&=\boldsymbol{F}(\boldsymbol{F}^{-1}(r'_n))\\&=\boldsymbol{F}\begin{bmatrix}X_n^{(2)}\\Y_n^{(2)}\end{bmatrix}+\begin{bmatrix}s_n\\0\end{bmatrix}\end{aligned}\tag{13-86}$$

很显然，因为在发射端也加了驱动信号 s_n，所以能保证发射端与接收端完全同步，同步后信息可以完全恢复，恢复的信息为

$$\begin{aligned}s'_n&=\boldsymbol{L}^{-1}[X_{n+1}^{(2)},\ Y_{n+1}^{(2)},\ r_n]\\&=\boldsymbol{L}^{-1}[X_{n+1}^{(1)},\ Y_{n+1}^{(1)},\ r_n]=s_n\end{aligned}\tag{13-87}$$

图 13-18 给出了基于混沌神经网络逆控制的保密通信系统原理框图。

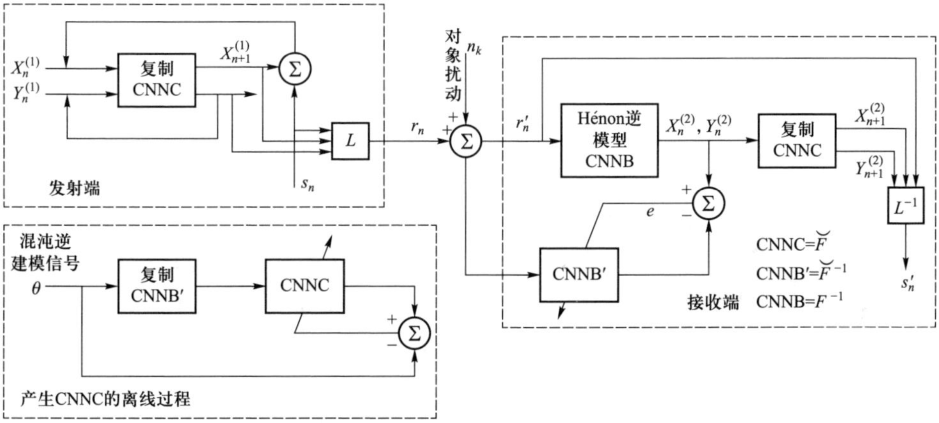

图 13-18 基于混沌神经网络逆控制的保密通信系统原理框图[29]

当然，上述两个应用仅仅是复杂网络同步应用的冰山一角，现实生活中许多网络系统都可以基于复杂网络模型去研究刻画，如物流运输系统、病毒传播、城市土地利用等，还有更多的应用领域如信息物理系统、社会经济网络及社会网络层次识别系统等还需要深入探索。

思考题

13.1 用 Matlab 程序绘制 Hénon 映射的 Lyapunov 指数随参数 a 的变化曲线。

$$\text{Hénon 映射：}\begin{cases} x_{n+1} = 1 - ax_n^2 + y_n \\ y_{n+1} = 0.3x_n \end{cases}$$

13.2 考虑如下两个线性双向耦合的 Rossler 混沌系统：

$$\begin{cases} \dot{x} = -y - z + c_1(\tilde{x} - x) \\ \dot{y} = x + \alpha y + c_2(\tilde{y} - y) \\ \dot{z} = \beta + z(x - \gamma) + c_3(\tilde{z} - z) \end{cases} \quad (1)$$

$$\begin{cases} \dot{\tilde{x}} = -\tilde{y} - \tilde{z} + c_1(x - \tilde{x}) \\ \dot{\tilde{y}} = \tilde{x} + \alpha\tilde{y} + c_2(y - \tilde{y}) \\ \dot{\tilde{z}} = \beta + \tilde{z}(\tilde{x} - \gamma) + c_3(z - \tilde{z}) \end{cases} \quad (2)$$

式中，$\alpha=0.165$；$\beta=0.2$；$\gamma=10$；c_1，c_2，c_3为耦合系数。试证明两个系统达到完全同步的一个充分条件是：$c_1>0.5$，$c_2>0.0825$ 且 c_3大于某个特定的数。

13.3 考虑一个由 3 个相互耦合的节点构成的环状网络

$$\dot{\boldsymbol{X}} = \boldsymbol{F}(\boldsymbol{X}_i) + c\sum_{j=1}^{3} l_{ii}\boldsymbol{H}\boldsymbol{X}_j \quad (3)$$

式中，$\boldsymbol{X}_i=(x_{i1}, x_{i2}, x_{i3})^{\mathrm{T}}$；内耦合矩阵 $\boldsymbol{H}$ 为单位阵 $\boldsymbol{I}_3=\begin{bmatrix}1&0&0\\0&1&0\\0&0&1\end{bmatrix}$，外耦合矩阵 $\boldsymbol{L}=\begin{bmatrix}-2&1&1\\1&-2&1\\1&1&-2\end{bmatrix}$。已知每个孤立节点的系统为 Rossler 混沌系统，参数如下：$\omega=1.0$，$\alpha=0.165$，$\beta=0.2$，$\gamma=10$。求能够使该网络达到完全同步的充分条件。

参考文献

[1] Oliveira H M, Melo L V. Huygens synchronization of two clocks[J]. Scientific Reports, 2015, 5(1): 1-12.

[2] Winfree A T. Biological rhythms and the behavior of populations of coupled oscillators[J]. Journal of Theoretical Biology, 1967, 16(1): 15-42.

[3] Tilman D, Wedin D. Oscillations and chaos in the dynamics of a perennial grass [J]. Nature, 1991, 353(6345): 653-655.

[4] Vault M. The Definitive glossary of higher mathematical jargon[J]. Math Vault, 2015, 237(43): 14-27.

[5] Lorenz E N. Deterministic nonperiodic flow[J]. Journal of Atmospheric Sciences, 1963, 20(2): 130-141.

[6] Sussman G J, Wisdom J. Chaotic evolution of the solar system[J]. Science, 1992, 257(5066): 56-62.

[7] Strogatz S H. Exploring complex networks [J]. Nature, 2001, 410(6825): 268-276.

[8] Hasselblatt B, Katok A. A First Course in Dynamics: with a Panorama of Recent Developments [M]. Cambridge: Cambridge University Press, 2003.

[9] Brown R, Kocarev L. A unifying definition of synchronization for dynamical systems[J]. Chaos: An Interdisciplinary Journal of Nonlinear Science, 2000, 10(2): 344-349.

[10] 戴存礼. 复杂网络上动力学系统的同步行为研究[D]. 南京: 南京航空航天大学, 2008.

[11] 刘维清. 耦合混沌振子反向同步与振幅死亡[D]. 北京: 北京邮电大学, 2008.

[12] Rosenblum M G, Pikovsky A S, Kurths J. Phase synchronization of chaotic oscillators [J]. Phys. Pev. Lett., 1996, 76: 1804-1807.

[13] 秦金旗. 混沌控制与同步的方法研究[D]. 长沙: 湖南大学, 2008.

[14] 郭世泽, 陆哲明. 复杂网络基础理论[M]. 北京: 科学出版社, 2012.

[15] 邹家蕊. Rich - club 网络与叶子网络时空混沌同步研究[D]. 大连: 辽宁师范大

学，2011.

[16]　柴元. 新建复杂网络的时空混沌同步研究[D]. 大连：辽宁师范大学，2010.

[17]　张刚. 混沌系统及复杂网络的同步研究[D]. 上海：上海大学，2007.

[18]　张超. 复杂网络的混沌同步研究[D]. 大连：辽宁师范大学，2009.

[19]　赵明，汪秉宏，蒋品群，等. 复杂网络上动力系统同步的研究进展[J]. 物理学进展，2005，25(3)：273-295.

[20]　王瑞兵. 复杂网络的同步及其在保密通信中的应用[D]. 镇江：江苏大学，2009.

[21]　Poora L M，Caroll T. Synchronization in chaotic systems [J]. Physical Review Letters，1990，64(8)：821-824.

[22]　杨明. 三角形和链式网络的混沌同步研究[D]. 大连：辽宁师范大学，2011.

[23]　黄增勇. 一般拓扑结构复杂网络的时滞同步牵制控制[D]. 镇江：江苏大学，2009.

[24]　del Genio C I，Gómez-Gardeñes J，Bonamassa I，et al. Synchronization in networks with multiple interaction layers[J]. Science Advances，2016，2(11)：e1601679.

[25]　Gómez-Gardeñes J，Moreno Y. From scale-free to Erdos-Rényi networks[J]. Physical Review E，2006，73(5)：056124.

[26]　陈思谕，邹艳丽，傅杰. 互联电网的同步及稳定性研究[J]. 山东电力技术，2021，48(05)：29-36.

[27]　许燕青，朱丽君，吕亚楠，等. 基于复杂网络理论的电网同步稳定性研究[J]. 工矿自动化，2015，41(10)：40-45.

[28]　Aihara K，Takabe T，Toyoda M. Chaotic neural networks[J]. Physics Letters A，1990，144 (6-7)：333-340.

[29]　于灵慧，房建成. 混沌神经网络逆控制的同步及其在保密通信系统中的应用[J]. 物理学报，2005(09)：4012-4018.

[30]　Elman J L. Finding structure in time[J]. Cognitive Science，1990，14(2)：179-211.

[31]　威德罗，瓦莱斯. 自适应逆控制[M]. 刘树棠，韩崇昭，译. 西安：西安交通大学出版社，2000.

[32]　卢志刚，于灵慧，柳晓菁，等. 克服扰动的混沌逆控制同步系统[J]. 物理学报，2002，10：2211-2215.

第 14 章　网络控制

控制科学的主要任务是研究如何采用合适的手段操作系统，使得系统的运作能够满足需要。事实上，最早关于控制理论的研究可以追溯到 19 世纪麦克斯韦(James Clerk Maxwell)、斯图姆(Charles Sturm)和赫尔维茨(Adolf Hurwitz)等人的工作。20 世纪 60 年代后，卡尔曼(Rudolf Kalman)率先建立起了以状态空间表示系统的研究方法[1]，奠定了现代控制理论的基础。近年来，随着复杂网络学科的兴起，控制问题成为复杂网络上的研究方向之一。但是，复杂网络系统在很多方面呈现出的复杂特性无法用单一的控制理论去研究，因而融合了网络科学与控制科学的网络控制成为控制科学中的一个单独领域。事实上，这个领域还处于发展阶段，很多方面尚不成熟，但是关于网络控制的研究有望在未来为解决一些之前无法攻克的控制问题提供方案。本章将介绍近年网络控制领域中的一些重要研究内容。

14.1 控制理论基础

网络控制在研究目的上和控制科学的其他领域一样，都是研究如何控制系统，因此，在介绍网络科学的相关理论前，需要先了解控制科学的一些基础内容。例如，控制理论中的反馈过程是一个关键的概念。用误差表示实际输出和期望输出之间的差值，再将误差反馈到系统的输入，驱使系统的输出收敛到期望的输出，这也是人们对于控制理论的最早认知。最古老的控制装置是离心调速器。从 18 世纪开始，人们利用离心调速器调节压力和距离，瓦特用它保持蒸汽机稳定在一个转速。在理想条件下，对于连续变量的控制，一般采用反馈控制器来进行自动控制。控制系统将被控变量的值或状态与期望值或设定值进行比较，并将差值作为控制信号，使被控变量输出与设定值相同。也就是说，为了解决上面的控制问题，我们需要知道这个系统的数学模型、系统的可控性和可观性及如何用合适的控制手段达到预期目标，这 3 个部分是控制科学的基础内容，并且在网络科学中同样适用。因此，本章将从这 3 个方面出发，对控制理论中的基础内容展开介绍。

14.1.1 线性时不变系统

现实中的系统按照系统是否具有线性特征，可以分为线性系统和非线性系统。线性系统理论是现代控制理论中最基础的部分，也是最成熟的部分，它有完整的理论和设计方法。线性系统理论在实际应用中起着很大的作用，大多数在正常运行范围内工作的系统，均能用线性模型来描述。虽然严格地说，实际的系统都不可能是线性系统，但是通过近似处理和合理简化，大量的实际系统都可在足够准确的意义下和一定的范围内视为线性系统进行分析。本章主要探讨线性系统理论下的网络控制问题。

如果一个系统的输入和输出满足叠加原理，该系统称为线性系统，否则称为非线性系统。叠加原理包括叠加性及齐次性。

(1) 叠加性：对于一个系统 h，假设系统输入为 u_1 时，系统的输出是 $h(u_1)$，系统输入为 u_2 时，系统输出为 $h(u_2)$，若系统的输入为 u_1+u_2 时，系统的输出满足

$$h(u_1 + u_2) = h(u_1) + h(u_2) \tag{14-1}$$

则称该系统的输入、输出满足叠加性。

(2) 齐次性：对于一个系统 h，假设系统输入为 u_1 时，系统的输出是 $h(u_1)$，若系统的输入为 αu_1 时，系统的输出满足

$$h(\alpha u_1) = \alpha u_1 \tag{14-2}$$

则称该系统的输入、输出满足齐次性。

卡尔曼引入的状态空间法可以很好地表示系统的输入、输出和状态变量间的关系。对于一个线性系统，通过引入状态变量，可以得到系统的矩阵方程表示形式

$$\begin{aligned}\dot{\boldsymbol{x}}(t) &= \boldsymbol{A}(t)\boldsymbol{x}(t) + \boldsymbol{B}(t)\boldsymbol{u}(t)\\ \dot{\boldsymbol{y}}(t) &= \boldsymbol{C}(t)\boldsymbol{x}(t) + \boldsymbol{D}(t)\boldsymbol{u}(t)\end{aligned} \tag{14-3}$$

其中，$\dot{\boldsymbol{x}}(t) \in R^N$ 是 t 时刻系统 N 个状态变量的向量；$\dot{\boldsymbol{u}}(t) \in R^N$ 是 t 时刻系统输入信号的向量；$\boldsymbol{A}(t) \in R^{N\times N}$ 是状态矩阵或系统矩阵，表示系统内部 N 个状态变量之间的相互作用强度；$\boldsymbol{B}(t) \in R^{N\times M}$ 是输入矩阵，表示对 N 个状态变量中的 M 个进行输入控制的耦合强度；$\boldsymbol{C}(t) \in R^{N\times N}$ 是输出矩阵，表示系统输出与状态变量间的关系；$\boldsymbol{D}(t) \in R^{N\times M}$ 是前馈矩阵，表示对于系统输出进行输入控制的耦合强度。准确地来说，式(14-3)表示的是线性时变(linear time-varying，LTV)系统，系统的参数会随着时间 t 改变。

当 $\boldsymbol{A}(t)$ 是常数矩阵时，表示系统为线性时不变(linear time-invariant，LTI)系统。线性时不变系统的研究为我们进行系统分析提供了一定的方便，且相关研究理论已经成熟。因此，在当前复杂网络的相关研究尚不成熟的情况下，本章对于网络控制的研究主要从线性时不变系统的模型展开。

14.1.2 系统可控性与可观性

控制工程需要非常严谨的数学理论，其中一项需要研究的便是一个系统理

论上是不是可控的和可观的，即系统是否具有可控性(controllability)和可观性(observability)，这也是几乎所有控制问题研究开展的前提和基础。

定义 14-1(系统的可控性)　假设在 $t=0$ 时刻，系统的初始状态为状态空间中某个位置 $\boldsymbol{x}(0)$，通过输入合适的控制信号 $\boldsymbol{u}(t)$，系统状态 $\boldsymbol{x}(t)$ 在有限时间 t_f 内可以到达状态空间中任意位置 $\boldsymbol{x}(t_f)$，那么这个系统是可控的，或者说是状态可控的或完全可控的。

定义 14-2(系统的可观性)　假设 t 时刻系统的状态输出变量是 $\boldsymbol{y}(t)$，如果系统的状态变量 $\boldsymbol{x}(t)$ 中的所有状态变量都可以仅从系统的输出变量 $\boldsymbol{y}(t)$ 中的元素得到，那么称这个系统是可观的，或者状态可观的。

14.1.3　控制系统

控制系统有多种分类方法，按信号传递路径可分为开环控制系统和闭环控制系统，而在其基础上又衍生出不同的控制方法，以下简要介绍。

在开环控制系统中，来自控制器的控制动作独立于程序变量。例如在工业系统中(控制理论最先应用的场合便是工业领域)，中央供暖锅炉只由一个定时器控制，控制动作是开启或关闭锅炉，程序变量是建筑物的温度。无论建筑物的温度如何，这个控制器都在固定的时间内操作供暖系统。开环控制系统的缺点也很明显，这样的系统并不利用反馈，只能以预先确定的方式运行。

在闭环控制系统中，控制器的控制动作取决于期望程序变量和实际程序变量。同样地，还是模拟中央供暖锅炉的情况，我们添加一个恒温器来监测建筑物的温度，并反馈一个信号，以确保控制器的输出保持建筑物的温度接近恒温器设定的温度。这就体现了闭环控制的基本特征，即每个闭环控制器有一个反馈回路，它确保控制器施加一个控制动作来控制一个与设定值相同的程序变量。

1. 反馈控制

在线性反馈系统中，控制回路包括传感器、控制算法和执行器三部分，其目的是在设定点(控制输入点)调节变量。例如，机械运转时，控制器中的 PID 算法通过控制汽车发动机的功率输出，以最小的代价(延迟或超调)将实际转速恢复到期望转速。

2. 逻辑控制

工业和商业机械系统曾经通过使用梯形逻辑的互联电气继电器和凸轮定时器来实现逻辑控制。目前，大多数这样的系统是由微控制器或更专业的可编程逻辑控制器(programmable logic controller，PLC)构成的。

逻辑控制器可以响应开关和传感器，并控制机械启动和停止各种操作。在许多应用中，逻辑控制器被用来安排机械操作的顺序，自动顺序控制系统可以按照既定的顺序触发一系列机械执行器来执行任务。

3. 线性控制

线性控制系统使用负反馈产生控制信号，以保持受控变量的实测值在所需的期望值范围内。常见的比例控制是一种线性反馈控制系统，系统对被控变量进行修正，修正值与期望值和实测值之间的差值成正比。最简单的开关控制适用于一些对精度要求不高，或者响应速度不快的系统。比例控制系统比开关控制系统复杂，可用于汽车巡航控制。比例控制通过调节操纵变量如控制阀，在增益环节上很难避免出现不稳定的状况，通过应用最佳比例修正量能够尽可能快地进行修正。

比例控制的一个缺点是它不能消除剩余的误差，这是由它本身的定义决定的，比例控制需要一个误差来产生一个比例输出。后来人们发现可以通过 PI(比例-积分)控制器来解决这个问题，使用比例项(P)消除粗差，积分项(I)消除残差。

除了上述类型的控制系统，控制领域中还有很多依托于其他方法的控制系统，下面我们将介绍网络控制相关的研究。

14.2 复杂网络可控性

在很大程度上，解释现象的目的是为了预测，随之进行控制。关于复杂网络的控制研究要面对很多全新的挑战，其中复杂网络的可控性研究就是要解决的一个难题。复杂网络研究中非常关注网络中不同节点对于系统控制的影响，特别是同一个系统中节点的不同连接方式就会带来系统控制千差万别的效果。近年来，随着复杂网络可控性问题的提出和探讨，复杂网络系统的可控性和控制方法的研究已经成为热点问题。复杂网络乃至各种复杂系统是否可控？复杂网络如何实现控制，如何精确控制？复杂网络如何实现最小成本控制、如何选择最佳控制点，以及自发和自反馈可控性等问题，本节我们将围绕这些与可控性相关的研究展开。

14.2.1　结构控制理论

一般来说，对于线性时不变网络系统，其系统状态方程可以写为下面的形式：

$$\dot{\boldsymbol{x}}(t)=\boldsymbol{A}\boldsymbol{x}(t)+\boldsymbol{B}\boldsymbol{u}(t) \tag{14-4}$$

相比于式(14-3)中描述的系统，网络系统的状态方程有着不同的含义。此时系统矩阵 $\boldsymbol{A}=[a_{ij}]_{N\times N}$ 表示网络的邻接矩阵；输入矩阵 $\boldsymbol{B}=[b_{ij}]_{N\times N}$ 表示控制信号与节点的连接关系及强度；系统状态向量 $\boldsymbol{x}(t)=[x_1(t),\ x_2(t),\ \cdots,\ x_N(t)]^{\mathrm{T}}$ 表示 t 时刻网络系统的状态，其中 $x_i(t)$ 表示网络中节点 v_i 在 t 时刻的状态；输入向量 $\boldsymbol{u}(t)=[u_1(t),\ u_2(t),\ \cdots,\ u_N(t)]^{\mathrm{T}}$ 表示 t 时刻的控制信号，其中 $u_i(t)$ 表示对节点 v_i 进行输入控制的信号。此外，假设 $\boldsymbol{u}(t)$ 中存在 M 个位置元素非零，代表这 M 个信号对网络进行输入控制，这 M 个输入叫作输入节点或源节点。如果网络中一个节点至少存在一条从某个输入节点指向该节点的边，那么该节点称为控制节点或被控节点。如果这些控制节点中存在一些节点不具有共同的输入节点，则称这些控制节点为驱动节点。

按照网络系统的表示方法，可以将式(14-4)改写成网络中节点的动力学方程，表达式为

$$\dot{x}(t)=\sum_{j=1}^{N}a_{ij}x_j(t)+\sum_{k=1}^{N}b_{ik}u_k(t) \tag{14-5}$$

对于一个有 N 个节点的网络系统，其 t 时刻的网络状态可以由 N 维状态空间中的一组 N 维向量 $\boldsymbol{x}(t)=[x_1(t),\ x_2(t),\ \cdots,\ x_N(t)]^{\mathrm{T}}$ 来描述。如果网络系统可以在外部输入 $\boldsymbol{u}(t)=[u_1(t),\ u_2(t),\ \cdots,\ u_N(t)]^{\mathrm{T}}$ 的控制下，在某个有限时刻 t' 到达状态空间中任意位置，根据系统可控性的定义，此时该网络系统是

可控的。

对于如何判断一个 LTI 系统的可控性，控制理论中有着严格的判据证明，其中最常用的就是卡尔曼秩准则判据。

定理 14-1（卡尔曼秩准则判据） 对于一个如式（14-4）描述的系统，定义其系统可控性矩阵为

$$\boldsymbol{C}=[\boldsymbol{B},\ \boldsymbol{AB},\ \cdots,\ \boldsymbol{A}^{N-1}\boldsymbol{B}] \tag{14-6}$$

当矩阵 $\boldsymbol{C}$ 满秩时，系统是状态可控的。

但是，对于复杂网络领域，一些问题产生了。根据式（14-4）判断一个系统可控性的前提是知道这个系统的矩阵 $\boldsymbol{A}$。在传统的控制理论研究中，大部分情况下可以较容易地知道系统矩阵 $\boldsymbol{A}$ 中的每个元素值。但是，在诸如蛋白质网络、社会网络等复杂网络系统中，精确地获取蛋白质每条连接的强度、社会中每个人之间关系的强度几乎是不太可能的。

因此，在这些情况下，不能得到准确的系统矩阵 $\boldsymbol{A}$，很难用传统的控制理论展开研究。另外，虽然式（14-4）形式简单，但是矩阵 $\boldsymbol{B}$ 的秩的计算量是 N 的指数级别，这就意味着网络系统哪怕只有 1000 个节点，式（14-4）的计算就已经达到了计算机无法承受的计算量。2011 年，Barabási 等提出了可以在复杂网络上判断可控性的结构控制理论[2]，这种理论可以很好地应对上面的局限。事实上，1974 年 Lin 就系统地给出了结构可控性的定义及相关结论[3]，但是由于当时这类系统并不是工程中广泛关注的对象，因而未受到重视。本章后面的内容将围绕结构控制理论的体系展开，下面先介绍结构控制理论中的一些基本概念。

1. 结构系统

定义 14-3（结构系统） 对于任意一个 LTI 系统（$\boldsymbol{A}$，$\boldsymbol{B}$），如果只考虑矩阵 $\boldsymbol{A}$、$\boldsymbol{B}$ 中非零元素和零元素的位置，那么可以得到矩阵 $\boldsymbol{A}$、$\boldsymbol{B}$ 对应的结构矩阵 $\overline{\boldsymbol{A}}$、$\overline{\boldsymbol{B}}$，此时 LTI 系统（$\overline{\boldsymbol{A}}$，$\overline{\boldsymbol{B}}$）称为系统（$\boldsymbol{A}$，$\boldsymbol{B}$）的结构系统。

例如，对于下面两个 LTI 系统（$\boldsymbol{A}_1$，$\boldsymbol{B}_1$）和（$\boldsymbol{A}_2$，$\boldsymbol{B}_2$），如

$$\boldsymbol{A}_1=\begin{bmatrix}1 & 0\\ 2 & 3\end{bmatrix},\quad \boldsymbol{B}_1=\begin{bmatrix}0\\ 1\end{bmatrix}$$

$$A_2 = \begin{bmatrix} 3 & 0 \\ 4 & 5 \end{bmatrix}, \quad B_2 = \begin{bmatrix} 0 \\ 2 \end{bmatrix} \tag{14-7}$$

按照传统控制理论，这两个系统是完全不一样的。但是注意到系统(A_1，B_1)和(A_2，B_2)的非零元素和零元素位置完全相同，因此它们属于同一个结构系统，或者称两个系统的结构是相同的。结构系统的结构矩阵可以写为下面的形式：

$$\bar{A} = \begin{bmatrix} * & 0 \\ * & * \end{bmatrix}, \quad \bar{B} = \begin{bmatrix} 0 \\ * \end{bmatrix} \tag{14-8}$$

式(14-8)也称作系统(A_1，B_1)和(A_2，B_2)对应的结构模式。

根据定义，可以发现结构系统更加关注系统内不同状态变量之间是否存在连接，而不在意这些连接的强度大小。因此，对于不同的 LTI 系统，通过划分其结构矩阵，可以发现很多不同的矩阵有着相同的结构。更进一步，这些相同结构可以用相同的网络来表示。

2. 结构可控性

如何对结构系统的可控性进行判断，Lin 定义了结构系统的一种可控性——结构可控性。

定义 14-4(系统的结构可控性) 对于一个 LTI 系统(A，B)，当且仅当$\forall \epsilon>0$，存在一个与(A，B)结构相同的系统(A_0，B_0)，系统(A_0，B_0)是状态可控的，且$\|A-A_0\|<\epsilon$，$\|B-B_0\|<\epsilon$，则称系统(A，B)是结构可控的。

对于一个 LTI 系统(A，B)，A 和 B 中的元素要么是零值，要么是独立的自由参数(任意非零值)。上述结构可控性定义表明，如果一个系统在结构上是可控的，那么它几乎所有可能的参数都是可控的。如果一个结构系统对于任意非零值的设定都能保证系统的可控性，则该系统是强结构可控的。

下面通过几个例子说明结构不可控、结构可控及强结构可控的区别。考虑一个系统(A_1，B_1)和与之对应的可控性矩阵 C_1：

$$A_1 = \begin{bmatrix} 0 & 0 & 0 \\ a_{21} & 0 & 0 \\ 0 & a_{32} & 0 \end{bmatrix}$$

$$
\boldsymbol{B}_1 = \begin{bmatrix} b_1 \\ 0 \\ 0 \end{bmatrix} \tag{14-9}
$$

$$
\boldsymbol{C}_1 = b_1 \begin{bmatrix} 1 & 0 & 0 \\ 0 & a_{21} & 0 \\ 0 & 0 & a_{32}a_{21} \end{bmatrix}
$$

无论非零元素参数怎么设定，$\boldsymbol{C}_1$都是满秩的，满足卡尔曼秩准则判据，因此系统($\boldsymbol{A}_1$，$\boldsymbol{B}_1$)是强结构可控的。

考虑第二个系统($\boldsymbol{A}_2$，$\boldsymbol{B}_2$)和与之对应的可控性矩阵$\boldsymbol{C}_2$：

$$
\boldsymbol{A}_2 = \begin{bmatrix} 0 & 0 & 0 \\ a_{21} & 0 & a_{23} \\ a_{31} & a_{32} & 0 \end{bmatrix}
$$

$$
\boldsymbol{B}_2 = \begin{bmatrix} b_1 \\ 0 \\ 0 \end{bmatrix} \tag{14-10}
$$

$$
\boldsymbol{C}_2 = b_1 \begin{bmatrix} 1 & 0 & 0 \\ 0 & a_{21} & a_{23}a_{31} \\ 0 & a_{31} & a_{32}a_{21} \end{bmatrix}
$$

此时非零元素的设定恰好满足$a_{32}a_{21}^2 = a_{23}a_{31}^2$，则$\boldsymbol{C}_2$不满足卡尔曼秩准则判据，而其他情况下$\boldsymbol{C}_2$都是满秩的，因此系统是结构可控的。

考虑第三个系统($\boldsymbol{A}_3$，$\boldsymbol{B}_3$)和与之对应的可控性矩阵$\boldsymbol{C}_3$：

$$
\boldsymbol{A}_3 = \begin{bmatrix} 0 & 0 & 0 \\ a_{21} & 0 & 0 \\ a_{31} & 0 & 0 \end{bmatrix}
$$

$$
\boldsymbol{B}_3 = \begin{bmatrix} b_1 \\ 0 \\ 0 \end{bmatrix} \tag{14-11}
$$

$$C_3 = b_1 \begin{bmatrix} 1 & 0 & 0 \\ 0 & a_{21} & 0 \\ 0 & a_{31} & 0 \end{bmatrix}$$

注意到此时无论非零元素怎么取值，C_3 都是不满秩的(rank(C_3)= 2)，因而这个系统是结构不可控的。

注意到结构系统的可控性判断与系统的状态可控性有着明显区别，同时又有着一定联系。事实上，一个状态可控的系统(满足卡尔曼秩准则判据)必定同时是结构可控的；反之，一个结构可控的系统则并不一定是状态可控的。事实上，结构可控性的定义使得对于一个结构系统，其非零元素对于大部分的非零值都能保证系统的可控性。

3. 结构可控性定理

在结构可控性定义的基础上，Lin 进一步给出了如何判断系统是结构可控的。在了解结构可控性理论之前，我们先介绍一些预备的图知识。如图 14-1 所示是一个仙人掌(cactus)图结构，包括根、茎和芽，各自有不同的连通特性。

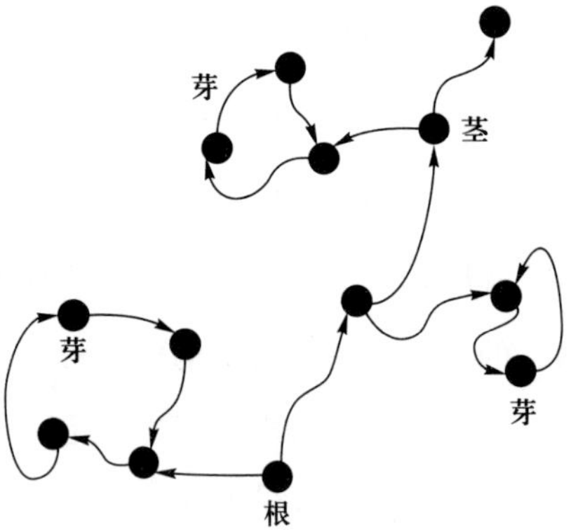

图 14-1　仙人掌图结构

茎(stem)指的是从输入节点出发的一条简单路径，即经过的节点各不相同。茎的起点称为根(root)。芽(bud)指的是一个有向简单圈以及一条指向圈中某个节点的有向边组成的结构。这条边也称为芽的显著边(distinguished edge)，而有向边的起点也称为芽的起始点(origin)。

仙人掌是一种递归子图的概念。当图是一个茎时，也可以视为一个仙人掌图。给定一个茎 S_0和一些芽 B_1，B_2，…，B_l，如果对于每一个 $B_i(1\leqslant i\leqslant l)$的显著边 e_i的起始节点同时也是图 $S_0\cup B_1\cup B_2\cup\cdots\cup B_l$中一条有向边的起点，且这些芽 B_i的起始节点不共享，那么 $S_0\cup B_1\cup B_2\cup\cdots\cup B_l$是一个仙人掌图。节点不相交的仙人掌集合称为仙人掌集(cacti)。

仙人掌图是一种特殊的图结构，这种结构有两个重要的特性，即可达性和不包含扩张。

所谓可达性很容易直观理解，所有节点可以从根节点出发并到达。根据仙人掌图的定义容易知道，仙人掌中茎的部分所有节点可以从根节点出发经过简单路径依次访问。仙人掌中芽 B_i的起始节点同时也是茎上的节点，而芽 B_i除了显著边的部分是一个圈可以相互到达，因此从茎上的节点出发同样可以访问芽中的所有节点。所有，仙人掌结构中不存在不可以到达或访问的节点。

对于一个有向图 $G(V, E)$，假设网络中任意一个子集 $S\in V$，并且 S 对应的邻居节点集为 $T(S)$。这里 $T(S)$是网络中存在有向边指向 S 中节点的所有节点，即 $T(S)=\{v_j\mid(v_j\rightarrow v_i)\in E,\ v_i\in S\}$。如果存在这样的节点集子集 S，使得 $|T(S)|<|S|$，则该网络图中存在着扩张。其中，$|T(S)|$和 $|S|$分别是集合 $T(S)$和 S 的基数。

扩张的定义从数学上看起来较为复杂，可以从星形图中去理解。在如图 14-2 所示的一个有向星形图中，中心节点指向所有其他节点，此时任意两个或更多节点和中心节点间形成一个扩张，一个中心节点同时“管理”多个其他节点。

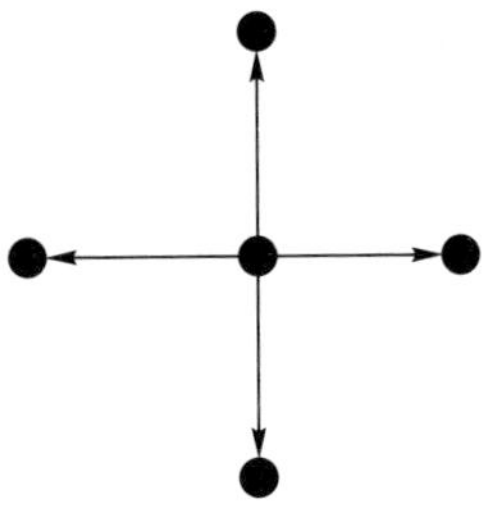

图 14-2 有向星形图

定理 14-2(结构可控性定理)[3]　关于结构可控性，下面三种描述的条件是等价的：

① 系统($\boldsymbol{A}$，$\boldsymbol{B}$)是结构可控的；

② 系统($\boldsymbol{A}$，$\boldsymbol{B}$)对应的有向图中不包含不可到达节点和扩张；

③ 系统($\boldsymbol{A}$，$\boldsymbol{B}$)对应的有向图是由仙人掌生成的。

这就是判断一个系统是否满足结构可控性的结构可控性定理。注意到结构可控性定理将系统的结构可控性与有向图的结构相结合，使得系统的可控性判定可以从网络结构出发而不需要精确的矩阵计算。

关于结构可控性定理，可以进行如下直观的解释：

(1) 对于条件②来说，一方面，如果系统中存在不可达节点，那么外部输入控制信号就无法在图中访问这些节点，因而这个系统是不可控的；另一方面，如果系统的有向图中存在扩张，就意味着多个节点同时受同一个节点影响，那么控制信号流入网络时，这些节点会受到相同的控制信号影响，无法独立控制，因此系统也是不可控的。

(2) 仙人掌是网络中不包含不可达节点和扩张结构的最小结构，去掉仙人掌中任意一条边都会使得图中存在不可达节点或者扩张。因此，系统如果需要满足定理中的条件②，则需要网络是在仙人掌结构的基础上生成的。

事实上，以上只是关于结构可控性定理的直观解释，更加严谨的证明过程可以参考文献[3]。

14.2.2　最少输入问题

第 14.2.1 节介绍了如何根据图来判断一个系统的结构可控性。但是，可控性没有告诉我们控制输入的方式，即控制网络中哪些节点。对于一个由 100 万人构成的社会网络，控制网络中的所有 100 万个个体就可以保证网络的可控性。但是，在实际生活中这种代价是不可接受的。那么，对于一个有向网络，最少需要对多少节点进行控制就可以保证网络的可控性？这就是本节将介绍的最少输入问题。

在引出最少输入定理回答上述问题前，先介绍图论中的一个基本概念——匹配。M^* 是有向网络 $G=(V, E)$ 中边的子集，如果 M^* 中任意两条边既没有公共的起始节点也没有公共的终点，那么 M^* 是一个匹配。如果网络 G 中某个节点是 M^* 中一条边的一个终点，那么该节点就称为匹配节点，否则该节点称为未匹配节点。网络中匹配节点数最多的匹配称为最大匹配。特别地，当网络中所有节点都是匹配节点时，此时的最大匹配称为完全匹配。

最大匹配问题是图论中的经典问题，且广泛应用于很多领域。求解有向网络最大匹配的一个重要方法，就是将问题转化为二分图最大匹配问题，然后可以用匈牙利算法或 Hopcroft-Karp 算法解决。

考虑一个有向图 $G(A)$，与它对应的二分图为 $H(A)=(V_A^+, V_A^-, \Gamma)$。其中，$V_A^+$和 V_A^-是二分图的两个点集，$V_A^+=\{v_1^+, v_2^+, \cdots, v_n^+\}$，$V_A^-=\{v_1^-, v_2^-, \cdots, v_n^-\}$。$\Gamma$ 是它的边集，$E(A)=\{v_j^+, v_i^+ \mid a_{ij}\neq 0\}$。如果在 $G(A)$ 中节点 i 有边指向 j，则在 $H(A)$ 中对应 x^+到 x^-存在有向边。根据二分图的最大匹配算法，可以计算出 $H(A)$ 的最大匹配边。如图 14-3 所示，展示了一个有向图的最大匹配问题：首先将最左边的有向图转化为二分图，然后对二分图进行最大匹配求解，最后得到最右边的最大匹配为边集$\{(v_1\to v_2), (v_2\to v_3)\}$，匹配节点为 v_2和 v_3。事实上，节点 v_2和 v_4的组合也是匹配节点，并且可以对应求出另一组最大匹配。通过这个例子可以发现，最大匹配的节点数是可以确定的，但是最大匹配集合并不唯一。

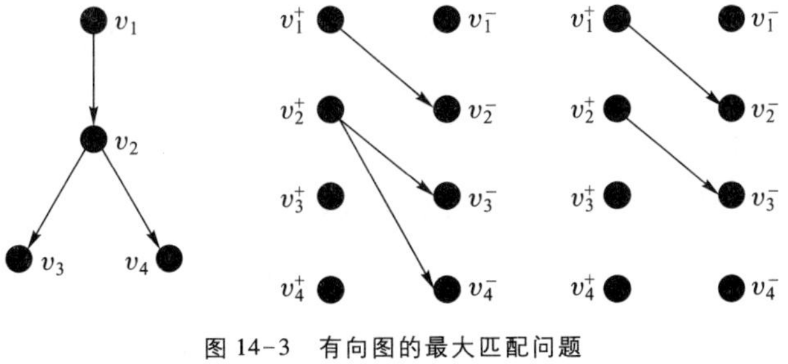

图 14-3 有向图的最大匹配问题

定理 14-3(最少输入定理)[2] 网络的最小输入集 N_I等价于最小驱动节点集 N_D。如果网络是完美匹配，最小输入集是网络中的任意一个节点；否则，最小输入集等于网络最大匹配后未被匹配的节点集。

$$|N_I| = |N_D| = \max\{1, N - |M^*|\} \tag{14-12}$$

其中，$|M^*|$是网络中最大匹配对应的匹配节点数。具体来说，如果网络中存在完全匹配，那么$|N_I|=|N_D|=1$，并且可选取任意一个匹配节点作为驱动节点；如果网络中不存在完全匹配，那么$|N_I|=|N_D|=N-|M^*|$，即此时驱动节点数对应网络任一最大匹配中未匹配的节点数，而驱动节点就是未匹配节点。

证明： 情形一：假设网络$G(A)$不存在完全匹配，并且存在$|M^*|<N$个匹配节点和$N-|M^*|$个未匹配节点。此时，匹配边构成了基本路径和圈，我们称之为匹配路径和匹配圈。对每一个未匹配节点都添加一个指向该节点的输入，从而构成$N-|M^*|$个茎。所有其他节点的状态都是由匹配圈生成的。对于一个匹配圈C，如果存在一条边e，它的起点属于一个茎而终点属于圈C，那么$e\cup C$就构成了一个芽。对于那些不能以这种方式构成芽的匹配圈，可以用一个输入节点与之相连从而构成芽。两种情况下匹配圈都不需要额外输入节点以构成芽。于是得到一组不相交的包括$N-|M^*|$个输入节点的仙人掌集。根据结构可控性定理，这样的系统是结构可控的，并且$|N_D|=N-|M^*|$。

情形二：假设网络$G(A)$存在完全匹配，即有$|M^*|=N$。此时所有的节点都是由一个或多个匹配圈生成的。只要引入一个输入，并把它与所有的圈相连以构成芽，再将其中任一个芽改为茎就得到一个仙人掌，并且有$|N_D|=1$。证毕。

最少输入定理是网络可控性的重要研究基础，其内容可以进行一些直观解释：

（1）如前所述，要完全控制一个网络，每一个节点都应该有指向它的“上级节点”。因此，输入节点数应该不少于网络中不存在上级节点的节点数，而最少输入数是由网络的最大匹配确定的。直观地看，匹配节点都有上级节点，因而只需对每一个未匹配节点直接施加控制就可以了。因此，整个系统的驱动节点集合就是未匹配节点集合。

（2）如果一个有向网络是强连通的，并且$N_D=1$，那么从结构可控性定理可以知道该网络存在有向生成树，即至少具有一个根节点r的有向树，而其他任一节点都可以从根节点r沿着树的边到达。然而，即使一个强连通网络具有有向生成树，也并不能保证$N_D=1$。这是因为该网络可能有多个扩张，从而需要多个驱动节点。而扩张的存在性和有向生成树的存在性是无关的。

（3）添加更多的连边不会减弱系统的结构可控性。因此，最少输入定理对于有可能会丢失部分连边的实际网络（如生物网络和社会网络）也是有意义的，因为它给出的是所需要的最少输入的上界。

14.2.3 边动态与可控性

注意到，前面两节更关注于节点对网络可控性的影响。网络中除了节点还有边，它们的作用有所不同。例如，在社交网络或通信网络中，节点的作用是处理来自上游邻居节点传递的信息并决定对下游邻居节点传递信息，而边的作用是传递信息流从而影响其他节点。因此，从边的角度出发理解网络可控性是一种不同于节点的思路。

注意到，边的动力学特征是承载节点传输的不同信息，具体来说分为传出信息和传入信息，两者对应的信息流方向不同。因此，为了研究边动力学的特征，可以将传入信息和传出信息的边用状态变量表示。为了分析这种具有边动力学特征的系统，需要建立一个与式（14-4）类似的边的动力学方程。2012 年，Nepusz 和 Vicsek 最早研究了边的动力学问题[4]，网络中边的动力学方程可以写成

$$\dot{\boldsymbol{y}}_i^+(t) = \boldsymbol{M}_i \boldsymbol{y}_i^-(t) - \boldsymbol{\tau}_i \otimes \boldsymbol{y}_i^+(t) + \boldsymbol{\sigma}_i \boldsymbol{u}_i(t) \tag{14-13}$$

其中，$\boldsymbol{y}_i^-(t)$ 和 $\boldsymbol{y}_i^+(t)$ 分别表示节点 i 的入边和出边对应的状态变量向量，$\boldsymbol{M}_i = k_{out}(i) \times k_{in}(i)$，$\boldsymbol{\tau}_i$ 是出边相关的阻尼系数向量，$\otimes$ 表示向量的克罗内克积计算，$\boldsymbol{\sigma}_i$ 的定义满足以下规则：

$$\boldsymbol{\sigma}_i = \begin{cases} 1, & \text{节点 } i \text{ 是驱动节点} \\ 0, & \text{其他} \end{cases} \tag{14-14}$$

请注意，即使在边上定义了状态变量和控制输入，如果节点的出边直接由控制输入控制，仍然可以将节点指定为驱动节点。式（14-13）表明节点 i 的出边的状态变量 $\dot{\boldsymbol{y}}_i^+(t)$ 由入边的状态变量 $\boldsymbol{y}_i^-(t)$ 确定，并受衰减项影响。如果节点 i 是驱动节点，其出边的状态变量还会受到控制信号 $\boldsymbol{u}_i$ 的影响。由于每个节点 i 都充当类似交换机的小型设备，使用线性算子 $\boldsymbol{M}_i$ 将入边的信号映射到出边，因此式（14-13）常称为交换机动力学。

已知动力学方程，图论中可以采用将原图转化为线图 $L(G)$ 的方式分析边的动力学。事实上，网络上的边动力学与其线图 $L(G)$ 上的节点动力学具有数学对偶性。图 14-4 展示了图的线图的形式，注意到线图 $L(G)$ 中每个节点对应于原图 G 中的一条有向边。例如，原图中的边 $a \rightarrow b$ 变为线图 $L(G)$ 中的节点 ab，而线图 $L(G)$ 中的边则表示原图 G 中一条长度为 2 的边。将最小输入定理直接应用到线图 $L(G)$ 上，可以得到原来网络中需要控制的最少边数。

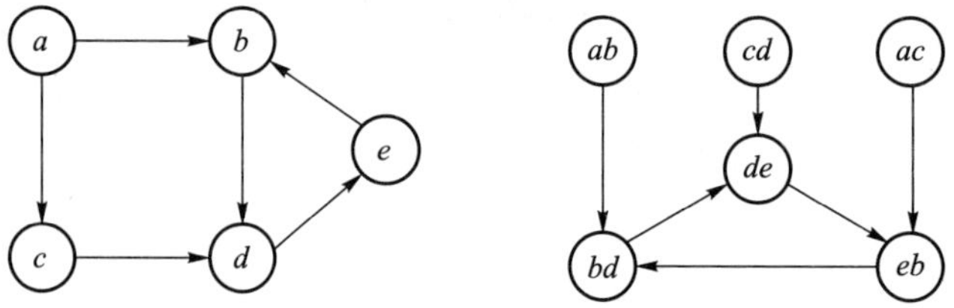

(a) 图Q　　(b) 线图$L(G)$

图 14-4　图的线图形式

这种边控制问题还可以映射到一个图论问题。节点 i 定义为：

(1) 当 $k_{out}(i)>k_{in}(i)$ 时，是发散的；

(2) 当 $k_{out}(i)<k_{in}(i)$ 时，是收敛的；

(3) 当 $k_{out}(i)=k_{in}(i)$ 时，是平衡的。

可以注意到，有向网络中的连通分量如果至少包含一条边并且所有节点都是平衡的，称为平衡分量。可以证明，在有向网络 G 上保持系统边动态的结构可控性所需的最小驱动节点集由网络 G 中的发散节点和每个平衡分量中任意一个节点构成。

总的来说，边动力学的可控性特性与节点动力学显著不同。例如，驱动节点更喜欢具有大出度的 hub 节点，并且异构网络比同构网络更可控，即异构网络需要的驱动节点数更少。此外，节点的入度和出度之间的正相关增强了边动力学的可控性，而不影响节点动力学的可控性。相反，在单个节点上添加自环可增强节点动态的可控性。

关于边动力学的详细研究可以参考文献[4]。事实上，关于边动力学与节点动力学进一步联系的研究目前仍然不多，如何进一步解释这种差异，需要更深入的研究。

14.2.4 节点自动态与可控性

实际系统中的个体通常具有一定的自动力学特征。例如，物理学中放射性元素的原子核会随着时间发展发生衰变，而这种变化与外界物理环境无关。实际的复杂网络系统中很多节点是存在自动态的，即网络中的节点不与其他节点相连时也存在自身的动态变化。

事实上，最少输入定理没有考虑节点自动态对网络的影响。当网络中的所有节点都考虑自循环时，再运用最少输入定理求解最少的驱动节点，此时只需一个控制输入就可以保证整个网络的可控性[5]。从最少输入定理出发，会发现实际上这是一种最少输入定理的特例。当每个节点都存在自循环时，每个节点都可以匹配自身，因此整个网络中所有节点都是匹配节点，整个网络是完美匹配的。按照最少输入定理结论，此时只需要一个输入节点，并且这一结果与网络的结构无关。

此外，也可以从结构可控性定义出发理解这个问题。假设一个网络系统在不考虑自循环的情况下，系统方程和式(14-4)形式相同。当考虑网络中每个节点存在自循环的影响后，系统方程可以写成下面的形式：

$$\dot{\boldsymbol{x}}(t) = \hat{\boldsymbol{A}}\boldsymbol{x}(t) + \boldsymbol{B}\boldsymbol{u}(t) \tag{14-15}$$

其中，$\hat{\boldsymbol{A}}$是包含节点自循环的系统矩阵，$\hat{\boldsymbol{A}} = \boldsymbol{A} + \mathrm{diag}(p_1, p_2, \cdots, p_N)$，$p_i$代表节点 i 的自循环权重。注意到在 Lin 的结构可控性概念中，只要系统($\boldsymbol{A}$，$\boldsymbol{B}$)的结构矩阵($\overline{\boldsymbol{A}}$，$\overline{\boldsymbol{B}}$)在其中一个参数情况下是可控的(除了所有参数为 0 这种情况)，那么这个系统($\overline{\boldsymbol{A}}$，$\overline{\boldsymbol{B}}$)在其他非零参数情况下都是可控的，从而系统($\boldsymbol{A}$，$\boldsymbol{B}$)是结构可控的。此时，如果能找到系统($\hat{\boldsymbol{A}}$，$\boldsymbol{B}$)中对应的非零元素在一组非全零参数的设定下满足可控性要求，则可以说明这个系统是结构可控的。假设p_1，p_2，…，p_N为一组互不相同的系数，矩阵 $\boldsymbol{B} = [1, 1, \cdots, 1]^{\mathrm{T}}$(代表整个网络只有一个控制输入)，令矩阵$\hat{\boldsymbol{A}}$中除了对角线元素以外的所有元素均为 0，即移除网络中所有不同节点间的连边。在这种参数设定下，$\hat{\boldsymbol{A}}$为对角矩阵且参数为 0。根据式(14-6)，系统($\hat{\boldsymbol{A}}$，$\boldsymbol{B}$)的可控性矩阵 $\boldsymbol{C}$ 是一个满秩矩阵，即此时系统($\hat{\boldsymbol{A}}$，$\boldsymbol{B}$)是结构可控的。注意到在整个过程中，对有向网络的结构没有任

何要求，只需要每个节点存在自动态。因此，从矩阵代数的角度也说明了一个输入就可以控制存在自循环的有向网络。

14.2.5　控制能量

上面几节讨论了如何选择节点进行输入控制，使得整个网络可控的问题。但是，保证网络可控的控制节点集合并不唯一，最少输入定理告诉我们的是保证网络可控所需节点的下界，但是我们并不知道选择多少节点和哪些节点是最符合需要的。事实上，存在自循环的网络只需要一个控制输入就可以保证网络的可控性。控制能量就是一种可以量化控制所需的“努力”程度的测度。

控制能量一词的含义取决于具体的应用。在火箭被向上推进的情况下，控制输入 $u(t)$ 是发动机的推力，其量值 $|u(t)|$ 假定与燃油消耗率成正比。为了使总燃料消耗最小化，控制火箭所需的“努力”可定义为 $\int_0^T |u(t)|\mathrm{d}t$，它是推进火箭消耗的能量；在电压源驱动不含储能元件的电路的情况下，源电压是控制输入 $u(t)$，如果要以最小的能量耗散来控制电路，可以定义控制力为 $\int_0^T u(t)^2\mathrm{d}t$。严格来说，在控制领域中两种问题的求解有区别，但是都反映了控制中的消耗或者说实现控制的难易程度。

一般来说，假设 LTI 系统在时间间隔 $t\in[0,\ T]$ 内，在外部输入 $u(t)$ 的控制下从初始状态 x_o 变为最终状态 x_f，则控制过程中所需的控制能量可以表示为

$$\varepsilon(T)=\int_0^T u(t)^2\mathrm{d}t \tag{14-16}$$

在实际控制问题中可能没有能量的物理维度，但对于物理系统和电子系统，总是可以假设有一个常数，它具有适当的大小，从而确保 $\varepsilon(T)$ 具有能量特性。然而在许多系统中，如生物系统或社会系统，$\varepsilon(T)$ 并不直接对应于能量，但是仍然可以用 $\varepsilon(T)$ 反映控制系统所需的“努力”。

对于一组固定的驱动节点，在 $t\in[0,\ T]$ 时间内，可以输入不同的 $\boldsymbol{u}(t)$ 使系统从 $\boldsymbol{x}_o$ 移动到 $\boldsymbol{x}_f$，从而导致系统遵循不同的轨迹，每条轨迹都有自己的控制能量。在所有可能的输入中，产生最小控制能量的表达式可以表示为

$$\boldsymbol{u}(t)=\boldsymbol{B}^{\mathrm{T}}\exp(\boldsymbol{A}^{\mathrm{T}}(T-t))\boldsymbol{W}^{-1}(t)\boldsymbol{v}_f \tag{14-17}$$

其中，$\boldsymbol{v}_f$ 是 $\boldsymbol{x}_f$ 的归一化向量形式，$\boldsymbol{W}(t)$ 是格拉姆矩阵(Gramian matrix)

$$W(t)=\int_0^t \exp(A\tau)BB^{\mathrm{T}}\exp(A^{\mathrm{T}}\tau)\mathrm{d}\tau \tag{14-18}$$

对于任何 $t>0$ 的情况，$W(\infty)$ 被称为可控性格拉姆矩阵(controllability Gramian matrix)，通常记为 W_c。

通过计算式(14-17)，可以在选择控制节点集之后(此时矩阵 B 的结构确定)估计上述控制过程中所需要的最少控制能量，这种测度可以很好地反映当前控制节点选择方案需要多少“努力”才能实现。注意到在同一个问题中(T、x_o 及 x_f 设定均相同)，控制能量只与 A、B 相关，这也说明了与大部分网络控制问题一样，网络的最少控制能量与网络的结构与控制节点的选取直接相关。因此，如何提出好的控制节点选择方案使得网络控制所需的能量最少，仍是一个需要继续研究的领域。

事实上，控制能量最初来自控制科学中的最优控制领域，特别是式(14-17)的推导涉及庞特里亚金最大值原理(Pontryagin maximum principle，PMP)，感兴趣的读者可以深入了解相关理论的背景，这里不再展开。

14.2.6 控制轨迹

到目前为止，主要关注的是驱动节点的最小化以及 LTI 系统的控制能量等问题，由此产生的控制轨迹的特性也很有趣。

对于一个初始状态为 $x(0)$ 的 LTI 系统，如果对于一个以 $x(0)$ 为中心半径 $\epsilon>0$ 的球 $B(x(0),\epsilon)$，存在一个常数 $\delta>0$，使得在球 $B(x(0),\delta)$ 内部的任意最终状态 $x(1)$ 可以由 $x(0)$ 出发沿着一条包含在球 $B(x(0),\delta)$ 内的轨迹曲线到达，则称这个 LTI 系统是严格局部可控的[6]。

考虑一个如图 14-5 所示的二维 LTI 系统，其中 $\dot{x}_1=x_1+u_1(t)$，$\dot{x}_2=x_1$。图中的空心圆圈代表初始状态 $x(0)$，三种实心符号代表分别代表三种最终状态，背景中的箭头代表系统不受控制下的向量场，实线代表最小控制能量策略下的轨迹曲线。注意到任何不在直线 $x_1=0$ 上的状态都不是严格局部可控的，因为对于 $x_1>0$ 的右半平面，最小能量控制轨迹到任何相邻的具有更小的 x_2 分量的最终状态一定会相交于 $x_1<0$ 的左半平面。

对于一般 LTI 系统，当控制输入的数量小于状态变量的数量(即 $N_D<N$)时，几乎所有的状态都不是严格可控的。因此，最小能量控制轨迹通常是非局

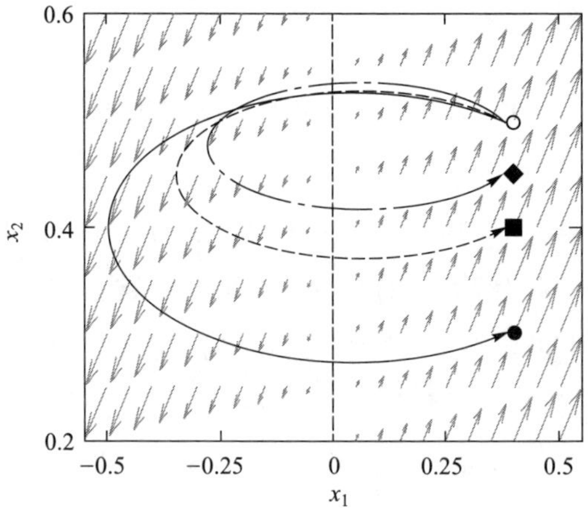

图 14-5　一个二维系统的轨迹图[6]

域的，并且即使最终状态任意接近初始状态也保持有限长度，该轨迹的长度 $\int_0^{t_f}\|\dot{x}(t)\|\mathrm{d}t$ 一般随格拉姆矩阵条件数的增加而增加。此外，如果能控性格拉姆矩阵的条件数是病态的，则使控制能量最少的控制输入会在实践中失效。这种情况甚至在可控性矩阵条件良好的情况下也会发生。此外控制输入的数量也与控制能否成功直接相关，当输入数量低于一定数量时控制总是失败，高于此数量控制总是成功。这些结果表明，即使对于最简单的 LTI 动力学，理论和实践之间的差距也会对控制大型网络的能力形成限制。

控制轨迹的研究可帮助我们更好地理解控制理论与实际的一些差异。事实上，通常并不使用最小能量控制输入来控制系统到期望的最终状态，这是因为它是一个开环(或无反馈)控制器，往往对噪声非常敏感。一个更实用和稳健的策略是使用一个简单的线性反馈控制，使系统渐近某个状态，同时最小化能量成本。

14.3　复杂网络可观性

通过之前的学习我们了解到想要控制系统，就要研究其可控性，具体来说就是外部输入与状态向量 $\boldsymbol{x}(t)$ 之间的关系；而如果要更好地设置反馈环节，就需要探究其可观性，也就是输出与状态向量 $\boldsymbol{x}(t)$ 之间的关系。

一般而言，对于一个 LTI 系统

$$\begin{cases}\dot{\boldsymbol{x}}(t)=\boldsymbol{A}\boldsymbol{x}(t)+\boldsymbol{B}\boldsymbol{u}(t)\\ \boldsymbol{y}(t)=\boldsymbol{C}\boldsymbol{x}(t)+\boldsymbol{D}\boldsymbol{u}(t)\end{cases} \tag{14-19}$$

如果对于任意给定的输入 $\boldsymbol{u}(t)$，在有限观测时间 $t(f)>t(0)$，使得根据 $[t(0), t(f)]$ 的输出 $\boldsymbol{y}(t)$ 能唯一地确定系统在初始时刻的状态 $\boldsymbol{x}(t_0)$，则称状态 $\boldsymbol{x}(t_0)$ 是可观的，否则，称该方程不可观。

根据线性时不变系统状态空间方程的通解，可以通过初始状态 $\boldsymbol{x}(t_0)$ 和输入 $\boldsymbol{u}(t)$ 求得系统响应：

$$\boldsymbol{y}(t)=\boldsymbol{C}\mathrm{e}^{\boldsymbol{A}t}\boldsymbol{x}(t_0)+\boldsymbol{C}\int_0^t \mathrm{e}^{\boldsymbol{A}(t-\tau)}\boldsymbol{B}\boldsymbol{u}(\tau)\mathrm{d}\tau+\boldsymbol{D}\boldsymbol{u}(t) \tag{14-20}$$

假设输出 $\boldsymbol{y}(t)$ 和输入 $\boldsymbol{u}(t)$ 已知，仅初始状态 $\boldsymbol{x}(t_0)$ 未知，可以将式(14-20)改写为

$$\boldsymbol{C}\mathrm{e}^{\boldsymbol{A}t}\boldsymbol{x}(t_0)=\bar{\boldsymbol{y}}(t) \tag{14-21}$$

其中，

$$\bar{\boldsymbol{y}}(t)=\boldsymbol{y}(t)-\boldsymbol{C}\int_0^t \mathrm{e}^{\boldsymbol{A}(t-\tau)}\boldsymbol{B}\boldsymbol{u}(\tau)\mathrm{d}\tau+\boldsymbol{D}\boldsymbol{u}(t) \tag{14-22}$$

此时，可观性问题就能归结为求解 $\boldsymbol{x}(t_0)$ 的问题。

接下来，可观性的判定定理主要有下面两个。

定理 14-4(可观性判据) 当且仅当矩阵 $\boldsymbol{Q}_o(t)$ 对任意 $t>0$ 均为非奇异矩阵时，其对应的系统为可观系统。其中 $\boldsymbol{Q}_o(t)$ 形式为

$$\boldsymbol{Q}_o(t)=\int_0^t \mathrm{e}^{\boldsymbol{A}'\tau}\boldsymbol{C}'\boldsymbol{C}\mathrm{e}^{\boldsymbol{A}\tau}\mathrm{d}\tau \tag{14-23}$$

由该定理可以看出，可观性是矩阵对($\boldsymbol{A}$，$\boldsymbol{C}$)的属性，与矩阵 $\boldsymbol{B}$ 无关。证明系统的可观性问题就转化为证明矩阵 $\boldsymbol{Q}_o(t)$ 为非奇异矩阵的问题。除此之外，还可以根据对偶特性求解系统的可观性，Kalman 提出了 PBH 秩准则。

定理 14-5(Kalman 秩准则判据) 在一个 LTI 系统中，系统完全可观的充分必要条件是其观测矩阵 $\boldsymbol{Q}_o$ 满秩，即 $\mathrm{rank}(\boldsymbol{Q}_o)=N$。其中 $\boldsymbol{Q}_o$ 表达式如下：

$$Q_o = \begin{bmatrix} C \\ CA \\ \vdots \\ CA^{N-1} \end{bmatrix} \tag{14-24}$$

注意到，这个方法蕴含着系统中的对偶关系，从式(14-6)中我们了解了可控性的定义，将其与式(14-24)对比可以直观地发现，系统的可控性与可观性存在着明显的对偶关系。

当然，每一个定理都有其适用的条件，从观测矩阵 Q_o 中不难看出，其对整个网络的具体参数都有非常高的要求，这对于很多现实中的复杂网络不太适用。

PBH 判据只能确认一组特定的节点是否可以用来观察一个系统，但是我们往往很难获取庞大系统中的完整参数。对于可以观测并且可以用具体数值表示状态的节点，称为传感器节点。首先，对最小传感器节点集的蛮力搜索要求检查大约 2^N 个传感器节点组合，这对于大型系统来说是一个非常大的数目。其次，通过符号计算的雅可比矩阵的秩检验在计算上局限于维度较低的小型系统。因此，如何确定能够观测到一个大型复杂系统的最小传感器节点集，仍然是一个突出的问题。

接下来将探究在复杂网路的背景下，如何合理地设置最小观测器，为反馈环节提供参数支持。

14.3.1　最少观测器问题

在复杂系统中，状态变量之间很少是相互独立的。设想能够筛选出一个状态变量子集，使它可以包含剩余变量的足够信息，以重建系统的完整内部状态，从而观测整个系统。假设可以筛选出一个状态可观的变量子集，将其表示为 $\boldsymbol{y}(t)=(\boldsymbol{x}_1(t),\ \boldsymbol{x}_2(t),\ \cdots,\ \boldsymbol{x}_n(t))^{\mathrm{T}}$，然后，识别网络中传感器节点的最小集合，从所选节点的观测状态，推断出其余节点的状态。

对于线性系统，可以通过图解法分析节点间的动态关系，方法如下。

(1) 推理图

图中的一条有向边 $x_i \to x_j$ 表示由节点 x_i 指向节点 x_j，如果 x_j 的参数出现在 x_i

的方程中，那么就意味着可以通过获取节点 x_i 的函数来检索节点 x_j 的一些信息，通过所构建的网络获取信息流来推断各个变量的状态。

（2）强连通分量分解

将推理图分解为一个最大强连通分量集合，使得每个子图中都有从每个节点到其他所有节点的有向路径。那么，强连通分量子图中的每个节点都能包含关于所有其他节点的一些信息。

（3）传感器节点的选择

没有外部边指向的强连通分量称为根强连通分量，必须从每个根强连通分量中选择至少一个节点作为传感器节点，才能确保整个系统理论上的可观性。

通过图解法可以确定现有的可观参数能否保障整个系统的可观性。由于研究中的很多系统往往只有几个状态变量，所以步骤(2)和(3)通常是不必要的。对于实际中的大型网络，图解法就彰显出了优势。可观性问题在探讨未知参数时会带来潜在的非线性环节，为了避免这一不理想的状况，利用图解法能将具有许多未知参数的非线性系统动力学问题简化为推理图的静态图问题，大大简化了分析流程。

根强连通分量的数量能决定传感器节点集的最小值，在线性系统的前提下，就可以利用对偶原理，将最小传感器节点问题映射为最少输入问题。

14.3.2 观测器设计

可观性测试和图解法为设计观测器提供了大致的思路，但是依然缺乏在缺少参数的情况下重建系统状态的方法。接下来面对稍复杂的动态系统，将学习如何通过输出调整系统状态，寻找缺失的参数。

以 Luenberger 观测器为例：

$$z(t) = \boldsymbol{A}z(t) + \boldsymbol{L}[\boldsymbol{y}(t) - \boldsymbol{C}z(t)] + \boldsymbol{B}\boldsymbol{u}(t) \qquad (14-25)$$

其中 $\boldsymbol{L}$ 是一个 $N\times K$ 的矩阵。假设初始条件 $z(0)=\boldsymbol{x}(0)$，在 $t>0$ 的任意时刻，观测器都将追求达成 $z(t)=\boldsymbol{x}(t)$。因为 $\boldsymbol{x}(0)$ 往往是不可达的，所以从 $z(0)\neq\boldsymbol{x}(0)$ 开始，希望 $z(t)$ 渐近收敛到 $\boldsymbol{x}(t)$，即观测器的状态跟踪原始系统的状态。这就需要选择适当的 $\boldsymbol{L}$ 矩阵来实现。一般 $\boldsymbol{A}-\boldsymbol{LC}$ 是渐近稳定的，误差表示为 $\boldsymbol{e}(t)=z(t)-\boldsymbol{x}(t)$，满足 $\dot{\boldsymbol{e}}(t)=[\boldsymbol{A}-\boldsymbol{LC}]\boldsymbol{e}(t)$ 将收敛到零，其速率由 $\boldsymbol{A}-\boldsymbol{LC}$ 的最

大特征值决定。

下面将具体介绍观测器如何设计反馈，以及观测器设计方法。

1. 参数辨识

大多数的建模都会假定一系列系统参数，然而，对于大多数复杂的系统，系统参数通常是未知的或只能近似地知道。此外，已知的参数通常是在系统外测量的，它们在系统内的关系往往是不确定的。这就提出了一个问题：能否通过适当的输入/输出测量来确定模型参数？

这个问题在控制理论中将参数可辨识性问题转化为一个扩展系统的可观性问题。为此，将系统参数 $\boldsymbol{\Theta}$ 视为时间导数为 0 的特殊状态变量，即 $\mathrm{d}\boldsymbol{\Theta}/\mathrm{d}t=0$。将状态变量扩展到包含一个更多参数的状态变量集，即 $(x(t);\ \boldsymbol{\Theta})$，使得我们能够通过检查增广系统的可观察性，确定如何从输入/输出行为中识别系统参数。因此，参数辨识可以看作是一个特殊的观测器设计问题。

2. 网络重建

当系统参数包含网络结构信息时，相应的参数辨识问题可推广为网络重构问题。考虑一个网络，它的状态变量由一组常微分方程表示：

$$\dot{x}_i(t)=\sum_{j=1}^{N}a_{ij}f_{ij}(x_i(t),\ x_j(t)+u_i(t)) \tag{14-26}$$

其中 $i=1,\ 2,\ \cdots,\ N$，耦合函数 $\boldsymbol{f}=[f_{ij}]$ 是一个 N 维的方阵，描述节点之间的交互；$u_i(t)$ 表示可以影响节点 i 状态的已知信号或控制输入；交互矩阵 $\boldsymbol{A}=[a_{ij}]$ 是一个 N 维的方阵，表示节点之间的有向交互，如果节点 j 直接影响节点 i 的状态，则 $a_{ij}\neq 0$；$\{x_i(t),\ u_i(t)\}_{i=1}^{N}$，$\forall t\in[t_0;\ t_1]$，表示实际测量值。

通过网络重建恢复矩阵 $\boldsymbol{A}$ 的一些性质，例如它的符号模型：

$$\boldsymbol{S}=[s_{ij}]=[\mathrm{sign}(a_{ij})]\in\{-1,\ 0,\ 1\}^{N\times N} \tag{14-27}$$

连通模型：

$$\boldsymbol{C}=[c_{ij}]=[\,|s_{ij}|\,]\in\{0,\ 1\}^{N\times N} \tag{14-28}$$

邻接模型：

$$\boldsymbol{K}=[k_{ij}]=[c_{ij}(1-\delta_{ij})]\in\{0,\ 1\}^{N\times N} \tag{14-29}$$

其中，δ_{ij} 为 Kronecker 函数。

程度序列模型：

$$\boldsymbol{D} = [d_i] = \left[\sum_j c_{ij}\right] \in \boldsymbol{Z}^N \tag{14-30}$$

那么面对先验程度不同的系统参数的系统时，重建网络有以下三种方法可提供新的思路。

（1）驱动响应模型

驱动响应模型通过网络系统对外部扰动或驱动集体响应测量并重建网络状态。一般网络响应的输出会受以下两个因素的影响：一是外部驱动信号的影响，即哪个单元受到扰动，何时以及扰动强度等问题；二是网络结构连通性的影响，其中就包含很多未知参数。因此，理论上足够多的驱动响应就能够洞悉整个网络，这种方法实现起来相对简单，所需的计算工作量随系统大小而变化。然而，这种方法要求测量并驱动系统中所有单元的动态，这就使其在高维系统有很大的局限性。适用于驱动响应实验的动力学也不能太复杂，常见的应用如显示一个稳定的不动点或周期轨道，以及如何引导系统到这种状态等问题。对于表现出更复杂特征的系统，如混沌、分岔及多稳定性等，这种方法就不适用。

（2）同步复制模型

同步复制模型需要建立一个原始系统的副本，并不断更新其交互矩阵，直到复制系统的轨迹与原始系统同步。我们期望在复制的系统中交互矩阵最终能收敛于原始系统的交互矩阵，但是，这种方法收敛的充分条件还没有严谨的证明，它在不同模型下的特征有较大的差异。

（3）直接法

这种方法依赖于从时间序列数据中计算时间导数。利用平滑假设，求解一个优化问题，从而找到交互矩阵。如果计算了状态变量的时间导数，并且系统耦合函数也是已知的，那么剩下的唯一未知参数就是边权值即相互作用强度 a_{ij}。在足够紧密的时间间隔 $t_m \in R$ 下，不断迭代计算重构网络，从而对交互矩阵参数求解。这种方法是网络重建的一个简单的起始策略，但它有一个根本性的缺陷，即无法给出所谓的“最优解”。

这三种方法有一个共同的问题：它们成功的必要条件和充分条件都是不确定的，于是针对不同网络的特点进行了优化，本节不再展开描述。

思考题

14.1　判断以下状态空间方程是否可观、是否可控：

$$\dot{\boldsymbol{x}}(t)=\begin{bmatrix}-2 & 3 & 0\\ 1 & 0 & 0\\ 0 & 1 & 0\end{bmatrix}\boldsymbol{x}(t)+\begin{bmatrix}1\\ 0\\ 0\end{bmatrix}\boldsymbol{u}(t)$$

$$\boldsymbol{y}(t)=[0\quad 1\quad 3]\boldsymbol{x}(t)$$

14.2　判断以下状态空间方程是否可观、是否可控：

$$\dot{\boldsymbol{x}}(t)=\begin{bmatrix}0 & 1 & 0\\ 0 & 0 & 1\\ 0 & 2 & -1\end{bmatrix}\boldsymbol{x}(t)+\begin{bmatrix}0 & 2\\ 1 & 0\\ 0 & 0\end{bmatrix}\boldsymbol{u}(t)$$

$$\boldsymbol{y}(t)=[1\quad 0\quad -2]\,\boldsymbol{x}(t)$$

14.3　判断$[\boldsymbol{B}\quad \boldsymbol{AB}\quad \cdots\quad \boldsymbol{A}^{n-1}\boldsymbol{B}]$和$[\boldsymbol{AB}\quad \boldsymbol{A}^2\boldsymbol{B}\quad \cdots\quad \boldsymbol{A}^n\boldsymbol{B}]$的秩是否相等；若不相等，在何种条件下相等。

14.4　对于时不变系统，试证明当且仅当$(-\boldsymbol{A},\ \boldsymbol{B})$可观时，$(\boldsymbol{A},\ \boldsymbol{B})$可控。

参考文献

[1]　Kalman R E. On the general theory of control systems[C]. Proceedings of the First International Conference on Automatic Control, Moscow, 1960: 481-492.

[2]　Liu Y Y, Slotine J J, Barabási A L. Controllability of complex networks[J]. Nature, 2011, 473(7346): 167-173.

[3]　Lin C T. Structural controllability[J]. IEEE Transactions on Automatic Control, 1974, 19(3): 201-208.

[4] Nepusz T, Vicsek T. Controlling edge dynamics in complex networks[J]. Nature Physics, 2012, 8(7): 568-573.

[5] Cowan N J, Chastain E J, Vilhena D A, et al. Nodal dynamics, not degree distributions, determine the structural controllability of complex networks [J]. PloS one, 2012, 7(6):e38398.

[6] Sun J, Motter A E. Controllability transition and nonlocality in network control[J]. Physical Review Letters, 2013, 110(20): 208701.

郑重声明